폐기물자원화

바이오가스 생산 및 활용

배재호 · 유만식 · 류돈식
이종규 · 김창균

도서출판 동화기술

머리말 ▌Preface

오늘날 전 세계적으로 화석연료의 고갈 및 지구 온난화에 대응하기 위해 신재생 에너지에 대한 관심이 점차 증대되고 있습니다. 특히, 바이오매스를 이용한 바이오연료의 생산은 화석연료기반사회의 새로운 대안으로 떠오르고 있습니다. 국내에서도 최근 "저탄소 녹색성장"의 새로운 패러다임에 따라 신재생에너지에 대한 관심이 고조되고 있으나 우리나라 신재생 에너지의 비중은 2008년도 전체 에너지 공급량의 2.43%인 5,858천 TOE에 불과하며, 바이오매스 에너지의 경우 전체 신재생에너지의 7.3%(427천 TOE)로 아직 낮은 비율을 차지하고 있는 실정입니다. 그러나 폐자원을 이용하는 바이오매스 에너지는 다른 신재생 에너지인 태양광, 풍력, 연료전지 등에 비하여 저렴한 비용으로 조기 양산체제 실현이 가능하고, 온실가스 감축의무 이행의 유력한 수단이 될 수 있는 장점이 있어 바이오에너지 생산기술을 가장 먼저 적용 할 수 있는 대상으로 평가되고 있습니다. 이에 따라 정부는 "신재생에너지 사용 확대" 과제의 목표율 20%(2050년) 중 10%를 폐자원 바이오매스 에너지화 사업으로 실현하기로 계획하였으며, 2012년까지 원유 3,162만 배럴(4,315천 TOE) 규모로 신재생에너지 생산량을 증대할 계획입니다. 이에 따라 폐자원 바이오매스 에너지화 관련 연구, 기술개발 및 인력 양성이 요구되고 있습니다.

본 책에서는 바이오매스 에너지화 기술 중에서 유기성 폐수 및 폐기물의 혐기성 소화에 의한 바이오가스 생산, 쓰레기 매립지에서 발생되는 매립가스의 활용, 생산된 바이오가스의 처리 및 활용 기술을 다루고 있습니다. 혐기성 소화는 공정이 지닌 여러 가지 장점 때문에 도시하수 슬러지, 분뇨 처리에 오랫동안 사용되어 왔으며, 최근에는 고농도 유기성 산업폐수, 농산폐기물, 도시 고형폐기물 처리에도 적용되고 있습니다. 현재 우리나라에서는 슬러지, 축산폐수 및 음식물 쓰레기 등으로부터 바이오가스를 회수하기 위한 혐기성 반응조가 다수 설치될 계획이지만 낮은 메탄회수효율 및 가스의 비효율적 이용 등 문제가 존재하고 있습니다. 이 같은 문제점을 해결하기 위해서는 혐기성 소화시설에 대한 이론적 배경과 운전, 바이오가스의 정제 및 효율적 이용 등에 대한 보다 정확한 이해가 요구되고 있습니다.

그러나 이제까지는 폐기물 처리 혹은 환경 에너지 등 요구되는 내용을 부분적으로 다룬 책이 출판되기는 하였으나, 폐자원 바이오매스 가스화 및 그 이용에 관한 내용을 종합적으로 다룬 교재는 출간되지는 않았습니다. 따라서 본 책은 유기성 폐자원의 혐기성 소화, 발생 바이오가스의 정제 및 이용에 대한 전반적인 이론과 기술적 내용을 소개하기 위하여 발간하게 되었습니다.

1장에서는 혐기성 소화의 기본원리 및 설계 및 운영의 이해를 돕기 위한 혐기성 처리의 원리를 기초로 하여 운영 조건 및 방법, 그리고 반응조의 설계와 각종 공정의 특성에 대하여 다루었으며 2장에서는 유기성 폐기물의 분류, 그리고 유기성 폐기물의 종류별 활용기술과 개발동향을 알아보았습니다. 3장에서는 실제 발생되는 바이오가스를 이용하기 위한 정제기술 및 고질화 기술에 대해 다루었고, 정제된 매립가스의 활용을 주제로 4장을 구성하였습니다. 마지막으로 5장은 앞서 제시된 바이오가스 및 폐기물로부터 발생되는 합성가스로부터 바이오 메탄올을 생산하는데 있어 현재까지 연구되었거나 개발된 기술 내용을 소개하였습니다.

본 책은 폐자원 바이오매스 가스화관련 분야를 공부하는 학생들을 위한 전공 서적으로서 뿐 아니라, 유사분야에 종사하는 관계자의 이해를 돕기 위해 발간하게 되었습니다. 앞으로 저자들은 본 분야의 발전에 기여할 수 있도록 더욱 노력하고자 하며 독자 여러분들의 많은 관심과 격려를 부탁드립니다. 끝으로 이 책의 완성 및 출간에 많은 도움을 주신 도서출판 동화기술 및 한국환경산업기술원 관계자분들께 감사드립니다.

저자 일동

목 차 Contents

1 혐기성 소화

혐기성 소화는 공정이 지닌 여러 가지 장점 때문에 도시하수 슬러지, 분뇨 처리에 오랫동안 사용되어 왔으며, 고농도 유기성 산업폐수, 농산 폐기물, 도시 고형폐기물 처리에도 적용되고 있다. 특히 최근에는 에너지 가격 상승 및 화석연료 사용으로 인한 지구온난화로 인하여 유기성 폐기물로부터 메탄을 회수하여 에너지원으로 사용하는 방안에 대한 관심이 고조되고 있다. 예를 들어 하수처리장에서는 소화조를 이용하여 슬러지 뿐만 아니라 음식물폐기물 및 축산분뇨 등을 병합 처리하여 에너지를 회수하고, 태양광, 풍력 및 히트펌프 등 신재생에너지를 개발하여 에너지 자립형 하수처리장을 구현하기 위한 노력이 진행되고 있다. 이와 더불어 하수를 직접 혐기성으로 처리하여 폭기에 사용되는 에너지를 감소시킴과 동시에 메탄을 생성하기 위한 방안도 모색되고 있다.

혐기성 처리가 지닌 여러 가지 장점에도 불구하고 호기성 처리에 비하여 적용 예가 많지 않은 이유는 운영상 발생하는 이상상태를 통제하거나, 다양한 형태의 폐수처리에 적용하는데 필요한 공정에 대한 근본적인 이해가 부족하기 때문이다. 그러나 1980년대 이후 혐기성 미생물 관한 지식과 반응조의 설계 및 운영 기술이 획기적으로 발전하였다. 그 결과 Anaerobic Fluidized Bed Reactor(AFBR), Anaerobic Filter(AF), Upflow Anaerobic Sludge Blanket Reactor(UASB), Expanded Granular Sludge Bed(EGSB) 및 Internal Circulation(IC) 등 새로운 공정이 널리 사용되고 있다.

본 장에서는 생화학적 기본원리 및 설계 및 운영의 이해를 돕기 위하여 혐기성 처리를 세 절로 나누어 소개하였다. 1.1에서는 혐기성 처리의 장단점, 생화학적 원리 및 동역학을, 1.2에서는 혐기성 처리의 환경, 운영 조건 및 방법에 대하여, 그리고 1.3에서는 혐기성 반응조의 설계를 위한 조건 및 이제까지 개발된 각종 공정 특성에 대하여 언급하였다.

1.1 혐기성 소화의 기본

1.1에서는 혐기성 처리의 생화학적인 기본원리를 공정의 장단점, 생화학적 3단계 반응, 양론식, 그리고 동역학(kinetics)을 중심으로 언급하였다.

1.1.1 혐기성 소화의 장단점

생물학적 처리는 산화환원반응의 일종으로 유기물은 전자를 잃음으로써 산화되며, 방출된 전자는 미생물의 작용으로 전자수용체(electron acceptor)를 환원시키며 에너지를 발생시킨다. 유기물의 산화과정 중에 발생하는 에너지의 일부는 미생물의 증식에 사용되며, 나머지는 열로서 손실된다. 대표적인 생물학적 전자수용체로서는 O_2, NO_3^-, CO_2 등이 있는데, 이들을 각각 호기성, 무산소(anoxic), 그리고 혐기성 공정이라고 부른다.

기질로 이용되는 유기물이 동일하여도 관련된 전자수용체의 종류에 따라 발생하는 총에너지(총발생에너지)의 양은 다르며, 이는 미생물 생성량과 직접적인 관계가 있다. 총발생에너지의 크기는 전자수용체의 산화환원 전위(oxidation reduction potential)에 따라 변하는데, 위의 세 경우 그 크기는 O_2, NO_3^-, CO_2 순서이다(Brock 등, 1974). 따라서 주어진 유기물에 대한 미생물 생성량은 O_2를 전자수용체로 사용하는 호기성 처리에서 가장 크고, CO_2를 사용하는 혐기성 처리에서 가장 적다. 예를 들어 단당류인 글루코오스가 호기성 및 혐기성으로 분해되는 경우의 화학식과 표준상태에서의 에너지 발생량($\Delta G^{o\prime}$)은 아래와 같다:

호기성 $C_6H_{12}O_6 + 6O_2 \rightarrow 6CO_2 + 6H_2O + 38ATP$

$$\Delta G^{o\prime} = -2{,}879\ \text{kJ} \qquad (1.1)$$

혐기성 $C_6H_{12}O_6 + 2H_2O \rightarrow 2CH_3COOH + 2CO_2 + 4H_2 + 4ATP$

$$\Delta G^{o\prime} = -205\ \text{kJ} \qquad (1.2)$$

이때 생성된 2몰의 아세트산과 4몰의 H_2는 최종적으로 각각 2몰 및 1몰의 메탄으로 변화하게 된다. 따라서 최종 반응식은:

$$C_6H_{12}O_6 \rightarrow 3CO_2 + 3CH_4 \qquad \Delta G^{o\prime} = -417\ \text{kJ} \qquad (1.3)$$

$\Delta G^{o\prime}$: 표준상태 및 pH 7에서 Gibbs 자유에너지

위의 반응에서 생성되는 총에너지는 $\Delta G^{o\prime}$로 표시되며, 이 중 미생물의 신진대사에 사용될 수 있는 에너지는 ATP로 표시된다. 호기성의 경우 반응에 의한 총발생에너지는 2,879 kJ이고, 이 중 ATP로 미생물에 의해 회수된 에너지는 38 ATP × 30.5 kJ/ATP = 1,159 kJ 이다. 혐기성의 경우에는 그 값들이 각각 205 및 121 kJ이다. 호기성 미생물에 의하여 회수된 에너지의 양이 혐기성의 경우보다 약 9배 정도 크므로, 단위 글루코오스당 미생물 생성량은 호기성의 경우가 훨씬 많다. 그러나 에너지 회수효율, 즉 총에너지 발생량당 ATP로 회수된 에너지량은 호기성과 혐기성의 경우 각각 40% 및 60%로 총에너지 발생량 차이에 비하면 그 변화폭이 상대적으로 적다. 또한, 글루코오스가 호기성 또는 혐기성으로 완전히 분해되었을 때 총발생에너지량을 비교하면 각각 2,879 및 205 kJ로서 역

시 호기성의 경우가 그 값이 매우 크다. 이는 혐기성 소화 시에 생성되는 메탄의 에너지 함유량이 크기 때문이다. 결과적으로, 호기성 미생물은 단위 유기물당 신진대사에 이용할 수 있는 에너지의 양이 많으므로 혐기성 미생물보다 빠르게 증식한다.

호기성 및 혐기성 처리를 유기물의 안정화(stabilization) 관점에서도 비교할 수 있다. 호기성 미생물은 산소를 사용하여 유기물로부터 많은 양의 에너지를 얻어 빠른 속도로 증식하지만 유기물 중 미생물로 변환된 부분은 실질적으로 안정화된 것이 아니라 미생물로 그 형태만을 바꾼 것이다. 따라서 생성된 미생물의 분리를 위한 침전 등의 조작이 필요하다. 그러나 혐기성 처리에서는 에너지가 포함된 메탄이 최종생성물이므로 미생물이 사용할 수 있는 에너지의 양이 적고, 따라서 단위 유기물당 미생물로 변화하는 양이 적다. 즉 대부분의 유기물은 메탄으로 변하여 안정화되고, 가스 상태의 메탄은 쉽게 폐수에서 분리되어 에너지로 사용될 수 있다. 실제로 혐기성 처리에서는 약 80% 이상의 유기물이 메탄으로 안정화되는 반면, 활성슬러지나 살수여상과 같은 호기성 처리에서는 약 50% 정도의 유기물만이 안정화되며 나머지는 미생물로 변화된다.

혐기성 처리가 호기성 처리에 비해 지닌 장점으로 크게 아래의 5가지를 들 수 있다:

1. 반응생성물로 유효한 자원인 메탄이 생성된다.
2. 처리 후 미생물 슬러지의 생성량이 적다.
3. 호기성 처리에 비하여 영양분의 요구량이 적다.
4. 고농도의 폐수처리가 용이하다.
5. 동력비 및 유지관리비가 적게 든다.

위에 열거된 장점 1과 2는 앞서 설명한 유기물 산화과정에서의 에너지 발생량과 미생물 생성량 사이의 관계에서 알 수 있다. 생성된 메탄은 약간의 정제과정을 거치면 쉽게 도시가스관에 공급하거나, 처리장에 필요한 동력원 또는 열원으로도 사용될 수 있다. 실제로 하수처리장에서 슬러지를 혐기성 소화할 때 생성되는 메탄을 발전으로 이용하면 사용하는 전기의 상당부분(약 50% 이상)을 공급할 수 있다. 만일 하수의 슬러지 뿐만 아니라 용해성 유기물도 혐기성으로 처리한다면 이 때 발생한 메탄만으로도 에너지 자급형 하수처리장을 구현할 수 있다. 이 경우 메탄은 화석연료를 대체하여 사용되는 것이므로 이를 CDM (Clean Development Mechanism) 사업과 연계하여 추가적으로 경제성을 확보할 수 있다. 즉, 혐기성 처리는 에너지를 생산하고, 이를 통해 온실가스의 배출을 줄일 수 있는 공정이다.

처리 후 슬러지의 생성량이 적다는 것은 슬러지의 직매립 및 해양배출이 금지되고 소각의 비용이 점차 높아지는 우리나라의 현 상황에서 혐기성 처리의 장점을 부각시킨다.

또한, 미생물의 생성량이 적으므로 질소, 인 등의 필요한 영양분 요구량도 적어지게 되므로 특히 영양분이 적은 산업폐수의 처리에는 혐기성 처리가 유리하다. 호기성 처리에서는 기체상태의 산소를 물에 용해시키기 위하여 폭기장치 등의 시설을 요구하기 때문에 동력비 및 유지관리비가 혐기성 처리보다 많이 필요하게 된다. 예를 들어 1톤의 COD를 호기성으로 처리하는 경우 폭기를 위한 산소공급에 소요되는 에너지는 약 1 MWh이며, 혐기성으로 처리할 경우 메탄을 통해 생산할 수 있는 발전량은 약 1.2 MWh이므로 혐기성의 경우에 약 2.2 MWh의 전력이 절약되며, 전기 생산으로 인한 CO_2 저감량도 약 0.8톤에 달한다고 보고되어 있다(van Lier, 2007). CO_2 배출권 가격이 3만원/톤 CO_2인 경우 약 2.4만원의 추가적인 경제적 이익이 발생할 수 있으며, 원유 대체 효과도 기대할 수 있다. 따라서 유기물의 농도가 높은 폐수 및 폐기물의 경우 혐기성 처리가 적합하다.

위와 같은 여러 가지 장점에도 불구하고 혐기성 처리는 다음과 같은 단점들이 지적되어 왔다. 가장 큰 단점으로 높은 온도(35℃ 혹은 55℃)를 요구한다는 것인데, 이는 발생하는 메탄가스를 열원으로 이용하면 해결할 수 있는 문제이다. 메탄가스를 이용하여 열병합 발전을 하는 경우에는 발생된 열을 소화조 가온에 사용할 수 있다. 또한 최근에는 초저온 혐기성 처리의 성공사례도 보고되고 있다(Lettinga, 2001). 이전에는 혐기성 처리가 저농도 유기성 폐수에 부적합하다고 하였으나 UASB, FBR(fluidized bed reactor), AnMBR(anaerobic membrane reactor) 등 새로운 공법의 개발로 그 문제점은 해결되었다. 그러나 아직 해결되지 못한 단점으로는 미생물의 성장속도가 느리기 때문에 초기운전 기간, 온도 및 부하량 변화 등 운전조건이 변화할 때 그에 적응하는 시간이 길다는 점이다. 혐기성 처리 후 엄격한 방류수 수질기준에 맞추기 위한 후처리의 필요성, 미생물의 pH 변화에 대한 민감성, 암모니아나 H_2S에 의한 냄새의 유발도 단점으로 지적될 수 있다. 그러나 이와 같은 단점들은 앞에서 지적된 장점과 비교하면 그다지 중요하지 않을 뿐만 아니라 적절한 운영을 통하여 극복될 수 있다.

1.1.2 혐기성 처리의 생화학적 단계

미생물이 유기물을 분해하여 메탄을 생성하는 과정은 크게 가수분해 및 발효(hydrolysis and fermentation), 아세트산 생성(acetogenesis), 그리고 메탄화(methanogenesis)의 3단계로 나눌 수 있다(그림 1.1). 유기물의 76% 정도가 발효단계에서 프로피온산(propionate), 부티릭산(butyrate) 등의 중간생성물을 거쳐 아세트산(acetate)과 H_2로 변화한다. 또한 최종 메탄생성량 중 28%는 H_2로부터, 그리고 72%는 아세트산으로부터 생성된다고 알려져 있다. 식 (1.2)에 의하면 글루코오스는 발효단계에서 2 몰의 아세트산과 4 몰의 H_2로 변환된다. 발효단계에서 글루코오스는 아세트산 이외에 부티릭산, 프로피온산 등을 생성하지만 이들이 아세트산 생성단계를 거치게 되면 최종적으로는 2 몰의 아세트산과 4 몰의 H_2를 생성한다. 따라서 최종적으로는 아세트산으로부터 2 몰, H_2로부터 1 몰의 메탄이 생성되며, 발생한 가스의 메탄 구성비는 약 50% 정도이다. 단백질 및 지방의 경우에는 아세트산 생성단계에서 H_2를 추가로 생성하므로 발생 가스의 메탄 구성비가 높아진다. 특히 단백질의 경우 분해과정에서 발생한 암모니아는 암모늄중탄산염($NH_4^+HCO_3^-$)으로 변환되고, 이 과정에서 CO_2를 소모하므로 가스의 메탄 구성비는 높아지게 된다.

그림 1.1에 나타낸 각 단계의 반응은 발효균, 아세트산 생성균, 그리고 메탄생성균 등 서로 다른 미생물에 의하여 이루어지며, 이들의 활동은 서로 유기적으로 연결되어 있다. 특히, 발효 및 아세트산 생성단계에서 발생하는 H_2는 공정 전체에 영향을 미치므로 이에 대한 이해가 없이는 혐기성 처리의 최적 운영 및 설계가 어렵다. 이에 대한 자세한 내용은 참고문헌에 주어져 있다(Zehnder 등, 1988; Zinder, 1984).

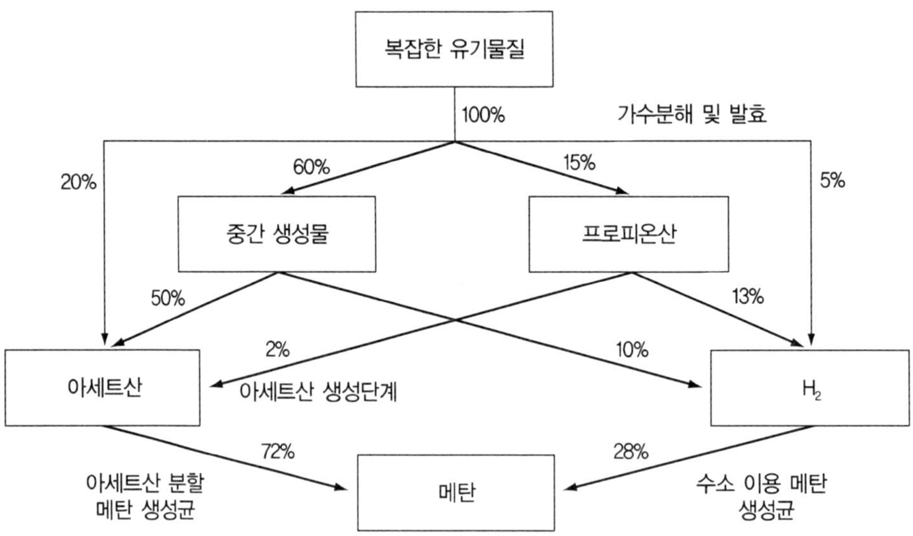

그림 1.1 혐기성 소화의 생화학적 삼단계 (Ref : McCarty, 1964a)

1) 가수분해 및 발효

가수분해단계에서는 미생물 체외로 분비되는 가수분해효소에 의하여 복잡한 유기물이 세포막을 통과할 수 있는 작은 형태의 용해성 유기물질로 변화한다. 이 단계에서 단당류의 복합체인 탄수화물은 글루코오스, xylose 등의 단당류로 변화하게 된다. 지방은 휘발성 유기산과 glycerol로 변하게 되며, glycerol은 다시 글루코오스 혹은 pyruvate 등의 물질로 변화된다. 단백질은 펩티드 결합이 분해되어 아미노산으로 변환된다. 아미노산은 이후 deamination 반응을 통해 질소가 제거되어 유기산으로 변환된다. 이 단계의 특징은 유기물이 안정화가 되지 않고 단지 그 형태만 바뀐다는 점이다. 따라서 가수분해는 미생물 성장에 필요한 에너지를 제공하지는 못하지만, 다음 단계의 반응이 일어나기 위해서는 필수적이다. 고형 유기물의 메탄화 과정에서는 가수분해단계가 전체 속도를 제한하는 단계가 되는 경우가 많다. 따라서 가수분해효소가 충분하게 분비되어 유기물과 접촉하여야 하므로 이를 극복하기 위해서는 반응조안에 미생물의 농도가 높게 유지되어야 하고 교반이 충분하게 이루어져야 한다. 난분해성(refractory) 유기물은 구조 및 결합형태가 복잡하여 효소의 접근이 쉽지 않기 때문에 가수분해가 불가능하다. 그 가장 대표적인 예가 lignin 성분이 많이 포함된 식물성 폐기물이다. 이들 난분해성 물질의 함량은 반응조의 유기물 제거 효율을 결정하는 인자가 된다. 난분해성 유기물의 함량은 도시하수처리장 1차 슬러지의 경우 약 40%, 2차 슬러지의 경우는 약 70%, 그리고 일반 도시폐기물의 경우는 30~60% 정도로 알려져 있다.

발효단계에서는 가수분해로부터 생성된 휘발성 유기산, 단당류, 아미노산 등이 아세트산, 프로피온산, 부티릭산 및 H_2와 CO_2로 변화하게 된다. 발효단계에서도 역시 유기물의 안정화보다는 형태의 변화가 중요하다. 그림 1.2에 나타낸 것처럼 글루코오스의 주요 발

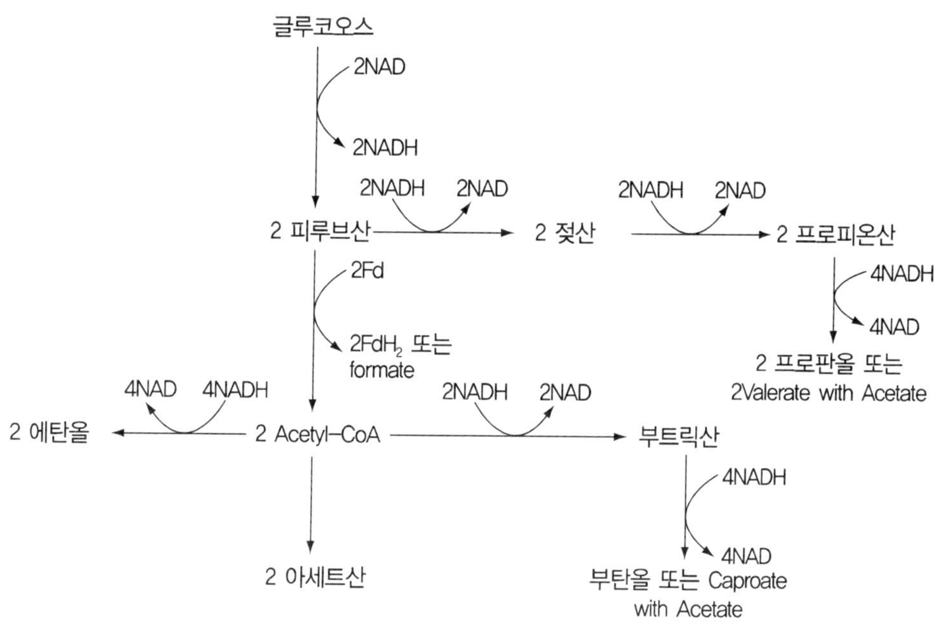

Fd : Feredoxin Oxidoreductase

그림 1.2 글루코오스의 발효 과정

효생성물은 아세트산, 프로피온산, 부티릭산, 그리고 에탄올 등으로, 이들의 분포는 각 생성물질당 ATP 생성량, 미생물의 종류, 그리고 H_2의 농도 등의 영향을 받는다. 일반적으로 미생물의 증식속도는 ATP 양에 비례하므로 단위물질당 ATP 생성량이 많은 반응경로가 유리하다. 프로피온산, 부티릭산, 아세트산 발효과정에서는 1 몰의 글루코오스당 각각 3~4, 3, 4 몰의 ATP가 생성되므로 2 몰의 ATP를 생성하는 lactate 및 에탄올에 비해 발효의 주 생성물이 될 수 있다(Gottschalk, 1979). 반응조의 미생물 종류는 발효과정에서 프로피온산과 부티릭산의 비를 결정하는 데 중요한 인자이다. 부티릭산 생성 미생물은 *saccharolytic clostridia*로서 환경변화에 민감하여 먹이의 농도가 낮아지거나 공급이 중단될 경우에는 spore를 형성하여 활동을 중지한다(Cohen등, 1982). 그러나 프로피온산 생성 미생물(*Selenomonas* sp.)은 환경의 변화에 민감하지 않다. 따라서 반응조의 운영조건에 따라 두 종류의 미생물은 서로 경쟁하며 그 중 지배적인 미생물의 프로피온산과 부티릭산의 생성비를 결정하게 된다.

발효생성물에 대한 H_2의 영향은 전자전달체(electron carrier)의 가용성과 관계가 있다. 발효 과정에서 pyruvate와 함께 발생한 NADH는 산화되어 NAD로 변화되어야만 계속 순환되어 글루코오스의 산화에 사용될 수 있는 데(그림 1.2 참조), 이 산화환원 반응은 반응조의 H_2의 농도 또는 H_2의 분압(P_{H_2})의 영향을 받는다. Gibbs 자유 에너지(Brock 등, 1974; Thauer 등, 1977)로부터 NAD/NADH 비가 1인 P_{H_2}는 pH가 7인 경우 5.4×10^{-4} 기압으로 계산된다.

$$\mathrm{NADH} + \mathrm{H}^+ \rightarrow \mathrm{NAD} + \mathrm{H}_2 \qquad \Delta G^{o\prime} = 18.1\ \mathrm{kJ} \tag{1.4}$$

식 (1.4)에 의하면 P_{H_2}가 5.4×10^{-4} 기압보다 낮은 경우에는 NADH로부터 H_2가 분리되어 NAD로 변환되는 반응이 가능하기 때문에 NAD를 재생하지 않아도 되는 아세트산의 직접 생산이 용이하게 된다. 그러나 P_{H_2}가 높은 경우에는 상대적으로 NAD의 양이 적으므로 중간 생성물인 pyruvate는 lactate, 프로피온산, 부티릭산 또는 에탄올 생성 등 NADH를 소모하는 반응경로를 따르게 된다. 이 같은 이유에서 반응조의 P_{H_2}가 높게 유지되면 알코올, lactate, 프로피온산 등이 쉽게 축적된다. P_{H_2}의 발효에 대한 영향은 이미 여러 연구자들에 의하여 보고가 되어 있으나(Cohen 등, 1982; Crabbendam 등, 1985), 아직 mixed culture에서의 그 영향에 대하여는 체계적으로 정립되어 있지 않다.

2) 아세트산과 H_2 생성

아세트산은 발효단계에서 직접 생성되기도 하지만(그림 1.2), 발효단계의 생산물인 프로피온산, 부티릭산, lactate, 에탄올 또는 고분자 휘발성 유기산 등에서도 생성된다. 후자의 경우를 아세트산 생성단계라고 하는데 반응 부산물로 H_2가 생성된다. 이 단계의 반응은 Bryant 등(1967)이 에탄올의 메탄화 과정에서 에탄올을 아세트산으로 변화시키는 미생물을 발견한 후에 확인되었으며, 그 후 혐기성 처리의 생화학에 관한 연구는 급진전을 이루었다. 고분자 휘발성 유기산이 아세트산으로 변환되는 과정은 β 산화를 통해 이루어지는데, 한번의 β 산화단계에서 1 몰의 아세트산과 2 몰의 수소를 생성한다.

혐기성 처리에서 생산되는 메탄 중 프로피온산, 부티릭산을 통하여 생성되는 양이 약 20~75%라고 알려져 있으므로(그림 1.1), 이 단계의 반응이 혐기성 처리의 효율에 큰 영향을 미친다. 일반적으로 아세트산 생성단계에 가장 큰 영향을 미치는 인자는 반응조 내의 P_{H_2}라고 알려져 있다. 많은 연구자들이 P_{H_2}가 높을 경우 프로피온산, 부티릭산, 에탄올 등으로부터 아세트산 생성 반응이 일어나지 못한다고 보고하였다(Mclnerney 등, 1981). Smith & McCarty(1989)는 P_{H_2}가 높게 유지될 때 프로피온산으로부터 4-7C 카르복실산 및 프로판올이 생성됨을 보고하였다. 이 같은 현상은 반응의 Gibbs free energy로부터 이론적으로 예측할 수 있다. 표 1.1에 의하면 표준상태에서 프로피온산, 부티릭산,

표 1.1 프로피온산 및 부티릭산의 산화환원반응에 대한 반응식과 Gibbs free energy

Reaction		$\Delta G^{o'}$ (KJ)
1. propionate + CO_2 + $2H_2$	= propanol + HCO_3^-	−4.08
2. propionate + acetate + CO_2 + $2H_2$	= valerate + HCO_3^- + H_2O	−40.3
3. propionate + acetate + CO_2 + $2H_2$	= isovalerate + HCO_3^- + H_2O	−43.5
4. propionate + $2H_2O$	= acetate + CO_2 + $3H_2$	67.4
5. butyrate + CO_2 + $2H_2$	= butanol + HCO_3^-	−8.7
6. acetate + butyrate + CO_2 + $2H_2$	= caproate + H_2O + HCO_3^-	−40.4
7. acetate + butyrate + CO_2 + $2H_2$	= isocaproate + H_2O + HCO_3^-	−65.4
8. butyrate + H_2O + HCO_3^-	= 2acetate + CO_2 + $2H_2$	40.4
9. acetate + H_2O	= CH_4 + HCO_3^-	−32.2
10. CO_2 + $4H_2$	= CH_4 + $2H_2O$	−126

1. 자유에너지는 다음 식으로 계산되었음: $\Delta G^o = \Delta G^{o'} + RT\sum v_i \ln a_i$
   여기서 R = 기체상수, T = 절대온도, v_i = 반응의 양론계수, a_i = i의 활성도
2. 계산조건 : 온도 35℃, pH = 7, HCO_3^- = 75 mM, VFA = 1 mM, CO_2 및 CH_4 분압 : 0.5

에탄올로부터 아세트산이 생성되는 반응의 자유에너지는 (+)로 반응이 진행되지 못함을 알 수 있다. 따라서 반응이 일어나기 위해서는 생성물인 H_2, CO_2 혹은 아세트산의 농도가 낮게 유지되어야 한다. 반응조 내에서 CO_2의 농도는 약 30~50% 정도로 그 변화가 심하지 않고, 아세트산과 프로피온산의 농도 비도 크게 변화하지 않는다. 그러나 H_2의 농도는 그 변화폭이 매우 커서 반응조가 정상적으로 운영이 되지 않을 경우 10~100배까지 쉽게 변화할 수 있다. 따라서 아세트산 생성 과정에서는 H_2의 농도가 반응의 열역학에 가장 큰 영향을 미치게 된다.

그림 1.3은 프로피온산 및 부티릭산으로부터 아세트산이 생성되는 반응의 자유에너지와 H_2 농도간의 관계를 표 1.1의 값을 이용하여 계산한 결과이다. 계산과정에서 pH, 중탄산염, 유기산의 농도는 각각 7, 75 mM 및 1 mM로 그리고, 온도는 35℃로 가정하였다.

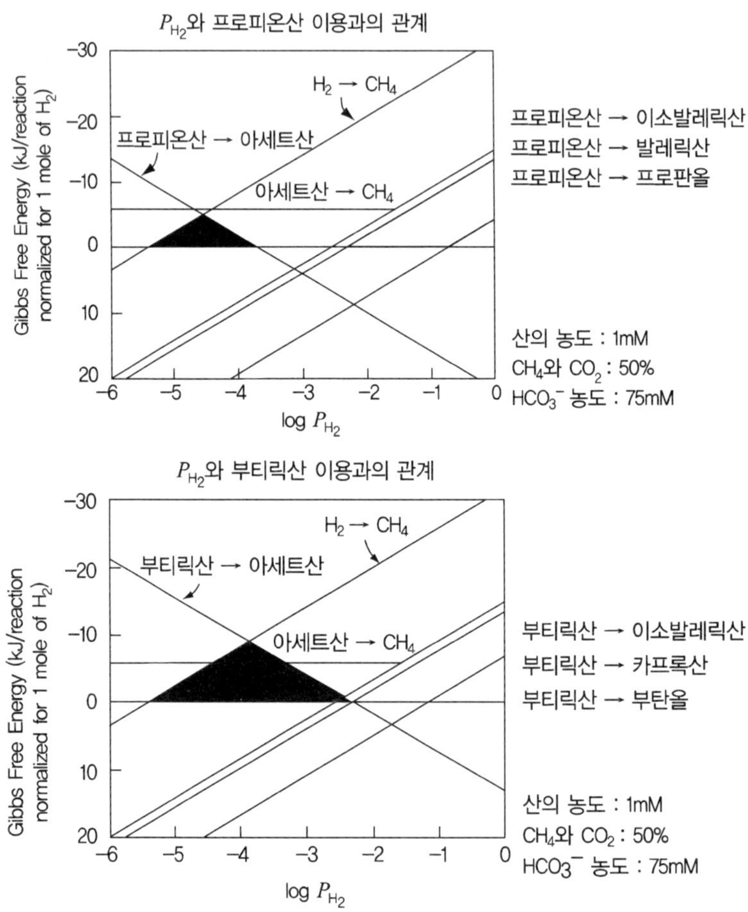

그림 1.3 수소분압이 프로피온산 및 부티릭산의 변환에 미치는 영향

또한, CO_2 및 CH_4의 분압은 모두 0.5 기압이라고 가정하였다. 아세트산의 메탄화는 열역학적으로 H_2의 농도와 무관하다. H_2가 메탄으로 변하는 반응은 P_{H_2}가 $10^{-5.4}$기압 이상으로 유지되어야 열역학적으로 가능하다. 그러나 P_{H_2}가 $10^{-3.7}$기압 이상으로 되면 프로피온산이 아세트산으로 변하는 반응이 불가능함으로 반응조 안에 프로피온산이 축적하게 된다. P_{H_2}가 더욱 증가하여 $10^{-2.3}$~$10^{-0.8}$기압으로 유지되면 프로피온산은 아세트산을 생성하는 역반응, 즉 아세트산 및 H_2와 결합하여 발레릭산(valerate)으로 변하는 반응도 가능하다. 마찬가지로 P_{H_2}가 $10^{-0.8}$기압 이상으로 유지되면 프로판올의 생성도 가능하다. 따라서 프로피온산이 정상적으로 메탄으로 변화하기 위하여서는 그림 1.3에 검은 삼각형으로 표시된 것처럼 P_{H_2}가 $10^{-5.4}$~$10^{-3.7}$기압 사이에서 유지되어야 한다. 마찬가지로 부티릭산의 경우 P_{H_2}가 $10^{-5.4}$~$10^{-2.3}$기압 사이에서 유지되어야 정상적인 메탄화가 가능하며, 그 이상인 경우는 부티릭산이 부탄올, 카프록산(caproate) 등으로 변환될 수 있다.

정상적인 반응조에서는 P_{H_2}가 10^{-4}기압 정도로 유지되어야만 아세트산 생성반응이 열역학적으로 가능하다. 이는 H_2를 사용하는 메탄생성균이 발효균이나 아세트산 생성균에 의해 생성된 H_2를 빠르게 소모함으로써 가능하다. 이 같은 H_2 전달과정을 종간 수소 이동(interspecies H_2 transfer)이라고 일컫는데 이는 혐기성 반응조의 정상운영에서 매우 중요한 현상이다.

이제까지의 혐기성 처리에 대한 열역학적인 영향은 아세트산 생성 단계에서 H_2를 중심으로 논의가 되어왔고 최근에도 이를 확인하는 연구 결과가 보고되고 있다(Pauss 등, 1990; Conrad 등, 1989). 그러나 H_2 대신 폼산(formate)이 미생물종간의 전자를 전달하는 역할을 수행한다는 학설이 실험과 이론으로 보고되어 있다(Thiele 등, 1988; Ozturk 등, 1989). 하지만 아직 종간 전자 이동체가 어느 것인지 명확하지 않으며, 미생물의 종류에 따라 H_2와 폼산 모두가 그 역할을 할 수 있다는 가능성이 크다.

3) 메탄화

메탄화 과정에서는 앞 단계에서 생성된 H_2 및 아세트산 그 밖에 폼산, 메탄올 등이 메탄으로 변화한다. 이 과정에서 유기물의 COD 혹은 BOD가 메탄으로 변화함으로써 실질적인 안정화가 이루어진다. 아세트산의 메탄화 과정에서 방출되는 에너지의 양은 발효단계의 반응에 비하여 작기 때문에(식 1.2 및 표 1.1 참조) 성장속도가 발효균에 비하여 느리다. 그 결과 아세트산을 이용하는 메탄생성균은 고형물 체류시간이 최소한 4일 이상이 되어야 반응조안에서 성장이 가능하다.

더불어 가수분해단계가 필요 없는 용해성 유기물의 혐기성 처리 시에는 아세트산의 메탄화가 전체의 속도를 결정하므로 반응조의 설계에 중요한 인자이다. H_2와 CO_2를 사용하는 메탄생성균은 H_2의 농도를 낮게 유지시킴으로써, 아세트산 생성 단계의 반응이 열역학적으로 가능하도록 도와줄 뿐 아니라 발효단계에도 영향을 미친다. 메탄생성균은 편성혐기성균으로 그들만이 가지는 효소인 F_{430}, F_{420}, 그리고 coenzyme M 때문에 다른 미생물과 구별이 되며, 이 중 F_{420}은 형광성이 있어 메탄생성균의 구별 및 정량분석에도 사용되고 있다(Doddema & Vogels, 1978). 메탄생성균은 낮은 산소농도에도 치명적인 영향을 받는다고 알려져 있다. 메탄생성균의 종류와 특성은 Zehnder 등(1988)에 의해 요약 보고되어 있다.

이제까지 살펴본 바와 같이 혐기성 처리는 크게 산생성과 메탄생성의 두 과정을 거쳐 메탄을 생성시킨다. 따라서 혐기성 반응조가 효율적으로 운영이 되려면 산생성균과 메탄생성균의 활성간에 균형이 유지되어야 한다. 메탄생성균은 산생성균보다 환경의 변화에 민감하다고 알려져 있으므로(McCarty, 1974) 반응조의 설계 시에는 이를 고려하여 충분한 메탄생성균이 존재하도록 고려하여야 한다. 그렇지 않을 경우 반응조의 균형이 깨지면 아세트산 등의 유기산이 축적하여 pH를 저하시키므로 미생물의 활동이 중지된다(McCarty, 1982).

1.1.3 혐기성 소화의 양론식

혐기성 처리에서는 외부로부터 산소가 주입되지 않기 때문에 유기물의 안정화는 메탄 생성을 통해서만 일어나며, 이 때 메탄과 미생물 생성량은 양론식을 세움으로써 예측할 수 있다. McCarty(1974)에 의하면 유기물 구성에 대한 경험식을 $C_nH_aO_bN$로 나타낼 때 혐기성 반응은 식 (1.5)와 같이 표현할 수 있다 :

$$C_nH_aO_bN + \left(2n + c - b - \frac{9}{20}sd - \frac{ed}{4}\right) H_2O \rightarrow \tag{1.5}$$

$$\frac{de}{8}CH_4 + \left(n - c - \frac{sd}{5} - \frac{de}{8}\right) CO_2 + \frac{sd}{20} C_5H_7O_2N$$

$$+ \left(c - \frac{sd}{20}\right) NH_4^+ + \left(c - \frac{sd}{20}\right) HCO_3^-$$

위 식에서 $d = 4n + a - 2b - 3c$ 이며, s는 유기물의 COD 중 미생물로의 변화량을, 그리고 e는 메탄으로의 변화량을 나타내므로 $s + e = 1$이다.

식 (1.5)에서 s의 값은 유기물의 종류, 미생물 체류시간(SRT 또는 θ_c), 자산화속도(b)

의 함수이며 식 (1.6)과 같이 결정된다 :

$$s = \frac{a_e\,(1+0.2\,b\,\theta_c)}{(1+b\,\theta_c)} \tag{1.6}$$

위의 식에서 0.2는 미생물의 자산화 시 생성되는 난분해성 물질의 양이다. a_e는 s의 최대값으로서 θ_c가 0일 때 얻어지는 값으로 McCarty(1974)에 의하여 제시된 여러 종류의 유기물에 대한 값이 표 1.2에 주어져 있다.

표 1.2 혐기성 처리시 각종 폐수성분에 대한 a_e와 Y값

폐수성분	화학식	a_e	Y (g cell/g COD consumed)
탄수화물	$C_6H_{10}O_5$	0.28	0.200
단백질	$C_{16}H_{24}O_5N_4$	0.08	0.056
지방산	$C_{16}H_{32}O_2$	0.06	0.042
하수슬러지	$C_{10}H_{19}O_3N$	0.11	0.077
에탄올	C_2H_6O	0.11	0.077
메탄올	CH_4O	0.15	0.110
벤조산	$C_7H_4O_2$	0.11	0.077

표 1.2에서 Y는 단위 COD 소모량당 미생물 생산량을 나타낸 것(a_e값을 미생물 1그램당 COD값 1.42로 나눈 값)으로 탄수화물의 경우가 가장 높고 지방산의 경우가 가장 낮음을 알 수 있다. 하수 슬러지 처리의 경우 표 1.2에 주어진 바와 같이 슬러지의 경험적 구성식은 $C_{10}H_{19}O_3N$이고 a_e는 0.11이므로 θ_c를 20 day, b를 0.03/day라고 하면 s는 0.076으로 계산이 되고 식 (1.5)는 식 (1.7)과 같이 된다 :

$$C_{10}H_{19}O_3N + 4.74\,H_2O \rightarrow \tag{1.7}$$

$$5.78CH_4 + 2.47CO_2 + 0.19C_5H_7O_2N + 0.81NH_4^+ + 0.81HCO_3^-$$

식 (1.7)에 의하면 210 g의 하수 슬러지가 혐기성으로 분해되면 5.78 몰 (129 liter)의 메탄과 0.19 몰 (21.5 g)의 미생물, 그리고 0.81 몰 (40.5 g as $CaCO_3$)의 알칼리도가 생성됨을 알 수 있다. 또한, 가스의 메탄 구성비는 약 70% $\left(=\frac{5.78}{5.78+2.47}\right)$이다.

혐기성 처리에서는 외부로부터 산화제인 산소가 공급되지 않으므로 폐수의 산소요구량의 변화는 생성된 메탄의 산소요구량과 같다. 이 관계를 이용하여 COD 혹은 BOD_L의 양

의 변화로부터 메탄 생산량의 추정이 가능하다. 메탄의 산소요구량은 다음 식과 같다 :

$$CH_4 + 2O_2 \rightarrow CO_2 + 2H_2O \tag{1.8}$$

식 (1.8)에 의하면 1 몰의 메탄은 2 몰의 산소를 요구하므로 1 g COD 변화는 1/64 몰, 또는 표준상태에서 1/64 × 22.4 liter = 0.35 liter의 메탄을 생성시킨다. 이 관계에서 COD 변화로부터 메탄발생량을 식 (1.9)와 같이 산정할 수 있다:

$$G = 0.35\,Q\,(S_t^o - S_t) \tag{1.9}$$

여기서 G : 메탄발생량 (L/day)
Q : 유입유량 (L/day)
S_t^o : 유입수 TCOD (g/L)
S_t : 유출수 TCOD (g/L)

예를 들어 TCOD 20,000 mg/L 인 폐수를 100 m^3/일 유량으로 처리할 때 유출수의 TCOD가 10,000 mg/L이면 COD 변화량은 10^6 g/day이므로, 메탄생성량은 10^6 g COD/day × 0.35 L/COD = 3.5×10^5 L CH_4/day 이다. 위의 관계는 역으로 메탄발생량으로부터 반응조의 처리효율을 산정하는 데도 쓰일 수 있다. 예를 들어 하루에 1,500 kg의 COD가 유입하고 메탄생성량이 350 m^3이라면, 1,000 kg의 COD가 안정화 되어 메탄으로 생성되는 것이다. 따라서 유기물 안정화 효율은 67%이다.

1.1.4 혐기성 소화조의 동력학

동력학(kinetics)은 반응속도에 관한 것으로 공정의 효율 및 안정성에 영향을 주는 인자를 이해하는 데 매우 중요하다. 고형물 체류시간(이하 SRT 또는 θ_c라고 함)은 반응조안의 미생물량을 반응조로부터 폐기되는 미생물량으로 나눈 값으로 처리효율에 가장 큰 영향을 미친다(McCarty, 1974). 다음에 언급된 kinetics에 관한 토의는 혐기성 소화시의 SRT와 온도의 중요성 및 이를 설계에 이용하는 데에 중점을 두었다.

혐기성 처리는 여러 미생물의 복잡한 상호작용을 거쳐 이루어지므로 이를 수학적으로 묘사하는 model도 복잡하다. 그러나 설계의 관점에서 소화조내의 COD 제거와 메탄생성 반응은 간단한 Monod kinetics로 표현할 수 있다(O'Rourke, 1969). 미생물의 성장속도와 미생물에 의한 유기물의 분해속도는 각각 다음의 식 (1.10) 및 식 (1.11)과 같다:

$$\frac{dX_a}{dt} = Y\left(-\frac{dS_d}{dt}\right) - bX_a \tag{1.10}$$

$$-\frac{dS_d}{dt} = -\frac{kS_dX_a}{K_s + S_d} \tag{1.11}$$

여기서 X_a : 활성미생물의 농도 (mg/L)
Y : 미생물 생산계수 (g cells/g COD consumed)
S_d : 유기물 중 생분해성 COD (mg/L)
b : 미생물 자산화속도 (1/day)
k : 최대 유기물 분해속도 (g COD/g bacteria-day)
K_s : Monod half-velocity 계수 (g/L)

식 (1.10)에 식 (1.11)을 대입하고 X_a로 나누면 식 (1.11)과 같이 된다 :

$$\frac{dX_a/dt}{X_a} = Y\frac{kS_d}{K_s + S_d} - b = \mu = \frac{1}{\theta_c} \tag{1.12}$$

여기서 μ는 미생물 비 성장계수로서 CSTR의 경우에는 θ_c의 역수와 같다(Lawrence & McCarty, 1970).

식 (1.10)과 식 (1.11)을 사용하면 소화조의 유기물 분해속도를 나타내는 모델을 세울 수 있다. 그림 1.4와 같은 재순환이 없는 완전혼합조에서 폐수의 유량을 Q (L/day), 유입폐수의 TCOD는 S_t(mg/L), 유입수의 생분해성 COD를 S_d(mg/L), 그리고 유입수의 난분

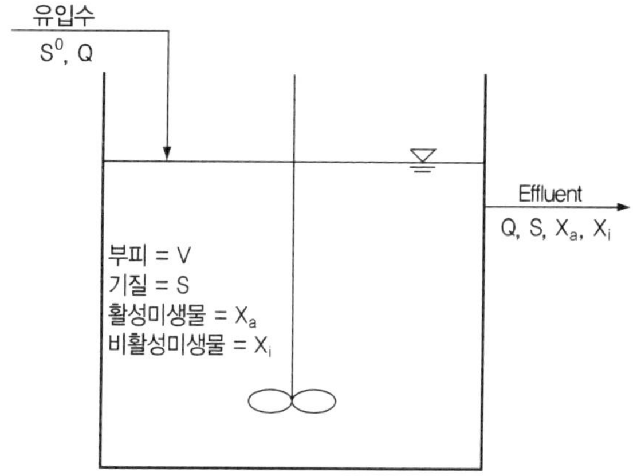

그림 1.4 미생물 순환이 없는 완전혼합형 혐기성 반응조

해성 COD를 S_r(mg/L)로 표시하면 유출수의 TCOD는 다음과 같다:

$$S_t = S_d + S_r + 1.42X \tag{1.13}$$

여기서 S_t : 유출수의 TCOD (mg/L)
S_d : 유출수의 생분해성 COD (mg/L)
S_r : 유출수의 난분해성 COD (mg/L)
$1.42X$: 미생물에 의한 TCOD (mg/L), 미생물 1 g은 1.42 g COD이다.
$X = X_a + X_i$, 즉 활성미생물과 비활성미생물의 합이다.

정상상태의 소화조에 대하여 시간 dt 동안의 물질수지를 세우면 X 및 S를 구할 수 있다. 먼저 분해성 물질 S_d에 대한 물질수지는

$$V\,S_d = \text{유입량} - \text{유출량} - \text{미생물에 의하여 분해된 양}$$

$$VS_d = Q\,S_d^o\,dt - Q\,S_d\,dt + \left(\frac{dS_d}{dt}\right)V\,dt \tag{1.14}$$

식 (1.14)의 양변을 Vdt로 나누고 정상상태를 고려하면

$$-\frac{dS_d}{dt} = \frac{(S_d^o - S_d)}{\theta_c} \tag{1.15}$$

여기서 θ_c는 미생물 체류시간으로 이 경우 수리학적 체류시간과 동일하다. 반면, S_r은 분해가 되지 않으므로 식 (1.14)과 같은 물질수지식에서 $dS_r/dt = 0$이므로

$$S_r^o = S_r \tag{1.16}$$

미생물에 대한 물질수지는 활성미생물의 양(X_a)과 미생물의 자산화에 의하여 생성되는 비활성 미생물량 X_i로 나누어 생각하기로 한다. 이 경우 총미생물량 X는 X_a와 X_i의 합이다. X_a에 관한 물질수지는:

$$VdX_a = \text{유입량} - \text{유출량} - \text{성장량} - \text{자산화량}$$

$$Vd\,X_a = 0 - QX_a\,dt + Y\left(-\frac{dS_d}{dt}\right)V\,dt - b\,X_a\,Vdt \tag{1.17}$$

식 (1.17)의 양변을 Vdt로 나눈 다음 식 (1.15)를 대입하면 정상상태에서는

$$X_a = \frac{Y(S_d^o - S_d)}{(1 + b\,\theta_c)} \tag{1.18}$$

마찬가지 방법으로 dt 동안의 생성량이 $0.2bX_aV$인 X_i는 물질수지식에서 다음과 같이 계산된다.

$$X_i = 0.2\,bX_a\theta_c \tag{1.19}$$

식 (1.18)과 식 (1.19)로부터

$$X = \frac{Y(S_d^o - S_d)}{(1 + b\theta_c)}(1 + 0.2b\theta_c) \tag{1.20}$$

식 (1.11)과 식 (1.15)는 동등하므로 $(S_d^o - S_d)/\theta_c = (kS_dX_a)/(K_s + S_d)$가 성립하고 여기에 식 (1.20)에서 구한 X_a를 대입하면 ;

$$S_d = K_s \frac{1 + b\,\theta_c}{\theta_c(Yk - b) - 1} \tag{1.21}$$

식 (1.16), 식 (1.20) 및 식 (1.21)으로부터 유출수의 TCOD는 다음과 같다:

$$S_t = S_r^o + K_s \frac{1 + b\theta_c}{\theta_c(Yk - b) - 1} + 1.42\,Y(S_d^o - S)\frac{(1 + 0.2b\theta_c)}{1 + b\theta_c} \tag{1.22}$$

식 (1.20)과 식 (1.21)에서 보면 θ_c, 즉 미생물 체류시간이 전형적인 혐기성 소화조의 설계 및 운영에 있어서 가장 중요한 변수임을 알 수 있다.

식 (1.10)에서 (1.22)는 한 종류의 미생물에 대한 일반적인 식이므로 혐기성 처리와 같이 여러 종류의 미생물이 서로 다른 종류의 먹이를 사용하는 경우에 이들 식을 적용하기 위해서는 약간의 수정이 필요하다. O'Rourke(1969)는 도시하수처리장의 1차 슬러지 처리 시 palmitic, stearic, olelic acids 등으로 구성된 지방성분과 프로피온산의 분해속도가 가장 느리므로 SRT가 10일 이상이 되어야 분해되기 시작하며, 이 때 셀룰로오스, 단백질, 아세트산의 분해는 거의 완전하게 이루어진다고 보고하였다. 따라서 SRT가 10일 이상이 될 때에는 COD 중 메탄으로 전환된 양은 지방성분과 프로피온산의 분해성 여부에 의하여 좌우되는데 이들을 분해시키는 미생물의 Y, k, 그리고 b의 값이 크게 다르지 않다고 보고, O'Rourke(1969)는 식 (1.21)을 수정하여 다음과 같은 식을 제안하였다 :

$$S_d = K_c \frac{1 + b\,\theta_c}{\theta_c(Yk - b) - 1} \tag{1.23}$$

여기서 $K_c = K_s(\text{lipid}) + K_s(\text{propionic acid}) + K_s(\text{acetic acid})$

또한 식 (1.22)는 다음과 같이 된다.

$$S_t = S_r^o + K_c \frac{1 + b\theta_c}{\theta_c(Y_a k - b) - 1} + 1.42\,Y\,(S_d^o - S)\frac{(1 + 0.2b\theta_c)}{1 + b\theta_c} \tag{1.24}$$

위의 식에서 온도가 20~35℃의 범위인 경우 하수 슬러지에 대한 각 계수의 값은 다음과 같다 :

$$k = 6.67\ (1.035^{T-35})\ (1/\text{day})$$
$$K_c = 1.8\ (1.112^{35-T})\ (\text{g COD/L})$$
$$Y_a = 0.04\ \text{g cell/ g COD}$$
$$Y = 0.103\ \text{g cell/ g COD}$$
$$b = 0.03(1.035^{T-35})\ (1/\text{day})$$

이 모델에서는 두개의 Y값이 필요한데, Y는 총유기물의 분해에 대한 값이고 Y_a는 rate limiting step인 유기산 분해에 대한 값이다.

위의 계수를 사용하여 S_t^o = 28.4 g COD/L, S_r^o = 8.8 g COD/L, S_d^o = 19.6 g COD/L인 1차 슬러지의 처리 시 유출수의 수질, 메탄발생량, 그리고 안정화 속도를 예측한 결과가 그림 1.5에 나타나 있다. O'Rourke(1969)는 SRT가 5일 이하인 경우를 제외하고는 예측치가 실험값과 근사함을 보여주었다. 전반적으로 SRT가 30일 이상일 경우에는 처리효율이 온도와 무관하지만 SRT가 짧아지고 온도가 낮아지면 처리효율도 저하됨을 알 수 있다. 온도가 35℃일 경우에는 SRT가 10일을 넘을 경우 SRT를 증가시켜도 처리효율이 거의 증가하지 않는다. 통상적으로 소화조는 15일 이상의 SRT에서 운영되기 때문에 운영온도는 처리효율에 그다지 큰 영향을 미치지 않는다. 그러나 다음에 언급되겠지만 온도가 높거나 SRT가 긴 경우에는 소화조운영의 안정성이 커지게 된다. 또한, 온도가 15℃ 이하이면 지방성분이 분해되지 못하므로 적어도 그 이상의 온도는 유지하여야 한다(O'Rourke, 1969).

단위 COD당 메탄발생량은 SRT가 길어질수록 증가하지만 이론값인 0.35 리터보다 적은 것은 COD 중 일부가 미생물로 변화하기 때문이다. SRT가 길어질수록 단위 COD당 미생물로 변화하는 양이 감소하므로 단위 COD당 메탄발생량은 증가하게 된다. 그림 1.5

에서 흥미로운 사실은 반응조 단위용적당 유기물의 안정화 속도이다. 이는 식 (1.14) 혹은 식 (1.15)로부터 계산할 수 있는 값으로, 소화조 단위용적당 얻을 수 있는 메탄발생 속도를 나타낸다. 단위용적당 유기물의 안정화 속도는 10일 전후의 SRT에서 최대치에 달하며, 온도가 증가할수록 그 양이 커짐을 알 수 있다.

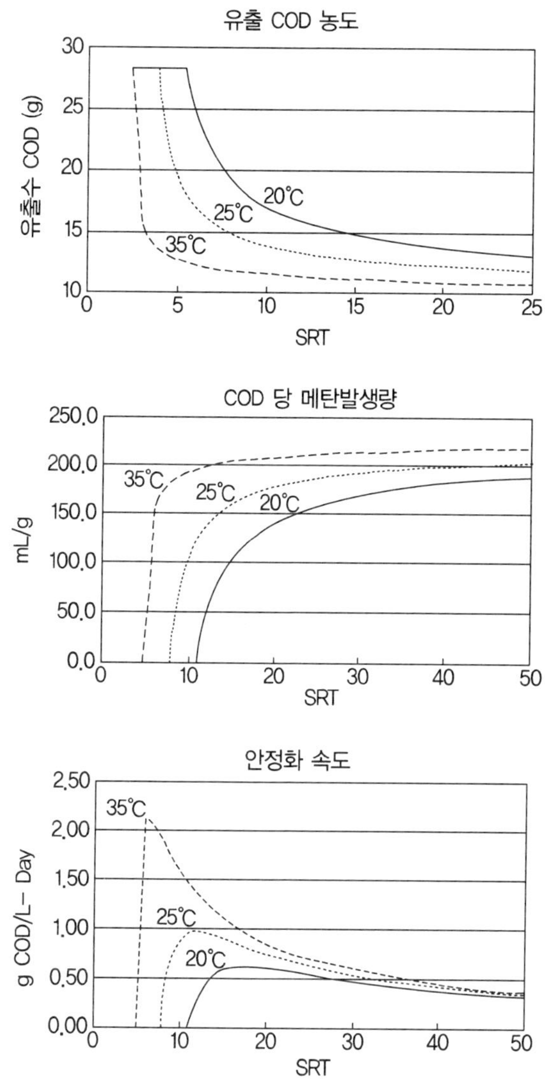

그림 1.5 1차 슬러지 처리시 미생물 체류시간과 온도변화에 따른 유출수 COD, 메탄 생성량 및 유기물 안정화 속도 예측값

지금까지 설명된 바와 같이 O'Rourke(1969)에 의하여 개발된 rate-limiting step model을 이용하여 소화조의 성능과 설계요소를 규정할 수 있다. 미생물 체류시간의 설계치(θ_c^d)를 산정할 때에는 다음과 같은 θ_c^d들을 고려할 필요가 있다:

$$\theta_c^{\lim} = \frac{1}{Y_a k - b} \tag{1.25}$$

$$\theta_c^{\min} = \frac{1}{\dfrac{Y_a k S^o}{K_c + S^o} - b} \tag{1.26}$$

$$\theta_c^{eff} = \frac{1}{\dfrac{Y_a k S^{eff}}{K_c + S^{eff}} - b} \tag{1.27}$$

여기서 S^{eff} = (1 − 처리효율(%) / 100) S_d^o

$\theta_c^{\lim}$는 어떤 종류의 유기물에 대하여서도 메탄생성균의 생성속도가 유실(washout) 속도보다 느려서 반응조안의 메탄생성균이 존재하지 못하는 θ_c의 극한치이다. $\theta_c^{\min}$는 주어진 폐수에 대하여 메탄생성균이 유실되는 최소 θ_c의 값으로 $\theta_c^{\lim}$보다 약간 크며, S_d^o의 함수이다. 또한, θ_c^{eff}는 원하는 유기물의 제거효율을 달성하기 위한 최소 θ_c의 값을 나타낸다. 따라서 θ_c가 $\theta_c^{\lim}$ 또는 $\theta_c^{\min}$값보다 작게 되면 공정이 완전히 실패하므로 어떤 경우에도 그보다 작아서는 안 된다. 설계 시 θ_c^d는 $\theta_c^{\lim}$ 또는 $\theta_c^{\min}$에 안전율을 곱한 값을 취하며, 불완전교반 등을 고려하여 안전율은 보통 2.5~10 정도의 값을 사용한다. θ_c^d가 정해지면 유출수의 COD와 메탄생성량은 각각 식 (1.24)와 식 (1.9)에 의하여 산정할 수 있다. 또한 적절한 θ_c^d를 선정하여 위에 언급한 식을 사용하면 원하는 정도의 유기물 안정화, 단위 유기물당 최대 메탄발생량 등을 산정할 수 있다. 예를 들어, SRT가 20일이고 처리효율을 90% 이상으로 유지하는 소화조를 설계한다고 가정하자. 이 경우에 각 온도에서 계산된 안전율이 표 1.3에 주어져 있으며, 이는 혐기성 처리 시 온도영향을 잘 나타내고 있다. 온도가 35℃, SRT가 20일인 경우에 온도가 30℃로 내려가도 효율은 90% 이상으로 유지되지만, 25℃가 되면 90%의 원하는 효율을 얻을 수 없게 된다(안전율이 1 이하가 되고, 효율 90%를 얻으려면 SRT가 32.8일이 되어야 한다). 이와 같은 분석은 소화조 설계 시 안정성 있는 소화조의 운영을 위한 체류시간 선정에 유용하게 사용될 수 있다.

표 1.3 체류시간 20일, 효율 90%로 하수슬러지를 처리할 때 계산된 안전율

온도(℃)	θ_c^{lim}	θ_c^{min}	θ_c^{eff}	θ_c^d=20일에 대하여 계산된 안전률		
				$\theta_c^d/\theta_c^{lim}$	$\theta_c^d/\theta_c^{min}$	$\theta_c^d/\theta_c^{eff}$
35	4.2	4.7	9.2	4.8	4.3	2.2
30	5.0	5.9	16.0	4.0	3.4	1.3
25	6.0	7.8	32.8	3.3	2.6	0.6
20	7.1	10.9	91.2	2.8	1.8	0.2

O'Rourke(1969)에 의하여 제안된 rate-limiting step model을 사용하지 않을 경우에는 혐기성 처리 시 일어나는 모든 반응에 대하여 식 (1.10)과 식 (1.11)을 세우고 이를 동시에 풀어 나가면 된다. 이와 같은 종류의 model (Mosey, 1983a 및 1983b)은 가수분해단계가 처리속도를 제한하지 않는 용해성 유기물의 처리에 대하여 적합하다.

안정적인 소화조 운영을 위하여 미생물 체류시간을 늘리려면 용적을 크게 하거나 침전조나 분리막을 이용한 미생물의 재순환, AF, UASB, AFBR 등과 같이 수리학적 체류시간과는 별도로 미생물 체류시간을 늘리는 방법이 있다.

소화조의 운영에 있어서 교반의 역할은 매우 중요하다. 교반은 소화조내의 성층화에 의한 스컴층 및 온도경사의 발생 억제, 독성물질의 분산, 미생물과 유기물과의 접촉증대에 필요하며, 불완전할 경우에는 유효용적을 감소시킴으로써 처리효율을 저하시킨다. 실제로 현장에서는 불완전 교반에 의하여 소화조 유효용적이 약 70% 정도까지 감소한 예가 보고되었다(Monteith & Stephensen, 1981; Torpey, 1955). 이와 같은 불완전 교반의 영향은 그림 1.6에 의하여 파악할 수 있다. 유효용적이 50% 감소하면 SRT가 반으로 감소한다.

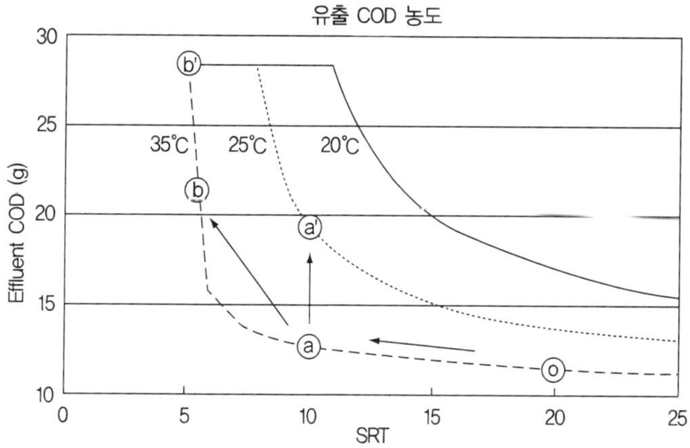

그림 1.6 소화조 운영에서 교반의 중요성

그림 1.6에서 온도 35℃, SRT 20일인 경우 유효용적이 50% 감소하면(점 a) 처리효율이 약 5% 정도 감소한다. 이때 온도도 25℃로 낮아지면(점 a') 처리효율이 약 18% 정도 감소함을 알 수 있다. 하지만 SRT가 10일인 경우 35℃에서 유효용적이 50% 감소하는 경우(점 a에서 점 b) 처리효율이 약 48% 감소하며 온도가 25℃인 경우에는(점 b') 소화조 운영이 완전히 실패함을 알 수 있다.

효율적인 교반을 위하여 최근 유럽 및 미국 일부에서는 계란형 소화조를 채택하고 있다. 계란형 소화조에서는 스컴 수집이 쉽고 바닥에서의 슬러지 수집 및 인출이 용이하며 교반효율이 크다는 등의 장점이 있으나 건설비가 높은 것이 단점이다(Austin, 1992).

1.1.5 요약

혐기성 처리는 메탄을 생성하고 슬러지 발생량이 적으며, 적은 유지비로 고농도 유기폐수를 처리할 수 있는 장점을 지니고 있다. 유기물은 가수분해 및 발효, 아세트산 생성, 그리고 메탄화의 삼 단계를 거쳐 메탄으로 전환되며 이들 각 단계에 관여하는 미생물의 상호작용은 H_2의 농도에 영향을 받는다. 특히 메탄의 70% 정도는 부티릭산, 프로피온산 등의 중간 생성물 단계를 거쳐 아세트산으로 변하게 되므로 아세트산 생성 단계의 반응이 H_2의 영향으로 중단되면 유기산이 축적되어 반응조 운전이 실패하게 된다. 위의 삼 단계 중 고형물질의 처리 시에는 가수분해단계가, 용해성 유기물의 처리 시에는 아세트산의 메탄화단계가 전체 처리속도를 좌우한다. 혐기성 반응조의 설계 시에 가장 중요한 변수는 미생물 체류시간이다. Monod kinetics을 이용한 간단한 모델을 이용하면 유출수의 유기물농도, 메탄생성량 등을 비교적 쉽게 검토할 수 있으며 그 결과는 설계에 사용될 수 있다.

1.2 환경조건 및 운영변수

1.2에서는 혐기성 반응조의 최적 운영을 위한 환경조건 및 독성물질의 영향, 운영변수 및 이상상태의 처방에 관하여 알아본다.

1.2.1 환경조건 : 온도, 영양물질, pH

혐기성 처리에서 유기물 안정화는 대부분 메탄생성균에 의하여 일어난다. 그러나 메탄생성균은 성장속도가 느리기 때문에 온도, 유기물 부하변화 및 여러 환경조건의 변화에 적응하기 위하여 오랜 시간을 필요로 한다. 따라서 반응조의 설계 및 운영 시에는 최적의 환경조건을 유지할 필요가 있다. 혐기성 처리에서 고려할 환경조건으로는 온도, 영양물질, 그리고 pH 등을 들 수 있다.

1) 온도

혐기성 처리과정에서 온도와 처리속도 또는 메탄 발생속도 사이에는 밀접한 관계가 있다. 혐기성 처리의 적정온도는 중온소화는 30~38℃, 고온소화는 50~60℃이다(Fair & Moore, 1934). 온도 35℃(중온소화)까지는 처리속도가 증가하나 그 이상 증가하면 감소하다 약 55℃(고온소화)에 이르면 중온소화 보다 높아진다. 중온소화 속도는 고온소화보다 느리지만, 소화조 운영은 안정적이라고 알려져 있다. 고온소화의 장점은 유기물의 생분해성 및 분해속도가 빠르므로 소화조의 크기를 작고, 처리효율이 높으며, 슬러지 탈수성이 좋아지기 때문에 슬러지 관리비가 줄어들고, 병원균의 사멸이 쉽다는 점 등이다. 그러나 가온을 위한 에너지 공급량이 크며, 상징수의 수질이 나쁠 수 있으며, 소화조 운영의 안정성이 나쁘다는 것이 단점으로 지적되었다(Parkin & Owen, 1986).

저온 혐기성 폐수 처리도 최근에는 매력적인 대안으로 제시되고 있다. Lettinga 등(2001)에 의하면 용해성 폐수를 EGSB로 처리할 때, 유기물 부하 10~12 kg, 온도 10~12°C에서 유기물 제거효율이 90%였다고 보고하였다. 또한 입자성 물질이 다량 함유된 하수의 경우에도 UASB와 EGSB 또는 AF와 anaerobic hybrid reactor (AH)를 조합한 2단 소화를 거치면 13°C에서도 유기물 제거효율이 각각 50% 및 70%이었다고 보고되었다.

소화조 온도는 열교환기의 고장, 유입수의 온도변화, 비효율적인 교반에 의한 성층화 등에 의하여 단기적으로 변할 수 있다. 이와 같이 온도가 변화하면 일반적으로 소화조의 효율은 저하되게 된다. 1.1절에서 살펴보았듯이 CSTR의 경우 SRT가 충분히 길면 20℃ 및 35℃에서의 처리효율에는 큰 차이가 없다. 그러나 소화조는 30일 이상의 SRT에서 운영되는 경우가 거의 없으므로 안전율을 고려하고, 운전 초기나 이상상태 발생 등을 고려하여 반드시 적정온도를 유지하여야 한다. 즉, 소화조의 온도를 일정하고 균일하게 유지하는 것은 안정적이고 효율적인 운전을 위해서 반드시 필요하다.

소화조에서 발생된 메탄은 소화조의 가온에 사용되므로 발생량의 산정은 매우 중요하다. 메탄발생량은 BOD 또는 COD 변화와 미생물 생산량을 알면 다음과 같이 그 값을 산정할 수 있다. BOD를 사용하는 경우 BOD_5가 아닌 BOD_L를 사용하여야 한다.

$$C = 0.35\,(eS - 1.42X) \tag{1.28}$$

여기서 C : 표준상태에서 메탄발생량 (L/day)

e : 소화효율로서 0.8~0.95

S : 첨가된 BOD_L (g/day)

X : 생성된 미생물의 양 (g/day)

계수 0.35는 표준상태 BOD_L 1 g이 안정화 될 때 발생하는 메탄의 양을 liter로 변환하기 위하여 쓰인 값이다. 미생물의 화학식을 $C_5H_7O_2N$이라고 하면 첨가된 BOD_L 중 미생물로 변한 양은 $1.42X$로 계산이 되는데 그 근거는 다음과 같다:

$$\underset{113\text{g}}{C_5H_7O_2N} + \underset{5\times32=160\text{g}}{5O_2} \rightarrow 5CO_2 + NH_3 + 2H_2O \tag{1.29}$$

미생물 g당 BOD_L = 160/113 = 1.42

식 (1.28)을 이용하여 메탄생성량과 폐수의 가온과의 관계를 계산한 결과가 그림 1.7에 제시되어 있다. 계산 시 표준상태에서 메탄의 발열량은 35,860 kJ/m^3, $e=0.9$, $X=0.1S$, 그리고 메탄 연소의 열효율은 80%라고 가정하였다. 그림 1.7에 의하면 발생 메탄을 이용하여 폐수 온도를 10℃ 올리기 위한 유입수 BOD_L는 약 6,000 mg/L임을 알 수 있다. 따라서 처리대상폐수의 유기물 함량이 낮고 체류시간이 긴 경우에는 메탄생성량이 작아 가온을 위한 에너지가 요구되므로 가능한 한 중온 이상의 폐수를 직접 소화조에 공급하는 것이 바람직하다. 반면 열병합 발전기를 이용한 발전 시에는 약 60% 정도의 에너지를 열로 회수할 수 있으므로, 그 양을 가온에 필요한 에너지와 비교, 검토할 필요가 있다.

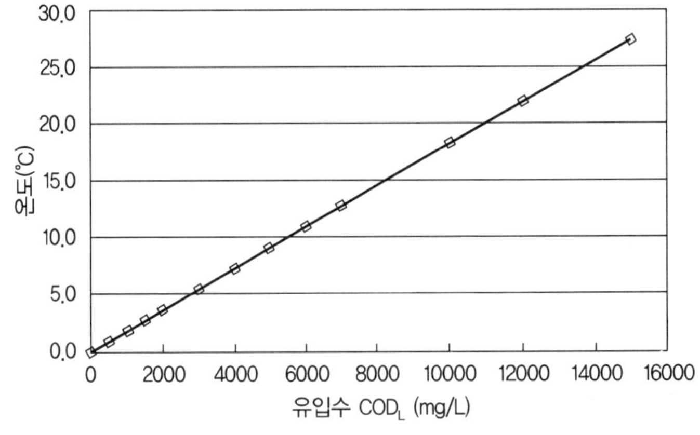

그림 1.7 유입수 BOD_L과 기온과의 관계

2) 영양물질

미생물이 필요로 하는 영양물질은 질소(N)와 인(P), 그리고 미량원소 등이 있다. 질소는 단백질, 효소, DNA, RNA의 합성 등에 쓰이며, 미생물의 화학식을 $C_5H_7O_2N$이라고 가정하면(Shea 등, 1968) 질소는 미생물 중량의 약 12%이다. 단백질 등 폐수에 포함된 유기성 질소는 분해되어 암모니아를 생성하므로 미생물은 직접 이를 신진대사에 사용할 수 있다. 일부 산업폐수와 같이 유기성 질소의 함량이 낮은 폐수를 처리할 경우에는 질소원을 공급하여야 하며, 질소는 암모니아의 형태로 첨가되어야 한다. NO_2^-, NO_3^-를 첨가하면 유기물과 반응하여 N_2로 변화되므로(탈질의 원리) 직접 영양분으로 사용할 수는 없다. 인은 ATP, RNA, DNA의 합성 등에 쓰이며, 인의 요구량은 질소의 약 1/5~1/7이라고 알려져 있다(Speece & McCarty, 1964).

유기물이 분해되어 생성한 모든 형태의 비유기성 인 그리고 일부 형태의 유기성 인은 미생물이 직접 섭취할 수 있다. 혐기성 처리 공정에서 질소 및 인의 요구량은 COD의 변화로 예측할 수 있다. 식 (1.19)는 CSTR에서 생성되는 미생물의 양을 미생물 체류시간의 함수로서 나타낸 것으로 소화조의 체류시간이 길어지면 자산화율이 높아지기 때문에 단위 유기물당 미생물 생성량이 낮아짐을 알 수 있다. 이에 따라 영양분의 요구량이 적어지게 되며, 부수적으로 폐기물의 안정화율이 높아지고 폐기할 슬러지의 양도 줄어든다. 필요한 질소 및 인의 양은 식 (1.19)를 이용하는데 예측한 생성 미생물의 양의 약 11% 및 2%로 산정하고, 폐수 내 질소 및 인의 양이 그보다 적으면 첨가시켜야 한다. 일반적으로는 유입수 COD의 약 4~10% 정도가 미생물로 전환되고, 미생물 1 g은 1.42 g COD와 동등하므로 이 관계에서 필요한 질소 및 인의 양을 산정할 수 있다(McCarty, 1972).

영양분 요구량은 폐수의 구성성분과 주입형태 등에 따라 변하므로 유기물의 농도만으로는 정확한 예측이 어렵다. Speece & McCarty(1964)에 의하면 단위 BOD_L당 미생물 합성량이 지방 폐수의 경우 가장 낮고 탄수화물 폐수의 경우 가장 높다고 보고하였다. 또한, 여러 종류의 미생물 중 가수분해균이 먼저 자라면서 대부분의 영양분을 섭취하므로 메탄생성균이 사용할 수 있는 영양분의 양은 상대적으로 줄어들게 된다. 따라서 영양분 공급 시 제거되는 COD 양보다는 유입수의 농도를 기준으로 사용하는 것이 안정하다고 보고되어 있다(McCarty, 1964c).

미생물 성장에 필요한 미량원소로는 Fe, Ni, Co, Ca, 그 밖에 미량원소 등이 있지만 아직 메탄생성균에 대한 정확한 요구량은 밝혀지지 않고 있다(Speece & McCarty, 1964; Murray & van den Berg, 1981; Bryant, 1971). 일반적으로 도시하수의 1차 및 2차 슬러지는 다량의 N과 P 그리고 여러 종류의 영양물질을 함유하고 있으므로 영양분을 공급할 필요가 없다고 알려져 있다. 그러나 경우에 따라서는 미량원소인 철의 첨가(30~60 mg/L)

가 효율을 증가시킨다고 보고되어 있으며(Speece & McCarty, 1964), 이는 총 철분의 농도보다는 미생물에 가용한 철분의 농도가 중요하기 때문이다. 도시하수에 영양물질이 충분하게 포함되었다고 단정하기는 어렵다. 특히, 특정한 유기물만 포함한 산업폐수의 경우 영양물질을 공급할 필요가 있다. 미량원소금속은 미생물이 섭취 가능한 형태로 공급하여야 하는데, 황화물이 다량 존재하는 경우에는 침전물을 형성하므로 주의를 요한다(1.2.2의 3) 참조).

3) pH

혐기성 처리의 가장 중요한 환경인자 중 하나가 pH로 적정범위는 약 6.5~7.6, 최적범위는 7.0~7.2이다(McCarty, 1964b). 유입수의 특성과 온도 변화, 독성물질의 유입 등의 환경의 변화에 의하여 메탄생성균이 정상적으로 활동을 하지 못하게 되면 아세트산이 소화조에 축적하여 pH는 낮아지게 된다. 이 경우, 발효균은 낮은 pH에서도 활동이 활발하므로 유기산의 생성은 계속 진행되나 유기산으로부터 메탄이 생성되지 않으므로 각종 유기산이 축적되며 pH는 더욱 낮아지게 된다. 또한 유기산의 미생물에 대한 독성작용은 pH가 저하할수록 커지므로(1.2.2의 5 참조), pH 조절이 매우 중요함을 알 수 있다.

Clark & Speece(1970)에 의하면 pH가 5.0으로 저하된 경우, 하루 이내에 조절하면 소화조의 성능에 큰 영향이 없지만, 3일 이상 낮은 pH가 유지되는 경우에는 그 이후에 pH를 조절하여도 소화조가 정상적으로 작동하지 못한다고 보고하였다. 소화조에 이상이 발생한 경우 더 이상 상태가 나빠지지 않도록 하기 위해서는 pH를 조절하여 주어야 한다. 그러나 pH를 높게 유지하는 경우에는 암모니아의 독성이 발생할 수 있으므로 주의하여야 한다. pH 조절방법에 대해서는 1.2.4의 1)에 자세하게 토의되어 있다.

1.2.2 독성물질 : 알칼리 물질, 암모니아, 황화물, 중금속, 유기물

일반적으로 어떤 물질의 독성은 농도의 함수로서, 농도가 매우 낮은 경우에는 미생물의 신진대사에 자극을 주어 활성을 증가시킨다. 이러한 농도의 범위는 중금속의 경우 1 mg/L 이하이나 Na^+, Ca^{2+} 이온의 경우는 수백 mg/L 범위이다. 독성물질의 농도가 점차 높아지게 되면 미생물에 영향을 주어 그 활성을 감소시키며, 이를 중간독성이라고 부른다. 이때 미생물은 큰 영향을 받지는 않으며, 유기물인 경우에는 일정 적응시간이 주어지면 독성 영향이 사라지는 경우도 있다. 그러나 중간독성의 농도 범위에서도 독성물질이 단시간에 유입되면 처리효율이 급격하게 저하될 수 있다. 독성물질의 농도가 중간독성 범위보다 더 높아지면 미생물은 심각한 영향을 받아 상당히 오랜 기간의 적응기간을 요구하거나 활동을 중지하게 되므로 소화조 효율이 급격히 감소하게 된다. 이러한 경우를 강독성이라고 한다.

혐기성 처리는 비교적 고농도의 폐수의 처리에 많이 사용되므로 폐수는 각종 독성물질을 함유할 수 있다. 혐기성 처리에 영향을 미칠 수 있는 독성물질의 종류는 크게 알칼리성 양이온, 암모니아, 황화물, 중금속, 그리고 독성유기물의 5가지로 나눌 수 있으며 그 밖에도 CN^- 등이 독성을 미칠 수 있다. 일반적으로 혐기성 처리 시 도시하수의 경우에는 주로 중금속이, 산업폐수의 경우에는 알칼리성 이온 및 NH_4^+, S^{2-}, CN^- 등의 각종 이온성 물질이 주로 문제가 된다고 알려져 있다(Thiel, 1969; Yang, 1981; Speece 등, 1983).

독성물질의 영향을 최소화시키는 방안으로는 유입원수에서 침전 등의 방법으로 독성물질을 제거하는 법, 희석하여 농도를 낮추는 법, 그리고 길항작용(antagonism)을 이용하는 법 등이 있다. 이 외에도 반응조의 미생물의 양을 증가시킴으로써 독성의 영향을 줄일 수 있다.

미생물의 양과 독성과의 관계는 미생물 성장속도와 관계가 깊다. 일반적으로 메탄생성균의 증식은 2~4일 정도이다(Lawrence & McCarty, 1969). 그러나 독성물질이 존재하는 경우에는 비기질이용율(specific utilization rate, k)이 감소(non-competitive inhibition)하거나, 반속도상수(half velocity constant, K_s)가 증가(competitive inhibition)하게 된다. 반응조에서 미생물성장에 필요한 최소미생물 체류시간 θ_c^m은 아래의 식과 같다:

$$\theta_c^m = \frac{1}{Yk - b} \tag{1.30}$$

독성물질이 존재하게 되면 식 (1.30)에서 Yk 값이 증가하며 결과적으로 최소 미생물 체류시간이 길어지게 된다. 그런데 실제 처리시스템은 θ_c가 고정되어 운영되므로 독성의 영향을 받아 θ_c^m이 운영 θ_c보다 크게 되는 경우 미생물은 반응조에서 유실된다. 따라서 독성의 영향을 줄이기 위해서는 충분한 안전율 θ_c/θ_c^m을 가지고 소화조를 운영하는 것이 바람직하다. 예를 들어 acrylic acid는 25일 체류시간의 CSTR에서는 미생물이 독성의 영향을 받아 순응되기 전에 유실현상이 일어나 분해되지 않았지만, SRT가 100일이 넘는 혐기성 여상(anaerobic filter, AF)에서는 분해되는 경우가 보고되어 있다(Chou 등, 1978; Speece, 1987). Maillacheruvu 등(1993)은 AF가 CSTR보다 용해성 황화물이나 H_2S에 영향을 적게 받는다는 보고하였다. 각 물질별 독성특성과 그 제거방법은 다음과 같다.

1) 알칼리 물질

알칼리 물질 및 그 염은 도시하수보다는 주로 산업폐수에서 문제가 되는 경우가 많다. 이들의 독성은 주로 양이온에 의하여 발생한다고 알려져 있다(Kugelman & Chen, 1971). 대표적인 알칼리성 이온 독성물질들과 그의 농도에 따른 영향은 표 1.4에 나타내었다.

양이온에 의한 독성의 감소는 희석 혹은 길항작용이 적용될 수 있다. 길항작용의 대표적인 예는 Na^+와 K^+이다. 예를 들어 7,000 mg/L Na^+는 혐기성 처리의 효율을 급격히 감소시키지만, 300 mg/L K^+을 첨가하는 경우 소화효율의 저하는 약 80% 감소하며 여기에 150 mg/L Ca^{2+}을 첨가하는 경우 독성은 완전히 제거된다고 알려져 있다. 그러나 Ca^{2+}만을 첨가하는 경우에는 Na^+의 독성제거에 아무런 효과가 없다. 길항작용을 위해서는 염소의 염으로 첨가하는 것이 가장 좋다고 알려져 있다(McCarty, 1964b). 표 1.5는 길항작용과 독성의 상승효과(synergism)를 일으키는 이온의 조합을 나타내고 있다. 그러나 길항작용이 효과가 없는 경우에는 희석하여 농도를 낮추는 것이 최선의 방안이다.

표 1.4 양이온성 물질의 농도에 따른 특성

종 류	활성증가	중간독성	강독성
Na^+	100~200	3,500~5,500	8,000
Ca^{2+}	100~200	2,500~4,500	8,000
Mg^{2+}	75~150	1,000~1,500	3,000
K^+	200~400	2,500~4,500	12,000

Ref : McCarty, 1964b

표 1.5 길항작용과 synergism을 나타내는 양이온의 조합

독성양이온	synergistic	antagnonistic
NH_4	Ca, Mg, K	Na
Ca	NH_4, Mg	K, Na
Mg	NH_4, Ca	K, Na
K	–	NH_4, Ca, Mg
Na	NH_4, Ca, Mg	K

Ref : WPCF, 1990

2) 암모니아성 질소

암모니아는 단백질이나 요소가 분해될 때 생성되는 물질로서 암모늄 이온(NH_4^+) 혹은 용해성 암모니아 가스(NH_3) 상태로 존재한다. McCarty(1974)는 1차 슬러지의 혐기성 소화 시 발생하는 암모니아의 양을 다음과 같이 계산하였다.

$$C_{10}H_{19}O_3N + 4.74H_2O \rightarrow \tag{1.31}$$

$$5.78CH_4 + 2.47CO_2 + 0.19C_5H_7O_2N + 0.81NH_4^+ + 0.81HCO_3^-$$

식 (1.31)에서 소화된 슬러지 1 g 당 약 56 mg의 암모니아성 질소(NH_3)가 생성된다. SRT가 증가하면 질소를 포함한 미생물의 분해도가 커지기 때문에(자산화 포함) 암모니아의 생성량은 증가하게 된다.

암모니아는 pH에 따라 암모니아 가스 또는 암모늄 이온으로 존재하는데 이들의 평형상태는 식 (1.32)와 같다(K_a는 35℃에서 값).

$$NH_4^+ = NH_3 + H^+ \qquad K_a = 5.56 \times 10^{-10} \tag{1.32}$$

두 물질의 분배율은 pH에 의해 다음과 같이 결정된다.

$$pH = 9.26 + \log\frac{[NH_3]}{[NH_4^+]} \tag{1.33}$$

식 (1.33)에 의하면 pH가 9.3 이하이면 주로 NH_4^+ 형태로, 그 이상이면 주로 용해성 NH_3 상태로 존재한다. 예를 들어 pH 7에서는 $[NH_3] = 0.0055\,[NH_4^+]$이며, pH 8에서는 $[NH_3] = 0.055\,[NH_4^+]$이며, 이때 암모니아의 독성이 더 심각하다. NH_3는 NH_4^+보다 훨씬 낮은 농도에서 독성을 미치며, 약 100 mg/L 이상일 경우에는 심한 독성을 일으킨다고 보고되어 있다(Kugelman & Chen, 1971). 암모니아가 생성될 때에는 중탄산 알칼리도가 증가하므로(식 1.5) 단백질이 다량 함유된 폐수를 처리할 때 pH는 8 또는 그 이상으로 상승한다. 만일 총 암모니아성 질소의 농도($NH_3 + NH_4^+$)가 2,000 mg/L이고, pH가 8인 경우 NH_3-N은 약 110 mg/L가 될 것이며, 이는 미생물의 활성저해를 일으키는 범위이다. 이 경우에 휘발성 산이 축적하여 처리효율은 낮아지지만, 다행히도 암모니아의 미생물에 대한 활성저해 정도는 감소한다.

표 1.6은 암모니아의 독성에 관하여 정리한 것이다. McCarty(1964c)는 3,000 mg/L 이상이 되면 독성을 미친다고 하였으나, Parkin & Miller(1982)는 미생물이 순응할 경우 약 8,000~9,000 mg/L의 NH_4^+−N도 큰 영향을 주지 않는다고 보고하였다. 암모니아 독성이 나타날 때 특징 중 하나는 총 암모니아성 질소 농도가 증가하면서 휘발성 산의 농도가 증가한다는 점이다. 만일 암모니아의 농도가 미생물의 활성을 저해시킬 만큼 증가한다면 단순하게 pH를 감소시킴으로써 미생물의 암모니아에 대한 독성문제를 해결할 수 없다.

암모니아의 독성을 감소시키는 가장 좋은 방안은 희석을 통하여 질소 농도를 낮추는 것이다. NH_3 독성이 문제시되는 경우 염산을 첨가하여 문제를 완화시킬 수 있으나 NH_4^+ 독성이 문제인 경우에는 소용이 없다. 또한, 질소성분이 많이 포함된 폐수의 처리 시에는 암모니아성 질소에 의한 독성을 줄이려면 pH를 7.0 정도로 유지하여 총 암모니아성 질소 중 암모니아가스의 양을 낮게 유지하는 것이 바람직하다. 폐수로부터 질소성분을 원천적으로 제거하는 것도 고려할 수 있다.

표 1.6 암모니아성 질소의 농도에 따른 영향

농도(mg/L)	영 향
50~200	미생물 성장에 도움
200~1,000	영향무
1,500~3,000	높은 pH (〉 7.6)에서 암모니아 가스에 의한 독성
3,000 이상	암모늄이온에 의한 독성

Ref : McCarty, 1964c

3) 황화물

황화물은 폐수에 포함된 황화물 혹은 소화조 내에서 SO_4^{2-}나 단백질에 포함된 S의 미생물에 의한 환원에 의해 생성된다. 황화물은 중금속의 황화물, 약산성의 용해성 HS^-, 그리고 가스 상태의 H_2S로 존재한다. 황화물은 철, 아연, 구리 등의 중금속과 결합하여 침전하거나 착물을 형성하면 독성을 띠지 않는다. 독성을 미치는 황화물의 형태는 주로 이온화되지 않은 용해성 H_2S이다. 그러나 H_2S는 용해도가 낮기 때문에 발생량의 일부는 소화조에서 발생한 가스와 함께 유출되며 소화조의 가스 생성량이 많아질수록 가스 상태로 유출되는 황화물의 양은 많아지게 된다.

황화물의 종류별 분포는 식 (1.34)에 주어진 바와 같이 pH의 함수이다. pH가 낮으면 H_2S의 형태로 존재하여 가스 상태로 소화조로부터 유출되는 양이 많아지게 된다.

$$H_2S = H^+ + HS^-, \quad \frac{[H^+][HS^-]}{[H_2S]} = K_{a,1}, \quad pK_{a,1} = 7.04 \tag{1.34}$$

$$HS^- = H^+ + S^{2-}, \quad \frac{[H^+][S^{2-}]}{[HS^-]} = K_{a,2}, \quad pK_{a,2} = 12.9 \tag{1.35}$$

$$H_2S_{(aq)} = H_2S_{(g)}, \quad \frac{[H_2S_{(g)}]}{[H_2S_{(aq)}]} = K_H = 13\ \mathrm{atm/mol}\,(35^\circ\mathrm{C}) \tag{1.36}$$

이온화 되지 않은 용액중의 H_2S 분율은 간단히 아래와 같이 표현할 수 있다(Hilton & Oleszkiewicz, 1988).

$$H_2S\ \text{분율} = \frac{1}{1 - 1.02 \times 10^{(pH-7)}} \tag{1.37}$$

황화물이 중금속과 반응하여 침전물을 형성하는 식은 아래와 같다.

$$M^{2+} + S^{2-} = MS_{(s)},\quad [M^{2+}][S^{2-}] = K_{sp} \tag{1.38}$$

$$K_{sp\,[Fe^{2+}]} = 6 \times 10^{-18}$$

여기서 M^{2+}는 2가 중금속을 나타낸다. K_{sp}는 아연, 구리, 수은 및 다른 2가 중금속보다 용해도가 높은 제일 철(Fe^{2+})에 대한 값이다. 그러나 제일 철 역시 용해도가 낮으므로 제일 철이 충분히 존재하는 경우 모든 황화물은 침전물을 형성하게 된다. 식 (1.38)에 따라 중금속과 침전물을 형성한 다음 잔류하는 황화물은 식 (1.34)에서 (1.36)에 따라 용액과 기체상 사이에서 평형상태를 이루게 된다.

용해성 황화물은 50~100 mg/L까지는 혐기성처리에 영향은 별로 주지 않고 200 mg/L까지도 순응을 시키면 큰 독성 없이 혐기성 처리를 할 수 있다. 그러나 용해성 황화물이 200 mg/L 이상이 되면 상당히 독성을 띠게 된다(Lawrence 등, 1966). H_2S는 혐기성 미생물 뿐만 아니라 사람에게도 독성이 강하며, 악취를 유발한다. 더욱이 에너지 회수를 위한 내연기관에 부식을 유발하므로 전처리를 통하여 제거하여야 한다.

황화물의 독성은 가스 스크러빙, 철염에 의한 침전, 희석 등의 방법으로 제거할 수 있다. 비록 황화물이 독성을 지니기는 하지만 혐기성 반응조의 산화-환원전위를 낮추고 중금속의 독성을 예방하는 역할을 하기도 한다.

4) 중금속

중금속 중 용해성 Cu, Zn, Ni 등은 독성이 상당히 강하여 낮은 농도에서도 소화조의 운전에 큰 영향을 미친다. 이들 중금속의 허용농도는 황화물의 양에 비례한다. Cr^{6+}도 역시 독성이 강하지만 소화조에서는 3가로 환원되어 비용해성 상태로 존재하므로 큰 영향을 미치지는 못한다. 철이나 알루미늄염 역시 용해도가 작아 독성이 크지는 않지만 1차 및 2차 슬러지 처리에 많이 사용한 경우에는 슬러지가 응결되어 분해도가 저하되는 경우가 있다(Gossett 등, 1979). Lin(1993)은 중금속이 유기산의 분해에 미치는 영향이 Cd 〉 Cu 〉 Zn 〉 Pb 〉 Ni 의 순서라고 보고하였다. 표 1.7에 혐기성 처리에 영향을 미치는 중금속의 농도를 표시하였다.

표 1.7 혐기성 소화에 심각한 영향을 미치는 중금속의 농도

중금속	건조고형물 함량(%)	용해성 농도(mg/L)
Cu	0.93	0.5
Cd	1.08	–
Zn	0.97	1.0
Fe	9.56	–
Cr^{6+}	2.20	3.0
Cr^{3+}	2.60	–
Ni	–	2.0

Ref : WPCF, 1990

중금속의 독성은 황화물과 관련하여 고려하여야 한다. 비록 황화물은 독성을 지니지만 중금속과 불용성의 황화물을 형성하면서 침전되므로 미생물에 독성을 미치지 않는다. 따라서 소화조에 황화물이 존재하여 중금속과 결합하는 경우에는 중금속의 독성이 감소한다.

중금속의 독성을 제거하는 가장 보편적인 방법이 중금속 황화물에 의한 침전법으로 소화조 내에 황화물이 충분하지 않을 때에는 Na_2S를 첨가하면 된다. 이 때 약 1 몰의 황화물(S의 분자량 32)은 같은 몰(분자량 58~65)의 중금속과 결합하므로 1 mg/L의 중금속을 제거하기 위하여서는 약 0.5 mg/L의 황화물이 필요하다(McCarty, 1964c). Mueller & Steiner (1992)는 Na_2S에 의한 중금속의 제거효율은 Ni, Cu, Cd, Cr, 그리고 Pb의 순서로 그 효율은 각각 94, 97, 99, 99.9, 99.9%라고 보고하였다. 또한 철은 다른 금속보다는 불용성 침전물을 만드는 정도가 높지 않기 때문에 다른 중금속이 갑자기 유입되어도 치환이 가능하여 독성을 완화시키는 역할을 담당할 수 있다.

5) 독성유기물질

혐기성처리에 독성을 미치는 유기물질의 범위는 유기용매에서부터 알코올, 고분자 지방산 등의 흔한 물질에 이르기까지 매우 다양하다. Chou 등(1978)은 아세트산으로 순양된 메탄생성균을 사용하여 52종의 석유화학제품의 독성을 측정한 결과 물질의 구조와 독성의 상관관계가 매우 크다고 보고하였다. 일반적으로 염소가 치환된 물질, aldehydes, double bonds와 benzene rings 등은 독성을 나타내며, 물질에 hydroxyl group이나 carbon chain이 길어질수록 독성은 감소한다. 표 1.8은 아세트산을 이용하는 메탄균에 독성을 미치는

일부 물질의 종류 및 농도를 나타낸 것이다. 더 자세한 물질의 종류 및 농도는 Rittmann & McCarty(2001)의 교재에 수록되어 있다. 이 밖에도 순응되지 않은 혐기성소화조에서 chloroform, carbon tetrachloride 및 methylene chloride가 각각 0.96 mg/L, 2.2 mg/L, 100 mg/L에서 메탄생성을 50% 저해시킨다고 보고되어 있다(Thiel, 1969).

표 1.8 Acetate 순양 메탄생성균의 활성을 50% 감소시키는 석유화학제품의 농도

종 류	농도(mM)	종 류	농도(mM)
1-Cl-propene	0.1	2-Cl-propionic acid	8
Nitrobenzene	0.1	Vinyl acetate	8
Acrolein	0.2	Acetaldehyde	10
1-Cl-propane	1.9	Ethyl acetate	11
Formaldehyde	2.4	Acrylic acid	12
Lauric acid	2.6	Catechol	24
Ethyl Benzene	3.2	Phenol	26
Acrylonitrile	4.0	Aniline	26
3-Cl-1,2-propandiol	6.0	Resorcinol	29
Crotonaldehyde	6.5	Propanol	90

Ref : Chou 등, 1978

대부분의 독성유기물질은 미생물을 죽이는 것보다는 미생물의 활성을 저하시키는 효과를 지니므로, 순응기간을 거치면 미생물의 기질로 사용될 수 있다. Phenol의 경우 순응단계를 거치면 SRT가 30일에서 약 4000 mg/L까지는 처리효율이 좋다고 알려져 있다(Suidan 등, 1988). CN 역시 10 mg/L까지는 순응에 의한 처리가 가능하며 CN이 약 2.5 mg/L에서는 SRT가 12.5, 25, 50일인 소화조에서 약 10일 이내에 순응되어 가스발생량이 정상적으로 환원되었음이 보고되어 있다(Yang & Speece, 1985). 마찬가지로 chloroform과 formaldehyde의 경우 SRT 50일에서 각각 40 mg/L과 200 mg/L까지 순응이 가능하다고 보고되었다(Parkin & Miller, 1982). 어떤 물질들은 혐기성 시스템에서 유해하지 않은 물질로 변환될 수 있으며, 그 대표적인 예가 클로로폼이다. 혐기성 상태에서 에너지원으로 사용될 수 있는 유기물의 독성에 대한 반응 동역학으로 Haldane 모델이 널리 사용된다.

유기산에 의한 독성은 pH와 밀접한 관계가 있다. 유기산이 축적하면 소화조의 pH는 낮아지게 되어 소화효율이 저하된다. 총유기산(TVA)은 이온화 된 것(IVA)과 이온화 되지 않은 휘발성산(UVA)으로 나눌 수 있는데, 소화조의 pH가 메탄화에 미치는 저해작용은 주로 UVA의 양에 의해 결정된다고 알려져 있다(Kroeker 등, 1979; Andrews & Graef,

1971). UVA는 미생물막을 쉽게 통과하기 때문에 미생물에 축적되어 신진대사를 저하시키게 된다. UVA의 농도는 소화조내의 pH와 총휘발성산의 함수이다. 아세트산의 경우, UVA과 TVA의 분포를 계산하면 TVA의 총량이 500 mg/L인 경우, pH 7, 6.5, 6에서 각각 UVA가 2.5, 7.8, 23.9 mg/L이다(Snoeyink & Jenkins, 1980). 저해작용을 일으킨다고 보고된 이온화 되지 않은 산의 농도는 아세트산일 경우는 10~25 mg/L (Chang 등, 1983; Durate & Anderson, 1982), 총유기산의 경우는 30~60 mg/L (Kroeker 등, 1979; Andrews & Graef, 1971)라고 알려져 있다. 아직 메탄생성균에 영향을 주는 인자가 낮은 pH인지, 혹은 UVA인지에 대하여 명확하게 밝혀지지는 않았다. 그러나 pH를 알맞은 범위로 조절할 경우 TVA가 6,000 mg/L인 경우에도 메탄생성량이 영향을 받지 않은 사실을 감안하면 (Kugelman & McCarty, 1964; McCarty & McKinney, 1961), pH 조절이 매우 중요함을 알 수 있다.

독성유기물질의 영향은 소화조 운영의 변화, 침전, stripping, 희석 등의 방법으로 제거할 수 있다. 유기물질 중 비교적 높은 농도에서 독성을 나타내는 물질은 회분식보다는 연속주입을 하면 첨가된 유기물질이 연속적으로 분해가 되므로 독성영향을 나타내지 않게 된다. 일부 독성유기물질은 침전으로 제거가 가능하다. 예를 들어 비누에 포함된 성분인 sodium oleate는 약 500 mg/L 이상에서는 혐기성 처리에 영향을 준다고 알려져 있으나 $CaCl_2$ 등을 사용하여 침전물을 형성시키면 약 2,000~3,000 mg/L의 범위에서도 안정적으로 처리할 수 있다고 알려져 있다. 휘발성이 강한 유기물질은 stripping을 함으로써 제거가 가능하다.

6) 기타독성물질

위에서 언급한 독성물질 이외에 산소도 혐기성균에 독성을 미치는 물질이다. 메탄생성균 및 기타 편성 혐기성균들은 미량의 용존산소에도 매우 치명적인 손상을 입기 쉬우므로, 소화조는 항상 밀폐가 되어야 하며, 이 조건은 메탄의 회수에도 필수적이다. 하지만 산소에 의한 영향을 실험한 결과 혐기성 미생물이 일시적으로 산소에 노출된 후 약 10일 정도 이후에는 가스발생량이 정상상태로 회복됨이 보고되었다(Speece, 1987).

1.2.3 소화조의 이상상태의 indicator

환경조건이 급격히 변화하거나 독성물질이 유입되면 소화조의 효율이 저하되는 이상상태가 발생하며, 심한 경우에는 메탄 발생이 완전히 정지한다. 이 경우에는 주로 메탄생성균이 영향을 받았을 가능성이 높고, 정상상태로 돌아오기 위해서는 수주일 걸리기도 한다.

이 같은 현상을 방지하기 위하여서는 소화조에 이상상태가 시작되는 것을 탐지할 필요가 있다. 그러나 불행히도 여러 가지 운영변수 중에서 단 하나의 변수에 의해 이상상태가 시작함을 알 수 없으므로 여러 가지의 변수를 종합하여 판단하여야 한다. 이상상태의 점검을 위한 변수로는 휘발성 유기산의 농도 및 pH, 가스발생량 및 성분변화, 그리고 H_2 및 CO 등이 있다.

1) 휘발성 유기산의 농도 및 pH

휘발성 유기산의 농도는 소화조의 전반적인 상황을 나타내는 가장 좋은 항목이다. 휘발성 유기산은 유기물의 메탄화과정의 중간생성물로서 메탄생성균 및 아세트산 생성균에 의하여 분해된다. 따라서 환경변화에 가장 약한 메탄생성균의 활성이 떨어지게 되면 아세트산 등이 축적되며 이로 인하여 pH가 감소하며 소화조의 이상상태가 시작된다. 따라서 휘발성 유기산의 농도증가는 이상상태의 시작을 알리는 지침, 즉 소화조의 메탄생성균이 어떤 영향을 받기 시작함을 나타내는 변수이다. 그러나 휘발성 유기산은 측정이 간단하지 않고 비용이 높은 것이 단점이다. 정상적으로 운영되는 소화조에서의 휘발성 유기산의 농도는 약 500 mg/L 이하이다.

휘발성 유기산 중에서 작은 환경조건의 변화에도 가장 쉽게 축적되는 것이 프로피온산이라고 알려져 있다(Asinari Di San Marzano 등, 1981). 이는 열역학적으로 프로피온산으로부터 아세트산을 생성하는 반응은 H_2의 농도가 높아지면 일어나지 않기 때문이다(1.1절 참조). 더욱 흥미로운 사실은 프로피온산이 일단 축적되면 열역학적으로 예측한 것보다 훨씬 오랜 기간 동안을 반응조 내에서 지체하다가 분해되기 시작한다는 점이다(Smith & McCarty, 1990; Mosey & Fernandes, 1989). Mosey & Fernandes(1989)는 그 이유로서 초기에 프로피온산을 분해하는 미생물들이 유실되었는데 이들의 성장에 필요한 시간 때문이라고 설명하였다. 그러나 Smith & McCarty(1990)의 실험에서는 프로피온산이 주 기질이었기 때문에 그 같은 설명은 설득력을 가질 수 없다. 따라서 이 같은 프로피온산의 지체현상은 혐기성 처리의 한 특징이라고 말할 수 있다.

pH는 측정이 매우 간단하기 때문에 좋은 운영변수이다. 그러나 소화조는 bicarbonate가 완충작용을 하기 때문에 휘발성 유기산이 축적되어 미생물이 아주 심하게 영향을 받기 전까지 pH의 변화량은 그다지 크지 않다. 이 같은 이유에서 pH만을 운영변수로 사용하는 것은 무리이다. 소화조에서 pH와 알칼리도의 관계는 1.2.4에 토의되어 있다.

2) 총 가스발생량 및 가스성분 구성비

총 가스발생량도 소화조의 이상상태를 나타내는 변수로 사용될 수 있다. 그러나 이 경우에는 매일 유기물 주입량이 일정하고 또한 매일 가스 생성량 및 구성비의 변화가 작은 경우에만 적용될 수 있다. CO_2나 메탄의 구성비도 역시 이상상태를 나타내는 변수가 될 수 있다(McCarty, 1964c). 혐기성 처리의 삼단계에서 CO_2는 주로 환경의 영향을 적게 받는 발효균에 의하여 생성이 된다. 따라서 소화조의 이상상태가 시작될 경우 메탄의 발생량은 줄어들게 되므로 가스 중 CO_2의 구성비는 높아지게 된다. 그러나 가스 구성비 역시 유기물 주입방법 등에 영향을 받는다.

3) H_2 및 CO

H_2 및 CO는 비교적 최근에 혐기성 처리의 운영변수로서 제안되어 왔다. 이 두 가지 물질의 특징은 가스상 물질로 연속적인 측정이 비교적 손쉽고, 또한 다른 변수보다는 달리 상대적으로 빨리 소화조의 변화 상태를 잘 나타낸다는 것이다.

H_2는 많은 연구자들에 의하여 혐기성 반응조의 이상상태를 나타내는 변수로서 제안이 되었으며(Mosey & Fernandes, 1989; McCarty & Smith, 1986), 특히 용해성물질을 처리하는 혐기성 처리에 대하여 그 적용 가능성이 검토되어 왔다. 정상적으로 운영되고 있는 반응조내의 H_2의 농도(P_{H_2})는 10^{-4} 기압 정도로 매우 낮고(Heyes & Hall, 1983; Mosey, 1983a 및 1983b), H_2의 turnover rate(H_2가 시간당 생성, 소멸되는 회수)가 약 80/sec 정도로 매우 빠르다. 따라서 운영조건에 따라 H_2는 쉽게 큰 폭으로 변화하게 된다. 또한 P_{H_2}는 혐기성 반응의 삼 단계 중 아세트산 및 H_2 생성단계에 큰 영향을 미친다. 이와 같은 이유에서 H_2는 반응조의 운영 상태를 나타내는 변수로 사용할 수 있다.

H_2가 높게 유지될 경우에는 프로피온산, 부티릭산 등이 아세트산으로 변화하지 못하게 되고, 또한 발효과정에서도 유기물이 직접 아세트산으로 변화하는 과정이 영향을 받게 되어 유기산이 축적되게 된다(1절 참조). H_2가 소화조 내에 축적이 되는 경우는 크게 독성물질에 의한 메탄화의 저해와 유기물 부하의 급격한 증가 두 가지로 생각할 수 있다. 위의 두 경우 모두 H_2를 생산하는 단계인 발효단계에서 미생물 활성이 H_2를 소모하는 메탄생성균의 활성보다 크게 되므로 H_2가 소화조에 축적이 되며 그 결과 아세트산 및 H_2의 생성단계에서의 아세트산 생성이 억제되고, 발효단계에서도 아세트산보다는 아세트산 생성단계를 거쳐야 하는 프로피온산, 부티릭산, 에탄올 등이 축적되게 된다. 독성물질의 영향 등에 의하여 H_2가 축적된 경우는 그 원인이 제거될 때까지 H_2의 농도는 계속 증가하게 된다. 한편, 유기물부하가 급격히 증가한 경우에는 H_2의 농도가 초기 기간 동안에는 증가하지만 곧 H_2를 사용하는 미생물이 성장하여 H_2는 다시 정상상태로 되돌아간다. 산소, 클로로폼, 그리고 중금속에 의한 저해작용 시 H_2의 변화패턴은 몇몇 연구자에 의해

보고되어 있다(Mosey & Fernandes, 1989; Hickey 등, 1989).

글루코오스를 이용한 유기물의 과부하 시 H_2 농도는 매우 빠르고 변화폭이 크게 변화함으로써 측정의 용이도와 함께 운영변수로서 적합함을 나타내 주었다(Bae, 1991). 그러나 반응조내의 P_{H_2}의 변화는 유기물의 종류에 따라 다를 수 있다. 글루코오스, 폼산, 에탄올과 같이 수소를 발생시킬 수 있는 잠재력이 큰 유기물의 과부하시에는 P_{H_2}가 급격히 변화하여 예측적인 운영변수로서 적합하지만, 프로피온산, 부티릭산 및 아세트산등과 같이 수소를 발생시킬 수 있는 잠재력이 작은 유기물에 대하여서는 그렇지 않다. 실험실에서의 H_2 농도에 의한 소화조의 monitoring은 이미 여러 연구자에 의하여 보고되어 있다(Whitmore 등, 1987; Pauss 등, 1990; Slater 등, 1990). Whitmore 등(1987)은 P_{H_2}를 10^{-4} 기압으로 조절하면 H_2에 의한 영향이 없이 유기물부하를 평상시 보다 2배로 증가시킬 수 있다고 보고하였다.

혐기성 처리과정에서 CO의 생성과 이에 관련된 신진대사 과정이 이미 여러 연구자에 의하여 보고되어 있다. Zeikus 등(1985)은 CO의 생성에 직접적으로 연관이 있는 carbon monoxide dehydrogenase (CODH)가 아세트산 생성균과 메탄생성균에 포함이 되어 있다고 보고하였다. 아세트산에서 메탄을 생성시키는 반응경로에서 CODH의 역할과 CO의 생성에 관하여도 Zeikus 등(1985), Fischer & Thauer(1990), Nelson & Ferry(1984) 등에 의한 연구결과가 보고되어 있다. Hickey & Switzenbaum(1990)은 CO를 비롯한 각종 가스의 성분으로부터 아세트산의 농도를 예측하는 식을 다음과 같이 제안하였다.

$$\text{아세트산} = 810\left(\frac{CO}{H_2}\right)^{1.85}\left(\frac{CH_4}{CO_2^{0.85}}\right) \tag{1.39}$$

여기서 CH_4, CO_2의 농도는 기압, CO, H_2의 농도는 ppm, 그리고 아세트산의 농도는 mM이다.

식 (1.39)를 유기물 과부하 상태의 소화조에 대하여 실험한 결과 계산된 아세트산의 농도와 실험에서의 관측치와는 그 경향과 농도가 매우 흡사하다고 보고하였다(Hickey & Switzenbaum, 1990). 이 같은 일련의 실험으로부터 CO가 소화조내의 아세트산을 이용하는 메탄생성균의 상태에 관한 정보를 제공하여 주기 때문에 매우 중요한 운영변수라고 제안하였다. 그러나 Bae & McCarty(1993)는 결과적으로 CO와 아세트산, CO와 formate의 관계는 미생물군의 종류에 따라 변할 수 있기 때문에 CO가 모든 소화조의 대하여 믿을만한 운영변수로 사용될 수는 없다고 하였다.

1.2.4 소화조 이상상태의 원인과 처방

소화조의 이상상태는 단기 및 장기적인 것으로 나눌 수 있다. 단기적인 이상상태는 온도, 유기물부하, 폐수의 종류 등의 변화에 기인하는 것으로 적절한 환경조건을 유지하면 시간이 경과함에 따라 미생물이 순응하여 정상상태로 돌아오게 된다. 장기적인 이상상태는 독성물질의 유입이나 급격한 pH 변화에 기인한다. 독성물질에 의한 이상상태는 pH 조절만으로는 해결할 수 없지만 이를 통하여 상황이 더 악화되는 것을 방지할 수 있으며 그 원인을 파악, 제거하면 된다. 급격한 pH 하락에 의한 이상상태는 pH를 중성으로 조정함으로써 치유될 수 있지만 정상상태로 돌아오기 위해서는 경우에 따라 초기운전에 필요한 기간만큼의 상당히 오랜 시간이 필요하다.

1) pH 조절

소화조에는 여러 가지 화학물질들이 평형상태를 유지하고 있기 때문에 pH를 조절하는 것이 쉽지만은 않다. 순수한 물의 중성 영역(pH 6~8)에서 알칼리도는 주로 $CO_2-HCO_3^-$의 평형 관계에 따라 식 (1.40)과 같이 결정된다.

$$\mathrm{BA} = 6.3\times10^{-4}\left(\frac{P_{CO_2}}{10^{-\mathrm{pH}}}\right) \tag{1.40}$$

여기서 BA : $CaCO_3$ (mg/L)로 나타낸 HCO_3^- 알칼리도
P_{CO_2} : 소화조내 CO_2 분압(기압)

HCO_3^- 알칼리도는 소화조의 CO_2 분압에 비례하고, H^+ 이온의 농도에 반비례한다. 그림 1.8은 식 (1.40)의 관계를 나타낸 것이다. 유기산의 농도가 낮은 경우 소화조 내의 알칼리도는 HCO_3^- 양에 의하여 결정된다. 그러나 유기산의 농도가 증가하면 유기산이 HCO_3^-에 의하여 중화되고 HCO_3^- 알칼리도는 유기산의 알칼리도로 대치되게 된다. 이 같은 경우 HCO_3^- 알칼리도는 다음과 같이 계산할 수 있다 :

$$\mathrm{BA} = \mathrm{TA} - (0.85)(0.833)\,\mathrm{TVA} \tag{1.41}$$

여기서 TA : $CaCO_3$ (mg/L)로 나타낸 총알칼리도
TVA : 아세트산 (mg/L)으로 나타낸 총유기산
0.85 : pH 4까지 알칼리도를 측정할 때 유기산 알칼리도의 약 85%만이 측정되는 것을 보정하기 위한 계수

0.833 : 아세트산 1 mole (60 g)의 알칼리도는 HCO_3^- 1 mole (50 g)의 알칼리도와 같다. 보정계수는 50/60 = 0.833

예를 들어 TA가 2,500 mg/L로 일정하여도 TVA가 50 mg/L인 경우에 BA는 2,465 mg/L, TVA가 3,000 mg/L인 경우에 BA는 370 mg/L로 HCO_3^- 알칼리도는 총유기산의 농도에 따라 변하게 된다.

그림 1.8에 의하면 CO_2가 40%, HCO_3^- 알칼리도가 1,000 mg/L인 경우 pH는 약 6.6이다. 만일 유기산이 생성되어 HCO_3^- 알칼리도가 감소하는 경우에는 pH가 더욱 감소하여 소화조가 정상적으로 운영되지 못한다. 이 같은 현상을 방지하고 안전율을 고려하여 HCO_3^- 알칼리도는 2,500~5,000 mg/L로 유지하는 것이 바람직하다고 보고되었다(McCarty, 1964c).

유기산 축적에 의해 pH가 낮아진 경우에는 유기산이 완전히 분해될 때까지 폐수유입속도를 줄이는 방법과 라임($Ca(OH)_2$), $NaHCO_3$ 또는 NaOH, KOH 등을 주입하여 pH를 정상적으로 유지시키는 방법이 있다. 라임은 CO_2와 반응하여 $Ca(HCO_3)_2$를 형성하지만 이 칼슘염은 용해도가 낮아 소화조내의 HCO_3^- 알칼리도는 약 500~1,000 mg/L로 유지된다. 이 상태에서 라임을 더 주입하면 라임은 CO_2와 결합하여 불용성의 $CaCO_3$를 형성하므로 HCO_3^- 알칼리도는 더 이상 증가하지 않는다. 이 경우, CO_2의 소모는 일시적으로 소화조 pH를 증가시킬 수 있지만 미생물의 활동에 의하여 CO_2가 생성되면 pH는 다시 감소한다. 그러므로 경제적인 라임 사용법은 pH가 6.5 이하일 때만 첨가하며 그 양은 pH가 6.8 이상이 되지 않도록 하는 것이다.

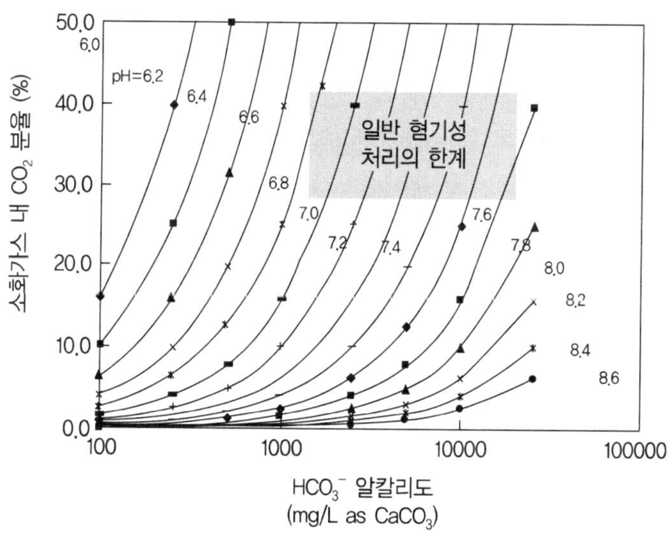

그림 1.8 pH, CO_2 분압 및 bicarbonate 알칼리도간의 관계 (Ref : McCarty, 1964c)

$NaHCO_3$는 pH를 조정하는데 가장 효과적인 수단의 하나로서 비교적 값이 싸고, CO_2와 반응하지 않으며, pH를 지나치게 높이지 않으며, 용해성이 높은 등의 장점을 가지고 있다. $NaHCO_3$로는 알칼리도를 약 5,000~6,000 mg/L까지 높이 올릴 수 있고 라임보다 적은 양으로 pH 조정이 가능하다.

알칼리도는 소화조에서 일어나는 여러 가지 반응에 의하여 영향을 받는 점도 고려하여야 한다. 예를 들어 폐수에 포함된 단백질은 분해 시 암모니아성 질소로 변환되며 이는 물 및 CO_2와 결합하여 NH_4HCO_3 알칼리도를 형성하게 된다. 그러므로 도시하수, 음식물 폐기물, 슬러지나 분뇨와 같이 질소성분을 많이 포함한 폐수의 경우에는 처리 후 알칼리도가 증가하게 된다. 따라서 적정 알칼리도의 유지를 위해서는 폐수의 유기성 질소성분의 분석이 필요하다.

2) 거품과 scum의 관리

생물학적 폐수 처리 시에 관리자들이 흔히 겪는 문제 중의 하나가 거품과 scum이다. Scum은 가스방울이 없는 경우에도 물보다 비중이 작은 물질 (기름, 식물성분등)이 부유하며 발생하는 것이고 거품은 반드시 가스 방울이 존재하는 경우에 생성된다. 혐기성 처리 시에 이 문제들은 주로 초기 시동단계와 유기물 과부하 시나 소화조의 균형이 맞지 않을 때 주로 발생하게 된다. 초기 시동단계에서는 유기산 생성균의 활동은 활발하고 메탄 생성균의 활성이 낮아 유기산이 축적되는 경우 거품이 흔히 발생하기도 하지만 약 1~2주 후에는 소멸한다.

Zickefoose & Vass(1986)는 거품이 발생하는 원인으로 유입수의 과다한 기름성분, 과다 혹은 과소 혼합, 유입수 중 높은 활성슬러지 함유량, 심한 온도 변화, 높은 CO_2 농도, 높은 알칼리도 등을 들고 있다. 거품의 해결방안으로는 원수 중의 활성슬러지의 양을 줄이고, 온도의 변화폭을 작게 유지하고 feeding을 균등히 하며, CO_2의 분압을 낮추는 방법 등이 제시되었다. CO_2의 분압을 낮추는 방법으로는 가스를 KOH 용액에 통과시켜 CO_2를 흡수하거나 메탄 등의 가스를 주입하는 방법 등이 있다. 물리적으로 거품을 제거하는 방법으로는 소화조의 표층을 혼합시키는 heavy-duty cutter/impeller를 사용하는 방법도 고려할 수 있다.

3) Scale의 관리

혐기성 처리조에서 흔히 발생하지만 별로 알려지지 않은 문제의 하나가 struvite, 즉 magnesium ammonium phosphate ($MgNH_4PO_4$) scale의 형성이다. 이 scale은 관로나 열교환기를 막는 문제를 일으키며 일단 생성이 되면 쉽게 제거할 수가 없다. 소화조 내에서는 암모니아와 인산이 미생물의 작용에 의하여 생성되므로 Mg가 충분한 양이 유입되면

$MgNH_4PO_4$의 용해도적을 넘어 scale이 형성되게 된다(Fleissner 등, 1978). Struvite scale을 방지하는 방법으로는 smooth-lined 관(PVC 관, polyethylene 혹은 teflon coated plug valve)을 사용하거나 관리를 철저히 하는 방법이 있고, 보다 적극적인 방법으로는 철분을 주입하여 phosphate를 침전시키는 방법이 있다(Middleton 등, 1982; Mamais 등, 1994). 고농도의 폐수를 처리하는 소화조에는 다량의 음이온(CO_3^{2-} 등)과 양이온이 존재하므로 여러 종류의 침전물이 생성될 수 있다.

1.2.5 요약

소화조를 정상적으로 운영하기 위해서는 온도, 영양물질, pH 등 환경조건을 적절하게 유지하여야 하며, 고농도의 알칼리 물질, 암모니아, 황화물, 중금속, 그리고 독성유기물 등의 독성 영향을 적절하게 제어하여야 한다. 소화조의 이상상태를 파악하는 운영변수로는 휘발성 유기산, H_2 및 CO, 가스발생량, pH 등이 제시되어 있지만 이들을 종합하여 운영 상태를 판단하여야 한다. 소화조의 pH를 조절하는 방법으로는 NaOH 및 석회를 주입하는 방법보다는 $NaHCO_3$를 사용하는 것이 바람직하다.

1.3 혐기성 처리의 적용

혐기성 처리는 슬러지 및 분뇨의 처리에 널리 사용되어 왔으며 최근에는 짧은 수리학적 체류시간에서 저농도 폐수를 처리할 수 있는 여러 형태의 고율 반응조가 개발되어 산업폐수에도 그 적용이 점차 확대되고 있다. 본 절에서는 혐기성 처리를 위해 고려하여야 할 폐수의 특성, 혐기성 처리의 발전, 그리고 최근까지 개발된 여러 형태 반응조의 특징을 비교, 검토하였다.

1.3.1 폐수의 특성 파악

폐수처리에 혐기성 공법을 적용하기 위해서는 먼저 폐수의 특성을 파악한 후, 이를 토대로 적절한 공법을 선택하고, 슬러지 및 메탄 생산량, 영양분 요구량, 가열 시스템 용량 등을 계산하여야 한다. 폐수의 특성 파악은 유기물 농도 및 구성성분, 알칼리도, 영양물질, 온도, 그리고 독성물질 함유여부 등에 대하여 수행하는 것이 바람직하다.

1) 유기물 농도 및 구성성분

폐수의 특성 중 가장 중요한 요소의 하나가 미생물이 분해시킬 수 있는 유기물의 농도로서 혐기성 반응조 설계 시에도 BOD_L(최종 BOD) 또는 COD가 처리 가능한 최대 유기물의 양으로 사용된다. 그러나 엄격하게 살펴보면 BOD는 호기성 미생물이 유기물을 분해할 때 산소요구량을 측정하여 이를 토대로 산정한 생분해성 유기물 농도이므로 혐기성 미생물이 분해시킬 수 있는 유기물의 양과는 차이가 있을 수 있다. 예를 들어 cellulose는 호기성보다 혐기성에서 분해가 잘 되는 것으로 알려져 있고, lignin은 혐기성에서 거의 분해가 안되지만 호기성에서 일부 분해가능한 미생물이 있다고 보고되어 있다(Tong, 1992). 그러므로 혐기성 처리를 위한 생분해성 유기물 농도는 호기성 상태보다는 혐기성 상태에서 측정함으로써 보다 근사한 값을 얻을 수 있다. 또한, 폐수의 유기물 구성성분, 즉 탄수화물, 단백질, 지방의 구성비를 알면 혐기성 처리효율을 평가하는데 도움이 된다. 일반적으로 1차 슬러지 및 2차 슬러지의 경우 분해가능한 VS량은 각각 60% 및 40% 정도라고 알려져 있다(Parkin & Owen, 1986).

BMP (Biochemical Methane Potential)는 대상 유기물로부터 생산할 수 있는 최대 메탄량을 산정하는 시험법이다. Owen 등(1979)에 의하여 개발된 이 방법은 용기를 혐기성 상태로 유지시키며 영양분과 미생물을 식종하고 35℃에서 약 30일정도 배양할 때 발생하는 메탄의 양을 측정함으로써 대상시료가 생성시킬 수 있는 최대 메탄량, 즉 혐기성 처리 시 유기물의 생분해성에 대한 자료를 제공한다. 또한 BMP 측정 시 대상 유기물당 메탄 발생속도를 비교하면 혐기성 분해의 속도 제한단계 뿐만 아니라 각 대상 유기물 처리에 필요한 적정 체류시간의 산정도 가능하다(Owen 등, 1979; Stinson & Ham, 1995). 그러나 BMP 측정에는 30일 이상의 긴 시간이 걸린다는 것이 단점으로 지적될 수 있다. Shelton & Tiedje(1984)도 유기물의 혐기성 생분해도를 측정하는 방법을 제안하였다.

1.3.2 혐기성 처리공법의 발전사 및 특징

1) 혐기성 처리공법의 발전사

혐기성 처리는 백년 이상 사용이 되어 왔지만 가장 널리 쓰이는 완전혼합형 반응조(CSTR)이며, 1950년대에 Anaerobic Contact Processes(ACP), 1970년대에 Anaerobic Baffled Reactor(ABR), Anaerobic Filter(AF) 및 Upflow Anaerobic Sludge Blanket (UASB), 그리고 1980년대에 Anaerobic Attached-Film Expanded Bed(AAFEB), Expanded Granular Sludge Bed(EGSB) 및 Internal Circulation(IC) 등 공정이 개발되어 사용되고 있다.

혐기성 처리의 효시는 1881년 프랑스에서 M. Louis Muras가 개발한 “Mouras' Automatic Scavenger”로 단순 밀폐된 용기 속에서 고형유기물질을 액화시킨 것이다(McCarty, 1982). 1900년 경 Cameron은 Mouras' automatic scavenger의 상용화에 성공하여 일일 200 톤 폐수를 처리할 수 있는 septic tank가 영국에서 널리 사용되었다. Septic tank가 상업적으로 성공하였지만 높은 royalty, 냄새, 그리고 막힘 문제 때문에 미국 및 독일에서는 대체공정으로 Imhoff tank를 개발하였다. Imhoff tank는 고형유기물의 체류시간을 길게 유지할 수 있어 소화효율 증가 등의 장점이 있어 미국에서 널리 사용되었다. Imhoff조의 단점을 개선하기 위한 방안으로 소화조를 침전조와 분리시켜 가온을 하는 방안이 고안되어 소화 효율을 증가시키게 되었다(Imhoff, 1938).

1930년대 초반에 Fair & Moore(1934)는 혐기성 처리의 적정온도가 중온(28~35℃)과 고온(55~60℃)임을 보고하였으며, 1930년대 말에는 식종미생물과 pH 조절의 중요성도 인식되어 본격적으로 도시하수 슬러지의 처리에 혐기성 소화가 적용되게 되었다. 1950년대에 접어들면서 소화조의 기계적 교반을 적용하여 미생물과 유기물의 접촉증대로 인한 소화효율 증가 및 고형물의 침전에 의한 유효용적 감소현상을 방지하였다.

1960년대에 소화조 운영 시 유기물의 부하량보다는 체류시간이 더 중요한 인자라는 사실이 밝혀졌는데, 이는 아세트산을 사용하는 메탄생성균과 프로피온산 및 부티릭산을 분해하는 박테리아의 유실(washout) 현상이 미생물 체류시간 약 4일 정도에 일어나기 때문이다(McCarty, 1966; Lawrence & McCarty, 1969). 1950년대에는 주로 저농도 폐수(BOD 3000 mg/L 이하)를 처리하기 위하여 소화조 내 고농도 미생물 유지 및 폐수와 가스 분리성 향상을 도모하였다. 이때 개발된 공법이 소화조 내에 미생물 농도를 높게 유지시켜 수리학적 체류시간을 단축시킬 수 있는 혐기성 “clarigester” (Stander, 1950)와 호기성접촉산화의 원리를 적용한 ACP(Schroepfer 등, 1955) 이다. Young & McCarty(1969)에 의하여 개발된 AF의 원리는 호기성 살수여상과 흡사하며, AF의 원리를 확장시켜 개발된 공정이 AAFEB이다(Switzenbaum & Jewell, 1978). AAFEB에서는 미생물이 부착된 메디아 사이를 통과하기 때문에 막힘 현상을 제거할 수 있는 것이 가장 큰 장점이다. ABR은 회전원판법의 변형으로서 혐기성 처리에 적용된 것이다(Bachmann 등, 1985).

가장 널리 사용되는 혐기성 공정은 Lettinga에 의해 개발된 UASB이다(Lettinga 등, 1979; Lettinga 등, 1980). 이 공정은 Stander가 개발한 clarigester와 그 원리가 비슷하지만 가스와 액체 사이의 표면적을 크게 함으로써 가스 유출 막힘 현상을 막을 수 있는 장점을 지니고 있다. UASB 공정은 상업적으로 성공을 거두었으며, 그 변법인 EGSB 및 IC 반응조와 더불어 가장 널리 적용되고 있다. 1981년부터 2007년까지 산업폐수를 처리하기 위하여 건설된 현장규모 혐기성 반응조의 수는 약 2266개이며, 이 중 약 50%는 UASB,

IC 및 EGSB는 각각 15% 및 12%에 달한다. 특히 2002년 이후에는 IC 및 EGSB의 구성비가 높아지고 있다(van Lier, 2007).

1980년대 이후에는 AF, UASB, ACP 및 CSTR 등을 조합한 여러 종류의 hybrid 반응조가 개발되었다. UASB와 AF의 장점만을 취하고 단점은 최소화시키기 위하여 반응조 하단은 UASB로 상단은 AF를 혼합한 형태의 hybrid 반응조(Kennedy 등, 1988; Iza 등, 1992; Keenan 등, 1993; Myburg & Britz, 1993), ACP를 상향류식으로 변형한 Upflow Anaerobic Contact(UAC)와 UAC에 부유메디아를 사용하는 Upflow Anaerobic Contact Filter 등도 개발되어 사용되고 있다(Defour 등, 1994). 이와 같은 hybrid 반응조는 효율이 높을 뿐 아니라, 유기물 구성성분이 복잡한 폐수에 적용될 수 있다.

최근에는 호기성 막결합 생물반응조(membrane bioreactor, MBR)를 응용한 혐기성 MBR 공정에 대한 관심이 높아지고 있다. ABR, CSTR 등의 반응조에 분리막을 추가한 혐기성 MBR 공정은 미생물을 고농도로 유지할 수 있기 때문에 성장속도가 느린 메탄생성균의 유실을 방지할 수 있으며, 그 결과 용적 부하를 상당히 높게 적용할 수 있다. 또한 유출수가 부유성 BOD를 함유하지 않으므로 수질을 개선할 수 있다. 그러나 막 설치비용, 막 이용에 따른 에너지 비용, 그리고 막의 막힘(fouling)을 방지하기 위한 세척 비용 등이 단점으로 지적되고 있다. 혐기성 MBR 공정은 부유 유기물, 지방질, 그리고 독성물질이 다량 포함된 폐수, 그리고 하수와 같은 저농도 폐수의 처리에 장점을 지닌 공정으로 보고되었다(Li 등, 1985; Veiga 등 1994).

공정개발의 또 다른 방안의 하나가 2상(two-phase) 소화이다. 혐기성 처리 시 발효의 속도는 매우 빠르지만 메탄화는 속도가 늦을 뿐 아니라 관여하는 미생물이 환경 영향에 민감하다. 이를 고려하여 고형물 액화 및 발효를 위한 산생성조와 메탄생성조로 반응조를 나누어 각 반응에 맞는 조건을 유지함으로써 처리효율을 향상시키는 것이 2상 소화의 목적이다(Cohen 등, 1982; Massey & Pholand, 1978). 2상 소화의 장점은 산생성조에서 낮은 pH로 인하여 가수분해 속도가 높고, 메탄생성조의 부하율을 높게 유지할 수 있으며, 각 단계의 공정 제어가 쉽다는 점이다. 또한 산생성조에서 독성물질이나 NO_3^-, SO_4^{2-}, 그리고 SO_3^{2-} 등을 미리 제거할 수 있으며, 메탄생성조에서만 미생물을 재순환시킬 수도 있다. 일반적으로 전체 반응조의 용적은 단상보다 작지만 설비비는 높다. 2상소화의 구성에서 산생성조로는 주로 CSTR, 메탄생성조로는 AF, UASB 등의 반응조가 사용된다. 2상 소화에 대한 연구결과는 Demirel & Yenigun(2002)에 의해 요약보고 되어 있다.

최근 혐기성 처리의 적용 분야의 하나는 유기성 고형폐기물(OFMSW)의 처리이며, 이를 위하여 다양한 공정이 개발되고 있다. 발생원에서 선별된 유기물 및 음식물 폐기물은 기계적 선별을 거친 OFMSW보다 가스발생량이 높다. OFMSW를 처리하기 위한 시설은

1990년대 이후에 유럽을 중심으로 건설되었으며, 2001~2005년 사이에 428,000 톤/년 규모로 처리용량이 증가하였고, 약 52개의 플랜트가 건설되었다(De Baere, 2006). 처리공정으로는 건식소화(함수율 80% 이하)가 습식소화를 능가하고 있으며, 최근에는 높은 가스 발생량으로 인하여 중온보다는 고온 소화가 선호되고 있다. 그러나 건식소화의 경우 충분한 교반을 할 수 없기 때문에 미생물과 기질의 접촉이 완전하지 않으며, 이를 해결하기 위하여 침출수를 재순환시키는 방식(예를 들어 2단 침출상 여상(two stage leaching bed leachate filter))과 분뇨 및 슬러지 등과의 병합처리도 도입되었다. 또한 2상 소화의 장점에도 불구하고 단상 소화가 주로 건설되었다. 가스발생량이 최적인 부하는 고온의 경우 유기물 부하 6 kg VS/m^3-d로 알려져 있다(Hartmann & Ahring, 2006).

OFMSW 처리를 위한 대표적인 상업적 공정으로는 Waasa, Valorga, Dranco, Kompogas, 그리고 BTA 등이 있으며, 그 특징을 요약하면 다음과 같다(Karagiannidis & Perkoulidis 2009). Waasa 공법은 수직형태의 반응조를 이용하여 10~15% VS를 처리하며, 고온 또는 중온, HRT 10~20일에서 바이오가스 생산량은 100~150 m^3/ton이다. 이 공정의 특징은 반응조 내부가 여러 영역으로 나누어져 있으며, 교반은 바이오가스에 의해 이루어진다는 점이다. Valorga은 프랑스에서 개발된 공정으로 biogas를 순환하는 수직형 반응조로 구성되어 있으며, 25~32% VS, 18~25일 HRT에서 운전되며 바이오가스 생산량은 80~160 m^3/ton이다. Dranco는 건식 혐기성 퇴비화 공정으로 고온에서 운전되며, 단상 소화조로 구성되어 있다. 유입 VS는 15~40%이며, HRT 20일에서 바이오가스 생산량은 100~200 m^3/ton이다. Kompogas는 건식 공정으로 스위스에서 개발되었으며 plug flow 형태로 운전되며 유출수의 일부를 재순환한다. VS가 높고 가스 재순환이 없는 반응조로 HRT는 15~20일이며 biogas 생산량은 100 m^3/ton이다. BTA는 다단 저농도 고형물 시스템으로 혼합 MSW 또는 발생원에서 분리된 OFMSW를 처리하는 공정이다. 습식공정으로 처리규모는 2,000~150,000 톤/년이다.

OFMSW 혐기성 처리공정들은 비록 높은 처리비용, 설계 및 운영에 있어서 전문가의 필요성 등이 단점으로 지적되고 있지만, 혐기성 처리가 지닌 장점, 즉 에너지 회수, 악취 및 병원균 제거의 용이성 등을 고려할 때 적절하게 설계, 운영된다면 고형폐기물 처리의 좋은 대안이 될 수 있다(De Baere, 2006).

2) 혐기성 공정별 운전 특성

그림 1.9에는 전형적인 혐기성 반응조의 형태를 나타내었으며, 각 반응조의 특징은 다음과 같다.

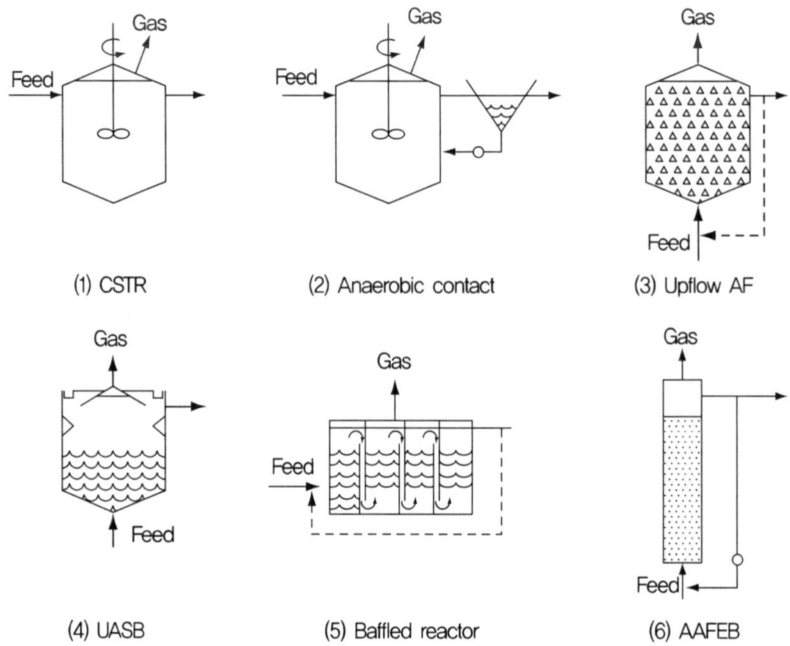

그림 1.9 혐기성 반응조의 형태

(1) CSTR

독일의 Essen-Rellinghausen 처리장에서 1927년 최초로 건설된 가열 혐기성 소화조 이후 도시하수 슬러지를 처리하는데 사용되어 왔고 현재에도 많이 사용되는 형태의 소화조이다. 반응조 안에서 미생물과 폐수가 혼합, 처리되는 간단한 공정으로 메탄 생성과 유출수에서의 고형물질의 제거를 통하여 BOD 제거가 이루어진다. CSTR은 고농도의 유기물을 함유한 폐수나 소화에 비교적 오랜 시간을 요구하는 폐수, 예를 들어 분뇨나 슬러지 처리에는 아직도 가장 널리 쓰이고 있으며 그 설계와 운영이 간편하다.

일반적으로 수리학적 체류시간은 표 1.9에 나타낸 최소 미생물 체류시간보다 커야 한다. CSTR의 통상적인 체류시간은 15~25일 정도로, 이는 가장 중요한 아세트산-이용 메탄 생성균에 대한 $[\theta_x^{\min}]_{\lim}$인 4일보다 4~6배 정도 길다. 그러나 온도가 낮고 교반이 충분하지 않은 경우에는 미생물 유실이 일어날 수도 있다. 교반의 방법으로는 기계적인 방법과

가스를 순환시키는 법 등이 있으며, 최근 유럽과 미국 등지에서는 교반 및 슬러지 인출의 효율성을 위하여 계란형의 소화조가 적용되고 있다(Austin, 1992). 교반을 하지 않는 경우 반응조의 체류시간은 60일 이상으로 운전하는 것이 보통이다.

표 1.9 설계 미생물 체류시간

온도(℃)	최소 SRT(θ)	권장 SRT(θ)
20	10	25
25	8	20
30	6	14
35	4	10
40	4	10

그림 1.10은 폐수의 수리학적 체류시간에 따른 유기물 농도와 부하의 관계를 나타낸 것으로 주어진 폐수에 대하여 유기물 부하를 감소시키기 위해서는 수리학적 체류시간을 증가시키는 방법만이 존재함을 알 수 있다. 이 경우 처리효율을 높이기 위해서는 체류시간이 길어야 하므로 조의 용량이 커지는 단점이 있다. 도시하수처리장의 체류시간 20일 정도의 완전혼합형(CSTR) 소화조에서 유기물 부하는 반응조 단위용적 m^3당 1~4 kg 생분해성 COD이다. CSTR은 폐수의 생분해성 COD가 8,000에서 50,000 mg/L 정도로 높아야 단위 용적당 부하율을 높게 적용할 수 있다는 점이다. 낮은 농도의 폐수를 15에서 25일 정도의 체류시간에서 처리하려면 단위용적당 부하율이 낮아지기 때문에 비용절감이라는 혐기성 처리의 장점을 충분히 살릴 수 없다.

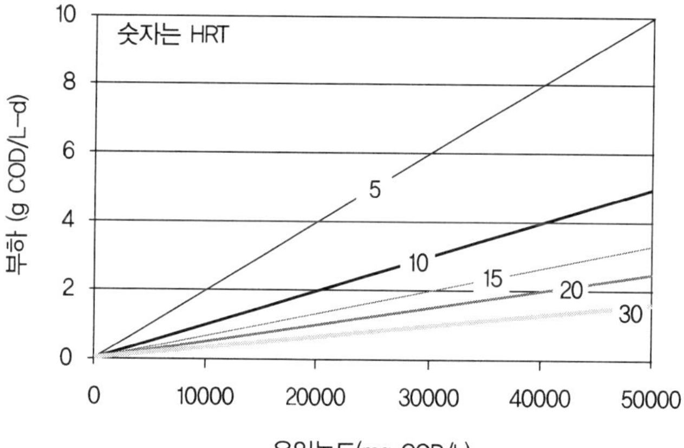

그림 1.10 HRT에 따른 폐수의 유기물 농도와 부하와의 관계

(2) 혐기성 접촉공정(anaerobic contact process, ACP)

ACP는 호기성 활성슬러지공법과 같이 침전조에서 미생물을 소화조로 반송하여 수리학적 체류시간과 고형물 체류시간을 분리시킨 방법으로 1955년 Schroepfer 등 (1955)에 의해 개발되었다. 그들은 COD가 약 1,300 mg/L인 포장공정 폐수를 수리학적 체류시간 0.5일에서 처리하여 부하율 2~2.5 kg/m^3-d에서 91~95%의 BOD 제거효율을 얻었다. ACP 공법의 효율은 반송을 위한 슬러지와 처리수의 분리에 달려있다(van den Berg & Lentz, 1978). 침전조에서 미생물의 80%가 침전이 된다면 이론적으로 가능한 최저 HRT는 미생물 doubling 시간의 약 1/5이 된다. 따라서 짧은 HRT에서 긴 SRT를 유지하려면 침전조에서 고액분리의 효율이 높게 유지되어야만 한다. 그러나 단순 침전의 경우 가스 기포의 생성으로 인하여 미생물이 침전조에서 부상하고 침전조에 부착하려는 경향이 문제점으로 지적되었으며, 이를 해결하기 위하여, 부상법, 원심분리, 감압부상 등의 방법과(Steffen & Bedker, 1961), 경사판 침전 및 UF membrane(Ross 등, 1992) 등이 제시되었다. 이 공법은 폐수의 BOD$_L$이 1,000 mg/L 이상인 경우에 적용이 용이하며, 미생물 순환을 위한 슬러지 반송율은 원폐수 유량의 2~4배 정도를 사용하도록 권장하고 있다(McCarty, 1964d).

(3) 상향류 및 하향류 충전상(anaerobic filter, AF)

AF는 비교적 농도가 낮고 용해성 유기물이 함유된 폐수의 처리를 위하여 개발되었으며, 반응조에 메디아를 설치하여 고속으로 운전할 수 있도록 한 공법으로 호기성 살수여상 공법과 유사하다(Young & McCarty, 1969). 혐기성 여상은 COD 375~12,000 mg/L인 용해성 기질의 폐수를 체류시간 4~36시간에서 처리하는 데 이용되었다. 1970년대 초반에 자갈을 매질로 사용하여 COD가 8,800 mg/L인 전분-글루텐 폐수를 처리하는 최초 현장 플랜트가 세워졌다. 메디아로는 최초에 자갈이 사용되었으나 비표면적이 작기 때문에 현재는 플라스틱 제품이 사용되고 있다. 설계 시 메디아의 비표면적 및 형상도 중요하지만 미생물이 주로 반응조 하단부 메디아 사이의 공극과 표면에서 자라기 때문에 메디아의 종류보다는 공극율이 더 중요한 변수라고 알려져 있다(Young & Dahab, 1982). 상단 메디아에 부착된 미생물은 폐수를 polishing하는 역할을 하며, 메디아는 가스 분리의 역할도 담당한다. 메디아의 종류로는 비표면적 100~200 m^2/m^{3}인 polyethylene과 polypropylene 등이 널리 사용되고 있다.

이 공법의 장점은 미생물 보유능력이 뛰어나기 때문에 유입수의 수질 변화와 유기물 부하 변동에도 안정적이며 운전이 용이하며, 유출수에서 미생물을 분리하는 시설이 대부분의 경우 필요하지 않다는 점이다. 단점으로는 메디아 가격과 고형물에 의한 막힘 현상을 들 수 있다. 막힘 현상을 제어하기 위해서 가스가 생성되는 반응조 하단 부분에 고속으로 폐수를 주기적으로 주입하는 방법 등 여러 방법이 제시되어 왔다. 고형물질이 축적되면 효율이 저하하기 때문에 고농도 및 저농도의 용해성 유기물의 처리에 적합하다.

상향류 AF 공법에서는 유입부에서 산생성이 많이 되므로 pH를 조절하는 기능이 필요하고 폐수가 메디아 사이를 골고루 흐르게 하기 위해서는 유입수의 유량분배 시스템의 설치가 필수적이다. 하향류 AF에서는 반응조 표면 부분에 고형물이 축적되므로 가스를 순환시킴으로써 상층에서 고형물을 쉽게 제거할 수 있으며, 황산염 환원에 의해 발생하는 황화물이 반응조 상부에서 탈기될 수 있다는 장점이 있다(Kennedy & van den Berg, 1982). 그러나 하향류 시스템에서는 유출수로 미생물이 유실되는 경향이 크다고 알려져 있다.

혐기성 여상은 주로 음식물 가공, 음료수, 제약회사 등에서 적용되고 있다. 폐수의 COD는 일반적으로 약 2,500에서 10,000 mg/L 범위이지만 COD가 100,000 mg/L가 넘는 경우도 있다. 설계 부하는 보통 일반 혐기성 처리의 10배 정도인 10~16 kg/m^3-d 범위이다(Young & Yang, 1989).

(4) UASB

Lettinga 등이 개발한 상향류 혐기성 슬러지블랭켓(UASB) 공법은 현장에서 가장 많이 널리 사용되고 있는 공정이다. 이 공법에서는 메디아를 사용하지 않고 단지 가스와 고형물질 분리장치(GSS)만을 설치하여 미생물이 입자로 존재하게 함으로써 농도를 높게 유지하는 방안이다(Lettinga 등, 1979; Lettinga 등, 1980). GSS의 주 역할은 유출입내의 가스를 분리 포집하고 침전 가능한 미생물을 반응조 안으로 재순환 시키는 것이다(Lettinga 등, 1984). 따라서 이 공정의 성패는 미생물로 구성된 입자의 침강성과 순환가스에 의한 교반 효율에 달려 있다.

UASB 반응조는 Stander(1950)에 의해 개발된 "clarigester"라는 반응조와 많은 면에서 유사하지만, 유출수로부터 미생물 및 가스의 분리를 효과적으로 개선한 방법이다. Lettinga는 시간이 경과함에 따라 처리효율이 증가하는 현상이 입자형 슬러지(granule)라고 불리는 biosolid의 형성에 의한 것임을 발견하였다. 입자형 슬러지는 반응조 운전 시작 수 주 후에 자연적으로 생성되며, 직경이 0.5 mm인 약 10% 정도의 재(ash)로 구성된 구형의 회색-흰색 입자이다. 입자형 슬러지를 구성하는 주요 미생물은 *Methanothrix* 및 *Methanosarcina*와 같은 아세트산-이용 메탄생성균이며, 비활성(specific activity)은 1~3 g COD/g VSS-d 정도이다(Lettinga 등 1988; Speece, 1996).

입자형 슬러지의 형성은 UASB 운전에 있어 매우 중요하며, 입자형 슬러지 형성은 폐수의 특성, 기질 부하율, 상향유속과 같은 운전상황 등에 영향을 받는다. 입자형이 아닌 부유성 슬러지가 형성되거나 입자형 슬러지가 유실될 경우 문제가 발생한다. 입자형 슬러지 형성에 대한 자세한 정보를 원하면 다음 참고문헌(Lettinga 등, 1988; Speece, 1996)을 참조하기 바란다. 일반적으로 탄수화물을 포함한 폐수에서 잘 생성된다고 알려져 있다. 반응조 운전 초기에 입자형 슬러지를 형성하기에 알맞은 조건은 다음과 같이 보고되어 있다(Lettinga 등, 1984).

① 초기 식종 슬러지는 메탄생성균의 활성이 비교적 적은 소화 하수슬러지를 이용하며, 그 농도는 10~15 kg VSS/m^3를 유지한다.
② 초기 슬러지 부하율은 0.05~0.1 kg COD/kg VSS-day를 유지한다.
③ VFA 사용 시 약 80% 이상이 분해되기 전에는 부하율을 증가시키지 않는다.
④ 침전이 잘 되지 않는 슬러지는 세척한다.
⑤ 영양분을 충분하게 공급하며(특히 Ca^{2+} 1 *m* eq./L의 첨가), 독성물질은 제거한다.

UASB는 구조가 간단하고 입자형 슬러지의 형성을 통하여 고농도의 biomass를 유지할 수 있으므로 고부하에서 효율적으로 운전이 가능하여 compact 하면서도 경제적으로 사용할 수 있지만 단점으로는 유기물 부하변동에 민감하며, 일부 폐수에 대하여는 입자형 슬러지 형성이 쉽지 않다는 점을 들 수 있다.

많은 USAB 시스템이 종이 및 화학산업 뿐만 아니라 음식물 가공산업 폐수의 처리에 성공적으로 사용되고 있다(Lettinga 등, 1988). 설계 부하는 4~15 kg COD/m^3-d 정도이다. 경우에 따라 UASB에서 침전성이 좋지 않은 입자형 슬러지가 형성되기 때문에 미생물의 지나친 유실을 방지하기 위한 안전책으로 별도의 침전조를 설치할 수 있다.

(5) 혐기성 격벽반응조(anaerobic baffled reactor, ABR)

ABR은 유체가 상하로 흐르는 여러 개의 반응조가 연결된 형태로 폐수가 격벽 상하로 이동하기 때문에 전체적으로 볼 때 여러 개의 작은 UASB 반응조를 직렬로 연결한 형태로 생각할 수 있다. 한 격방에서 이동한 미생물은 유실되는 것이 아니라 단순히 다른 격방으로 이동한다. 따라서 격벽 반응조에서는 UASB처럼 미생물이 유실되는 단점을 극복할 수 있다는 것이 장점이 될 수 있다. 따라서 미생물의 농도가 높게 유지될 수 있을 뿐만 아니라, 가스와 액체 사이의 표면적이 크므로 부유물질에 의한 가스의 분리문제를 완화시킬 수 있어 가스-고형물 분리장치가 필요 없고 장치가 단순하다는 장점을 지니고 있다. 또한, UASB에 비하여 뚜렷한 미생물의 상분리 효과를 지닐 수 있다. ABR은 위와 같은 이론적인 장점을 지님에도 불구하고 이제까지 그에 대한 연구는 소수의 연구자에 의하여 수행되었다(Bachmann 등, 1985; Grobicki & Stuckey, 1991; Grobicki & Stuckey, 1992; 송기봉 등, 1996). ABR은 운전이 간단하기 때문에 최근에는 방류수 수질기준이 엄격하지 않은 열대지방을 중심으로 하수 처리에 적용되는 사례가 증가하고 있다.

(6) 유동상 및 팽창상 반응조 (AAFEB)

이 공법은 모래, 진흙, 활성탄 등의 작은 입자를 반응조안에 유동시키며 그 표면에 미생물을 성장시킴으로써 SRT를 높게 유지하는 방법이다. 유속에 따라 팽창율이 달라지며 이에 따라 fluidized 또는 expanded bed reactor로 구별된다. 이 공법에서는 입자의 유동에 의해 공극율이 크게 유지되므로 막힘 현상과 단락류(short circuiting) 현상이 발생하지 않는다. 또한 매질의 크기가 작은 경우에는 생물막을 위한 비표면적이 매우 크기 때문에 단위용적당 부하를 높일 수 있다. 유동상 반응조의 가장 큰 장점은 입자상 활성탄이 반응조의 시동 및 과부하 기간에 독성물질의 완충제 역할를 담당하여 처리효율을 높게 유지할 수 있다는 점이다(Suidan 등,1988). 또한 활성탄 표면에 존재하는 큰 공극은 메탄생성균의 초기 부착성장 시 보호처로 사용되어 미생물의 보호처를 제공함으로써 혐기성 유동상의 시동기간 또는 회복시간이 단축된다.

유동상 반응조의 문제점 중 하나는 매질과 유체 사이의 전단력에 의해 메탄 생성균이 적당히 포함된 미생물을 강력하게 매질에 부착시키는 것이 쉽지 않다는 점이다. 또 다른 단점은 유출입 반송율이 높아야 부착된 미생물을 유동화시킬 수 있으므로 동력비가 높아지게 되며, 균등한 유동화를 위하여 폐수를 알맞게 분산시키는 장치가 필요하다. 고율 반송은 첫째 반송에 의해 유입부의 기질 농도가 감소하므로 플러그 흐름의 장점을 감소시킨다. 마지막으로 오랜 기간 동안 팽창상의 운전이 중지되면 정상적인 유량을 주입하여도 상이 제대로 팽창하지 않을 수도 있으며, 재팽창을 하는 경우 매질과 생물막이 쉽게 손실된다. 현재 몇 가지 혐기성 유동상에 대한 실험실 및 현장 적용의 예가 보고되어 있다(Speece, 1996). 유동상의 용적당 부하율은 매우 높으며, 경우에 따라 100 kg COD/m^3-d에 근접한다.

팽창상 반응조는 유동상 반응조의 변형으로, 낮은 상향유속으로 인하여 상 전체가 유동하지는 않는다. 팽창상 반응조의 장점은 높은 재순환율이 필요하지 않다는 점이지만 물질전달이 유동상과 같이 높지 않고, 막힘 또는 단락류 발생이 쉽고, 마찰에 의한 미생물의 유실이 많다는 단점이 있다.

1.3.3 요약

혐기성 공법을 효율적으로 적용하려면 유기물 농도 및 구성성분, 알칼리도, 영양물질, 온도, 그리고 독성물질 함유여부 등 폐수의 특성을 파악한 후, 적절한 공법을 선택하여야 한다. 폐수의 특성은 설계 시 슬러지 및 메탄 생산량, 영양분 요구량, 가열 시스템 용량 등의 계산이 반드시 필요하다. 미생물 체류시간 증가와 발생가스 분리성 향상, 그리고 미생물의 특성을 올바르게 이해하고 적용하기 위한 혐기성 처리 공정에 대한 연구 결과로 여러 형태의 반응조가 개발되었다. 이중 CSTR, AF, UASB 등은 실제 폐수 처리에 가장 널리 사용되고 있으며, 최근에는 membrane과 혐기조를 조합한 공정이 개발 중이다. 그러나 처리 효율은 폐수의 특성에 따라 변하므로 혐기성 공정의 선택은 반드시 이를 고려하여 결정하여야 한다.

참고문헌

Ahring, B, K., and Westermann, P., "Products inhibition of butyrate metabolism by acetate and hydrogen in a thermophilic coculture," *Appl. Environ. Microbiol.*, 54, 2393-2397(1988).

Andrews, J, W., and Graef, S, P., “Dynamic modeling and simulation of the anaerobic digestion process, anaerobic biological treatment processes,” *Advances in Chemistry*, Series 105, American Chemical Society(1971).

Asinari, C, M., Marzano, Di, San., Binot, R., Bol, T., Fripiat, J, L., Hutschemakers, J., Melchior, J, L., Perez, I., Naveau, H., and Nyns, E, J., "Volatile fatty acids, an important state parameter for the control of reliability and the productivities of methane Anaerobic Digestions," *Biomass*, 1, 47-59(1981).

Austin, T., "U.S. sludge digesters: from pancakes to eggs," *Civil Eng.*, Oct., 36(1992).

Bachmann, A., Beard, V, L., and McCarty, P, L., "Performance characteristics of the anaerobic baffled reactor," *Wat. Res.*, 19, 99-106(1985).

Bae, J., "Studies of substrate perturbations on the methanogenesis of glucose," Ph.D Dissertation, Stanford University, Stanford, CA(1991).

Bae, J., and McCarty, P, L., "Variation of carbon monoxide production during methane fermentation of glucose." *Water Environment Research*, 65, 890-898(1993).

Brock, T, D., Madigan, M, T., Martinko, J, M., and Parke, J., "Biology of microorganisms," Prentice-Hill Inc(1974).

Bryant, M, P., "Nutritional requirements of methanogenic bacteria, Advances in Chemistry, Series 105, American Chemical Society," *Federation Proceedings.*, 32, 1809-1813(1971).

Bryant, M, P., Wolin, E, A., Wolin, M, J., and Wolfe, R, S., "Methanobacillus omelianskii, A symbiotic association of two species of bacteria," *Archiv fur Mikrobiologie.*, 59, 20-31(1967).

Chang, J, E., Noike, T., and Matsumoto, J., "Effect of pH on methanogenesis in anaerobic digestion," *Proc. Jap. Sco. Civ. Engrs.*, 333, 101-108(1983).

Chou, W, L., Speece, R, E., Siddiqi, R, H., and McKeon, K., "The effect of petrochemical structure on methane fermentation toxicity," *Proc. Wat. Tech.*, 10, 545-558(1978).

Clark, R, H., and Speece, R, E., "The pH tolerance of anaerobic digestion," *Presented at the Fifth International Conference on Water Pollution Research*, San Francisco, CA(1970).

Cohen, A, A., van Gemert, A, M., Zoetemeyer, R, J., Breure, A, M., "Main characteristic and stoichiometric aspects of acidogenesis of soluble carbohydrates containing wastewater," *Process Biochem.*, 19, 228-232(1982).

Conrad, R,. Mayer, H, P., and Wüst, M., "Temporal change of gas metabolism by hydrogen-syntrophic methanogenic bacterial association in anoxic paddy soil," *FEMS Microbiol. Ecol.*, 62, 265-273(1989).

Crabbendam, O, P, M., Neijssel, O, P., and Tempest, D, W., "Metabolic and energetic aspects of the growth of clostridium butyricum on glucose in chemostat culture," *Arch. Microbiol.*, 142, 375-382(1985).

de Baere, L., "Will anaerobic digestion of solid waste survivein the future?" *Water Science & Technology.*, 53:8, 187-194(2006).

Defour, D, D., Derycke, D., Liessens, J., and Pipyn, P., "Filed experience with different systems for biomass accumulation in anaerobic reactor technologys foy," *Wat. Sci. Tech.*, 30:12, 181-191(1994).

Demirel, B., and Yenigun, O., "Two-phase anaerobic digestion processes: a review," *J. chem. tech. biotech.*, 77, 743-755(2002).

Doddema, H., and Vogels, G, D., "Improved identification of methanogenic bacteria by fluorescence microscopy," *Appl. Environ. Microbiol.*, 36, 752-754(1978).

Draaijer, H., Maas, J, A, W., and Schaapman, J, E., "Performance of the 5 MLD UASB reactor for sewage treatmentat kanpur," India, *Wat. Sci. Tech.*, 25:7, 123-133(1992).

Durate, A, C., and Anderson, G, K., "Inhibition modeling in anaerobic digestion," *Wat. Sci. Tech.*, 14, 749-763(1982).

Fair, G, M., and Moore, E, W., "Time and rate of sludge digestion and their variation with temperature," *Sewage Works Journal*, 6:1, 3-13(1934).

Fischer, R., and Thauer, R, K., "Methanogenesis from acetate in cell extracts of Methanosarcina barkeri, Isotope exchange between CO_2 and the carbonyl group of acetyl-CoA and the role of H2," *Arch. Microbiol.*, 153, 156-162(1990).

Fleissner, J, T., Leininger, K, V., and Zelinka, G, A., "Analysis of magnesium ammonium phosphate scale formation in anaerobically digested sludge," *Presented at the Central states water pollution control association annual Meeting*, May(1978).

Gossett, J, M., Dentel, S, K., and Schruben, J, J., "Mechanisms of decreased digestibility in chemically-coagulated wastewater sludges," *Journal*(`1979).

Gottschalk, G., "Bacterial Metabolism," Springer Verlag, New York, (1979).

Grobicki, A., and Stuckey, D, C., "Hydrodynamic characteristics of the anaerobic baffled reactor," *Wat. Res.*, 26:3, 371-378(1992).

Grobicki, A., and Stuckey, D, C., "Performance of the anaerobic baffled reactor under steady-state and shock loading conditions," *Biotech. Bioeng.*, 37, 344-355(1991).

Hartmann, H., and Ahring, B, K., "Strategies for the anaerobic digestion of the organic fraction of municipal solid waste: an overview," *Water Science & Technology.*, 53:8, 7-22(2006).

Heyes, R, H., and Hall, R, J., "Kinetics of two subgroups of propionate-degrading organisms in anaerobic digestion," *Appl. Environ. Microbiol.*, 46, 710-715(1983).

Hickey, R, F., and Switzenbaum, M, S., "Behavior of carbon monoxide as a trace component of snaerobic digester gases and methanogenesis from acetate," *Environ. Sci. and Tech.*, 24, 1642-1648(1990).

Hickey, R, F., and Switzenbaum, M, S., "The response and utility of hydrogen and carbon monoxide as process indicators of anaerobic digesters subject to organic and hydraulic overloads," *J. WPCF*, 63, 129-140(1991).

Hickey, R, F., Vanderwielen, J., and Switzenbaum, M, S., "The effect of heavy metal on methane production and hydrogen and carbon monoxide levels during batch anaerobic sludge digestion," *Water Res.*, 23, 207-218(1989).

Hilton, B, L., and Oleszkiewicz, J, A., "Sulfide-Induced Inhibition of Anaerobic Digestion," *Journal of Environmental Engineering*, 114, 1377-1391(1988).

Imhoff, K., "Sedimentation and digestion In Germany,“ *In modern sewage disposal (Ed.)* Pearse, L., Lancaster Press, Lancaster, Penn., 47(1938).

Iza, J., Keenan, P, J., and Switzenbaum, M, S., "Anaerobic treatment of municipal solid waste Landfill Leachate: Operation of a pilot scale hybrid UASB/AF reactor," *Wat. Sci. Tech.*, 25:7, 255-264(1992).

Karagiannidis, A., and Perkoulidis, G., "A multi-criteria ranking of different technologies for the anaerobic digestion for energy recovery of the organic fraction of municipal solid wastes," *Bioresource Technology*., 100:8, 2355-2360(2009).

Keenan, P, J., Iza, J., and Switzenbaum, M, S., "Municipal solid waste landfill leachate treatment with a pilot-sclae, hybrid upflow anaerobic sludge bed filter reactor, Emphasizing Inorganic Solids Development," *in Proceedings of the 47th Purdue Industrial Waste Conference*, 1992 Purdue Univ., Lewis Publishers, MI, pp. 773-782(1993).

Kennedy, K, J., and van den Berg, L., "Anaerobic digestion of piggery-waste using a stationary fixed film reactors," *Agr. Wastes.*, 4, 151-158(1982).

Kennedy, K, J., Hamoda, M, F., and Guiot, S, G., "Anaerobic treatment of leachate using fixed film and sludge bed systems," *J. WPCF.*, 60, 1675-1683(1988).

Kothari, A, Li, D., and Corrado, J, J., "Application of membrane anaerobic reactor system for the treatment of industrial waste waters," *Proc. 39th Indust. Waste. Conf.*, 627–636(1985).

Kroeker, E, J., Schulte, D, D., Sparling, A, B., and Lapp, H, M., "Anaerobic treatment process stability," *J. WPCF.*, 51, 718(1979).

Kugelman, I, J., and Chen, K, K., "Toxicity, synergism, and antagonism in anaerobic waste treatment processes anaerobic biological treatment processes," *Advances in Chemistry*, Series 105, American Chemical Society(1971).

Kugelman, I, J., and McCarty, P, L., "Cation toxicity and stimulation in anaerobic waste treatment II. Daily Feed Studies," *19th Purdue Industrial Waste Conference*. Journal, pp. 667-686(1964).

Lawrence, A, W., and McCarty, P, L., "Kinetics of methane fermentation in anaerobic treatment," *Journal Water Pollution Control Federation.*, 41, 1-17(1969).

Lawrence, A, W., and McCarty, P, L., "Unified basis for biological treatment design and operation," *J. Sanitary Eng., ASCE.*, 96(SA3), 757-778(1970).

Lawrence, A, W., McCarty, P, L., and Guerin, F, J, A., "The effect of sulfides on anaerobic treatment," *International Journal of Air and Water Pollution.*, 10, 207-221(1966).

Lettinga, G, A., Hulshoff Pol, L, W., Wiegant, W, M., de Zeeuw, W, J., Grin, P, C., Roersma, R., Koster, I, W., Hobma, S, W., and Sayed, S, K, J., "High-rate anaerobic waste-water treatment using the UASB reactor under a wide range of temperature conditions," *Biotech. and Genetic Engineering*

Reviews., 2, 253-284(1984).

Lettinga, G, A., van Velsen, A, F, M., Zeeuw, W, De., and Hobma, S, W., "Feasibility of the UASB process," *Proceedings of National Conference in Environmental Engineering*, San Francisco, pp. 35-45(1979).

Lettinga, G, A., van Velsen, F, M., Hobma, S, W., de Zeeuw, W, J., and Klapwijk, A., "Use of the Upflow Sludge Blanket (USB) reactor concept for biological wastewater treatment," *Biotech. Bioeng*., 22, 699-734(1980).

Lettinga, G., Rebac, S., and Zeeman, G., "Challenge of psychrophilic anaerobic wastewater treatment," *Trends in Biotechnology*., 19:9, 363-370(2001).

Lettinga, G., van Velsen, A, F, M., De Zeeuw, W., and Hobma, S, W., "Feasibility of the upflow anaerobic sludge blanket (UASB)-process, Proceedings of 1979 National Conference on Environmental Engineering, San Francisco," CA, July 9-11, pp. 35-45(1979).

Lettinga, G., Zehnder, A, J, B., Grotenhuis, J, T, C., Hulshoff Pol, L. W., "Granular anaerobic sludge," microbiology and technology, Wageningen, Netherlands, Center for agricultural publishing and documentation(1988).

Lin, C., "Effect of heavy metals on acidogenesis in anaerobic digestion," *Wat. Res*., 27:1, 147-152(1993).

Maillacheruvu, K, Y., Parkin, G, F., Peng, C, Y., Kuo, W, C., Oonge, Z, I., and Lebduschka, V., "Sulfide toxicity in anaerobic systems fed sulfate and various organics," *Wat. Env. Res*., 65:2, 100-109(1993).

Mamais, D., Pitt, P, A., Yao Wen, C., Loiacono, J., and Jenkins, D., "Determination of ferric chloride dose to control struvite precipitation in anaerobic sludge digesters," *Wat. Env. Res*., 66:7, 912-918(1994).

Massey, M, L., and Pholand, F, G., "Phase separation of anaerobic stabilization by kinetic controls," *J. WPCF*., 50, 2204-2222(1978).

McCarty, P, L., "Anaerobic processes," *Presented at the Birmingham short course on design aspects of biological treatment, Inter. Assoc. of Water Pollution Research, Birmingham*, United Kingdom(1974).

McCarty, P, L., "Anaerobic waste treatment fundamentals," Part 1: Chemistry and Microbiology, Public Works, Sept., 107-112(1964).

McCarty, P, L., "Anaerobic waste treatment fundamentals," Part 2: Environmental requirement and control, Public Works, Oct., 123-126(1964).

McCarty, P, L., "Anaerobic waste treatment fundamentals," Part 3: Toxic materials and their control, Public Works, Nov., 91-94(1964).

McCarty, P, L., "Anaerobic waste treatment fundamentals," Part 4: Process design, Public Works, Dec., 95-99(1964).

McCarty, P, L., "Energetics of Organic Matter Degradation, Microbiology of polluted waters," Mitchell ed. John Wiley and Sons, New York, Chap. 5(1972).

McCarty, P, L., "Kinetics of waste assimilation in anaerobic treatment, developments in industrial microbiology," *American Institute of Biological Sciences*, Washington D. C., 144-155(1966).

McCarty, P, L., "One hundred years of anaerobic treatment," anaerobic digestion 1981, (Eds), *Elsevier Biomedical Press Inc*., Amsterdam, pp. 3-22(1982),

McCarty, P, L., and McKinney, R, E., "Salt toxicity in anaerobic digestion," *Journal Water Pollution Control Federation*., 33, 399-415(1961).

McCarty, P, L., and Smith, D, P., "Anaerobic wastewater treatment," *Environ. Sci. Tech*., 20,

1200-1206(1986).

McInerney, M, J., Mackie, R, I., and Bryant, M, P., "Syntrophic association of a butyrate-degrading bacterium and methanosarcina enriched from bovine rumen fluid," *Appl. Environ. Microbiol.*, 41, 826-828(1981).

Middleton, B, G., Jakobson, R, W., and Wood, D, K., "Use of ferrous chloride to control hydrogen sulfide in digestor gas," *Presented at the California Water Pollution Control Association Annual Conference*, CA, (1982).

Monteith, H, D., and Stephenson, J, P., "Mixing efficiencies in full-scale anaerobic digestors by tracer methods," *J. WPCF.*, 53, 78-84(1981).

Mosey, F, E., "Kinetic descriptions of anaerobic digestion," *In: Proc. 3rd Internat. Symp. on Anaerobic Digestion.*, 37–52(1983).

Mosey, F, E., "Mathematical modelling of the anaerobic digestion process: regulatory mechanisms for the formation of short-chain volatile acids from glucose," *Wat. Sci. Technol.*, 15, 209–232(1983).

Mosey, F, E., and Fernandes, X, A., "Patterns of hydrogen in biogas from the anaerobic digestion of milk-sugars," *Water Sci. and Tech.*, 21, 187-196(1989).

Mueller, R, F., and Steiner, A., "Inhibition of anaerobic digestion caused by heavy metals," *Wat Sci. Tech.*, 26, 835-846(1992).

Murray, W, D., and van den Berg, L., "Effects of nickel, cobalt and molybdenum on performance of methanogenic fixed-film reactors," *Appl. and Environ. Microbiol.*, 42:3, 502-505(1981).

Myburg, C., and Britz, T, J., "Influence of higher organic loading rates on the efficiency of an anaerobic hybrid digester while treating landfill leachate," *Wat. Sci.*, 19:4, 319-324(1993).

Nelson, M, J, K., and Ferry, J, G., "Carbon monoxide-dependent methyl coenzymeM methylreductase in acetotrophic methanosarcina spp," *J. Bacteriol*, 160, 526(1984).

O'Rourke, J, T., "Kinetics of anaerobic waste treatment at reduced temperatures," PhD. Thesis, Stanford Univ(1969).

Owen, W, F., Stuckey, D, C., and Healy Jr, J, B., "Bioassay for monitoring biochemical methane potential and anaerobic oxicity," *Wat. Res.*, 13, 485-492(1979).

Ozturk, S, S., Palsson, B, O., and Thiele, J, H., "Control of interspecies electron transfer flow during anaerobic digestion: dynamic diffusion reaction models for hydrogen gas transfer in microbial flocs," *Biotechnol. Bioengng.*, 33, 745–757(1989).

Parkin, G, F., and Miller, S, W., "Response of methane fermentation to continuous addition of selected industrial toxicants," *Proceedings of the 37th Perdue Industrial Waste Confenrece, Lafayette, Ind.*, pp. 729-743(1982).

Parkin, G, F., and Owen, W, F., "Fundamentals of anaerobic digestion of wastewater sludges," *Journal of Environmental Engineering*, 112, 867-920(1986).

Pauss, A., Samson, R., Guiot, S., and Beauchemin, C., "Continuous measurement of dissolved H2 in an anaerobic reactor using a new Hydrogen/Air fuel cell detector," *Biotechnol. Bioeng.*, 35, 492-501(1990).

Rittmann. B. E. and McCarty, P. L. "Environmental Biotechnology: Principles and application," McGrawHill, NY(2001).

Ross, W, R., Barnared, J, P., Strohwald, N, K, H., Grobler, C, J., and Sanetra, J., "Practical application of the ADUF process to the Full-Scale treatment of a Maize-Processing effluent," *Wat. Sci. Tech.*, 25:10, 27-39(1992).

Schroepfer, G, J., Fuller, W, J., Johnson, A, S., Ziemke, N, R., and Anderson, J, J., "The anaerobic contact process as applied to packinghouse waste," *Sewage and Industrial Wastes.*, 27, 460(1955).

Shea, T, G., Pretorius, W, A., Cole, R, D., and Pearson, E, A., "Kinetics of hydrogen assimilation in the methane fermentation," *Water Res.*, 2, 833-848(1968).

Shelton, D, R., and Tiedje, J, M., "General methods for determining anaerobic biodegradation potential," *Appl. Environ. Microbiol.*, 47, 850-857(1984).

Slater, W, R., Merich, M., Richer, N, L., Labb, F., Ferguson, J, F., and Benjamin, M, M., "A Microcomputer-based instrumentation system for anaerobic wastewater treatment Process," *Water Res.*, 24, 121-123(1990).

Smith, D, P., and McCarty, P, L., "Energetics and rate effects on methanogenesis of ethanol and propionate in perturbed CSTRs," *Biotechnol. Bioeng.*, 34, 39-54(1989).

Smith, D, P., and McCarty, P, L., "Factors governing methane fluctuations following shock loading of digesters," *WPCF*, 62, 58-64(1990).

Snoeyink, V, L., and Jenkins, D., "Water Chemistry, John Wiley and Sons, New York," NY.(1980)

Speece, R, E., "Anaerobic biotechnology: for industrial wastewater." *Nashville Archae press.*

Speece, R, E., "Environmental requirements for anaerobic digestion of biomass," *Advances in solar energy - An Annual Review of Research and Development.*, 70(1987).

Speece, R, E., and McCarty, P, L., "Nutrient requirements and biological solids accumulation in anaerobic digestion." *Advances in Water Pollution Research.* (Pergamon Press, London)., 305-322(1964).

Speece, R, E., Kocher, W, M., Yang, C, H, Y., and Parkin, G, F., "The response of methane bacteria to toxicity," *Third International Symposium on Anaerobic Digestion. Journal of the Water Pollution Control Federation.*, 55, 44-53(1983).

Stander, G, J., "Effluents from Fermentation Industries. Part IV: A new method for increasing and maintaining efficiency in the anaerobic digestion of fermentation effluents," *Journal and Proceedings of The Institute of Sewage Purification.*, 438-447(1950).

Steffen, A, J., and Bedker, M., "Operation of full-scale anaerobic contact treatment plant for meat packing waste," *In Proceedings of the 16th Purdue Industrial Waste Conference*, 423-437(1961).

Stinson, J, A., and Ham, R, K., "Effect of Lignin on the anaerobic decomposition of cellulose as determined through the use of a biochemical methane potential method," *Env. Sci. Tech.*, 29:9, 2305-2310(1995).

Suidan, M, T., Najm, I, N., Pfeffer, J, T., and Wang, Y, T., "Anaerobic biodegradation of phenol: Inhibition kinetics and system stability," *Journal of Environmental Engineering*, 114, 1359-1377(1988).

Switzenbaum, M, S., and Jewell, W, J., "The anaerobic attached film expanded bed reactor for the treatment of dilute organic wastes," Cornell Univ., 203(1978)

Thauer, R, K., Jungermann, K., and Decker, K., "Energy conversion in chemotrophic anaerobic bacteria, Bacteriological Reviews, 41, 100-180(1977).

Thiel, P, G., "The effect of methane analogues on methanogenesis in anaerobic digestion," *Water Research.*, 3, 215-223(1969).

Thiele, J, E., Chartrain, M., and Gregory Zeikus, J., "Control of interspecies electron flow during anaerobic digestion: Role of floc formation in syntrophic methanogenesis," *Appl. Environ. Microbiol.*, 54, 10-19(1988).

Tong, X., "Bacterial hydrolysis and methane fermentation of lignocellulosic materials," Ph.D Dissertation, Stanford University, Stanford, CA(1992).

Torpey, W, N., "Loading to failure of a pilot high-rate digestor," *Sewage and Industrial Waste.*, 27,

121(1955).

van den Berg, L., and Kennedy, K, J., "Comparison of advanced anaerobic reactors," In: R.L. Wenntworth, Editor, *Proceedings of the 3rd International Symposium on Anaerobic digestion*., pp. 14–18(1983).

van den Berg, L., and Lentz, C, P., "Factors affecting sedimentation in the anaerobic contact fermentation using food processing wastes," *Proc. 33rd Purdue Indust. Waste Conf.*, pp. 185-193(1978).

van Lier, J., "Current and future trends in anaerobic digestion: diversifying from waste(water) treatment to resource oriented conversion techniques," *In: Proceedings of the 11th IWAWorld Congress on Anaerobic Digestion: Bioenergy for Our Future, PL04, 1, IWA*, Brisbane, Australia(2007).

Veiga, M, C., Mendez, R., and Lema, J, M., "Anaerobic filter and DSFF reactors in anaerobic treatment of tuna processing wastewater," *Wat. Sci. Tech.*, 30:12, 425-432(1994).

Whitmore, T N., Lloyd, D., Jones, G., and Williams, T, N., "Hydrogen-dependent control of the continuous anaerobic digestion process," *Appl. Microbiol. Biotechnol.*, 26, 383-388(1987).

WPCF, 1990 Operation of municipal wastewater treatment plant. Manual of practice No 11. Vol III. Second edition(1996).

Yang, C, H, J., "The effects of cyanide and chloroform toxicity on methane fermentation," Ph.D. Thesis, Drexel Univ., Philadelphia, PA(1981).

Yang, J., and Speece, R, E., "Effects of engineering controls on methane fermentation toxicity response," *Journal WPCF*., 57, 1134-1141(1985).

Young, J, C., and Dahab, M, J., "The anaerobic filter for waste treatment," *Presented at the 22nd Annual Perdue Industrial Waste Conference*, Perdue University, Lafayette, Indiana, May., pp. 2-4(1982).

Young, J, C., and McCarty, P, L., "The anaerobic filter for waste treatment," *J. WPCF.*, 41, 160-173(1969).

Young, J, C., and Yang, B, S., "Design considerations for full-scale anaerobic filters," *J WPCF*, 61:9, 1576-1587(1989).

Zehnder, A, J, B., "Biology of Anaerobic Microorganisms," *Wiley, New York*., 707–770(1988).

Zeikus, J, G., Kerby, R., and Krzycki, J, A., "Single-carbon chemistry of acetogenic and methanogenic bacteria," *Science*., 227, 1167-1173(1985).

Zickefoose, C, S., and Vass, R., "Causes and cures foam and scum," *Operations Forum*., 26-29(1986).

Zinder, S, H., "Microbiology of anaerobic conversion of organic waste to methane: recent development," *ASM News*., 50, 294(1984).

송기봉, 배재호, 조광명, "ABR과 UASB의 운전특성-I. 유기물 제거효율, *대한환경공학회지*," 18:2, 159-170(1996).

2

유기성 폐기물의 메탄화 기술

21 유기성 폐기물

바이오에너지는 통상 식물로 대표되는 바이오매스로부터 생산 가능한 것으로 다른 신재생 에너지원과 달리 생체 내에 저장된 화학에너지를 에너지로 이용한다. 이러한 바이오에너지의 생산 원료인 바이오매스는 유기성 폐기물, 농·임산 부산물과 에너지 생산 목적으로 경작된 에너지 작물 등을 모두 포함한다.

바이오매스란, 생물자원(bio)의 양(mass)을 나타내는 개념으로서, '재생 가능한 생물유래의 유기성 자원으로 화석에서 유래된 자원을 제외한 것'을 말한다. 바이오매스는 무기물인 물과 CO_2, 그리고 태양에너지를 활용하는 생물의 광합성에 의하여 생성된 유기물로서, 생명과 태양에너지가 존재하는 한, 지속적으로 재생 가능한 자원이다.

표 2.1에는 바이오매스의 발생원별 종류 및 자원화 형태를 나타내었다. 유기성 폐기물은 바이오매스 중 바이오에너지 생산기술을 가장 먼저 적용할 대상으로 평가되고 있다. 이러한 이유는 유기성 폐기물은 적절하게 처리하지 않을 경우 환경오염을 유발하며, 수거시스템이 잘 확립되어 있어 바이오에너지 생산기술 상용화에 가장 큰 장애요인인 원료의

표 2.1 바이오매스의 발생원별 종류 및 자원화 형태

<table>
<tr><th colspan="3">구분</th><th>바이오매스의 종류</th><th>자원화 형태</th></tr>
<tr><td rowspan="4">농업계</td><td rowspan="3">농산</td><td>수도작</td><td>볏짚, 왕겨, 미강,
쇄미, 청미 등</td><td>· 왕겨숯 등 친환경 자재
· 퇴비, 사료
· 가스화 열에너지</td></tr>
<tr><td>과수</td><td>전정가지</td><td>· 톱밥, 펠릿
· 가스화 열에너지</td></tr>
<tr><td>에너지작물</td><td>유채(유지계)</td><td>· 바이오 디젤</td></tr>
<tr><td colspan="2">축산</td><td>축산분뇨</td><td>· 퇴비, 액비
· 가스화 열에너지
· 전기</td></tr>
<tr><td colspan="3">산림계</td><td>숲가꾸기산물,
임산부산물</td><td>· 톱밥
· 목재칩, 펠릿
· 가스화 열에너지</td></tr>
<tr><td rowspan="2">폐기물계</td><td colspan="2">생활계</td><td>음식물류 폐기물, 생활폐목재
(폐가구, 가로수 전지목),
폐식용유</td><td>· 가스화(열,전기), 퇴비, 사료
· 목재칩, 펠릿</td></tr>
<tr><td colspan="2">사업장계</td><td>유기성 슬러지류, 분뇨,
동식물성 잔재물, 사업장
폐목재, 폐식용유</td><td>· 가스화, 고화(매립복토재), 퇴비
· 목재칩, 펠릿
· 바이오 디젤</td></tr>
</table>

수집을 위한 별도의 수거시스템 구축이 필요하지 않고 원료 조달비용이 매우 낮기 때문이다. 본 장에서는 유기성 폐기물의 정의를 살펴보고 유기성 폐기물의 분류, 그리고 유기성 폐기물의 종류별 활용기술과 개발동향을 알아보도록 한다.

2.1.1 유기성 폐기물의 정의 및 분류

유기성 폐기물이란 「폐기물관리법」의 적용을 받는 폐기물계 바이오매스로서 생활계 및 사업장계 유기성 폐기물로 구분되며, 생활계에는 음식물류 폐기물, 생활 폐목재(폐가구), 폐식용유 등이 속한다. 사업장계에는 유기성 슬러지류, 동식물성 잔재물, 사업장 폐목재, 폐식용유 등이 포함된다. 그리고 「가축분뇨의 관리 및 이용에 관한법률」로 관리되고 있는 축산농가에서 발생되는 가축분뇨도 유기성 폐기물로 분류된다.

표 2.2에는 유기성 폐기물의 분야별 종류 및 범위를 나타내었다.

표 2.2 유기성 폐기물의 분야별 종류 및 범위

<table>
<tr><th colspan="4">구분</th><th>개요</th></tr>
<tr><td rowspan="17">유기성 폐기물</td><td rowspan="5">식품 폐기물</td><td colspan="2">식품가공잔사</td><td>음료수 및 식품산업에서 발생되는 각종 박 및 잔사</td></tr>
<tr><td colspan="2">수산가공잔사</td><td>수산물을 가공하는 통조림공장, 어시장 등의 잔사</td></tr>
<tr><td colspan="2">사업장계 음식물류 폐기물</td><td>감량화의무대상 사업장에서 발생되는 음식물류 폐기물</td></tr>
<tr><td colspan="2">가정계 음식물류 폐기물</td><td>생활계 폐기물로 가정에서 배출되는 음식물류 폐기물</td></tr>
<tr><td colspan="2">폐식용유</td><td>가정 및 음식점, 사업장 등에서 발생되는 식용유</td></tr>
<tr><td rowspan="3">축산 폐기물</td><td colspan="2">우분뇨</td><td>우사에서 발생되는 것으로 분과 뇨가 분리(톱밥우사 등)</td></tr>
<tr><td colspan="2">돈분뇨</td><td>돈사에서 발생되는 것으로 분과 뇨가 혼합된 것이 대부분</td></tr>
<tr><td colspan="2">계분뇨</td><td>계사에서 발생되는 것으로 대부분이 고형상</td></tr>
<tr><td rowspan="4">각종 슬러지류</td><td colspan="2">하수슬러지</td><td>하수처리장에서 발생되는 슬러지류</td></tr>
<tr><td colspan="2">분뇨슬러지</td><td>분뇨 및 정화조슬러지를 수거하여 처리하는 과정에서 발생되는 슬러지</td></tr>
<tr><td colspan="2">축분처리슬러지</td><td>축산폐수 공동처리장에서 발생하는 슬러지</td></tr>
<tr><td colspan="2">폐수처리슬러지</td><td>폐수의 물리, 화학적, 생물학적 처리과정에서 발생되는 슬러지</td></tr>
<tr><td rowspan="4">사업장계 폐목재</td><td colspan="2">건설 폐목재</td><td>건설공사장에서 발생되는 목재</td></tr>
<tr><td rowspan="3">가공 공장 잔사</td><td>수피</td><td>통나무의 외피</td></tr>
<tr><td>톱밥</td><td>목재의 가공, 제재 공정에 있어서 톱에 의해서 목재를 자르는 때에 배출되는 목분</td></tr>
<tr><td>목편(목칩)</td><td>합판, 목재조각, 칩 조각 등 목재 가공 공정에서 발생하는 잔폐재, 건설공사에서 발생하는 목재</td></tr>
</table>

1) 음식물류 폐기물

음식물류 폐기물은 생활계 폐기물 중 '나무류, 채소류, 남은 음식물류 배출'로 분류된 것을 말하며 보통 가정 및 식당, 급식소 등에서 발생된다. 1일 평균 300 kg 이하 규모의 사업장에서 발생되는 것을 음식물류 폐기물이라 하며, 식품산업 및 도축장 등에서 발생되는 폐기물은 사업장 배출시설계 폐기물의 동식물성 폐잔재물로 분류된다.

음식물류 폐기물의 발생원은 가정, 식당, 급식소, 시장, 대형 유통매장, 숙박업소 등이며 배출 및 처리되는 형태는 종량제봉투에 혼합되어 매립 또는 소각처리 되거나, 분리배출 되어 자원화 또는 하수병합 처리한다.

폐기물관리법에 의하면 특별시·광역시·특별자치도 또는 시 지역에서 발생하는 음식물류 폐기물은 바로 매립할 수 없도록 하고 있으며, 소각, 사료화, 소멸화, 탄화, 소화 또는 부숙토 생산 등의 공정에서 발생하는 협잡물과 잔재물 만을 매립하도록 하고 있다. 다만 특별시·광역시·특별자치도 또는 시 지역 중 환경부장관이 고시하여 정하는 산간·오지 또는 도서지역에서 발생하는 음식물류 폐기물에 대해서는 매립을 허용하고 있다.

음식물류 폐기물은 환경부장관이 정하여 고시하는 용도 및 방법에 따라 매립시설 복토용 또는 토지개량제 등으로 사용할 수 있는데, 음식물류 폐기물을 토지개량제로 사용하려면 제품명·원료 등을 표시하고, 제품의 제조에 관한 기록을 보존하여야 한다.

자원화 처리방법은 농가원형이용, 사료화, 퇴비화로 나눠진다. 농가원형이용은 음식물류 폐기물 감량의무 사업자에서 배출되는 음식물류 폐기물에 한하여 농가에서 직접수거한 후 가축의 사료나 퇴비로 이용하는 것을 말한다. 사료화 방법은 액상사료와 건조사료를 생산하는 방법이 있으며 액상사료 생산 후 잔재물은 퇴비화시설로 위탁하여 처리된다.

그림 2.1 음식물류 폐기물

사료관리법에 의하면 음식물류 폐기물은 반추동물을 제외한 동물의 먹이로 사용할 수 있는데 음식물류 폐기물을 사료로 농가에 공급하기 위해서는 사료관리법에 의해 사료제조업 등록을 한 음식물류 폐기물 처리시설에서 처리하여야 한다. 다만, 음식물류 폐기물을 수거하여 농수산식품부장관이 정하여 고시한 범위와 기준에 따라 가열 등의 방법으로 처리한 후 동물 등의 먹이로 사용하는 경우는 제외한다.

퇴비화는 호기성 퇴비화와 혐기성 퇴비화로 구분되는데 혐기성 퇴비화시설에는 바이오가스화 시설이 있어 전력 및 열을 생산하고 바이오 가스화 시설의 잔재물은 퇴비로 만들고 있다.

2) 폐목재

폐목재는 유가성 자원으로 다른 폐기물과 달리 물질 재활용 및 열 에너지 회수용도로 활발하게 이용되고 있다. 폐목재는 '임지, 생활계, 건설, 사업장 등의 발생원으로부터 발생된 목재로 사람의 생활, 사업활동에 필요하지 아니하게 된 목재'를 말한다.

그림 2.2 각종 폐목재

폐목재의 발생원은 크게 생활계, 사업장계, 건설계로 나눌 수 있으며 생활계 폐목재는 임목계(유목, 농업폐목재, 전지목, 건설임목폐목재) 폐목재, 시장에서 주로 발생되는 과일상자, 가정에서 발생되는 폐가구류, 기타 공원에서 발생되는 벤치 등이 있다. 건설계 폐목재는 신축현장과 해체현장에서 발생되며, 신축현장에서 발생되는 폐목재는 각재류, 합판류, 파레트 등이 있고, 해체현장에 발생되는 폐목재는 내·외장재 등의 폐목재가 다른 건폐재와 혼합되어 발생된다. 사업장계 폐목재는 제재부산물, 목재분진, 목재 가공공장 부산물, 파레트, 목재 포장상자, 전선드럼, 선박 해체목, 철도침목 등이 있다.

표 2.3에 폐목재의 발생원별 종류를 정리하였다.

표 2.3 발생원별 폐목재의 종류

발생원	종류	
생활계 폐목재	임목계 폐목재	하천, 호소 유목
		농업폐목재(이남지주목, 버섯재배목 등)
		전지목(가로수, 정원수)
		건설임목폐목재(뿌리, 가지, 줄기)
	목재상자(과일·어상자)	
	폐가구류(순수목재, 합판, MDF)	
	놀이터, 공원, 야외시설물방부폐목재(벤치 등)	
건 설 폐목재	신 축 폐목재	각재류(비계목, 받침목, 토류판 등)
		합판류(거푸집 등)
		파레트(순수목재, 합판, MDF)
	해 체 폐목재	순수목재(한옥 등 철거시 발생)
		내·외장재 등
		방부폐목재(목조주택, 목조교량, 펜스 철거 등)

발생원	종류
사업장 폐목재	제재부산물 (톱밥, 수피 등)
	목재분진 (나무판제품 제조시설 등)
	목재 가공공장 부산물 (순수목재, 합판, MDF)
	파레트 (순수목재, 합판, MDF)
	목재포장상자 (순수목재, 합판, MDF)
	전선드럼 (순수목재, 표면도색)
	선박 해체목
	철도침목

자료) 배재근 등, '폐목재 관리체계 개선 및 재활용 활성화방안' 국립환경과학원, 2007

3) 하수슬러지

각 가정에서 사용하고 난 물을 하수구로 버리면 이 물은 하수관거를 통하여 하수처리장으로 모이게 되며 하수처리장에서는 물리·화학·생물학적 방법으로 하수를 처리하게 된다. 하수슬러지는 하수처리과정에서 발생하는 유기성 폐기물로서 혐기성 소화 등의 안정화 과정과 수분제거를 위한 탈수처리를 거친 후 최종 처분하게 된다. 2003년 이전까지는 탈수된 하수슬러지의 대부분을 매립처리 했지만, 매립장에서 하수슬러지의 매립작업시 작업성이 나쁘고 하수슬러지에 함유되어 있는 각종 유해중금속이 토양에 잔류하게 되어 토양, 지하수 및 지표수를 오염시키며 침출수량의 증가를 초래하였다. 따라서 2003년 7월 1일부터는 하수슬러지의 육상매립이 금지되었으며 이후부터 하수슬러지는 처리비용이 저렴한 해양투기방식으로 대부분 처리되었다. 그러나 '런던협약 의정서(1996년)'에 의해 각종 폐기물의 해양배출기준이 국제적으로 강화되고 하수슬러지의 해양투기도 2012년부터 전면 금지됨에 따라 최종처분 방법의 개발 및 도입이 시급한 상황이다.

4) 폐수슬러지

폐수슬러지는 산업 활동의 부산물로 발생되며, 그 성질이 하수슬러지와는 달리 중금속 등 유독성 물질을 다량 함유하고 있는 경우가 많아 특별한 관리가 요구되는 폐기물이다. 각 산업체는 폐수처리 시설을 갖추고 실정에 맞게 처리방법을 달리하여 폐수를 처리하여 배출하고 있다. 이때 발생되는 폐수슬러지는 생물학적 처리에 의하여 발생되는 유기성 슬러지와 화학적인 처리에 의하여 발생되는 무기성 슬러지로 분류할 수 있다. 유기성 슬러지에 대한 정의는 「폐기물관리법 시행규칙」에서 '고형물 중 유기성물질의 함량이 40퍼센트 이상인 것을 말한다.'라고 명시하고 있다.

그림 2.3 각종 슬러지

5) 분뇨슬러지

분뇨는 각 가정과 공장, 사무실, 상가 등 사람이 생활하는 공간에서는 항상 발생된다. 분뇨는 생분뇨, 종이류, 변기 세척수 등이 일정기간 저류된 후 수거차량에 의해 수거된 것으로 그 성상은 변소의 이용상태 및 구조, 수거간격 및 수거방법, 지역특성차 등에 의해 차이가 있으며 식생활습관, 문화수준, 계절적인 요인도 성상에 많은 영향을 준다. 분뇨는 정화조에서 부패된 후에 수거되는 정화조 폐액과 배출된 분뇨를 그대로 수거하는 생분뇨로 분류된다. 생분뇨는 1일 발생량인 원단위로 산출하는 것이 가능하지만 정화조 폐액은 각 건물에 설치된 정화조 내에서 혐기성상태로 장기간 부패되어 유기물이 상당량 분해된 후 발생하기 때문에 원단위를 산출하기 불가능하다(국립환경과학원, 2006).

6) 동·식물성 폐잔재물

사업장 배출시설계로 분류되어 관리되는 동·식물성 폐잔재물은 주로 식료품 제조업, 유통업, 판매업 등에서 발생되며 그 종류로는 도축, 고기가공 및 저장, 낙농업, 과실 및 야채, 통조림 및 저장가공, 동식물 유지류, 빵 제품 및 국수, 설탕 및 과자, 배합사료, 조미료, 두부 등이 있다. 또한 음료 제조업에서는 주정, 소주, 인삼주, 증류수, 약주, 탁주, 청주, 포도주, 맥주, 청량음료, 기타 등이 있다.

7) 폐식용유

폐식용유는 크게 생활계와 사업장계로 배출원이 구분된다. 생활계는 가정, 음식점, 급식소

그림 2.4 동식물성 폐잔재물

그림 2.5 폐식용유

등에서 배출되는 것을 말하며, 다량 배출업소는 패스트푸드, 치킨업소, 피자가게, 음식점 등이다. 사업장계는 식품제조업체에서 식품제조 공정 후 배출되는 것을 말한다.

8) 가축분뇨

「가축분뇨의 관리 및 이용에관한 법률」에서 가축은 소, 돼지, 말, 닭 및 젖소, 오리, 양, 사슴 및 개로 정하고 있으며, 가축분뇨는 가축이 배설하는 분뇨 및 가축사육과정에서 사용된 물 등이 분뇨에 섞인 것으로 정의하고 있다. 2008년 현재, 축산농가에서 발생하는 가축분뇨 발생량은 4,200만 톤/년 이며 이중 84.3%인 3,500만 톤/년이 퇴비 및 액비로 자원화되고 있으며 146만 톤/년은 해양투기하고 있다(환경부, 2009).

"가축분뇨 자원화시설"은 배출시설에서 배출되는 가축분뇨를 퇴비 · 액비 또는 신에너지 및 재생에너지 개발 · 이용 · 보급 촉진법 제2조제1호 나목의 규정에 따른 바이오에너지 등으로 만드는(이하 "자원화"라 한다) 시설이라 하여, 자원화 범위에 바이오에너지 생산을 새롭게 포함시키고 있다. "액비"는 가축분뇨를 액체상으로 발효시켜 만든 비료성분이 있는 물질이며 "퇴비"는 가축분뇨를 발효시켜 만든 비료성분이 있는 물질 중 액비를 제외한 물질로서 각각 농림부령이 정하는 기준에 적합한 것으로 정의된다. 농림부령에서 정한 퇴비 기준은 비료관리법의 비료공정규격 중 퇴비의 공정규격을 말하며, 액비의 기준은 비료관리법의 비료공정규격 중 가축분뇨발효비료(액)의 공정규격으로 질소전량의 최소함유량이 0.1퍼센트 이상인 것으로 정하고 있다. "정화시설"은 가축분뇨를 침전·분해 등 환경부령이 정하는 방법에 따라 처리(이하 "정화"라 한다)하는 시설을 말하며, 자원화시설과 정화시설을 가축분뇨 처리시설로 정의하고 있다.

그림 2.6 가축분뇨

2.1.2 유기성 폐기물 종류별 활용기술

유기성 폐기물 뿐만 아니라 목재, 목초, 농작물 등의 순수한 형태는 물론 농임업의 부산물까지 포함하는 바이오매스를 이용한 바이오에너지 생산기술은 매우 다양하게 적용되고 있다. 바이오에너지 생산기술은 동·식물 유기체를 각종 가스, 액체 또는 고형연료로 변환하거나 이를 연소하여 얻을 수 있는 열 및 증기, 전기를 생산하는데 응용되는 화학, 생물, 연소공학 등이 종합적으로 고려된 기술로 표 2.4와 같이 구분할 수 있다.

표 2.4 바이오매스 활용기술

대분류	중분류	내용
바이오액체연료 생산기술	연료용 바이오에탄올 생산기술	당질계, 전분질계, 목질계
	바이오디젤 생산기술	바이오디젤 전환 및 엔진적용기술
	바이오매스 액화기술(열적전환)	바이오매스 액화, 연소, 엔진이용기술
바이오매스 가스화기술	혐기소화에 의한 메탄가스화 기술	유기성 폐수의 메탄가스화 기술 및 매립지 가스(LFG) 이용 기술
	바이오매스 가스화기술(열적전환)	바이오매스 열분해, 가스화, 가스화발전기술
	바이오수소 생산기술	생물학적 바이오수소 생산기술
바이오매스 생산·가공기술	에너지 작물 기술	에너지 작물재배, 육종, 수집, 운반, 가공기술
	생물학적 CO_2 고정화 기술	바이오매스 재배, 산림녹화, 미세조류 배양기술
	바이오 고형연료 생산, 이용기술	바이오 고형연료 생산 및 이용기술 (왕겨, 칩, RDF(폐기물연료)) 등

자료) 에너지관리공단 신재생 에너지센터

바이오매스 자원을 물성으로 분류하면 수분을 많이 함유하고 있는 습식계 바이오매스(Wet biomass)와 수분을 적게 함유하여 자체 연소가 가능한 건식계 바이오매스(Dry biomass)로 구분된다. 목질계 바이오매스나 농산물계 바이오매스 등은 비교적 수분이 적은 상태의 것이 많으며, 연소나 가스화 등 열화학적 변환이 적합한 에너지 자원이라 할 수 있다. 한편 하수슬러지, 축산폐기물, 산업폐수 슬러지 등은 수분이 많아서 혐기성 발효, 알코올 발효 등의 생물학적 변환이 적합한 자원이다. 표 2.5에는 바이오매스의 분야별 종류 및 이용기술과 생산물을 정리하였다.

표 2.5 바이오매스의 분야별 종류 및 이용기술

구 분		분 류	이용기술	생산물
폐기물계	식 품 폐기물	습식계 바이오매스	사료화, 바이오가스화, 에탄올화, 에스터화, 고형연료화	사료원료, 메탄, 에탄올, 바이오 디젤, 고형연료(RDF)
	축 산 폐기물		퇴비화, 바이오가스화	퇴비, 메탄
	각 종 슬러지류		퇴비화, 고형연료화, 바이오가스화	퇴비, 고형연료(RDF), 메탄
	사업장계 폐목재	건식계 바이오매스	바이오 가스화, 에탄올 화, 열분해 가스화, 탄화, 고형연료화, 연소	메탄, 에탄올, 열분해 가스, 숯 고형연료(RDF), 열과 전기
농업계 부산물			퇴비화, 사료화, 바이오가스화, 에탄올화, 열분해 가스화, 연소	퇴비, 사료연료, 메탄, 에탄올, 열분해 가스, 열과 전기
임산계 부산물			바이오 가스화, 에탄올화, 열분해 가스화, 탄화, 고형연료화, 연소	메탄, 에탄올, 열분해 가스, 숯 고형연료(RDF), 열과 전기

1) 사료화

사료화는 음식물류폐기물, 동·식물성 잔재물, 식품폐기물, 수산폐기물 등의 유기성 폐기물을 이용하여 가축의 사료로 활용함으로써 유기성 폐기물을 자원화하고 폐기물의 감량화 및 최소화를 도모할 수 있는 방법이다.

유기성폐기물의 사료화 방법은 그림 2.7에 나타낸 바와 같이 열과 에너지 등을 이용하여 건조시키는 건조사료화방법과 유기물을 발효시키면서 발생하는 열을 이용하는 발효사료화방법으로 구분할 수 있으며, 더 세분하면 건조사료화, 건식발효사료화, 습식발효사료화로 구분할 수 있다.

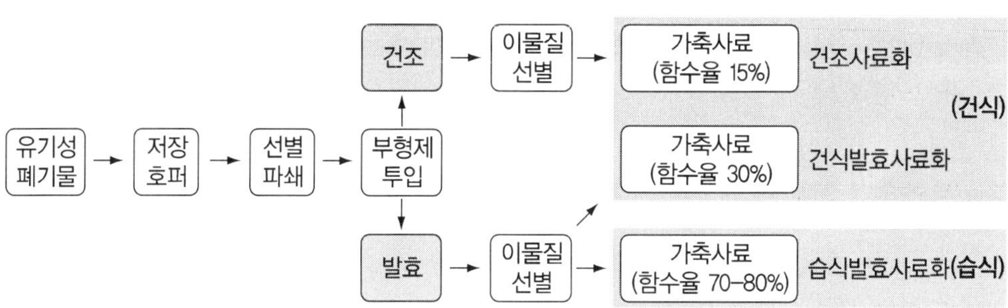

그림 2.7 유기성 폐기물 사료화 공정도

2) 퇴비화

퇴비화는 볏집류, 톱밥, 쓰레기, 분뇨, 음식물류폐기물, 하수슬러지, 가축분뇨 등의 유기성 폐기물을 인위적으로 조절된 환경조건하에서 미생물의 분해작용을 이용하여 유용하고, 안정된 부식질을 만드는 방법이다. 퇴비화 공정은 호기성과 혐기성으로 구분할 수 있는데, 혐기성의 경우 퇴비화속도가 느리기 때문에 대규모 퇴비화 플랜트에는 대부분 호기성 퇴비화 공정이 적용되고 있다.

호기성 퇴비화의 기본 원리는 유기물이 호기성 미생물에 의해 산화분해가 일어나 물과 이산화탄소로 분해되고, 산화분해시 발생하는 열은 최고 70℃에 가깝게 상승하게 되며 이 열에 의해서 수분이 증발되고 최종적으로 분해잔존물이 퇴비라는 형태로 남게 된다. 이렇게 생산된 퇴비는 주로 토지개량제로 이용된다.

퇴비화는 미생물에 의한 생분해반응이므로 미생물 생장에 필요한 탄소와 질소의 요구량을 비로 나타낸 C/N비가 퇴비화공정의 주요 인자로 사용된다. 통상 퇴비화에 최적인 C/N비는 약 25~30이며 퇴비더미 내에 질소가 과량으로 존재할 경우에는 암모니아성 질소의 생성으로 인해 악취가 발생되며 질소의 양이 적을 경우에는 퇴비화의 진행이 느려진다.

공기공급 또한 호기성퇴비화에 필요한 산소를 공급하기 위해 반드시 고려해야 할 인자로서 공기공급이 원활하지 않으면 무산소 퇴비화가 진행되어 퇴비화 속도가 느려지고 악취발생이 증가할 수 있으며, 공기가 과량으로 공급되면 퇴비더미의 온도가 감소되는 문제가 발생할 수 있다. 호기성 퇴비화에 적절한 산소농도는 최소 5% 이상인 것으로 알려져 있다. 호기성 퇴비화에 작용하는 미생물의 생장에 최적인 pH는 5.5~8.5이며 공기공급량이 적으면 혐기성 퇴비화의 진행으로 인해 pH가 감소될 수 있으므로 호기성 유지를 위한 적절한 공기공급이 필요하다.

퇴비화에서 고려해야 할 물리학적 요소로는 퇴비더미의 온도, 원료의 입도 등이 있다. 퇴비화의 온도는 통상 55~80℃이며 탄소분해율이 좋은 최적 온도는 60℃로 알려져 있다. 이러한 온도 유지는 퇴비화 과정에서 발생되는 열에 의해 유지되므로 적절한 뒤집기 방식의 선택으로 발생열의 관리가 필요하다. 퇴비화 원료의 입도가 크면 퇴비화 미생물과의 접촉면적이 감소하며 입도가 작으면 퇴비더미의 통기성이 나빠지므로 원료의 종류를 고려하여 적당한 입도를 결정하여야 한다.

3) 바이오가스화

바이오가스화는 슬러지, 음식물류 폐기물, 가축분뇨 및 기타 유기성 폐기물을 미생물에 의해 혐기성 분해시키는 혐기성 소화공법에 의해 바이오가스로 유효자원화 함으로써 폐기물을 감량화 및 최소화하는 방법이다. 혐기성 소화공법은 '메탄발효'라고도 하는데 이는 그림 2.8에 나타난 바와 같이 유기성 폐기물이 가수분해단계, 산생성단계를 거쳐 메탄 생성이 됨으로서 안정화되고 이때 발생하는 메탄가스를 회수함으로써 유기물 감량과 에너지 회수를 동시에 달성할 수 있다(자세한 내용은 1장 참조).

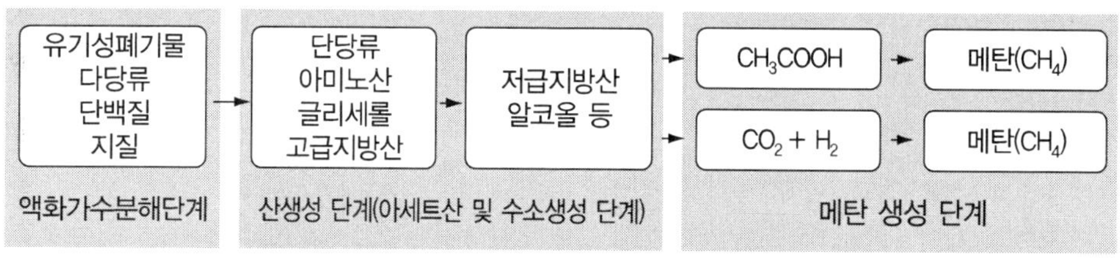

그림 2.8 혐기성소화에 의한 유기물의 분해단계

4) 에탄올화

에탄올화는 각종 식물성 잔재물이나 미 이용 곡류로부터 추출되는 전분이나 당이 주원료가 되며 효모의 작용에 의해 에탄올을 생성하는 기술을 말한다. 포도당, 과당, 자당 등의 당류는 효모의 작용에 의해서 분해되어 에탄올과 이산화탄소를 생성하는데 이 미생물 작용은 오래 전부터 술을 제조하는데 이용되어 왔으며, 이 작용을 에탄올 발효라고 한다. 효모를 이용하여 생성시키는 에탄올은 증류의 과정을 통해 순도를 높여 회수하면 연료로서 이용할 수 있다. 리그노 셀룰로오스계의 원료를 이용하는 경우에는 우선 셀룰로오스 및 헤미셀룰로오스를 가수분해하여 당을 생성하고 에탄올 발효한다. 브라질에서는 석유위기 직후부터 국책으로 사탕수수를 원료로 하는 에탄올을 생산하여 자동차 연료에 이용하고 있으며, 미국에서는 옥수수를 원료로 하는 에탄올을 생산하여 휘발류에 10% 혼입한 E10연료가 자동차에 이용되고 있다. 일본에서는 시약용 에탄올을 생산하는 기술이 실용화되어 있다.

5) 에스터화

폐식용유 등과 같은 각종 기름을 메탄올과 혼합하고 알칼리 등의 촉매를 가하여 70℃ 정도에서 1시간 정도 가열하면 지방산은 메탄올과 에스터를 만들고, 글리세린이 유리된다. 이런 반응을 에스터화라 하며 이 과정에서 생성되는 이 지방산의 메틸에스터는 자동차용 디젤연료로서 이용가능하고 이것을 바이오디젤이라고 한다. 즉, 바이오디젤이란 자연에 존재하는 각종 기름(fat, lipid) 성분을 물리화학적 처리과정(에스터공정)을 거쳐 석유계 디젤과 유사한 액체연료로 변환시켜 디젤엔진에 사용하는 기술이다.

바이오디젤의 원료가 되는 기름은 크게 유채씨, 해바라기씨, 대두 등과 같이 다량의 식물유(vegetable oil)를 함유하는 씨앗을 이용하거나 기타 쌀기름(미강유)과 같이 곡·식물의 가공처리 과정에서 발생하는 부산물 기름 혹은 폐식용유 등을 이용하고 있다. 미국의 경우 건강상의 이유로 저지방 육류를 선호함에 따라 닭고기, 돼지고기 등에서 인위적으로 제거한 다량의 동물성 유지를 바이오디젤의 원료로 이용하고 있다. 이러한 원료를 이용하여 알칼리 촉매 존재 하에서 에스터화 반응을 시키고 부산물인 글리세롤을 정제하면 경유와 비슷한 균질상 지방산 에스터인 바이오디젤이 생성된다. 이렇게 생성된 바이오디젤은 유황성분이 적고 세탄기가 높은 특징이 있다.

그림 2.9 바이오디젤의 원료로 사용되는 유채

6) 고형연료화

고형연료화는 유기성 폐기물을 분별하여 적절한 전처리과정과 공정을 거쳐 연료화하여 자원을 회수하는 방법이다. 폐기물로부터 회수된 종이, 플라스틱, 기타 연소 가능한 유기물질을 이용하여 수분량과 불순물, 입자의 크기, 재의 함량 등을 조절하면 RDF(Refuse Derived Fuel)와 WDF(Waste Derived Fuel) 등의 고형연료가 생산된다. 생산된 고형연료의 열량은 연료의 크기와 수분 및 재의 함량에 따라 차이가 있으나 톤당 1,400~4,200 kcal/kg 정도이다. 고형연료 사용 후 재의 함량을 감소시키기 위해서는 폐기물을 분쇄하여 자력 선별과 공기 선별을 거쳐 금속류 및 조대물질을 제거하고, 셀룰로오스 함량을 첨가하여 조절한 후 건조하여 펠릿(pellet)으로 만들거나 분쇄하여 분말상태의 연료로 만든다. 이렇게 생산된 RDF를 소각로에서 연소할 경우 다음과 같은 사항을 고려해야 한다.

- 기존의 고체연료 연소시설에 사용이 가능하여야 한다.
- 부패되기 쉬운 유기물질이므로 수분함량을 15% 이하로 유지하여야 한다.
- RDF내의 염소(Cl)함량이 문제될 수 있으며, 이때는 PVC 함량을 감소시켜야 한다.
- 연소시 부식과 폭발사고의 위험이 따른다.

- NOx, SOx는 별로 문제되지 않으나 분진과 냄새가 문제된다.
- 연료공급의 신뢰성이 문제될 수 있다.
- 시설비가 고가이고 숙련된 기술이 필요하다.

폐기물로부터 만들어진 고체연료가 대량으로 사용되기 위해서는 다음의 조건이 구비되어야 한다.

- 칼로리가 15% 이상으로 높아야 한다.
- 함수율이 15% 이하로 낮아 5,300~17,700 J/g 정도로 해야 한다.
- 재의 함량이 적어야 한다.
- 대기오염도가 낮아야 한다.
- RDF의 조성이 균일하여야 한다.
- 저장 및 운반이 용이하여야 한다.
- 기존의 고체연료 연소시설에 사용이 가능하여야 한다.

그림 2.10 고형연료(RDF)

7) 열분해

열분해(Pyrolysis)란 무산소 또는 공기가 부족한 상태에서 폐기물을 고온으로 가열하여 가스상, 액체상 및 고체상의 연료를 생산하는 공정을 말한다. 열분해를 이용하면 소각대상 폐기물이나 소각이 어려운 난연소성 폐기물 또는 고발열 폐기물, 유독성 폐기물, 폐합성 고분자 화합물, 유기성 슬러지, 폐타이어 등을 안전하게 자원화 하여 금속, 오일 및 가스를 회수할 수 있다. 또한 열분해는 폐기물의 감량화, PCB (Polychlorinated biphenyl), PCDDs (Polychlorinated dibenzo-*p*-dioxins) 등 난분해성 물질의 안정화 및 용출특성을 저감시키는 안전화 등이 가능하여 유효 매립면적을 증가시키며, 2차 오염을 최소화할 수 있다.

열분해법은 소각처리에 비하여 발생되는 배기 가스량이 적으며 황 및 중금속이 회분 속에 고정되는 비율이 크고, Cr^{3+}가 Cr^{6+}로 산화되는 경우가 없으며 NOx의 발생량이 적다.

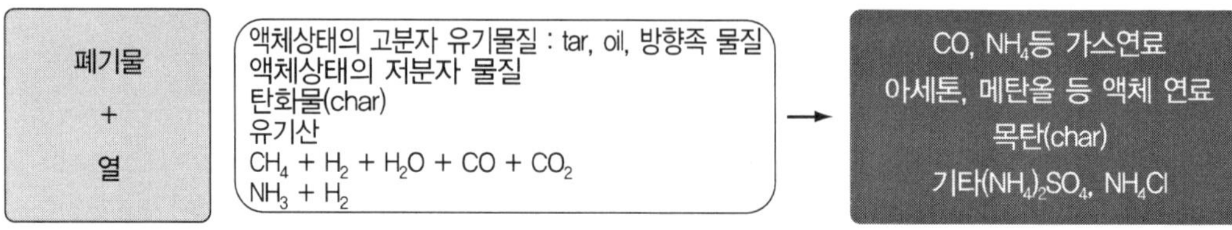

그림 2.11 열분해

8) 탄화

유기물을 무산소 또는 저산소 조건하에서 300~500℃로 가열하면 열분해되어 비결정성 탄소가 생성되는데 이러한 현상을 탄화라고 한다. 탄화라는 용어를 사용할 때에는 온도가 중요한 인자인데, 일반적으로 배기가스 온도가 약 80~150℃이고, 반응로의 내부온도는 350~435℃ 정도인 것을 말한다. 온도가 450~550℃인 영역은 열분해 액상화 공정(기름생산), 650~850℃ 영역은 열분해 가스화공정이라 할 수 있고 1,100℃ 영역은 열분해 용융화 공정이라고 할 수 있다.

탄화 반응로 본체에서는 저온, 중온, 고온 등 온도와 가동시간이 변화함에 따라 폐기물은 건조물, 탄화물, 재 등의 잔재물로 남게 되고 이러한 잔재물들은 사료, 비료, 토양개량제, 활성탄 등으로 재활용된다. 또한 2차 연소실의 고온가스는 열교환기를 통과하는 과정에서 300℃ 이하로 냉각되어 배출하게 되거나 온수보일러 또는 고압 스팀보일러를 가동하여 온수와 스팀을 만들어 사용함으로써 에너지의 절약과 에너지의 자체 이용이 가능하다.

그림 2.12 탄화시설과 생산된 탄화물 (경산 음식물류폐기물 탄화시설)

9) 소각

연소(combustion)란 일반적으로 연료 중에 함유된 산화되기 쉬운 가연성분이 공기 중의 산소 및 점화원(불씨)과 접촉하여 급격히 빛과 열을 내는 산화반응을 말한다. 이때 빛과 열에 따라 연소온도가 500℃ 정도면 적열상태가 되고, 1,000℃ 이상이면 백열상태가 된다. 또한 연소는 산화과정 중의 하나로서 산화되는 속도에 따라 부식, 연소, 폭발 등으로 구분된다. 이 중 연소는 빛과 열이 있는 급격한 산화과정으로 화학반응의 원리와 법칙에 지배된다.

소각은 폐기물의 중간처리시설로서 가연성 폐기물을 공기 중의 산소와 반응하여 연소시키고, 연소가스와 안정된 고형 연재로의 경제적인 전환에 목적이 있다. 그러나 소각과정에서 연소가 양호하게 진행되지 않는 경우에는 검갱이가 다량으로 발생하여 연소가스 중에 혼입됨으로써 흑연의 발생이나 잔재 중에 미연소분의 잔사 등이 발생하기 때문에, 양호한 연소가 되도록 할 필요가 있다.

일반적으로 양호한 연소상태를 얻기 위해서는, 피연소물과 공기가 적정한 비율로 만나야 하며, 착화와 연소가 신속하게 일어날 수 있는 조건(공기와의 충분한 혼합, 고온 등) 하에서 연소시키는 것이 기본적으로 요구된다. 이와 같은 요구는 기체, 액체, 분말고체 연료의 경우에는 비교적 쉽게 이루어지나, 물리화학적 특성이 다양한 폐기물의 경우에는 쉽게 연소가 이루어지지 않는다. 따라서 폐기물을 소각하는 경우에는 이론과 더불어 실제 문제와 직면해서 얻어지는 풍부한 기술적 경험을 필요로 하며, 상기 조건을 만족시키기 위한 소각로의 개발 및 기존 소각로의 개량도 이러한 이론과 경험을 기반으로 발전되어야 한다.

2.1.3 유기성 폐기물 활용기술 개발현황

국제 에너지기구(IEA; International Energy Agency) 통계국가의 2001년 기준 전세계 바이오에너지 보급량은 1억5,000만 TOE(Tonnage of Oil Equivalent)로 총 에너지 소비량의 3%를 차지하였으며, 전체 신재생에너지 보급량 기준으로는 55%로 신재생에너지 보급량 중 가장 높은 비율을 차지하였다. 1980년 신재생에너지 중 바이오에너지 비율은 8.5%로 과거 20년 동안 바이오에너지의 비중은 꾸준히 높아졌다.

1) 국내 현황

국내의 바이오에너지에 대한 수요 잠재력은 충분하지만 지금까지는 이를 적극적으로 활용하지 못하였다. 국내 자원과 기술현실을 고려할 때 장기적인 관점에서 바이오에너지화에 대한 목표를 정하고 일관되고 지속적인 기술개발 및 기술상업화 노력을 효율적으로 추진하기 위해 우선 유기성 폐기물의 활용을 극대화하고 바이오에너지 생산기술의 확보, 자원 확보 등이 필요하다.

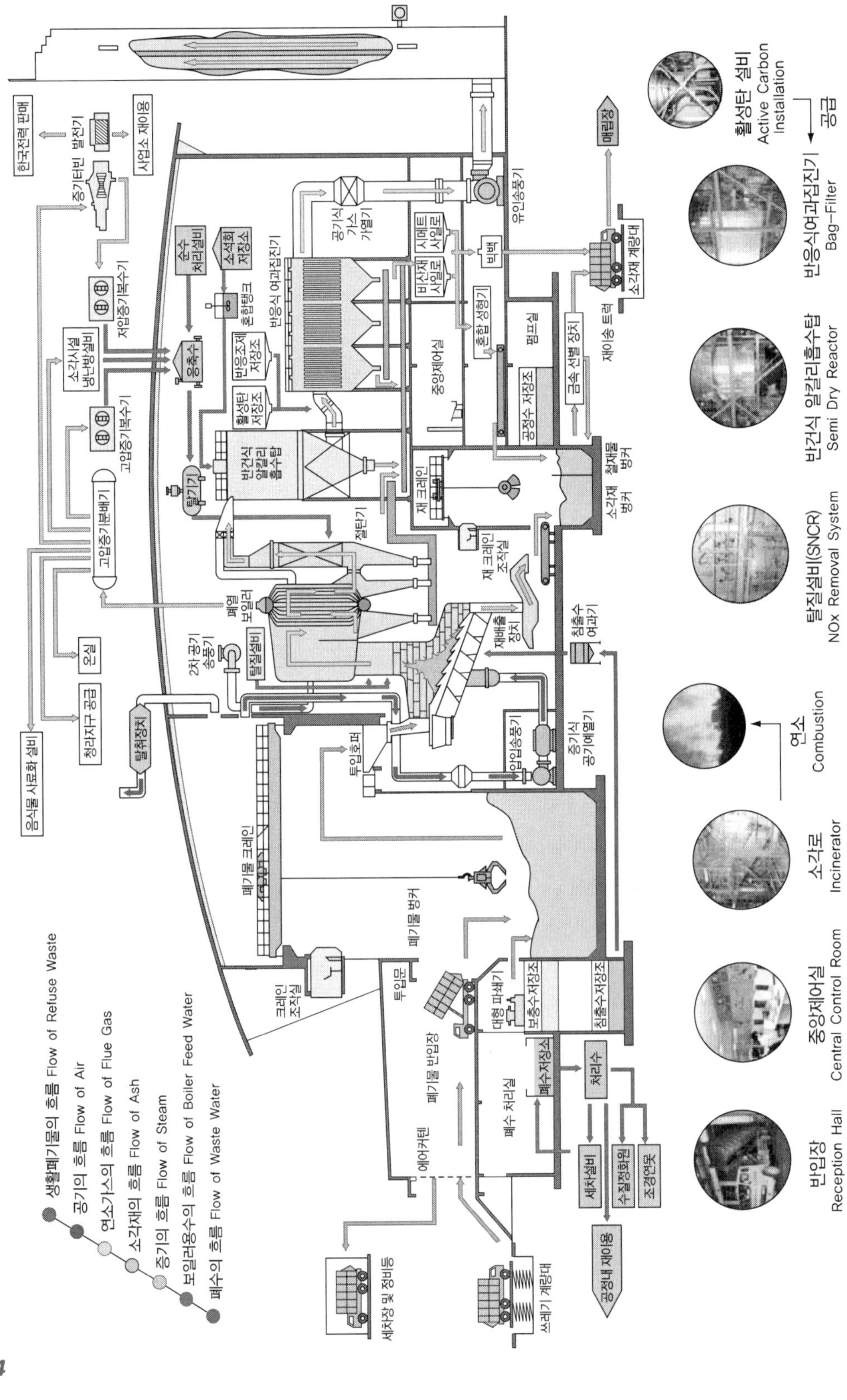

그림 2.13 인천환경공단 청라사업소 소각시설 처리계통도

국내에서는 1970년대 초부터 대학과 연구소를 중심으로 바이오에너지에 대한 연구를 시작하였으며 1988년부터 대체에너지개발촉진법에 따라 정부차원에서 기술개발이 이뤄졌다. 1999년까지 바이오에탄올 및 메탄가스화 기술개발이 진행되었으며, 1990년대 이후 대체LFG (LandFill Gas, 매립지가스) 이용기술개발, 바이오수소 생산기술 개발 등이 주요 분야로 추가되었다. 현재 전분계 에탄올 연속생산기술은 실용화 가능단계에 이르렀고 초목질계 에탄올 연속생산기술은 기반기술 확립단계이며, 유가 상승시 기술개발 및 상용화가 가능한 상황이다. 각종 폐수와 폐기물을 이용한 고효율 메탄발효는 상용화 단계로 현재 각종 산업폐수 및 음식물류폐기물 처리로의 적용이 추진 중에 있다. LFG를 에너지화하기 위한 발전시스템 개발 및 유기성 폐자원을 이용한 생물학적 수소생산 기술개발 등도 활발히 추진되고 있다.

(1) 바이오에탄올

국내 바이오에탄올 산업은 주정업체를 중심으로 약 40만 m^3의 생산용량을 가지고 있으며 현재 약 30만 m^3을 생산하여 주정용으로 판매되고 있다. 따라서 연료용 에탄올 생산에 활용 가능한 생산 설비는 약 10만 m^3이다. 그러나 바이오에탄올을 주정단계로 생산하는 제품만 있을 뿐 연료용으로 사용된 실적은 없다.

국내에서 생산되는 바이오에탄올은 전분질 원료를 직접 발효시켜 제조하는 발효 주정과 국외에서 생산된 조주정(crude alcohol)을 수입하여 국내 품질기준에 맞게 재 정제한 정제 주정으로 나뉘어 생산되고 있다. 현재 바이오에탄올을 생산하는 업체는 총 10개 업체로 이 중 (주)창해 에탄올은 산업자원부 신재생에너지 기술 개발 사업의 일환으로 "바이오에탄올 혼합 연료유 도입을 위한 실증 영향 평가"에 참여하여 무수 에탄올 생산을 위한 파일롯 플랜트를 구축하여 시운전을 실시하고 무수 에탄올을 생산하였다.

현재는 바이오에탄올의 주원료가 옥수수, 사탕수수 등 농작물에 국한되어 있으나 2010년 이후에는 목질계 바이오매스를 이용하는 차세대 바이오에탄올 생산기술이 상용화될 것으로 보인다.

또한 해조류를 이용한 바이오에탄올 제조기술도 현재 연구개발 중이며 아직 본격 상용화까지는 추가 기술개발이 필요한 상태지만 상용화되면 바이오연료 개발에 따른 곡류 등 세계 식료품 가격이 급등하는 현상을 어느 정도 해결할 수 있는 실마리가 될 것으로 전망되고 있다.

(2) 바이오디젤

바이오디젤의 주 원료는 유채가 83%로 주종을 이루고 있고, 이 외에 해바라기(13%),

대두(2%), 야자(1%), 폐식용유(1%) 등이 있으며, 어류나 동물류 유지도 사용된다. 팜유는 저온 유동점이 섭씨 6도로 우리나라에 부적합하기 때문에, 주로 유채나 대두가 사용된다. 현재 바이오디젤의 생산 원료로 사용되고 있는 대두유는 가격이 높고 전량 수입되므로 국내에서는 폐식용유를 바이오디젤 생산 원료로 활용하는 핵심기술이 개발되어 파일롯 공정 연구를 완료한 상태이며 일부 기업체에서는 상용화를 위해 폐식용유를 바이오디젤 생산원료로 투입하는 실증 운전단계가 진행되고 있다. 또한 동물성 유지 등 다양한 유지 폐기물을 원료로 사용하기 위한 기술도 현재 개발되고 있다.

국내에서 2000년 초부터 시작된 바이오디젤 기술개발 연구는 바이오디젤 생산공정 개발뿐만 아니라 바이오디젤의 보급에 필요한 주변 기술개발 등이 폭 넓게 수행되었다. 2002년 국내 최초로 연속식 바이오디젤 생산공정이 상용화되었는데 연간 100,000톤 규모의 생산 용량을 가지며 수입 대두유를 원료로 사용한다.

2007년 6월 기준 산업자원부에 바이오디젤 사업을 등록한 국내 업체는 총 16개이며 생산 용량은 총 60여만 m^3이다. 국내 바이오디젤 사업은 시작단계로 업체들이 모두 중소업체 규모로 영세하여 바이오디젤 사업에서 가장 중요한 연료 품질 관리 수준이 매우 열악하다. 따라서 소수 업체를 제외하고는 생산 제품에 대한 품질 관리가 효율적으로 되지 않고 있으며 이러한 비효율적인 품질 관리 현황은 바이오디젤의 보급 활성화에 주된 장애요인이 되고 있다.

2) 국외 현황

1980년대 미국 및 EU는 폐기물의 단순처리 목적으로 소규모 매립장을 다수 설치하였으나 메탄가스 방출에 의한 지구온난화 등 환경문제가 심각하게 대두되자, 1990년대에는 매립장에서 발생하는 LFG 중 메탄을 회수해서 에너지원으로 활용하는 공정을 상용화하여 대규모 매립장을 중심으로 전력을 생산하고 있다.

미국은 정부 주도로 연료용 바이오에탄올과 디젤, LFG의 기술개발과 보급사업을 추진하고 있으며, 2010년까지 목질계 알코올 연료, 바이오매스 가스화 발전, biorefinery 기술개발 상용화와 에너지 작물 재배기반 확충 등을 통하여 바이오 에너지 공급을 3배 확충할 계획이다.

EU에서는 바이오에너지 공급사업자를 중심으로 보급 확대가 일어나고 있으며 온실가스 저감 차원에서 기술개발, 보급 확대에 나서 2010년까지 총 대체에너지의 70% 이상을 바이오에너지로 공급할 예정이다. EU에서는 나무를 이용한 지역 열병합발전으로 2,200만 toe/년, 쓰레기 소각열 발전으로 2.1 GW의 전력설비를 가동 중이며 축산분뇨, 하수슬러지, 음식쓰레기 등의 고농도 유기성 폐기물을 이용한 메탄가스화 기술이 개발되어 1988년 이후 EU지역에만 약 100기의 메탄가스화 장치가 보급되어 약 240 MWe의 분산형 전력 및 열을 공급하고 있고 2010년까지 1,000 MWe의 메탄가스 발전을 보급할 계획이다. 스웨덴에서는 2005년 10월에 세계 최초로 바이오가스 열차를 운행한 바 있다.

(1) 북미 동향

미국에서는 단순한 농·임산물을 1차 바이오매스 자원, 가공품 및 유기성 폐기물 자원들을 2, 3차 바이오매스 자원으로 규정하였으며 2030년 액체 연료 사용량의 30%를 이들로부터 얻으려는 계획을 가지고 있다. 이에 따라 복합 생산의 1단계인 바이오매스 가스화 공정과 관련된 다양한 기술 개발이 연구소 및 산업계에서 이루어지고 있다.

① 바이오 폴리머

바이오 폴리머 시장을 주도하는 기업으로는 미국의 카길(Cargill)과 듀퐁(Dupont)을 들 수 있다. 곡물가공업체인 카길은 자회사인 NatureWorks를 통해 연간 생산량 14만 톤의 PLA(Poly Latic Acid) 공장을 가동 중에 있는데 이는 전세계 PLA 생산능력의 40%에 해당한다.

바이오 기술을 기반으로 과학기업으로의 전환을 꿈꾸는 듀퐁은 소로나(Sorona) 등의 제품으로 바이오폴리머 시장을 적극적으로 공략하고 있다. 옥수수에서 채취한 Bio-PDO (Propanediol, 프로판디올)가 소로나의 주원료인데 기존에 사용되던 석유계 원료인 1,3-PDO(1,3-Propanediol)의 대체재로 사용된다. 듀퐁은 Tate & Lyle과 합작하여 총 1억 달러를 투자하여 연간 생산량 4만 5천 톤 규모의 Bio-PDO 공장을 미국 테네시주 Loudon에 설립하여 최근 가동을 시작하였다. 이외에 소로나의 물성을 개선하여 자동차 내장재 및 부품, 전자제품, 카펫, 섬유 등 다양한 분야에 적용하는 한편, 인비스타(Invista), 도레이(Toray) 등을 비롯한 다수의 섬유제품 메이커들에게 라이센스를 부여하여, 소로나 시장을 확대시키려는 노력을 하고 있다. 듀퐁은 2010년까지 소로나를 비롯한 재생가능 원료를 이용한 제품의 매출 비중을 25%까지 확대한다는 방침이다.

세계 산업시장 분석 전문 기업인 Frost & Sullivan은 10년 후 바이오폴리머가 전체 플라스틱 시장의 1.5-4.8%를 차지하면서 연간 생산량이 400만-1,250만 톤의 규모에 이를 것으로 전망하고 있다.

② 바이오에탄올

바이오에탄올의 생산 확대는 원료로 사용되는 옥수수가 각광을 받으면서 미국 중서부 '옥수수 지대(Corn Belt)'의 산업구조에 폭 넓은 변화의 바람을 일으키고 있다. 아이오와,

오하이오, 일리노이, 미네소타 지역 농민들은 지금까지는 대기업에 재배한 곡물을 팔아넘기면 그만이었지만 바이오에탄올 산업이 활황을 맞으면서 곡물의 재배, 에탄올 제조 및 유통, 투자자 모집, 운송망 개척까지 일원화된 체계를 구축하였다.

'옥수수 주(Corn State)'로 불리는 아이오와 주에는 미국에서 가장 많은 28곳의 에탄올 정제 공장이 가동되고 있는데, 이 중 17곳은 옥수수 재배 농민들이 협동조합의 형태로 직접 운영하고 있다. 미국이 중점 보급하려는 바이오에탄올은 생산비용의 약 50~60%가 원료비이므로 바이오에탄올의 경제성을 높이기 위해 원료인 옥수수의 생산성 향상과 생산공정의 개선에 대한 연구를 수행하고 있다. 현재 상용 바이오에탄올 생산에 사용되는 옥수수는 2012년경 원료 부족 문제에 직면할 것으로 예상됨에 따라 섬유소계 바이오매스로부터 바이오에탄올 생산에 대한 기술 개발도 활발하게 추진되고 있다.

캐나다의 바이오 연료 R&D는 Natural Resources Canada(NRCan)가 총괄하고 있으며 자국의 자원을 활용하는 기술개발에 중점을 두고 있다. 현재 중점 추진 중인 R&D는 우드칩, 톱밥 등의 산림 폐기물과 볏짚 등 폐섬유계 바이오매스의 에탄올 전환기술이다.

③ 바이오디젤

미국 North Dakota Biodiesel Inc.는 5천만 달러 규모의 예산으로 Minot에 유채유로부터 바이오디젤을 생산하는 설비를 건설할 계획이다. 이 설비가 완성되면, 1.44×10^5 ha의 유채 재배 면적으로부터 10만 톤 (1억 2천 리터)의 바이오디젤을 생산할 수 있다.

캐나다는 바이오디젤의 기술개발에 대해 상대적으로 많은 관심을 기울이고 있으나 아직 바이오디젤 보급의 초기 단계로 Brampton 지역 내의 137대의 버스에 BD20을 사용하고 있다. 캐나다 정부는 기후변화협약에 대비하여 유채유로부터 2010년까지 연간 5억 리터, 2015년까지 10억 리터의 바이오디젤을 생산할 계획을 수립하였다.

(2) 일본 및 중국 동향

중국에서는 바이오매스 산업 발전 전략을 '3농(농업, 농촌, 농민)' 문제의 해결방안으로 제정하였다. 풍부한 원료자원, 그리고 자체 재배한 사탕수수 등 우수한 품질의 에너지 식물, 에틸알코올연료, 생물디젤유, 생물비닐 등 주요 제품의 공업화 전환기술이 기본적으로 성숙되면서, 바이오매스 산업을 발전시킬 수 있는 현실적 가능성이 충분해졌다. 이 분야에서의 기술적 발전을 이용해 바이오매스 산업을 추진한다면, 세계 선진 행렬에 들어갈 수 있다고 전문가들은 전망하고 있다.

① 바이오에탄올

일본은 2005년에 결정한 '교토의정서 목표달성 계획'에서 2010년도까지 수송용 연료 전체의 약 0.6%에 해당하는 50만 톤(원유환산)을 바이오에탄올 등의 식물 원료의 연료로 조달하기로 하였으며 이러한 목표 달성을 위해, 가솔린에 에탄올을 섞은 바이오 연료의 도입 실험이 각지에서 시작되고 있다.

신일본석유 등과 같은 석유 생산·가공 회사 10개사는 동경 주변 50개의 주유소에서 바이오에탄올 3%를 포함한 통칭 '바이오 가솔린'의 시험 판매를 개시했다. 2008년도에는 100개소, 2009년도에는 1,000개소까지 늘려, 2010년도에는 전국 판매를 계획하고 있으며, 국가목표의 40%에 해당하는 원유 환산 21만 톤 상당의 바이오 에탄올 공급을 목표로 하고 있다. 일본정부는 가솔린 소비량의 10%를 바이오 연료로 보급한다는 방침으로 일본 국내에서의 생산 확대를 촉진하고 있지만, 당분간은 브라질 등으로부터 수입에 의존해야 할 실정이다.

중국은 2005년 현재 100만 톤의 연료용 바이오에탄올을 생산하는 세계 3위의 바이오에탄올 생산국이다. 당초 바이오에탄올 생산은 중국의 잉여 농산물(옥수수)을 소화할 목적으로 시작되었으나 바이오에탄올 생산이 늘어남에 따라 원료인 옥수수 수급의 안정성 문제가 대두되고 있어 새로운 원료를 발굴하기 위해 노력하고 있다. 이러한 신원료 후보로는 단수수, 카사바, 사탕수수 등이 있으며 이러한 원료를 사용할 경우 바이오에탄올 생산량을 3천만 톤까지 늘일 수 있을 것으로 분석되었다. 또한 볏짚 등의 섬유소계 바이오매스를 에탄올 생산 원료로 활용하는 기술개발을 시작하였으며 이러한 원료를 활용할 경우 최대 3억 7천만 톤의 바이오에탄올을 생산할 수 있을 것으로 기대하고 있다.

② 바이오디젤

일본은 자국에서 발생하는 폐식용유를 원료로 바이오디젤을 생산하는 방안에 대해서도 연구 중이며 폐식용유로부터 생산한 바이오디젤의 실증 보급은 교토시에서 활발히 추진하고 있다. 교토시는 연간 생산량 3,000톤 규모의 바이오디젤 생산 공장을 가동 중이며 동 시설에서 생산된 바이오디젤을 역내 운행 중인 220여대의 청소차량에 대해서는 BD100 (100% 바이오디젤), 80여대의 시내버스에 대해서는 BD20(바이오디젤 20% 혼합 경유)을 각각 적용하고 있다. 일본 정부차원에서는 2007년 중 바이오디젤의 품질 기준안을 마련하였으며 BD5의 사용을 허용할 예정이다.

중국은 폐식용유 등을 원료로 바이오디젤을 생산하는 업체가 7~8개에 이르며 생산량은 약 8만 톤에 이르는 것으로 보고되었다. 바이오에탄올과 마찬가지로 원료 수급의 안정성을 해결하기 위해 중국의 남부 지역(사천성, 운남성 등)에서 신 유지작물인 자트로파를 대량 경작하는 사업의 타당성 평가를 위한 시범 경작이 시작되었다. 또한 이를 원료로 하는 바이오디젤을 생산하는 기술개발이 활발하게 진행 중이다.

Fujian Gushan New Energy Comp. Ltd.는 중국의 대표적인 바이오디젤 생산업체로 연간 4만 톤의 생산용량을 가지고 있다. Wuhan과 Hubei의 Energy Oil Material and Biodiesel Engineering Technology Research Center는 2천 톤/년 (240만 리터/년)의 바이오디젤 시범 생산을 시작하였고, Wuhan Airui Biodiesel Co.는 10만 톤/년 (100만 2천 리터/년)의 규모로 바이오디젤을 생산하기 시작하였다. Sichuan Grease Chemical Engineering Company는 원료물질로 유채유를 사용하며 생산용량은 10만 톤/년 (100만 2천 리터/년)이다.

(3) 유럽 동향

EU는 현재 보급되는 있는 1세대 바이오연료로는 향후 바이오연료 보급 목표를 달성하기 어렵다는 결론을 내리고 보다 다양한 바이오매스의 적용이 가능한 2세대 바이오연료 기술 개발을 추진하고 있다. 2세대 바이오연료는 기존에 사용하고 있는 곡물뿐만 아니라 농림 부산물도 원료로 사용이 가능하므로 단위면적당 사용가능한 원료량이 2.7배로 높아지는 장점이 있다. 또한 초본계 또는 목질계 바이오매스의 활용도 가능해지는데 이러한 원료는 현재 사용하는 농작물에 비해 생산성이 높을 뿐만 아니라 경작에 필요한 용수 및 비료 등의 요구량도 매우 낮다는 장점이 있다.

생물공정을 이용하여 섬유소계 바이오매스로부터 가솔린 대체연료인 바이오에탄올을 생산하는 기술개발을 중점 추진 중인 미국과는 달리 유럽은 섬유소계 바이오매스를 열분해하여 경유 대체연료인 BtL(Bio to Liquid)을 생산하는 기술을 집중적으로 개발하고 있다. 2004년도 유럽의 목재펠릿연료 시장규모는 연간 약 300만 톤이었으며, 2010년에는 1000만 톤(약 36억 유로) 규모로 증가될 것으로 예상된다. 2007년 현재 유럽에서 가장 목재 펠릿연료 시장이 발달된 국가로는 스웨덴, 이탈리아, 오스트리아 및 독일 등을 들 수 있다.

독일의 경우 1994년 Volkswagen과 Daimler Chrysler가 BtL 공정 상용화를 위해 공동 투자하여 Choren사를 설립하여 연구를 시작하였고, Choren사의 Carbo-V 가스화 반응기를 설치하여 BtL pilot plant (α-plant)를 1998년에 완공하여 biomass 가스화에 의한 합성가스 생산, 최적화 및 운전에 관한 실증연구를 2001년까지 수행하였다. 2003년에는 Shell사의 FT synthesis unit를 건설하여 최초의 상용 BtL plant(β-plant)를 Freiberg에 건설하여 2007년 15,000 톤의 BtL 디젤 생산을 하였다. 또한, 상용화 플랜트는 연간 생산량 20만 톤 규모의 시그마 플랜트는 2012년에 완공될 예정이다. BtL Diesel은 독일 Diesel 사용의 13%를 대신할 수 있을 것으로 보고 있다.

프랑스는 1992년부터 1998까지 세계 최초로 10 톤급 바이오디젤 연속 공정(Esterfip)을 개발하여 상용화 시켰으며, 세계 최초로 바이오디젤 생산용 고체 촉매공정(Esterfip-H, 15만 톤/년)을 개발하여 2005년 프랑스 Sete지방에 설비건설을 완료하고 2년간의 시운전에 들어갔다. 한편 2세대 바이오디젤로 간주되는 BtL 생산연구에 돌입하여 2004년 Fischer-Tropsch 실증공정을 설치하여 하루에 20 배럴 정도의 BtL을 생산하고 있으며, 조기 상용화를 위하여 연구 속도를 높이고 있다. 생산성 향상 연구로는 유지작물보다 30~100배 정도 생산성이 높은 미세조류에 의한 생산연구가 이루어져 CO_2의 농도가 13%에서 최적 생산조건을 갖는 미세조류를 개발하였으며, 이 공정을 이산화탄소 주 배출원인 화력발전소 및 바이오에탄올 발효 공정 등에 연결하여 활용하려는 연구개발이 수행되고 있다.

(4) 기타 동향

브라질의 2005년 바이오에탄올 생산량은 160억 L로 전세계 생산량의 약 35%를 차지하며 세계 1위의 생산량을 갖는 미국에 근소한 차로 뒤져 있다. 브라질에서 생산된 에탄올의 80%는 브라질 국내에서 소비되고 있지만, 수출도 약 23억 L로 세계 최대이다(2004년 기준). 국제적인 원유가격 상승과 지구 온난화에 대한 대응으로 세계적으로 에탄올 수요는 높아지고 있어, 향후 수출이 더욱 증대할 것으로 예상된다. 브라질에서는 가솔린에 바이오에탄올을 20~25% 혼합하도록 의무화되어 있으며 매립지 가스를 가스 자동차의 연료로 공급하기도 하였다.

표 2.6에는 국내외 바이오에너지화 기술을 간단히 요약하여 비교하였다.

표 2.6 국내외 바이오에너지화 기술수준 비교

국내 기술수준	국외 기술수준
–축산폐수 메탄가스를 활용하기 위한 실증연구는 추진 중이며, 매립지가스(LFG) 이용 기술개발은 완료하여 활용단계임 · 고농도 유기성 폐수의 메탄생산 시스템 개발(pilot plant) · 농가형 축산분뇨 메탄가스 처리공정 개발 실증 착수 · 매립지가스(LFG) 이용 기술개발 완료(현재 11개 매립지에서 LFG 이용 중) –바이오 디젤유는 상용 생산공정 확보단계이며 보급 활성화를 위해 시범사업으로 바이오디젤 주유소 지정	· 유럽, 일본, 미국 등은 메탄발효기술과 유기성 폐기물의 혐기성 처리기술이 상용화 · 미국은 바이오매스 연료 및 가스화 발전 10GW, · 유럽은 50m^3 규모 혐기성소화 플랜트 80기 공급 · 독일은 농가형 혐기성소화 플랜트 4,000기 보급 · 스웨덴, 캐나다, 브라질은 미국과 목질계 에탄올 기술개발 협력 · 스웨덴은 바이오매스 가스화 발전기술은 실증단계 · 네덜란드와 덴마크는 LFG 및 바이오가스 이용 기술 개발 적극 추진

2.2 유기성 폐기물의 메탄화

2007년 현재 음식물류폐기물을 포함한 유기성 폐기물의 재활용 기술은 주로 사료화, 퇴비화, 그리고 혐기성 소화를 이용한 처리정도이다. 사료화나 퇴비화의 경우 기술의 특징에 따라서 고가의 설치비용이 소요되거나 대규모의 부지를 요구하고, 부패 또는 악취발생의 문제점을 안고 있어 최근에는 국내외적으로 음식물류 폐기물과 같은 유기성 폐기물을 혐기성소화처리하고 이 과정에서 생산되는 바이오가스(메탄가스)를 에너지화 하는 기술을 개발하는데 주력하고 있다.

2.2.1 유기성 폐기물 전처리 기술

1장에서 알아본 바와 같이 유기성 폐기물의 메탄화를 위한 혐기성 소화공정은 유기물의 안정화(stabilization) 공정으로 유기물을 CH_4, CO_2, H_2O로 변환시킨다. 이러한 혐기성소화는 발생 부산물인 CH_4가 에너지 물질이므로 최근 바이오에너지 생산공정으로 주목받고 있으나, 긴 체류시간으로 인한 소화조의 대형화, 소화조 부대시설로 인한 시설비의 증가, 호기성 처리에 비해 낮은 유기물 감량률, 소화조 상징수의 처리문제 및 운전자의 경험부족 등으로 인해 혐기성 소화효율 향상에 어려움이 있다.

혐기성 소화는(1장 참조) 가수분해, 산생성, 메탄생성의 3단계로 진행되며 이 중 가수분해 반응은 여러 종류의 미생물들이 분비하는 cellobiase, amylase, protease 등의 체외효소(extra-cellular enzymes)에 의해 고분자물질이 당, 지방산, 아미노산, 글리세롤과 같은 가용성 저분자 물질로 분해되는 과정이다. 이 과정을 통해 생성된 가용성 저분자 물질이 미생물의 세포막을 통해 체내로 흡수되어 대사와 성장 에너지원으로 이용된다. 이 가수분해 반응은 pH, 온도뿐만 아니라 고형물의 형태, 크기 및 농도에 영향을 받고, 가수분해 반응의 산물인 유기산에 의해서도 저해를 받는 복잡한 반응으로 전체 혐기성 소화반응의 율속단계(rate-limiting step)로 알려져 있다. 이러한 가수분해 단계를 가속화하기 위하여 여러 가지 방법으로 유기성 폐기물을 전처리 하는데, 그 방법으로는 일반 고형 폐기물 전처리 방법인 파쇄, 선별 뿐만 아니라 각종 슬러지 가용화가 이용된다.

하수슬러지 전처리는 미생물의 세포벽을 물리적, 화학적 또는 생물학적인 방법으로 파괴시켜 세포내 기질을 용출시킴으로써 율속 단계를 제거하여 혐기성 미생물의 기질에 대한 이용도를 높임으로써 전체 혐기성 소화반응의 효율을 개선할 수 있다. 이러한 하수슬러지의 전처리에 의한 가수분해율 향상을 통해 혐기성 소화를 개선하려는 다양한 연구들이 수행되었다. 또한, 세포나 미세한 floc내에 갇혀있던 수분이 유출되면서 고형물로부터 수분분리를 용이하게 할 수 있다. 그러므로 하수슬러지를 전처리할 경우 하수슬러지의 전처리를 통한 슬러지의 가용화가 후속 혐기성소화공정에 상당한 효과를 보이며 소화효율을 향상시킬 수 있다. 따라서 혐기성 소화공정의 효율향상 및 슬러지의 감량화를 위하여 슬러지 전처리의 필요성이 대두되고 있다.

1) 슬러지 전처리 방법

슬러지 처리방법은 일반적으로 슬러지 농축→ 소화 → 개량 → 탈수 → 중간처분(소각, 퇴비화, 고형화)→ 최종처분 과정으로 처리된다. 최종적으로 건조되거나 연소된 슬러지는 비료 혹은 토지개량재로 사용되거나 매립 또는 해양투기되고 있다. 지금까지 대부분의 하수슬러지는 침전조에서 발생된 2차 슬러지의 미생물 세포를 파괴하는 전처리 없이 1단식 또는 2단식 혐기성 소화공정에 의해서 안정화되어 왔으며, 이에 따른 30여일의 긴 체류시간과 낮은 처리효율, 그리고 불안정한 공정, 발효조 대형화 등의 문제점이 나타났다. 그 결과 혐기성 소화의 장점인 고농도 유기물의 경제적인 처리, 메탄가스의 재활용, 운전비용 저감 등의 효과가 최소화되었다.

혐기성 소화공정의 이와 같은 문제는 슬러지의 대부분이 호기성 미생물로 구성되어 있어 후속처리 되는 혐기성 미생물에 이용 가능한 유기물이 호기성 미생물의 세포막과 세포벽에 의해서 차단되어 있다는 데에 있다. 또한, 슬러지의 농축 및 침전과정에서 형성된 슬러지의 플럭 사이의 간극수, 슬러지의 내부수 등이 안정화된 상태가 되어 혐기성 미생물이 기질을 섭취하는 데 저해요인이 되는 것으로 연구되었다.

이러한 혐기성 소화의 저해요인을 최소화하기 위하여 혐기성 소화 전처리 공정이 요구되며, 이 전처리 공정은 혐기성 소화 효율을 증가시키고 소화공정의 안정화를 유도하거나 혐기성 소화 후 슬러지의 탈수효과를 증가시키는 데 목적이 있다. 이러한 공정으로는 열적처리, 오존처리, 기계적 처리, 초음파처리, 산·염기처리, 냉동처리 등이 있으며, 미생물의 세포를 파괴하고자 하는 공통적인 목적을 갖고 있다.

슬러지의 전처리 방법의 종류를 자세히 살펴보면 다음과 같다.

(1) 기계적 처리

슬러지의 기계적 처리는 압력이나 원심에너지 등의 동역학적 에너지에 의해 발생되는 전단력을 이용하여 세포벽을 파괴하여 세포 내의 유기물질이 쉽게 용출되도록 하는 방법으로 습식밀(濕式 mill), 고압 JET분사, 초음파 등을 이용하여 세포벽을 파괴시키고 세포벽이 파괴되면 세포벽 내에 있던 용존 물질 들이 용출되게 된다. 이렇게 용출된 용존 물질들은 용존성 COD(Soluble COD; SCOD)가 되어 생물학적으로 미생물이 이용하기 쉬운 기질이 되므로 분해가 용이하게 된다.

(2) 초음파를 이용한 전처리

초음파를 이용한 혐기성 소화공정의 전처리는 혐기성 소화공정에 유입하는 슬러지에 초음파를 조사하는 방법으로, 초음파의 특성 중 하나인 공동화현상(Cavitation)을 이용하여 슬러지 입자구조에 물리적인 변화를 일으켜 슬러지를 파괴할 뿐만 아니라 슬러지를 구성하는 미생물의 세포벽을 파괴함으로써 용해성 유기물질을 용출시켜 혐기성 소화공정의 효율을 증가시키는 방법이다. 이러한 초음파 전처리 된 슬러지를 주입한 혐기성 소화공정 시스템은 슬러지 발생량의 저감화와 혐기성 소화공정의 효율향상, 그리고 메탄 등의 바이오가스 활용을 가능하게 할 수 있는 효과적인 처리 공정으로서 그 개발이 시도되고 있다. 슬러지의 탈수성 및 농축 효율을 향상시키는 개량뿐만 아니라 소화 효율의 향상, 고형 입자들의 분리 및 응집(Coagulation), 각종 슬러지 특성을 나타내는 인자들의 변화, 슬러지의 안정화 및 살균 등을 통하여 슬러지에 미치는 초음파의 영향이 연구되어 왔다. 또한 벤튜리 형태의 관에 슬러지를 고속으로 유입시켜 cavitation을 발생시키는 방법으로 cavitation에 의한 슬러지 파괴를 유도하는 기술 또한 개발되었다.

① 초음파 전처리의 원리

초음파는 전기에너지를 활용하여 초음파 발생기에서 16 kHz~10 GHz로 생산하는데 사람이 들을 수 있는 청각의 한계를 넘어선 음파(sound)이다. 초음파는 석영과 같은 압전성(piezoelectric)물질에 의해 발생되는데 압전성 물질의 판(plate) 양면에 크기가 같고 방향이 반대인 전하를 교대로 걸어 주게 되면 그 물질은 팽창과 수축을 반복하게 되며 이와 같은 과정을 통해 압전성 물질은 전기 에너지를 기계 에너지로 변환하게 된다. 이때 발생된 기계적 진동이 초음파를 발생시키게 된다. 또한, 매질의 일부를 초음파의 주파수와 동일한 주파수로 진동하게 하여 발생시킬 수 있으며, 그 발생방법은 매질의 상태에 따라 여러 가지가 있다. 특히, 액체 매질에 초음파를 조사할 경우 물질내부에서 고압(condensation)과 진공(relaxation) 상태를 반복하면서 공동화(cavitation)를 생성하며, 나아가 공동의 성장과 매우 강력한 공동붕괴를 극한적으로 야기시킨다.

공동화(cavitation)현상 때 발생된 공동화 기포는 핵 형성, 기포로의 성장, 그리고 충분히 성장한 기포의 파열과 같은 생성과 소멸을 반복하게 된다. 기포의 내파(implosion)현상인 공동화 기포의 생성과 붕괴가 일어나며, 붕괴되는 공동화 기포 내부의 온도와 압력은 약 5,000 K와 수백에서 수천 기압까지 상승하게 되는데 이런 극한적인 조건이 공동화 기포 내에 존재하는 화합물의 열적 파괴와 매우 반응성이 강한 OH radical의 생성을 이끌 수 있게 한다. 또한 기포가 파열되면서 생성된 충격파로 인한 높은 압력의 영향으로 분자 간에 충돌이 활발하게 일어나게 함으로써 각종 화학반응에서의 반응률을 증대시킬 수 있는 것으로 알려져 있으며 이러한 작용의 반복으로 용액 안에서 화학 반응의 촉진과 분산 작용이 증가하여 슬러지 플럭구조에 물리-화학적 변화를 일으키게 된다. 이 때문에 플럭 구조가 파괴되며 나아가 미생물의 세포막 또한 파괴된다(그림 2.15).

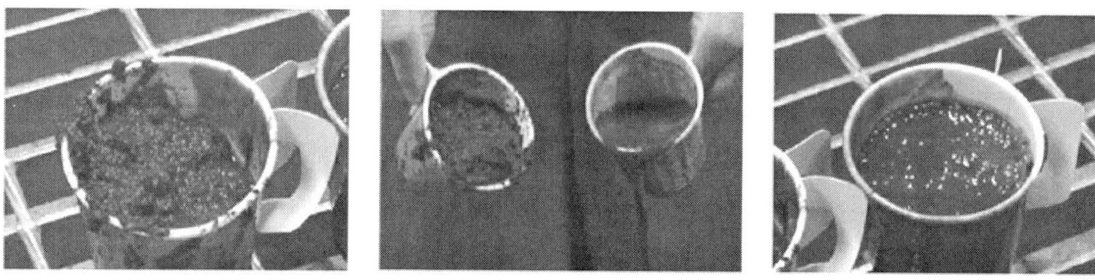

초음파 리액터 처리전 　　　　　　　　 초음파 리액터 처리후

그림 2.14 초음파 처리 전과 후

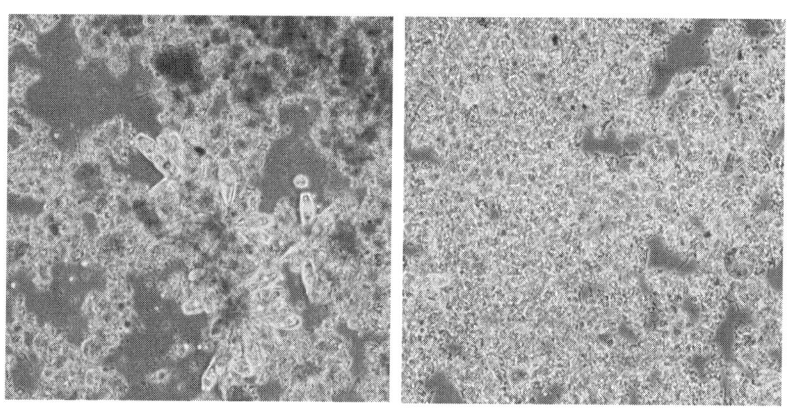

before disintegration (*Opercularia*) ; 100×magnified 　　 after disintegration (destroyed *Arcella*) ; 100×magnified

그림 2.15 초음파 처리 전과 후의 미생물 변화 현미경 사진

하수슬러지는 물과 고형물로 이루어져 있기 때문에 초음파 분해에 의해 플록이 해체되고 미생물 등의 세포가 분해되어 세포액이 용출되는 슬러지의 물리·화학적 파괴가 가능하게 되며, 세포막의 파괴로 내부에 차단되었던 유효 탄소원이 방출되는데 이를 난분해성 물질의 저분자화(유기물 가수분해)라고 한다. 방출된 유기탄소원은 혐기성 미생물에 의하

여 쉽게 섭취되어 신진대사에 활용되므로 소화속도 향상, 소화효율 증대로 가스 생산량 증가는 물론, 고형물질 감소로 최종 슬러지 발생량이 감소하게 된다. 이러한 초음파 전처리에 의해 용해성 탄수화물과 유기성 기질을 방출하여 일반적으로 세포 파괴도는 95% 이상으로 높은 편이다.

② 공동화 현상(cavitation)

유체를 사용하는 모든 공학 분야에서 액체의 압력이 어떠한 원인에 의해 떨어지고 이 압력이 액체의 증기압까지 내려가면 기화(vaporization)가 발생한다. 압력 저하의 주요한 원인으로는 액체의 운동 혹은 액체가 정지해 있는 곳을 물체가 운동하는 것의 두 가지 원인으로 분류할 수 있다. 이러한 운동에 의해 압력이 정압 이하로 내려가면 비등이 일어나게 되는데 공학에서는 이러한 비등현상을 공동화(cavitation)라 하며 비등과 공동화는 물리적으로는 동일한 현상이나 비교적 높은 온도에서의 액체 기화를 비등이라 하고 상온 부근에서의 기화를 공동화로 구분하여 사용하고 있다. 특히 유체기계는 액체 중에서 물체의 운동으로 인한 진동을 동반하는 기계이므로 필연적으로 진동 공동화가 일어날 확률이 높다. 이러한 점에서 비등과 분리하여 진동공동화를 특수한 현상으로서 중요하게 다루고 있다.

초음파는 파의 진동 방향과 진행 방향이 같은 일종의 종파로서 균일한 액체 상태 또는 기체 상태의 매질을 통과할 때 파가 조밀하게 운집되는 부분과 희박한 부분이 생기게 되면 이로 인하여 매질 내에 존재하는 입자는 변이를 일으키게 된다. 균일한 액상의 매질 내에 초음파가 전달되면 액상 매질 내에 존재하는 분자들은 그들의 평균 위치에서 진동을 하게 된다. 이러한 진동에 의해 매질 내의 분자들이 밀집되어 분자 사이의 거리가 가까워지는 압축주기와 분자들이 희박하여 분자 사이의 거리가 멀어지는 팽창주기가 반복적으로 생기게 된다. 낮은 압력상태의 팽창주기 과정에 도달하면 액체 분자 사이의 거리가 액체 상태를 유지할 수 있는 임계 분자간 거리보다 멀어지게 되는데, 이때 액체는 파괴되어 공동이 형성된다. 이와 같은 과정을 통해 형성된 공동을 공동화 기포라고 한다.

일반적으로 공동은 기체 또는 증기로 채워져 있으며 기포 내의 압력변화로 형성된 팽창력에 의해서 물속에서 뿐만 아니라 유기용매, 액화 헬륨, 용해된 금속 등에서도 형성되는 것으로 알려져 있다. 공동화 과정에서 형성되는 공동의 표면적은 팽창주기가 압축주기 때보다 크기 때문에 팽창주기 동안 공동 주위의 용액으로부터 공동으로 확산되는 속도가 압축주기 동안 공동에서 공동 주위의 액체로 확산되는 속도보다 크게 된다. 따라서 공동은 압축주기 동안 압축되는 비율보다 팽창주기에서 공동이 팽창되는 비율이 약간 커지기 때문에 공동은 일정한도의 크기가 될 때까지 성장한 후 압력이 높은 영역에서 순간적으로 파괴된다. 이러한 현상을 공동화 현상이라고 한다. 그래서 공동화 현상은 수중에 존재하는 기포의 형성과 이들 기포의 동적 수명이라고도 할 수 있다.

공동화가 일어나는 과정은 핵의 형성, 공동의 성장 및 공동의 파괴 등 3단계에 걸쳐 일어나며 균일한 액상의 매질 내에서 공동화가 일어나는 과정은 거의 구형 대칭적인 파괴라고 할 수 있다. 그러나 액상의 매질 내에 고체가 존재하는 경우 고체 표면에서의 공동의 파괴는 비대칭적, 비구형 파괴가 일어나기 때문에 고체표면에서 표면부식(surface erosion)이 일어나서 표면세정효과를 얻을 수 있다.

공동이 파괴 또는 압축될 때 응축열이 발생하나 공동화 현상이 약 수 초의 아주 짧은 시간 동안에 일어나기 때문에 생성된 열이 주위로 전달되기에 충분한 시간이 되지 못한다. 따라서 공동의 표면에서는 단열과정의 열전달현상이 발생하여 공동에 인접한 부분은 국부적으로 온도가 순간적으로 급상승하여 hotspot이 형성되고 이 부분에서의 온도가 수천도에 이른다고 보고되고 있다. 이때의 높은 국부온도로 인하여 인접한 반응물의 입자들은 높은 운동에너지를 가지게 되며 분자들의 운동이 활발하게 될 뿐 아니라 반응에 필요한 충분한 활성에너지를 얻게 된다. 또한 공동화 현상에 의해 형성된 높은 압력은 혼합효과를 높여주기 때문에 전체적인 화학반응속도를 빠르게 한다.

여러 가지 화학반응에 초음파를 적용할 때 그 반응도를 향상시키는 에너지원은 위에서 언급한 공동화 현상이며, 공동화의 발생 상태는 초음파 주파수, 초음파 강도, 기체 포화도, 공동화 중독, 펄스의 지속시간, 용매, 반응온도, 주위 압력, 용존 가스의 종류와 농도, 그리고 함유되어 있는 고형불순물 등의 영향을 받는다.

③ 음향화학(Sonochemistry)

초음파를 수용액상에 조사하면 다양한 화학반응을 일으켜 화학반응을 촉진시키는데, 이것은 초음파 조사로 인해 공동화 현상이 발생되며 이 기포의 공동화가 음향화학 작용을 일으키게 되는 주원동력이다. 또한, 초음파를 수용액 매질에 조사하게 되면 수용액 매질의 분자에 음파가 전달되는 방향으로 진동 에너지가 전달되어 압력변화가 초래된다. 음파에 의해 생성되는 음압의 변화로 인해 공동화 기포가 생성되고, 이 기포가 성장하여 파열될 때 고온·고압 조건이 형성되어 초음파 화학반응이 수반되며, 이때 발생되는 충격파가 각종 화학반응의 에너지원으로 작용하여 화학반응공정에서 반응효율을 증대시키는 것으로 확인되었다.

(3) 열처리

열적 처리법은 슬러지를 고온에서 열처리 한 후 혐기성 소화하는 방법이다. 열처리는 일차슬러지와 폐활성 슬러지를 열처리한 후 슬러지를 소화, 탈수 시 열처리한 슬러지는 가수분해성이 개선되고 유기물의 혐기성소화를 촉진시킨다고 보고되어졌다.

(4) 화학적 처리

① 산·알칼리 처리

산·알칼리 전처리법은 슬러지에 강산을 가하여 강한 산성의 형태를 유지하다가 다시 강알칼리를 첨가하여 강알칼리 상태로 유지하여 슬러지 내 미생물 세포막을 분해시켜 후처리 공정인 혐기성 소화의 효율을 촉진시키는 전처리 방법이다. 이러한 방법은 폐섬유, 난분해성 슬러지의 전처리에도 적용되나 후속 혐기성처리를 위해서는 다시 중화과정이 요구되어진다.

슬러지의 탈수성 향상을 위한 기존의 산처리 연구에서 산처리가 슬러지의 탈수성을 향상시키는 이유는 활성슬러지의 표면에서 ECPs (extracellular polymers : polysaccharide, protein, DNA etc.)를 방출시키기 때문이며, 이러한 방출의 기작은 슬러지가 응집하여 pack을 형성하도록 유도하여 탈수된 슬러지 중 수분의 함량을 낮추어 주기 때문이라고 보고되었다. 산·알칼리 등 화학약품을 이용한 잉여슬러지의 전처리는 화학약품에 의한 단독처리보다는 열처리등과 병행하여 적용하는 것이 더욱 효과적인 것으로 알려져 있다.

② 오존 처리

오존에 의한 유기물의 제거는 오존과 용해성 물질과의 직접반응에 의하여 분해되거나 오존이 수중에서 분해될 때 생성되는 OH 라디칼에 의하여 산화된다. 하수슬러지의 경우 유기물로 구성되어 있기 때문에 오존에 의하여 슬러지가 분해되어 용존성 유기물로 전환되고 이 때 생성된 OH 라디칼이 슬러지의 세포벽을 산화시킴으로써 미생물의 표면에 손상을 주어 내부에 존재하는 유기물을 용출시키게 된다. 하지만 다량의 오존투입으로 인한 경제적 문제점과 낮은 pH에서의 급격한 효율 저하 및 하수슬러지 내의 다량의 scavenger로 인한 처리효율 저하가 문제점으로 지적되고 있어 이러한 오존산화공법의 문제점을 해결하고자 근래에 새로운 AOP(Advanced Oxidation Process)공법으로서 오존과 금속촉매를 함께 적용시킨 오존/촉매에 의한 수처리 방법이 여러 연구자들에 의해 연구되고 있다.

(5) 전기를 이용한 전처리

① 원리

양극표면에서 전자의 이동에 의해 오염물이 파괴되는 직접산화와 음극에서 발생되는 Cl_2, hypochlorite, peroxide, ozone, Fenton's reagent, peroxide sulphate 등과 같은 산화물질을 이용한 간접산화로 구분된다. 슬러지를 전기분해 할 경우 양극과 음극에서는 다음과 같은 화학반응이 일어난다.

양극에서는 물의 산화 반응이 발생한다.

$$2H_2O(aq) - 4e^- \rightarrow O_2(g) + 4H^+$$

음극에서는 환원반응이 발생한다.

$$2H_2O(aq) + 4e^- \rightarrow H_2(g) + 2OH^-$$

양극에서는 산소가스가 발생하며 음극에서는 수소가스 및 수산화 이온이 생성된다. 강력한 산화력을 갖고 있는 수산화이온은 전기적 전하 때문에 음극에서 양극으로 이동하며 이때 물질을 산화시킨다. 이온의 발생량은 패러데이법칙에 따라 전류에 비례하며 이를 다음과 같이 나타낼 수 있다(Menon, 1996).

$$R = \frac{i \times \varepsilon}{F}$$

여기서 R : 이온발생량(mol/s) ; i : 전류(A) ; F : faraday 계수(C/mol) ; ε : lumped parameter 이다. 전류는 Ohm의 법칙에 따라 양극과 음극간의 전압경사에 비례한다.

슬러지의 탈수성은 슬러지 내에 있는 수분의 물리적 성질에 따라 영향을 받는다. 슬러지 내의 수분은 크게 자유수(free water), 간극수(interstitial water), 모관수(capillary water), 그리고 결합수(bound water)로 구성되어 있다. 자유수는 입자의 표면전위와 무관하여 슬러지 고형물의 영향을 받지 않고 자유로운 유동이 가능한 수분을 말한다. 간극수는 플럭 중의 입자들이 이루는 틈새와 간극에 있는 수분으로 유동은 제한된다. 모관수는 표면장력에 의하여 슬러지 입자표면에 결합력을 나타내는 수분이며 플럭의 물리적 응력변형에 의하여 제거가 가능하다. 결합수는 화학적으로 개개의 슬러지 고형물에 구속된 수분으로 기계적 탈수로는 제거가 불가능한 것으로 분류된다.

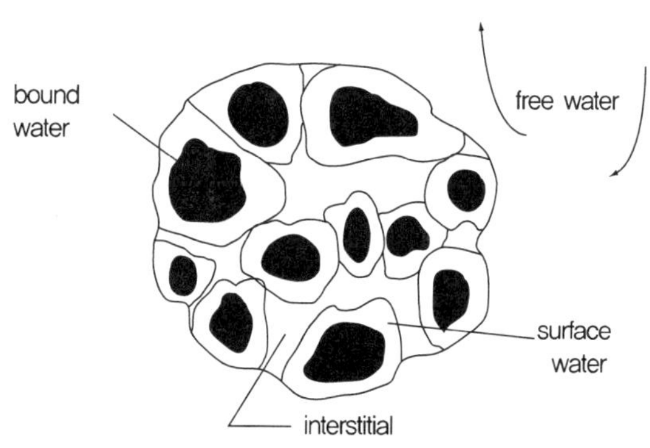

그림 2.16 슬러지 내 수분 분포

슬러지에 존재하는 결합수량은 탈수케이크의 함수율에 영향을 미친다. 탈수 케이크의 함수율을 최소화하기 위해서는 슬러지에 존재하는 결합수량을 선행적으로 조사하고, 또 감소시키는 방법을 개발하는 것이 필요하다. Nicolas와 Alexandra는 활성슬러지를 대상으로 하여 SS농도에 따른 결합수량을 분석한 결과, SS농도가 증가할수록 결합수량은 감소하였고, 또한 결합수량은 슬러지의 비표면적에 의존한다고 보고하였다. 플록의 구조와 결합수량은 아주 밀접한 상관관계를 가지고 있으며, 단단한 구조를 가지고 있는 비선형 슬러지 내의 결합수량이 선형 슬러지 내의 결합수량보다 적다.

슬러지 전처리를 수행함에 있어서 제타전위가 감소함에 따라 결합수량이 감소하는 것으로 조사되었으며, 특히 화학응집과 전기응집, 전기분해 방법에서 제타전위가 차별적으로 감소되었으며, 이에 따라 전기응집과 전기분해 방법에서 결합수량이 대폭 감소되었다(전기응집 94.9%, 전기분해 80.8%). 이는 전기화학적 반응에 의하여 슬러지 입자표면의 수분에 대한 친화성 변화에 의해 결합수량이 감소한 것으로 추정할 수 있으며 향후 규명이 필요하다.

(6) 동결 · 융해 처리

동결 · 융해에 의한 처리는 활성슬러지를 동결시킨 후 다시 융해시킴으로써 활성슬러지의 플록 구조를 변화시키고, 호기성 미생물에서 ECP(Extracellular polymers)를 방출시켜 후처리 공정에서의 혐기성 소화효율 개선 및 탈수성을 증가시키는 전처리 방법이다. 동결 · 융해 개량은 슬러지 탈수성을 확실히 향상시키며, 플록 구조를 변화시키고 침전성 또한 크게 향상시키는 것으로 알려져 있다.

하수슬러지에 포함된 유기물의 용출은 동결속도와 관련이 있고 동결속도가 늦을수록 즉, 온도를 천천히 낮추어 동결시킬수록 세포내로부터 유기물의 용출이 많고 용해성 단백질량도 증가하여 탈수성 개선 및 혐기성소화 효율이 향상되나 시설의 문제 등으로 현장에 실제 적용하기에 어려운 점이 많은 것으로 알려져 있다.

(7) 생물학적 처리

생물학적 처리는 혐기성소화에 결핍된 영양물질 공급, 촉매 및 효소공급, 호기성처리 방법 등이 있다. 영양물질 공급은 미생물이 성장하는데 필요한 영양물질이 부족하거나 분해가 어려운 물질로 구성된 산업폐수나 침출수의 슬러지에 생물학적 처리 미생물이 성장하는데 필요한 영양물질을 외부에서 공급해 줄 필요가 있을 때에 적용된다.

생물학적 가수분해는 부분적인 혐기성 슬러지 소화로 간주할 수 있다. 재래식 혐기성 소화공정에서 산생성균과 초산생성균이 먼저 용해되며 메탄생성균에 의해 실제 메탄으로 전환되기 이전에 슬러지 미생물을 가수분해 시킨다. 수리학적 체류시간과 온도를 조절함으로써 산생성 단계와 초산생성 단계에서 슬러지의 혐기성소화를 제한하는 것이 가능하며 용해성 유기물의 생산 등의 장점이 있다.

촉매 및 효소를 공급하는 경우는 특별한 미생물이나 효소를 주입하는 방법이며 운전변화가 심하여 전체적으로 획기적인 처리효율 개선은 기대하기 어려우나 후속처리되는 혐기성 미생물보다는 분해가 용이하게 될 수 있도록 유도할 수 있고, 악취 발생억제 등 부분적인 효과가 있는 것으로 보고되고 있다.

(8) 병합처리

병합 처리는 세포파괴도 향상을 위해 두 가지 이상의 전처리 공정을 조합한 방법이다.

2) 소화가스 효율 증대 방법

전처리 방법 뿐만 아니라 바이오가스의 생산량을 증대하는 여러 가지 기법은 다음의 4가지 범주로 분류할 수 있다.

(1) 첨가제의 사용

풀이나 콩과식물의 잎을 가루로 만들어 첨가제로 넣어주면, 그 표면에 기질이 흡수되어 반응을 자극함으로써, 바이오가스의 생성량이 18~40% 증가한다. 이는 국부적으로 높은 기질의 농도와 미생물의 성장에 좋은 환경을 만든다. 이외에도 식물성 첨가제의 사용에 의한 바이오가스 생산량의 증대에 도움을 주는 방법으로 보고된 것은 아래와 같다.

① 란타나, 밀짚, 사과 잎 등의 식물성 찌꺼기를 알칼리로 처리한 후 가축분뇨에 추가하여 바이오가스 및 메탄의 생성이 거의 2배 증가.
② 부분적으로 부패한 아게라툼을 가축 배설물에 첨가하면 순수한 가축 분뇨에 비하여 바이오가스 생성량이 43% 증가.
③ 토끼의 배설물에 토마토 줄기를 첨가하면 메탄 생성량 40% 증가.
④ 옥수수줄기, 볏짚, 목화줄기, 밀짚과 같은 농작물 찌꺼기를 부분적으로 썩은 가축분뇨에 첨가하여 10~80% 범위의 가스 생성 증대

또한 어떤 박테리아나 곰팡이의 균주를 첨가하면 특정한 효소의 활성을 자극하여 가스 생성량을 증대시킨다. 이들 균주는 섬유소의 분해와 관련이 있는 모든 효소의 활성에 영향을 미치며, endoglucanase 활동이 섬유소의 가수분해에 핵심적인 역할을 하는 것으로 판단된다. 이와 관련하여 아래와 같은 것이 보고되어 있다.

① *Actinomycetes* 속의 방선균 박테리아의 섬유질 균주의 첨가로 가축분뇨에서 바이오가스의 생성량 8.4~44% 증가.

② 주변 환경에서 *Phanerochaete chrysphorium*으로 3일간 전처리 한 사탕수수를 가축분뇨에 첨가하여 가스 생성량 증가.

이 외에도, 금속 양이온과 같은 무기질을 첨가하면, 높은 농도의 박테리아가 소화탱크에 유지되어, 스스로 번식하게 된다. 크롬, 구리, 니켈 및 아연과 같은 중금속, $FeSO_4$나 $FeCl_3$와 같은 철분의 염을 첨가하여 가스의 생성률을 높인다고 보고되어 있다. 또한 여러 종류의 흡수제를 첨가하여도 바이오가스의 생성량이 증가한다고 보고되어 있다. 흡수제로는 펙틴, 목탄, 젤라틴, 실리카겔, 카올린 등이 있으며, 특히 실리카겔의 농도를 증가시키면 휘발성 산이 보다 빠른 비율로 소모된다.

(2) 슬러지 및 슬러리 여과물의 재순환

소화된 슬러지 및 슬러지 여과물을 반응로에 다시 순환시키면, 이들에 포함되어 있는 미생물이 다시 반응로로 되돌아가 미생물의 개체수를 증가시킴으로써, 가스 생성량을 증가시킨다.

(3) 온도, HRT, 그리고 기질의 입자크기와 같은 운전파라미터의 변화

소화탱크 내의 온도는 바이오가스의 생성공정에서 가장 중요한 역할을 한다. 혐기성 미생물은 중간온도영역(30~40℃) 및 고온영역(50~60℃)에서 활성이 가장 높아 바이오가스의 생성이 증대하고, HRT를 크게 줄일 수 있기 때문에, 많은 연구가 이 방면으로 집중되어 있다. 이들 가운데 가장 단순한 방법으로 보고된 예는 아래와 같다.

① 바이오가스공장을 햇볕이 잘 쪼이고, 바람을 막을 수 있는 곳에 건설
② 소화탱크를 그 지역에서 생산되는 농산물 잔류물(볏짚, 밀짚 등)로 덮음
③ 소화탱크 주변의 땅을 목탄으로 덮음
④ PVC와 같은 투명한 재질로 된 온실형의 구조물을 소화탱크에 씌움

pH도 혐기성 발효기간에 매우 중요한 역할을 하며, 발효과정에서 생성되는 이산화탄소와 휘발성의 지방산, 특히 아세트산이 소화탱크 내부의 pH에 영향을 미치므로, 바이오매스의 투입량을 조절하여 pH를 6.8~7.2로 조절하면 바이오가스의 생성량이 늘어난다. 소화탱크로 도입되는 공급재료의 전처리를 통하여, 복잡한 유기물구조를 보다 단순한 구조로 분해하여 혐기성 발효과정의 메탄수율을 증가시킬 수 있으며, 열화학적 전처리, 초음파

전처리 등과 같은 방법이 주로 사용된다. 기질의 입자크기는 그리 중요한 것은 아니지만, 이것이 너무 크면 소화탱크가 막히는 수도 있고, 혐기성 미생물이 소화하기가 어려워진다. 입자크기가 작으면 기질의 표면적을 증가시켜, 바이오가스의 생성량을 증가시킨다.

이외에도 탄소/질소의 비율을 30 : 1로 유지할 수 있도록 공급재질을 조정하고, 피스톤과 같이 움직이는 기계를 설치하여 계속 흔들어 섞는 방법, 종자 박테리아의 증가 등에 의한 방법으로 바이오가스의 생성량을 증가시킬 수 있다. HRT는 소화탱크에 공급재료가 들어가서 슬러리로 나올 때까지의 평균시간이며, 인도와 같은 열대지방에서는 30~50일, 추운지역에서는 100일에 도달할 수 있다. HRT가 짧으면 활성 박테리아가 함께 유실되어, 그 개체수가 줄어들 우려가 있고, 너무 길면 소화탱크의 용량이 커지고, 자본비도 많이 필요하므로, 이에 대한 최적화가 필요하다.

(4) 고정식 필름/바이오필터의 사용

고정식 필름 반응로는 고정식 필름의 형태로 미생물이 부착하여 성장할 수 있는 표면적을 증가시키고, 소화된 슬러리가 배출된 후에도 소화탱크 안의 미생물 개체수를 유지시켜 증식할 수 있도록 함으로써, 폐수처리시설에서의 HRT를 30~40일에서 몇 시간 단위로 그 성능을 크게 향상시키고 있다. 표면적이 매우 큰 필터를 사용하고 고형 성분이 작은 기질에 대해서는 고정식 필름기법이 공통적으로 사용되지만, 가축의 분뇨와 같이 고형성분이 많은 기질에 대한 연구는 드물다. 이에 적합한 재료는 박테리아에 의해 생분해되어서는 안 되고, 구조적으로 안정적이어야 하며, 시장에서 값싸고도 쉽게 살 수 있는 것으로서, 나일론 스펀지, PVC, 진흙 파이프 등이 사용되고 있다.

2.2.2 국내외 혐기성 소화공정기술 개발 및 적용현황

우리나라 뿐만 아니라 해외 각국은 국가별로 유기성 폐기물의 성분, 종류, 발생정도와 수거방법상의 특징들이 모두 다르기 때문에 각 국가는 독자적인 혐기성 소화처리 공정을 개발하고 있다. 우리나라의 경우 음식물류 폐기물의 절대량이 많고, 다량의 염분이 포함되어 있으며 함수율이 높기 때문에 외국의 공정대로 가동할 경우 많은 문제점을 발생할 수 있다. 또한 기존에 개발된 혐기성소화공정을 비교해 볼 때 단상 혐기성 산/메탄생성 공정의 경우 산 생성과 메탄생성이 동시에 일어남으로써 pH에 민감한 메탄생성균들이 pH변화에 의해 성장에 저해를 받아 메탄생성효율이 낮은 경우가 많았다. 이를 해결하기 위해 산 생성단계와 메탄생성단계를 구분하여 설치하는 이상 혐기성소화공정이 도입되어 산 생성반응조에서는 가수분해와 산생성이 동시에 일어나게 한 후 메탄생성조에서 메탄이 효율적으로 생성되도록 하고 있다. 그러나 이러한 이상 혐기성공정도 여전히 처리속도가 느리기 때문에 국내 현실에 적합하고 보다 빠르고 안정한 처리가 가능한 혐기성소화공정의 개발에 노력하고 있는 실정이다.

1) 국내 기술개발 사례

(1) MSW-AD 공정

MSW-AD 공정은 에너지 연구소(KIER; Korea Institute of Energy Research)에서 개발된 습식 2상 중온혐기소화 공정으로, 파일롯 플랜트는 1996년 한라 엔지니어링 및 중공업에 의해 건설되었으며 하루 5톤 규모의 음식물쓰레기를 처리하였다. 초기의 파일롯 플랜트는 안양시 소각 플랜트 내에 위치하였으며, 시 당국에 의해 분리 수거된 음식물쓰레기를 공급받고 처리하였다. 또한 분쇄기, 드럼 스크린, 자력 분별기와 같은 전처리 시설도 가지고 있어 분리 수거되지 않은 음식물쓰레기도 직접 처리할 수 있도록 설계되었으며, 선별된 유기물은 산발효 과정을 거친 후 체류시간이 15~20일 정도인 중온소화조에서 메탄으로 전환된다.

그림 2.17에 공정 개요도를 나타낸 MSW-AD공정은 폐기물의 저장 및 이송이 용이하고 이물질 선별효율이 우수하여 양질의 퇴비원료를 생산할 수 있으며 혐기성소화조 내 완전혼합 및 전열효과가 우수하고 2상 혐기성 공정으로 구성되어 운전상 안정성이 높은 장점이 있다. 그러나 초기 투자비용이 높고, 소요부지 면적이 넓으며 희석수 사용에 의해 다량의 폐수가 발생하고 가온을 위한 에너지 소비량이 높으며 공정의 대형화가 어렵다는 단점이 있다.

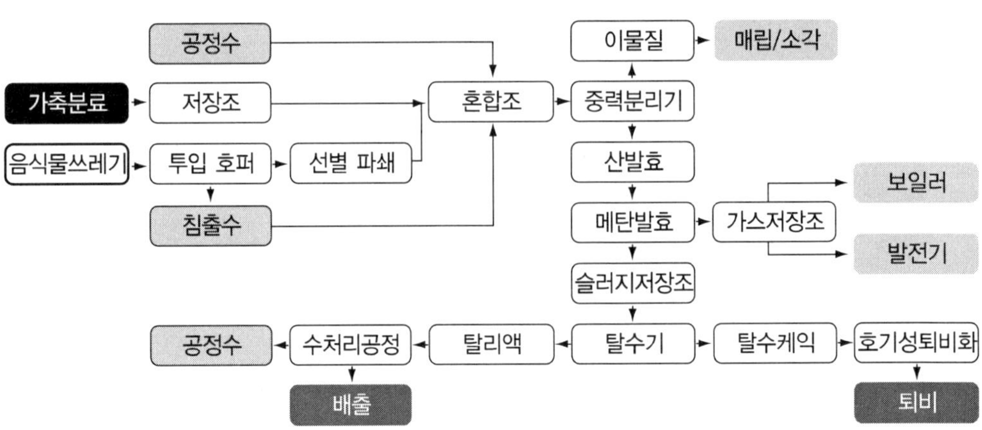

그림 2.17 MSW-AD 공정의 개요도

이 공정은 1997년 의왕시에 하루 15톤 규모로 건설되었으며, 현재는 파주시 음식물처리시설(30 톤/일), 파주시 축분 혼합처리시설(80 톤/일), 밀양시 하수병합처리시설(20 톤/일), 속초시 하수병합처리시설(20 톤/일), 그리고 동탄신도시 음식물류 폐기물처리시설에 설치되어 있다.

(2) 수평형 혐기성 발효공정

수평형 혐기성 발효공법으로 알려져 있는 BKT공정은 독일 BAUER KOMPOST company에 의해 개발되어 동문 IRS에 의해 국내에 도입된 공정으로 동해시에 설치되어 하루 10톤의 음식물쓰레기를 처리하였으며, 체류시간은 20~25일이며 수평형의 발효조에서 고온(55℃)의 조건으로 운전되었다. 또 다른 플랜트가 1999년 대전시 유성구 금곡동 매립지 내에 건설되어 하루 10톤 규모로 운전되었다. 본 공정의 경우에는 탈리액의 액비화를 강조하고 있으며 최근에 액비와 동시에 필요시에 수처리까지 함께하는 공정으로 설계되고 있으며 김포시 음식물 처리시설(60 톤/일)과 광주시 음식물 처리시설(20 톤/일)에 적용되어 운영되고 있다.

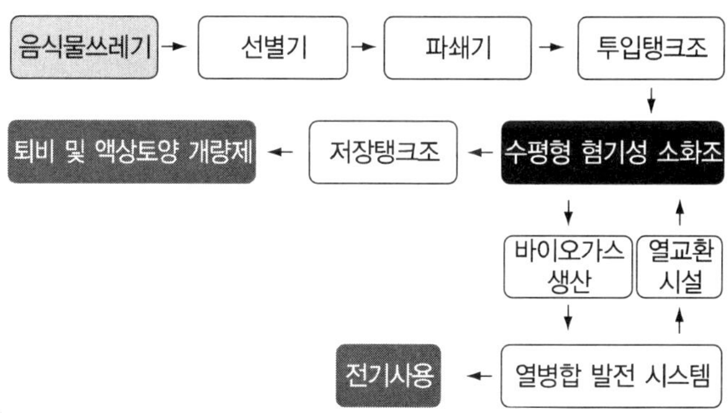

그림 2.18 수평형 혐기성발효 공정의 개요도

(3) 건식 단상 혐기성 발효공정

건식 단상 혐기성 발효공정인 건식 단상 혐기성 발효공정(dry anaerobic composting, DRANCO)은 서희건설(주)이 벨기에 OWS사에서 도입한 기술로 발효조의 고형물 함량을 18~22% 정도로 유지하여 건식으로 운전하는 특징이 있다. 주로 음식물류폐기물, 하수농축슬러지, 산업계 유기성폐기물 등을 소화일수 약 30일 정도로 중온 또는 고온 혐기성소화하여 바이오가스형태의 에너지를 생성함과 동시에 후단의 호기성 퇴비화과정을 통해 양질의 퇴비를 위생적으로 생산하는 기술이다.

그림 2.19와 같이 본 공정에서는 반입되는 유기성폐기물을 자동파쇄선별기를 이용하여 파쇄하고 이물질을 제거한 후 소화조 공급펌프에 의해 공급되는 반송 소화슬러지와 혼합하여 소화조에 공급한다. 외부혼합 및 교반에 의해 메탄균과 균질화시켜 혐기성소화조에 투입된 유기성폐기물은 분해되어 메탄으로 전환되며 배출된 소화액은 응집제 첨가 원심분리에 의하여 고액분리 된다. 고액분리된 고형물의 일부는 반송슬러지로 반응조로 재순환되며 나머지는 후숙조를 거친 후 퇴비로 생산되고 폐수는 자체 수처리 공정에 의해 처리된 후 하수처리장에 연계처리하거나 단독 방류된다.

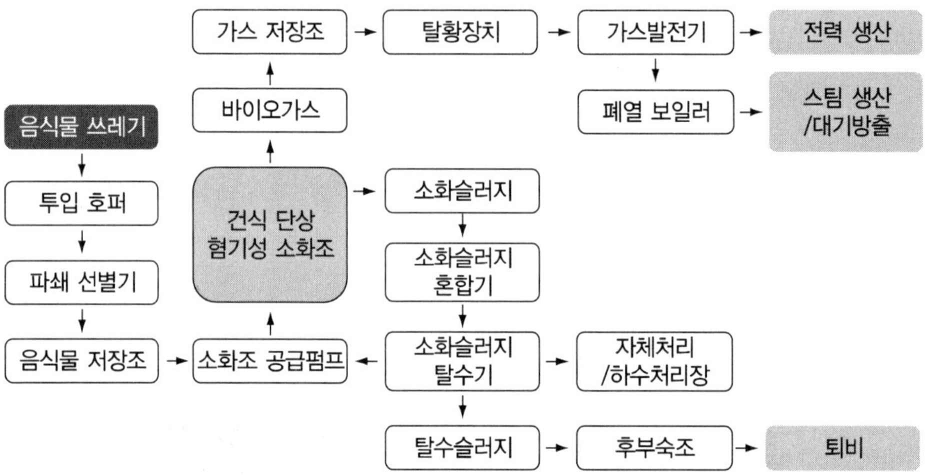

그림 2.19 건식 단상 혐기성 소화시스템의 개요도

이 공정은 높은 고형물 함량으로 인해 소화조 체적이 최소화될 수 있으며 별도의 가수(加水)과정 없이 파쇄 선별된 유기성폐기물과 반송 소화 슬러지를 혼합하여 소화조에 유입함으로써 소화폐수가 적게 발생하고 유기성폐기물과 반송 소화슬러지를 혼합하여 투입함으로써 소화효율을 향상시킬 수 있는 장점이 있다. 그러나 적절한 함수율 유지를 위한 반송 소화슬러지 혼합비율의 조정이 까다롭고 소화조의 운전이 비정상적인 경우 정상화에 걸리는 시간이 긴 단점이 있다. 현재 부산 생곡매립지 내 음식물폐기물 자원화시설(200톤/일)과 서울 동대문구의 동대문 자원회수시설 내 음식물폐기물 자원화시설(98 톤/일)에 설치되어 가동되고 있다.

(4) 상향류식 이상 혐기성 고농도 폐수처리장치

전통적인 CSTR형태의 혐기성 소화조 이외에 UASB(Up-flow Anaerobic Sludge Bracket), FB(Fluidized Bed) 및 AAFEB(Anaerobic Attached Film Expanded Bed)와 같이 미생물을 고농도로 보유할 수 있는 고효율 혐기성 소화조의 개발로 폐수처리에 혐기성 처리가 광범위하게 적용되고 있다. 특히 1980년대 네덜란드에서 공법이 개발되어 급속하게 확산된 기술인 UASB 소화조는 상향류로 폐수를 주입하고 소화액을 내부 반송하여 소화조 내부의 소화슬러지를 유동화시켜 슬러지가 자기 입상화 되도록 함으로써 혐기성 미생물을 고농도로 유지하면서 유기물을 분해하여 메탄을 생성하는 시스템으로, 처리효율을 개선하면서 과부하에 대한 대비를 하기 위하여 제안된 기술이다.

UASB 소화조의 중요한 장점은 일반 혐기성 소화조와 비교하여 많은 양의 활성미생물을 보유함으로써 고농도의 유기물 부하의 적용이 가능하다. 특히 UASB 소화조를 이용한 용해성 폐수의 처리 시(휘발성산 용액, 알코올폐수) 20~25 kg COD/m^3 day의 높은 유기물 부하에서도 안정적인 처리가 가능한 것으로 알려져 있다.

상향류식 이상혐기성 고농도 폐수처리장치인 DBS(Daewo two phase anaerobic biogas system)공정은 대우건설(주)에서 UASB 소화조를 기반으로 하여 음식물 탈리액 및 가축분뇨 처리를 위해 개발한 공정으로 고액분리기, 유량조정조, 산발효조, 그리고 메탄발효조 등으로 구성되어 있다. UASB 형태의 메탄발효조에서는 입상슬러지가 배양되며 소화조에서 발생된 가스압에 의해 무동력 교반되고 중온소화로 인해 암모니아 영향을 최소화할 수 있으며 스컴발생이 거의 없고 온도유지가 용이하다.

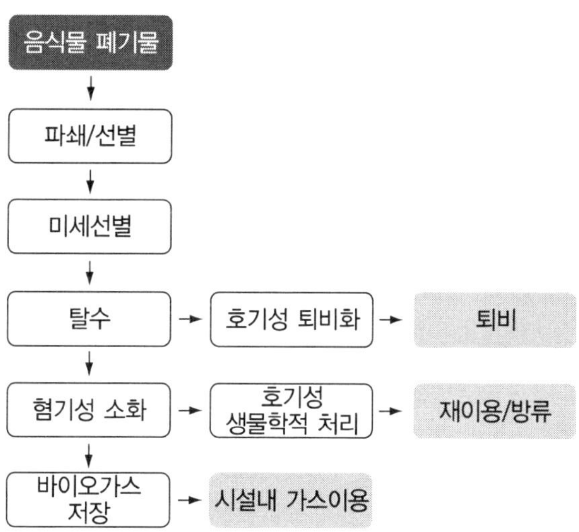

그림 2.20 DBS 공정도

이 공정은 높은 유기물부하에서 체류시간을 짧게 하여 운전할 수 있으며 부지면적이 비교적 적고 원수 농도변화 및 독성물질 유입 시에도 비교적 안정적인 운전이 가능하며 소화조를 완전 밀폐형으로 운전함으로써 악취발생을 최소화할 수 있다. 그러나 운전 초기 입상슬러지 형성과정이 필요하여 시운전 기간이 길며, 부유물질을 고농도로 함유한 폐수의 처리시 고액분리장치가 필요한 단점이 있다.

DBS공정은 전분폐수, 주정폐수, 화학폐수 등의 처리에 광범위하게 적용되고 있으며 남부폐기물 처리장 음식물탈리액 처리시설(1,700톤), 축산폐수 처리를 위한 축산연구소 시설(50톤) 그리고 가축분뇨 처리를 위한 이천 모전 영농조합 시설(100톤)에 설치되어 운영되고 있다.

(5) KH-ABC 공정

금호산업(주) 건설부문에서 자체개발한 기술인 KH-ABC (Kumho-Anaerobic Biogas Cogeneration) 공정은 체류시간 25~30일로 중온소화 하는 단상 습식 소화공정이다. 혐기성 소화조는 그림 2.21과 같이 직사각형 수평반응조로 원료조 내에서 가온 된 음식물쓰레기나 돈분뇨 등의 유기성폐기물이 소화조로 유입되면 수평축 교반기에 의해 교반되면서 처리되어 plug-flow형태로 배출된다. 생성된 바이오가스는 반응조 상단에 위치한 생물탈황을 거쳐 가스저장조에 저장된 후 열병합 발전이나 가스보일러 등에 의해 사용되게 된다.

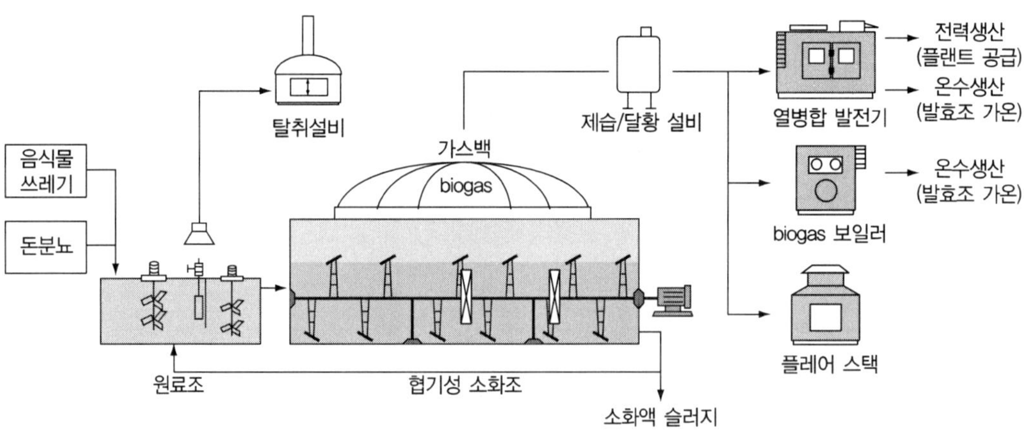

그림 2.21 KH-ABC 처리공정도

이 공법은 고형물을 다량 함유한 유기성폐기물을 처리할 수 있어 유입되는 유기성폐기물의 고액분리 등의 전처리과정을 최소화할 수 있으며, 따라서 높은 유기물 부하를 유지할 수 있고 소화조의 크기에 비해 교반 동력비가 적게 소요되며 소화조 및 열병합 발전 등의 설비가 국산화 되어있는 점이 특징이다. 그러나 약 30일에 이르는 긴 소화조 체류시간은 단점으로 지적될 수 있다. KH-ABC 공정은 경기도 안성시 일죽면 병합소화 실증 플랜트에 5 톤/일 규모로 설치되어 음식물쓰레기와 가축분뇨를 병합처리하고 있으며, 그림 2.22와 같이 Eco-Star 프로젝트 '유기성폐기물 병합처리 및 바이오가스 발전시스템 개발' 연구의 밀양 파일롯 플랜트에 1.5 톤/일 규모로 설치되어 음식물쓰레기, 가축분뇨, 그리고 하수슬러지를 병합하여 처리하고 있다.

그림 2.22 밀양 pilot plant의 KH-ABC 소화조

(6) 2상 고온 혐기소화

정봉(주)의 2상 고온 혐기소화 기술은 그림 2.23과 같은 음식물자원화(사료화)시설에서 발생하는 음식물침출수를 처리하기 위한 기술로 고농도 유기물의 가수분해 및 유기산 발효를 위한 산발효조와 체류시간 약 20일의 혐기성소화조로 구성되었다. 혐기성소화조는 55℃의 고온으로 운전되어 중온 소화에 비해 반응속도가 약 1.8배 빠르고 스컴 발생이 없으며 부하변동에 강하고 소화효율이 높다. 또한 외부 펌프 순환으로 교반이 우수하고 고장시 수리가 용이하다. 그러나 고온 운전으로 인하여 운전에 숙련도가 요구되며 소화조 운전이 비정상적인 경우 정상화 되는데 시간이 많이 걸리는 단점이 있다.

이 공정은 광주 음식물자원화 시설에 160톤/일 규모로 설치되어 가동 중이며(2.2.3절 1)의 (4) 참고) 송파구 음식물자원화시설(500 톤/일)에도 적용될 예정이다.

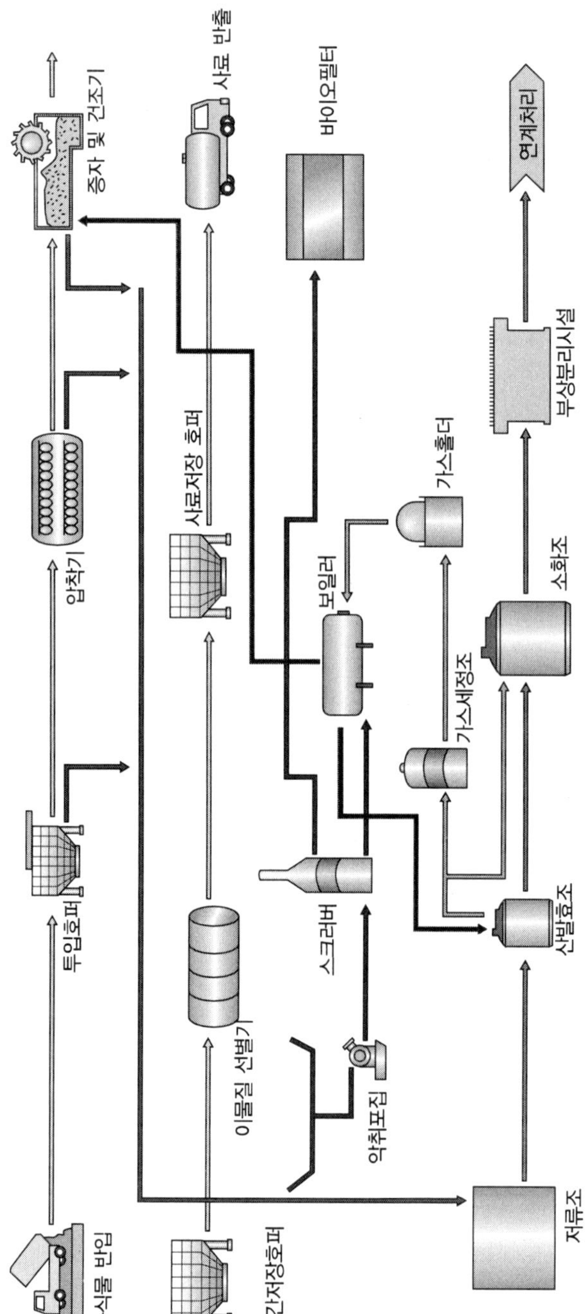

그림 2.23 정봉(주) 음식물자원화시설 계통도

(7) UBR(Unison Biogas plant Recovery) 시스템

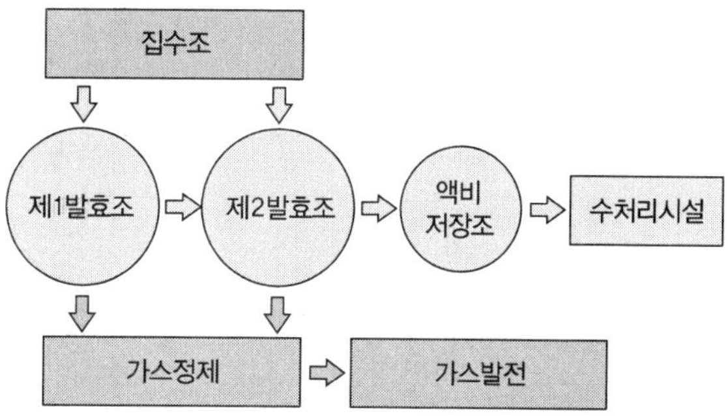

그림 2.24 UBR 시스템 공정도

UBR 시스템은 유니슨(주)에서 가축분뇨 바이오가스화를 위해 개발한 것으로 그림 2.24의 공정도와 같이 재래식 단상소화조 2조를 병렬로 연결한 2상 습식 소화공정으로 전처리과정에서 협잡물이 제거된 가축분뇨 전량을 고형물 분리없이 발효조로 투입한다. 투입된 가축분뇨는 1차 및 2차 발효를 통해 충분히 유기물이 분해된 후 배출되므로 원료 농도 변화 및 독성물질 유입 시에도 비교적 안정적인 운전이 가능하고, 소화조 기능 이상으로 인한 소화효율 저하시에는 각각의 발효조를 병렬 또는 역방향 운전이 가능하도록 함으로써 짧은 시간에 정상화 될 수 있는 장점이 있다. 그러나 재래식 단상소화조의 병렬연결로 인하여 초기 투자비용이 높고 소요부지면적이 넓으며 소화조 하부에 침사에 의한 소화조 효율 저하문제가 발생할 수 있는 문제점이 있다. 이 기술은 충남 청양 바이오가스 플랜트에 적용되어 있으며 2.2.3절 1)의 (8)에 자세히 설명되어 있다.

(8) EGBIOS 공정

엑사이엔씨(주)에서 개발한 EGBIOS공법은 전처리공정인 자가발열 고온호기성소화(Auto Thermal Aerobic Digestion, ATAD)공정과 본 공정인 고온혐기성소화조로 구성된 이중 소화(dual digestion)공정이다. ATAD 공정은 별도의 가온설비 없이 자가발열(호기성 미생물의 산화열) 현상에 의해 60℃ 이상으로 운전되며 이로 인해 유기성폐기물의 액상화 및 가수분해가 가능하고 혐기성소화에 영향을 줄 수 있는 병원성 미생물과 lactobacillus(젖산균)가 사멸하게 된다. 또한 ATAD공정에서는 ammonification에 의해 pH가 7.5 정도로 조정되므로 별도의 약품투입설비가 필요하지 않으며, 60℃의 고온호기성소화로 인해 별도의 가온설비 없이 고온 상태의 소화액을 고온혐기성소화조에 유입할 수 있어 바이오가스 생산량을 극대화할 수 있다. 하지만 호기성 소화시 발생되는 암모니아가 혐기성소화조의 메탄발효과정에 영향을 미칠 수 있으며 호기성소화로 인한 송풍기 가동으로 인하여 동력이 과다하게 소모되는 단점이 있다. 그림 2.25와 같은 EGBIOS 공정이 설치된 안산시 음식물폐수 자원화시설의 바이오가스 플랜트는 음식물침출수 161 톤/일을 처리하여 메탄가스를 하루 4,211 m^3 생산하고 가스발전을 통해 전기를 생산하고 있다.

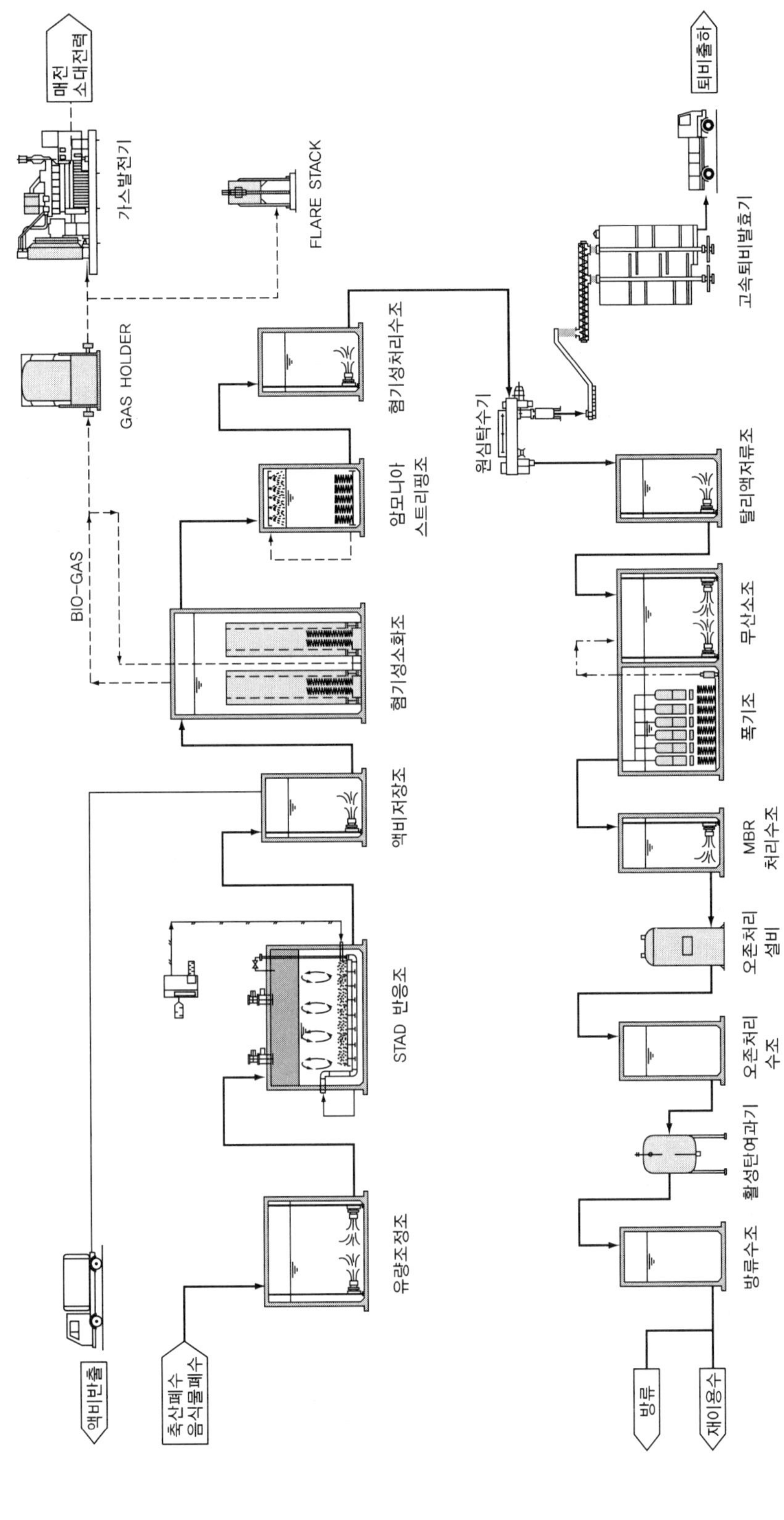

그림 2.25 EGBIOS 공정을 이용한 유기성폐기물 바이오가스화 및 에너지화 시스템

(9) BioPro 공정

미랜(주)에서 덴마크 MEC Energy사의 기술을 도입하여 개발한 BioPro 공정은 MSFB(multi stage fixed bacteria) System으로 그림 2.26과 같이 혐기성 소화조 내에 고정된 바이오블록(bioblock)에 유기물 분해 및 바이오가스 생성 박테리아를 고밀도로 군집시켜 살 수 있도록 함으로써 매일 정량으로 투입되는 유기물의 분해 및 발효효과를 극대화 할 수 있는 혐기성소화기술이다. 이 기술은 체류시간이 약 2일로 기존 혐기성소화조의 체류시간에 비해 매우 짧으며 소화조 바닥에 스크류 콘베이어를 설치하여 소화과정에서 침전하는 물질을 수시로 배출할 수 있다. 또한 소화조탱크를 20 톤/일 규모로 표준화, 모듈화 함으로써 설치 및 증설이 용이하고 설치 면적을 최소화 할 수 있다. 그러나 소화조 내부의 바이오블록의 폐색을 방지하기 위하여 유입되는 유기성폐기물을 1~5 cm 정도로

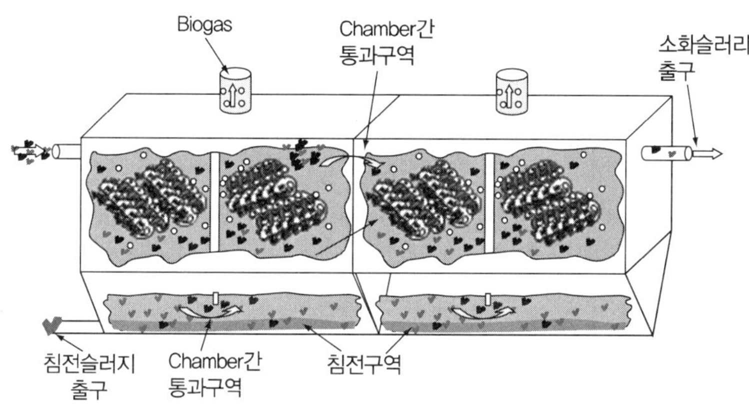

그림 2.26 BioPro 공정 혐기성 반응조의 구조

(1) 반응조 내부

(2) 반응조 하부

그림 2.27 포천 조원산업 음식물처리시설의 BioPro 공정 설치모습

잘게 분쇄하여야 하며 지속적인 재순환을 통하여 막힘 현상을 방지하는 등 운전 숙련도가 요구된다. BioPro 공정은 포천시 조원산업 음식물처리시설에 40 톤/일 규모로 설치되어 운전되고 있는데 그림 2.27은 포천에 설치된 시설의 반응조 내부 및 반응조 하부의 모습이다.

(10) E·PFR-2 시스템

에코데이(주)에서는 자사에서 개발한 상향류식 호기성 처리시스템인 E·PFR-1 시스템을 개선하여 상향류식 혐기성 처리공정인 E·PFR-2 시스템을 개발하였다. E·PFR-2 시스템의 혐기선반응조는 그림 2.28에 나타낸 바와 같이 모듈화된 단위셀로 구성되어 있어 유입 충격부하에 강한 PFR형태의 반응조로 빠른 처리속도 및 상향류식 메탄발효조 도입을 통해 설치면적을 최소화할 수 있다.

E·PFR-2 시스템은 모듈화 된 단위셀을 사용함으로써 다양한 범위의 설치용량에도 유연하게 시공이 가능하며 반응조 내에서 발생되는 가스의 상승에 의한 무동력 가스교반이 특징이며 혐기성 소화액 처리기술인 E·PFR-1 시스템을 결합하여 패키지화 된 공정을 구성할 수 있는 장점이 있으나 단위셀 모듈을 이용함으로써 초기 설치비가 높다는 단점이 있다. 현재 서울 난지 물재생 센터에 그림 2.29와 같이 3 톤/일 규모의 pilot plant가 설치되어 운영 중이다.

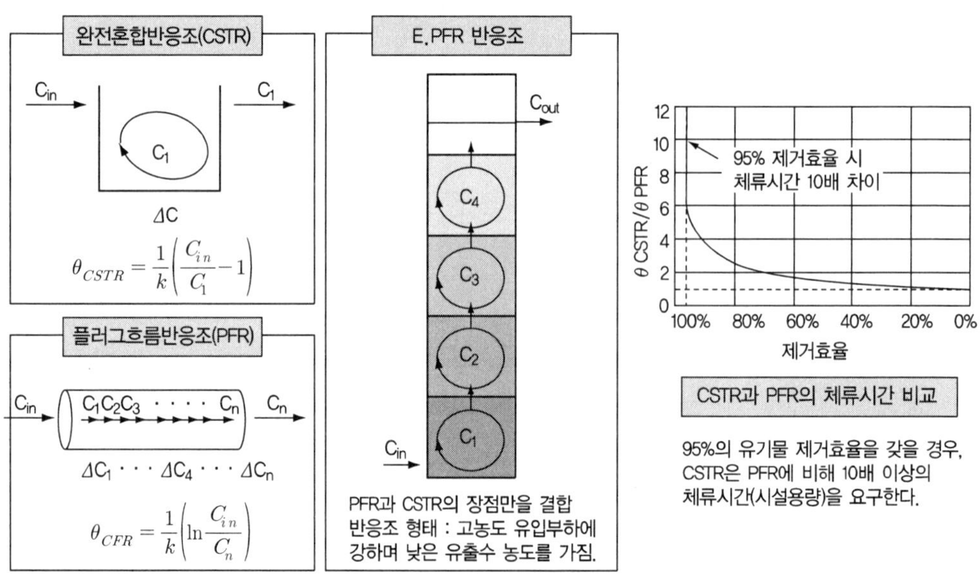

그림 2.28 E·PFR 반응조의 특징

(1) Pilot 전경 (2) 가스홀더 (3) E·PFR-2 혐기성 반응조

그림 2.29 서울 난지물재생센터 E·PFR-2 Pilot System

2) 국외 개발 소화 공법의 개요 및 소개

국외의 유기성폐기물의 혐기성 소화공정의 실용화 기술은 국내의 기술보다 많이 진척되어 있다. 1988년 프랑스의 Amiens시에 도시 유기성 폐기물을 혐기소화 처리하기 위한 Valorga공정이 준공된 이후 1996년까지 오스트리아, 핀란드, 덴마크, 네덜란드, 독일, 스위스 등 유럽 국가와 캐나다, 미국 등 전 세계적으로 50여개 정도의 대형 혐기소화시설이 운영되고 있으며 향후 계속해서 건설될 계획으로 알려져 있다.

그러나 국가별로 재생가능 폐기물의 성분, 종류, 발생정도와 수거방법상의 특징들이 모두 다르기 때문에 각국별로 독자적으로 공정개발이 이루어지고 있다. 표 2.7은 해외에서 사용화된 공정의 특징을 요약하여 나타낸 것이다.

(1) DRANCO Process

DRANCO(DRy ANaerobic COmposting) Process는 표 2.8에 요약한 바와 같이 TS 함량이 30~35%인 유기성 도시폐기물을 혐기성 소화시키기 위해 1980년대 초 벨기에에서 개발된 공법으로 유기성 도시폐기물에서 에너지를 회수하고 Humus 형태의 최종산물을 얻는 공정이다.

DRANCO Process의 첫 공정은 폐기물로부터 유기성분을 분리하고 이 폐기물의 크기를 감소시키는 작업이다. 전처리 과정이 끝난 유기물은 다음 단계의 고효율 소화조에서 2~3주간 소화시켜 가스를 생산하고 생산된 가스는 발전기에 의해 전력으로 전환된다. DRANCO

표 2.7 도시고형폐기물의 처리를 위한 해외 각국의 상업용 혐기성 소화공정

지역명	국가	대상폐기물	공정명	소화 온도	전처리 방법	용량 (톤/년)	준공 년도
짤쯔부르그 (Salzburg)	오스트리아	SS-MSW	Dranco	고온 (55℃)	Drum screen	20,000	1993
바사 (Vaasa)	핀란드	SS-MSW 하수슬러지	Wabio (Avecon)	중온 (38℃)	Drum	40,000	1990
아미엥 (Amiens)	프랑스	MSW (미분리)	Varlorga	중온	Drum	55,000	1988
베거 (Vegger)	덴마크	SS-MSW 축산분뇨	Jysk biogas	고온	습식분리	15,000	1991
라이덴 (Leiden)	네덜란드	MSW SS-MSW	Paques	중온	–	100,000	1996
바덴바덴 (Baden-Baden)	독일	SS-MSW	BTA	중온	미분쇄	5,000	1993
룸므랑 (Rumlang)	스위스	SS-MSW 정원쓰레기	Kompogas	고온	수선별	5,000	1992

표 2.8 DRANCO Process 개요 (건식고온 단상혐기성소화)

구 분	항 목	자 료 (단 위)	비 고
원료 폐기물 및 가스이용	도시폐기물	60(톤/일) 유기성	TVS 제거율 36%
	메탄가스 생산 (60% 메탄)	8,400(m³/일)	
	메탄가스 이용(가스엔진) 열효율 85%(전력36%, 열49%)	총 46,200kWh/일 전력 17,200kWh/일 열 22,000kWh/일 발전용량 750kW	
공 정 개 요	총 발효조 용적	1,888m³	–
	발효조 온도	55℃	–
	폐기물 전처리	Manual sorting Hammer Mill Screen(40mm)	Capacity data
	체류시간	21일	HRT
	폐기물 후처리	press to 50%DM with 40% VS composting 2-3Week	17톤/day 퇴비 (Humotex)
경제성 개요	초기투자(1988)	150백만 실링	100억원
	폐기물 단위무게 당 운전비	1,000실링	$85
	설치장소	오지리(Salzburg)	
	발효조 내 고형분	미 상	투입 30~35%

공정에 의해 생산된 전력의 30~50%는 소화조 운전을 위해 자체적으로 소비한다. 고속발효된 내용물은 후속 안정화조(Deactivation Reactor)에서 더욱 안정화되며, 잔류물은 스크류 프레스를 이용하여 TS 65~75%로 탈수되고 탈수여액은 유입된 기질의 함수율을 조절할 때 사용되거나 응집제와 혼합되어 필터 프레스에서 재탈수된 후에 증발기에서 분리된다. 필터 프레스 케익은 스크류 압착기 및 증발기의 건조슬러지와 혼합되어 Humus를 만들게 된다.

1993년에 OWS(벨기에)의 기술제공으로 Salzburger Abfallseitigung GmbH & Co. KG가 오스트리아 Salzburg에 시공하여 동년 11월 시운전에 들어가 6개월간 15,000톤/년의 용량으로 운전하고 1994년 7월 이후 정상운전 중인 것으로 보고되고 있으며, 매우 우수한 공정으로 알려져 있다. 상업화 공정으로 Salzburg 외에 벨기에의 Brecht에도 플랜트를 시공하였다.

(2) VALORGA Process

VALORGA Process는 분쇄된 고형폐기물의 유기성분이 중온 조건에서 TS 35%로 유지되어 반응기로 유입된 후 반연속식(semi-continuous)으로 운전되는 공정이다. 표 2.9에 VALORGA 프로세스의 개요를 정리하였다. 이 공정은 도시폐기물을 파쇄하여 유기물질을 회수하고 메탄공정으로 투입시키기 위한 유기성 폐기물을 선별하는 전처리 공정과 유

표 2.9 VALORGA Process 개요 (건식 중온 CSTR)

구 분	항 목	자 료 (단 위)	비 고
원료 폐기물 및 가스이용	도시폐기물	180(톤/일) 혼합 120(톤/일) 유기물	TVS제거율 : 36%
	메탄가스 생산 (60% 메탄)	18,200(㎥/일)	
	메탄가스 이용(가스엔진) 열효율 85%(전력36%, 열49%)	총 100,100kWh/일 전력 36,000kWh/일 열 49,000kWh/일 발전용량 1,500kW	
공 정 개 요	총 발효조 용적	3× 2,400㎥	–
	발효조 온도	37~40℃	–
	폐기물 전처리	Screening Magnet, separator Crushing and Air separation	Capacity data N.A.
	체류시간	17~25일	HRT
	폐기물 후처리	25% DM effluent, press to 55% DM	50톤/day 55% DM 발생 퇴비화 이용
경제성 개요	초기투자(1988)	160억	미상
	폐기물 단위무게당 운전비	26,000원	자본비용 불포함
	설치장소	프랑스(Amiens)	–
	발효조 내 고형분	24~28%	투입 30~35%

기성 폐기물을 고속메탄발효시키는 메탄발효조와 잔류물을 소각처리하는 후처리 시설로 구성된다. 유입폐기물은 소화 잔류물의 탈수기로부터 생성된 여액과 혼합하여 메탄발효조에 필요한 수분함량을 조정하여 반응의 최적화를 도모한다. 메탄발효조가 중온으로 운전되는 경우, 폐기물은 15일, 고온에서 운전되는 경우는 약 9일간 발효시킨다. 메탄발효조에서 발생되는 가스의 일부는 반송시켜 반응조 내용물의 혼합에 이용한다.

1988년에 Valorga S.A가 시공하여 1990년 내외에 Gaz de France가 인수하여 Valorga Process S.A.로 운영하고 있으며 공정의 개발자는 랑크독 후시용 과학기술대학(Montpellier 소재)이다. 세계 최초의 상업화 공정으로 아미엥 외에 타히티와 화란의 Tilburg에도 플랜트를 시공하였다. 최근에는 고온 혐기성 소화공정도 개발에 착수하였다.

(3) Vegger Process

1985/1986년 W.W. Engineering사에 의하여 시공되었으며 1988/1989년 Vegger Energiselskab에 의하여 전면적인 개수가 시행되었다. 개수의 요점은 가스엔진 발전기 부문과 산업폐기물을 추가 투입할 수 있도록 하여 가스수율을 높인 것이며 축산폐기물의 저장조에도 멤브레인 방식으로 커버를 설치하여 메탄가스를 회수할 수 있도록 한 것이 특징이다. Vegger 프로세스의 특징은 표 2.10과 같다.

표 2.10 Vegger Process 개요 (습식 고온 CSTR)

구 분	항 목	자 료 (단 위)	비 고
원료 폐기물 및 가스이용	우분뇨	36(톤/일) 75%	산업폐기물은 식품 공장슬러지 식용유폐기물, 어류 폐기물 등
	산업폐기물	12(톤/일) 25%	
	메탄가스 생산	4,000(m^3/일)	
	메탄가스 이용	가스엔진(400kW), 연소로	
공 정 개 요	총 발효조 용적	800m^3	
	발효조 온도	56℃	
	폐기물 운반	19m^3 Tanker	
	체류시간	17일	HRT
	기타 설치장소 반응기중 고형분	덴마크(Vegger) 덴마크(Herning) 10% 미만	
경제성 개요	초기투자(1985)	DKK 13.4 Mill	1 DKK = 0.15$ 16억 800만원
	폐기물 단위용적 당 처리비	30 DKK/m^3	50% 수송비
	폐기물 단위용적 당 수입	49 DKK/m^3	80% 가스판매 20% 수수료

(4) BIOCEL Process

네덜란드에서 개발된 공정으로 설비 및 유지관리비가 저렴한 공정이다. 초기에 연속적인 공정보다는 회분식 운전이 경제적이라는 측면에서 고려되었다.

BIOCEL Process는 혼합이 없는 회분식 반응조로 운전되며, 초기에는 휘발성 유기산의 축적에 비례하여 pH 저하가 이루어지고, 그 다음 단계는 휘발성 유기산이 감소하면서 pH가 회복된다. 초기의 pH저하 기간이 짧을수록 유기물의 평균 분해율은 높아진다. 또한 투입되는 고형물의 크기가 작아질수록 고형물 체류시간이 길어진다. 이 반응조는 혼합이 존재하지 않기 때문에 함수율을 유지하는 것이 중요한 변수로 작용되며, 일반적으로 통상 28% 정도의 TS 농도가 적당한 것으로 밝혀졌다.

(5) SEBAC Process

SEBAC(SEquential Batch Anaerobic Composting)은 도시고형폐기물 중의 유기 성분으로부터 메탄과 퇴비의 생산을 위해 Florida 대학에서 개발된 공정이다. 전체 공정은 3단계로 이루어지며, 유기물을 메탄으로 전환하기 위한 초기운전과 반응의 완결이 이루어지는 2개의 반응조로 구성되어 있다. 먼저 잘게 분쇄된 유기성 폐기물을 반응조 1에 넣고 활동적이고 오래된 반응조 2의 유출수를 반송하여 반응조 1에 식종하고 수분을 조절한다. 또한, 반응조 1에서 생성된 유기산을 반응조 3에 공급하여 반응조 1에 생성물 저해를 방지하며, 반응조 3에서는 반송된 유기산을 메탄으로 전환시킨다. 반응조 2는 식종된 반응기로 회분식으로 운전한다. 반응조 3은 고형물의 분해와 식종의 역할이 끝나면 폐기처분하고 반응조 1의 단계로 돌아가 새로운 고형폐기물의 유기성분을 다시 채운다. SEBAC 공법은 약 TS 35%인 유기성 도시폐기물에 사용되며 이 때 유기물 부하는 3.2 gVS/L/day이다.

(6) Wabio Process

Wabio 프로세스에 대한 개요는 표 2.11과 같다.

(7) Snamprogetti Process

1992년에 이 200톤 규모의 플랜트를 Snamprogetti S.P.A가 시공하여 운전한 것으로 보고하였다. 단 1994년 발간한 IEA Task force report에는 건설 예정인 공장으로 분류되고 있다. 표 2.12에는 Snamprogetti 공정의 개요를 정리하였다.

표 2.11 Wabio Process 개요 (습식 중온 CSTR)

구 분	항 목	자 료 (단 위)	비 고
원료 폐기물 및 가스이용	도시폐기물	70(톤/일) 60%	도시폐기물과 하수슬러지를 통합처리 하는 것을 특징으로 함
	산업폐기물(하수슬러지)	40(톤/일) 40%	
	메탄가스 생산 (60% 메탄)	8,470(㎥/일) 77(㎥/톤폐기물)	
	메탄가스 이용(가스엔진) 열효율 85% (전력36%, 열49%)	총 49,126kWh/일 전력 17,685kWh/일 열 24,071kWh/일 발전용량 750kW	
공 정 개 요	총 발효조 용적	1,900×2㎥	전처리 70×2㎥
	발효조 온도	35℃	–
	폐기물 전처리	햄머밀 27톤/hr 스크린 27tph (dXL 2,900×8,500) Magnet, Separator	미분리수거 및 분리 수거폐기물 하수슬러지 동시처리
	체류시간	17일	HRT
경제성 개요	초기투자(1990)	$ 12,000,000	96억원
	폐기물 단위무게당 운전비	$49/㎥	자본비용 60%, 운전비용 40%, 전처리(18%), 공정 (22%)
	폐기물 단위용적당 수입	$78/㎥	$68/톤 폐기물 수수료 징수시
	설치장소	핀랜드(Vaasa)	–
	발효조 내 고형분	15%	–
	자본회임 기간	11.1년	–

표 2.12 Snamprogetti Process 개요 (반건식 고온 CSTR)

구 분	항 목	자 료 (단 위)	비 고
원료 폐기물 및 가스이용	도시폐기물	200(톤/일) 60%	도시폐기물의 대량 처리를 특징으로 하는 공정 TVS 제거율 40%
	메탄가스 생산 (60% 메탄)	26,000(㎥/일)	
	메탄가스 이용(가스엔진) 열효율 85% (전력 36%, 열 49%)	총 148,200kWh/일 전력 53,000kWh/일 열 72,000kWh/일 발전용량3×1,000kW	
공 정 개 요	총 발효조 용적	2,800㎥	추정
	발효조 온도	55℃	
	폐기물 전처리	Data N.A.	
	체류시간	14일(최대)	HRT
	폐기물 후처리	belt filtering to 25% TS, then press to 50% TS	42.2톤/day 90% TS 발생 유동상 소각

(8) BIOMET Process

BIOMET Process는 스웨덴에서 연구된 공법으로 co-digestion 공정으로 운반된 도시고형폐기물과 하수슬러지를 혼합하여 TS를 15% 정도로 조절하여 처리한다. 처리공정은 운반되어 온 도시고형폐기물을 파쇄하여 유기성 고형물을 분리하고 하수슬러지와 혼합한 후 기계적인 hydropulper로 분쇄하고 무거운 무기질 성분을 분리한 후 소화한다.

2.2.3 유기성 폐기물 종류별 혐기성 소화 적용사례

1) 국내 동향

국내의 경우 대부분, 유기성 폐자원의 혐기성 소화는 메탄이라는 에너지를 생산할 수 있는 장점에도 불구하고, 낮은 소화 효율성에 의해 발생된 메탄 전량이 혐기성 소화조의 가온에만 사용되고 있는 현실이다. 그러나 혐기성 소화효율이 크게 개선될 경우 발생된 가스는 다양한 용도로 적용될 수 있다.

표 2.13에 나타낸 바와 같이 국내에 혐기성 소화에 의한 발전 및 에너지화 기술이 2009년 4월 현재 38개 시설에 설치되어 운영되고 있으며 이중 하수슬러지 소화조가 17개소로 가장 많으며 10개 시설은 병합시설로 설치 운영되고 있다. 이 중 33개 시설은 2007년 이전에 설치되었으며 2008년에 가축분뇨 및 병합 바이오가스화 시설이 각 2개소 그리고 음폐수 처리시설 1개소 등 5개 시설이 설치되었으며 점차 증가하는 추세이다.

표 2.13 유기성 폐기물 에너지화 시설 수 및 용량

구분	계	음식쓰레기	음폐수	가축분뇨	하수슬러지	병합
시 설 수	38	1	4	6	17	10
시설용량	19,851	200	1,745	500	12,803	4,603

(1) 부산 생곡 음식물쓰레기 자원화 시설

부산광역시 강서구 생곡동에 위치한 생곡음식물쓰레기 자원화시설은 부산광역시에서 민자유치하여 설치되어 2005년 1월 10일부터 가동개시 된 공공처리시설로서 벨기에 OWS사의 건식 고온혐기성 소화공법(DRANCO Process)을 이용하여 2007년부터 본격적으로 바이오가스와 퇴비를 생산하고 있으며 하루에 음식물쓰레기 200톤을 처리할 수 있는 용량이다.

그림 2.30의 처리공정도에 나타난 바와 같이 반입장에서 투입된 음식물쓰레기는 파쇄선별되어 3,000톤 용량의 혐기성소화조에 유입되고 30일간 체류한 후 혐기성 분해된 후 바이오가스와 소화슬러지로 배출된다. 생산된 바이오가스는 60% 이상의 메탄을 함유하고

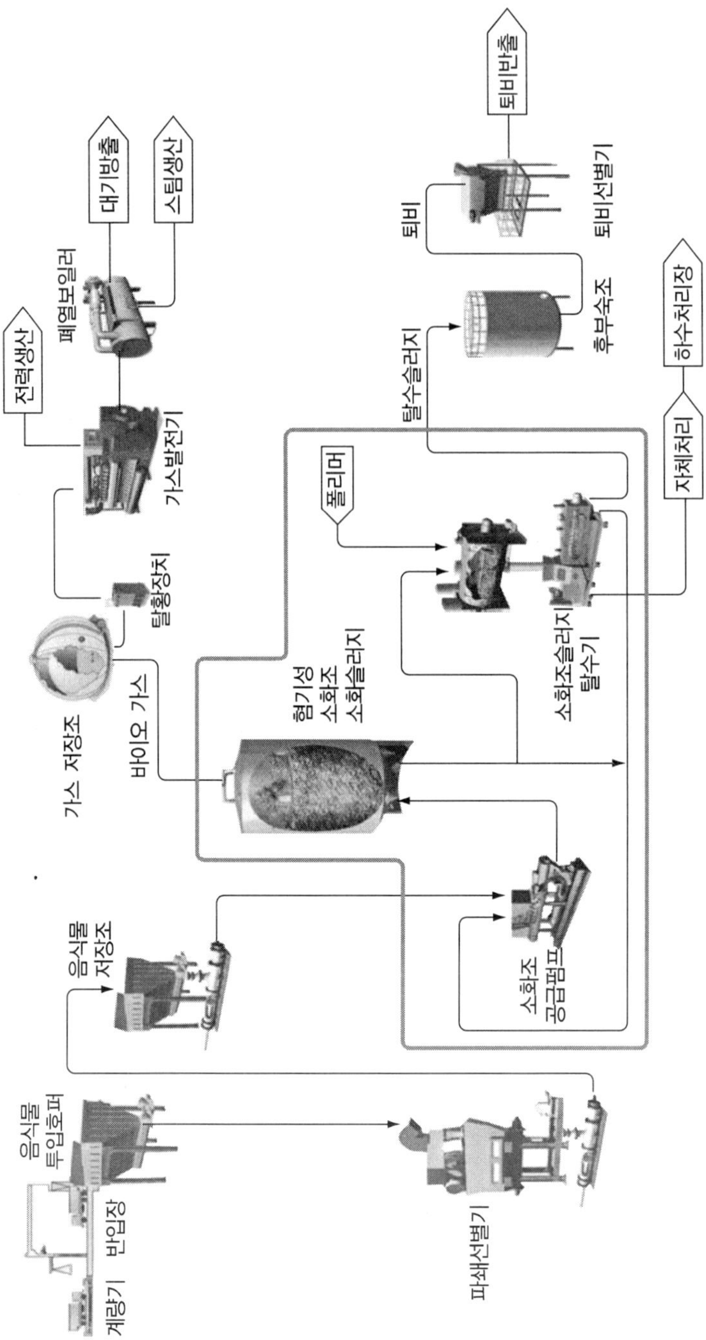

그림 2.30 부산 생곡 음식물쓰레기 자원화시설 처리 공정도

있으며, 가스저장조에 저장되었다가 탈황장치 등의 전처리 후 발전용량이 2 MW인 가스 발전기에서 전력을 생산하거나 폐열보일러에서 스팀을 생산하여 에너지를 회수한다. 소화된 슬러지는 슬러지혼합기에서 폴리머와 혼합되어 탈수기에서 탈수되고, 탈수슬러지는 후부숙조에서 퇴비로 반출된다. 슬러지탈수기에서 발생된 침출수는 자체처리과정을 거친 후 하수처리장으로 이송되어 처리되며, 침출수와 소화액의 일부는 소화조공급펌프로 이송되어 소화조로 재투입된다.

2008년 1년간 생산된 바이오가스량은 4,223,867 Sm^3이며 생산된 가스는 모두 발전에 사용되어 5,884 MW/년의 전기를 생산하였고 이 중 3,052 MW/년은 시설 자체에서 소비하고 나머지는 한전에 판매하여 392,700 천원/년의 수입을 기록하였다.

서울특별시 동대문구 용두동 34-4번지에 위치한 동대문 환경자원센터는 민간투자사업으로 설치된 시설로 2009년 11월 준공되어 가동 개시하였다. 쓰레기 압축적환시설(130 톤/일), 재활용품 선별시설(20 톤/일), 그리고 음식물쓰레기 자원화시설(98 톤/일)로 구성된 동대문 환경자원센터는 그림 2.31의 조감도에 나타난 바와 같이 지하 3층, 지상 2층 구조로 시설부지 지상에는 용두근린공원을 조성하여 시민휴식공간으로 운영된다.

동대문 환경자원센터의 음식물쓰레기 자원화시설은 그림 2.30에 나타낸 부산 생곡 음식물쓰레기 자원화시설과 같은 건식 고온혐기성 소화공법(DRANCO)이 적용되었으며, 연간 311일, 하루 15~24시간 가동된다. 그림 2.32에는 혐기성소화조를 중심으로 물질수지를 나타내었는데 혐기성소화조에서 발생한 바이오가스는 그림 2.33과 같은 가스발전기에 의해 전력으로 전환되며, 소화 후 발생된 소화슬러지는 탈수되어 탈수슬러지는 발효기를 거

그림 2.31 동대문 자원환경센터 조감도

쳐 퇴비로 반출되고 탈리액은 자체 폐수처리과정을 거친 후 하수처리장에 연계처리 된다.

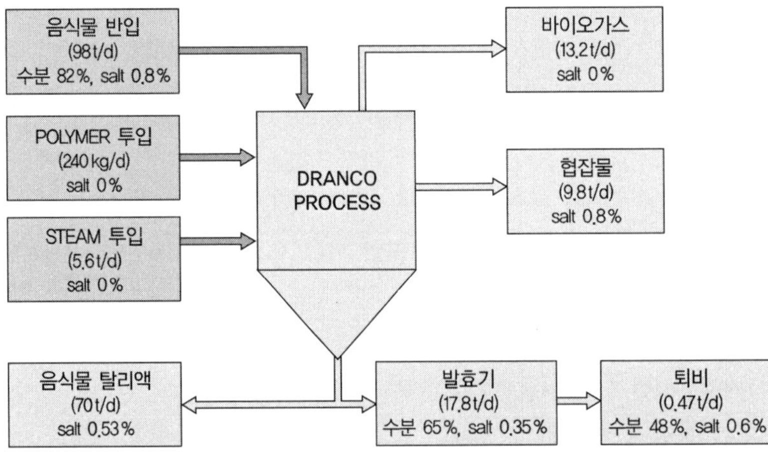

그림 2.32 동대문 자원환경센터 음식물쓰레기 자원화시설의 물질수지도

(1) 혐기성 소화조 하부 (2) 가스발전기

그림 2.33 동대문 자원화시설 소화조 하부 및 가스발전기

(2) 수도권매립지 침출수 처리장 혐기소화 처리시설

인천광역시 서구 백석동 수도권매립지내 침출수 처리장에 설치된 혐기성소화조는 하루에 음식물쓰레기침출수(음폐수) 1,300 톤을 처리할 수 있는 시설용량으로 2008년 한 해 동안 1,853,000 Sm^{3}의 가스를 생산하였다. 생산된 바이오가스의 대부분은 소화조 가온 및 냉난방용 보일러 가동에 사용되었으며, 최근에는 생산된 바이오가스를 활용한 LNG생산 연구, 자동차연료화 연구 등이 진행되고 있다.

그림 2.34 수도권매립지 침출수처리장 소화가스 저장조 전경

(3) 인천환경공단 송도사업소 음식물자원화 시설

인천광역시 연수구 동춘동 LNG기지내의 인천환경공단 송도사업소의 음식물자원화 시설은 음식물을 퇴비화 하는 시설로서 퇴비화 과정에서 발생하는 음폐수의 일부를 혐기성 처리하고 있다. 설치된 혐기성소화조는 UASB형태로서 시설 용량은 240 톤/일 이며 2009년 9월 현재 메탄함량이 약 75%인 바이오가스를 1,700 Sm^3/일 생산하고 있다.

그림 2.35 인천환경공단 송도사업소 음폐수 혐기성소화시설

(4) 광주광역시 음식물 자원화 시설

광주광역시 광산구 본덕동에 위치한 광주광역시 음식물자원화시설은 그림 2.36과 같이 음식물의 건식사료화시설과 악취처리시설, 그리고 사료화시설에서 발생되는 음폐수 처리시설로 구성되어 있다. 이 중 음폐수 처리시설은 160 톤/일의 혐기성소화시설로 2008년 한해 1,175,101 Sm^3의 가스가 생산되었으며, 생산된 가스는 전량 사료화시설의 건조기 보일러 연료로 사용되었다.

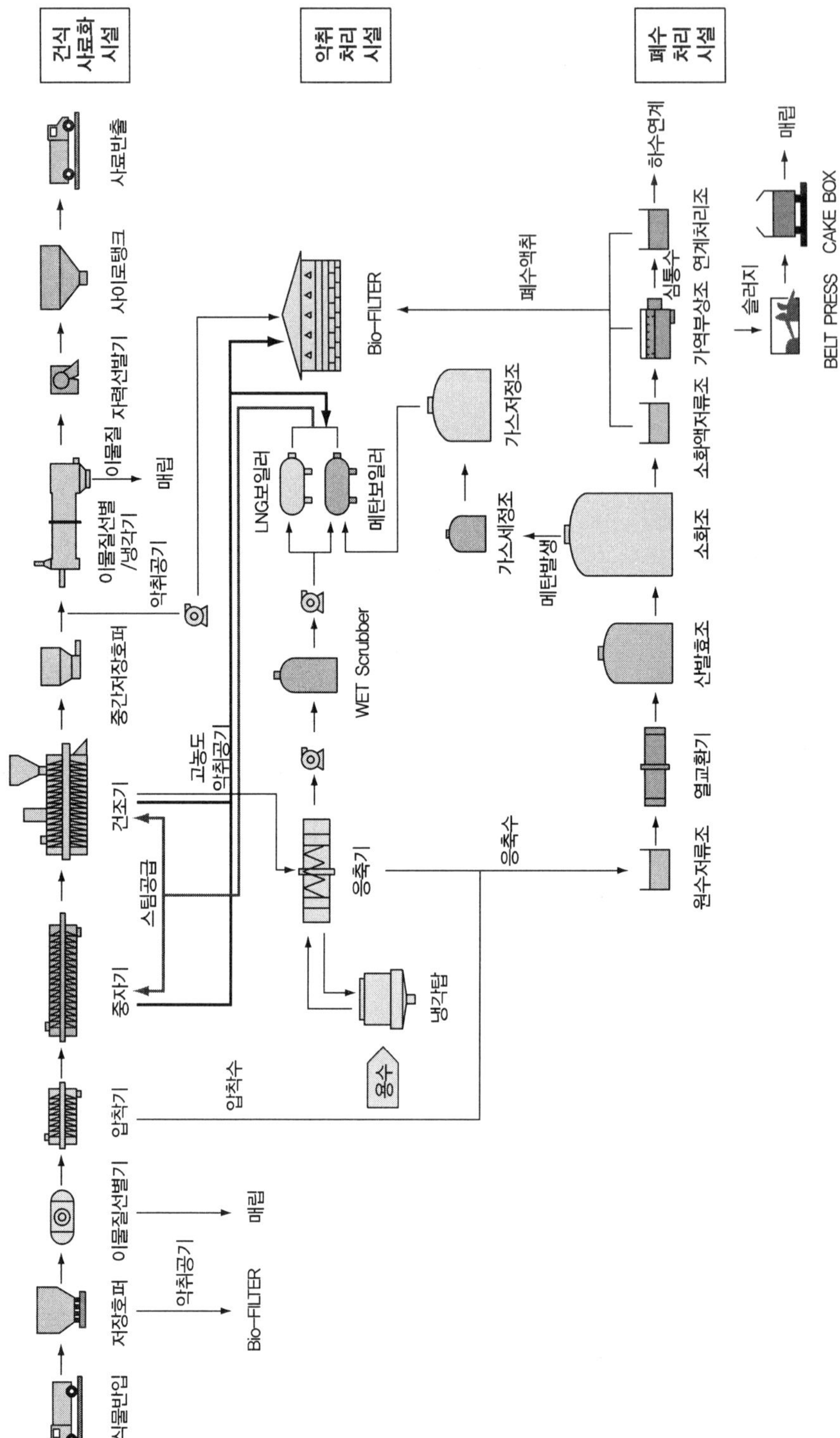

그림 2.36 광주광역시 음식물자원화시설 공정도

(5) 안동시 음식물자원화시설

경상북도 안동시 풍산읍에 위치한 안동시 음식물자원화시설은 2006년부터 정상가동 되었으며, 그림 2.37과 같이 호기성 퇴비화시설과 시설용량 45 톤/일의 음폐수를 처리하는 혐기성 소화시설을 갖추고 있다. 음폐수 혐기성 소화시설에서는 2008년 한해 87,600 Sm^3의 가스가 생산되었으며, 전량을 소화조 가온에 사용하였다.

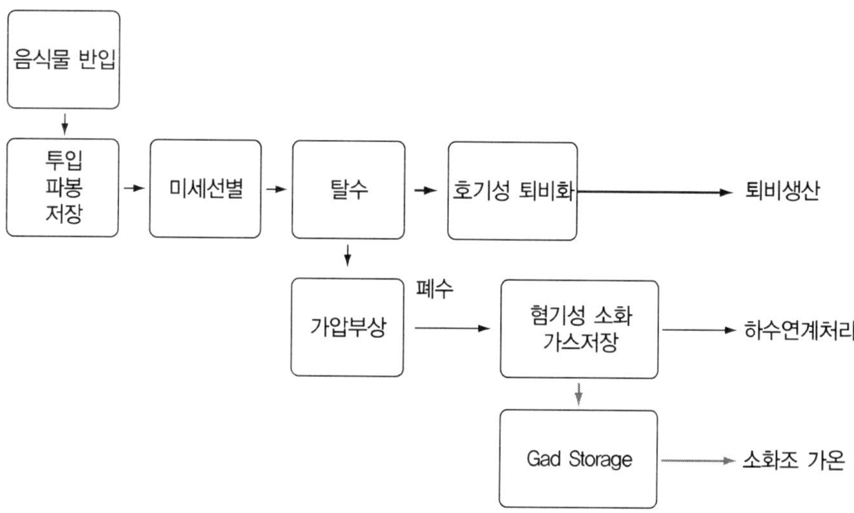

그림 2.37 안동시 음식물 자원화시설 공정도

(6) 이천 축산분뇨 바이오가스 열병합 발전시설

경기도 이천시 백사면 모전리의 모전영농조합법인에 설치된 축산분뇨 바이오가스 열병합 발전시설은 가축 분뇨를 처리해 전기와 열을 생산하는 국내 최초의 상용화 플랜트로 2006년 3월 완공돼 현재 가동 중이다. 이 시설은 산업자원부 신재생 에너지 시범 보급사업의 하나로 대우건설 기술연구원에서 개발한 DBS 공법(Daewoo Two Phase Anaerobolic Bio-Gas System)이 적용되어 2,500마리의 돼지가 배출하는 가축분뇨 20 톤/일을 처리하여 발생되는 바이오가스는 열병합 발전을 통해 단지 내 진력 및 온수를 공급하고 혐기성소화액은 액비로 공급하는 시설이다.

처리공정도는 그림 2.38과 같으며 2008년에는 7,300 톤의 가축분뇨를 처리하여 96,342 Sm^3의 바이오가스가 생산되었으며 이를 발전에 사용해 154 MW의 전기를 생산하였다.

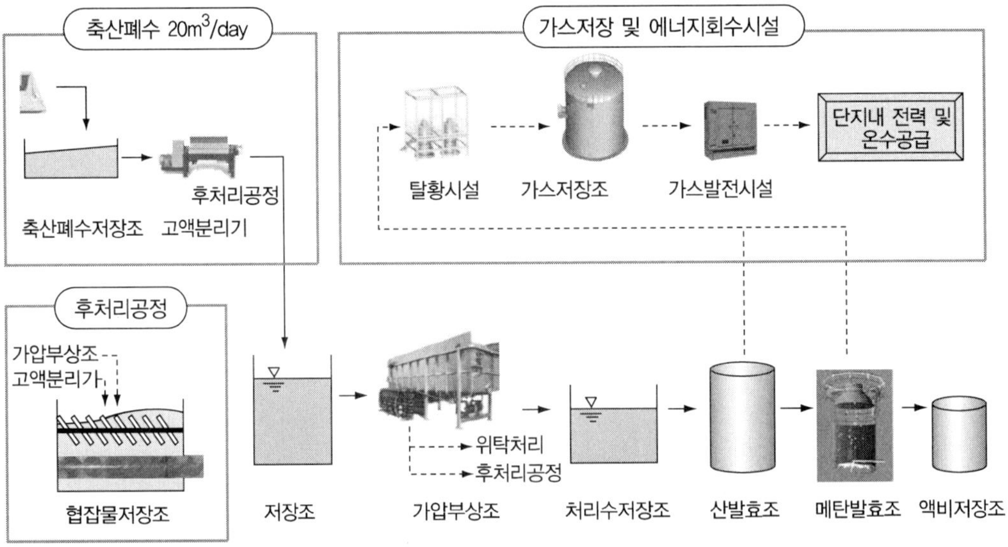

그림 2.38 이천 축산분뇨 바이오가스 열병합 발전시설 처리공정도

(7) 공주시 가축분뇨 공공처리시설

공주시 우성면 평목리에 위치한 공주시 가축분뇨 공공처리시설은 시설용량이 250 톤/일로서 2008년에는 가축분뇨 57,339.89 톤을 처리하여 바이오가스 62,500 Sm^3를 생산하였으며 이 중 일부를 처리수 가온용으로 사용하고 기타 단순 처리로 사용하였다. 약 1,520 Sm^3는 마이크로터빈을 사용하여 발전 시험에 사용하여 1.08 MW의 전기를 생산하였고 처리공정에서 발생되는 슬러지는 퇴비화 및 해양배출하였다.

그림 2.39 공주시 가축분뇨 공공처리시설 마이크로터빈 전경

(8) 청양 바이오가스 플랜트

충청남도 청양군 청양읍 장승리에 위치한 청양 바이오가스 플랜트는 유니슨 주식회사에서 설치한 민간 처리시설로서 시설용량이 20 톤/일 이며 60 MW/h 용량의 발전시설을 갖추고 있다. 그림 2.40의 처리공정도에 나타난 바와 같이 혐기성소화조에서 발생한 바이오가스는 발전에 사용되고 혐기성소화액의 일부는 액체비료 및 퇴비로 재활용되며 나머지 소화액은 자체 폐수처리시설에서 처리되어 방류된다.

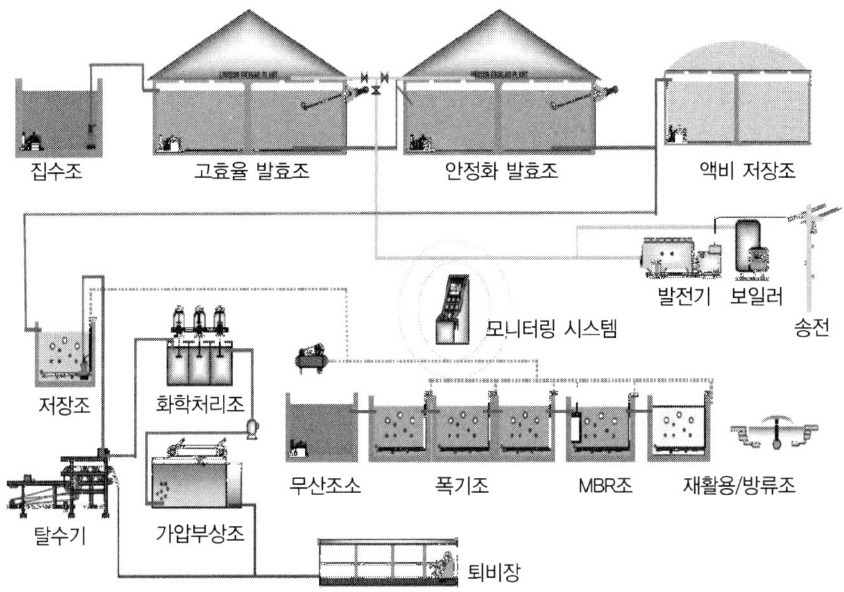

그림 2.40 청양 바이오가스 플랜트 공정도

(9) 홍성 운용농장 바이오가스화 시설

충청남도 홍성군 광천읍 운용리 운용농장에 설치된 바이오가스화 시설은 20 kW급의 바이오가스와 디젤 혼소형 발전기의 연료 공급 시스템을 개발하고 상용화 시스템을 개발하기 위한 민간시설로서 가축분뇨 10 톤/일을 처리할 수 있는 용량이다. 2008년 4월부터 가축분뇨 3,000 톤/년을 처리하여 2008년 한해 56,160 Sm^3의 가스를 생산하였고 20 kW급 발전기를 이용하여 총 112.32 MW의 전기를 생산하였다.

그러나 소화조 폐액 처리 문제가 해결되어야 하는 문제점을 가지고 있어 이를 해결하기 위한 증발농축 폐수처리기 개발을 진행중에 있다. 또한 혐기성 소화시간을 단축하기 위해 중온소화에서 고온소화로 시스템 변경을 추진하고 있다.

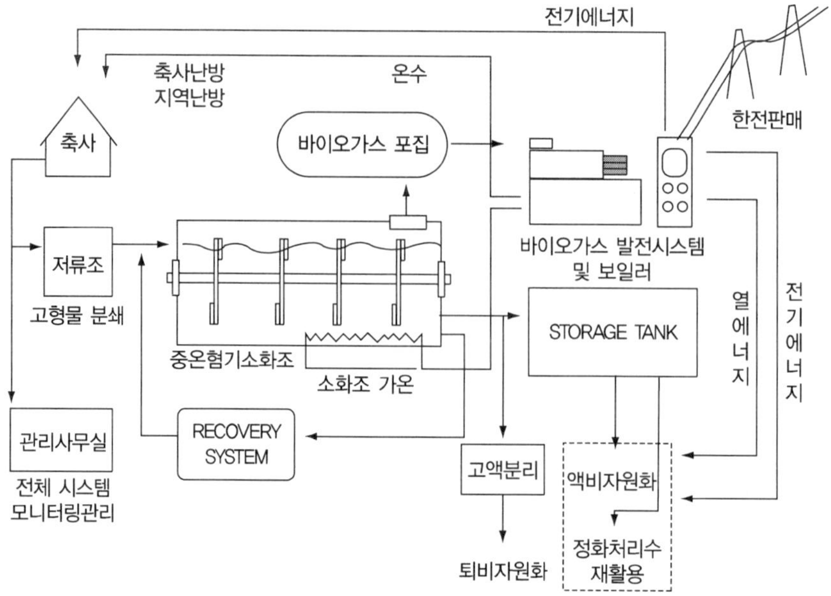

그림 2.41 홍성 운용농장 바이오가스화 시설

(10) 창녕 바이오가스 플랜트

경남 창녕군 대지면에 이지바이오시스템(주)에서 설치한 가축분뇨 100 톤/일을 처리할 수 있는 바이오가스 플랜트는 2008년 한해 2,387,880 Sm^3의 가스를 생산하여 이 중 2,385,000 Sm^3의 가스를 발전에 사용하여 477 MW/년의 전기를 생산하였다. 발전에 사용하지 않은 바이오가스 2,880 Sm^3의 가스는 소화조 가온용으로 사용되었다. 본 시설은 소화폐액을 해양투기 함으로써 운영비용의 상당부분을 해양투기비로 지출하고 있어 자체 수처리 시설 설치를 준비하고 있다.

그림 2.42 창녕 바이오가스 플랜트

(11) 제주시 가축분뇨 공공처리장

제주시 한림읍의 제주시 가축분뇨 공공처리장은 100 톤/일의 시설규모를 갖추고 가축분뇨를 처리하여 연간 52,000 Sm^3의 바이오가스를 생산하고 있다. 바이오가스의 일부는 소화조 가온용으로 사용하고 있으며 나머지는 단순 처리하여 사용하고 있다.

그림 2.43 제주시 가축분뇨 공공처리장

(12) 하수슬러지 바이오가스화 시설

2007년 말 기준으로 전국에 357개의 하수처리장이 설치되어 있으며 이 중 6개월 이상 가동된 하수처리장은 347개소, 그리고 혐기성 소화시설이 설치되어 운전되고 있는 시설은 59개소이다. 혐기성 소화조가 설치된 59개소의 처리장에서 발생한 가스량은 413,588 m^3/일 이며, 이중 약 5% 정도가 발전에 사용되고 있다. 소화가스를 발전에 활용하는 하수처리장은 서울의 난지, 서남, 중랑, 탄천하수처리장, 부산의 수영하수처리장, 충북의 제천하수처리장, 강원도의 속초하수처리장, 그리고 제주하수처리장 등 9개 하수처리장이며 전체 발전용량은 17,363 kW 이다.

표 2.14에는 하수슬러지를 혐기성소화 처리하는 공공하수처리시설 17곳의 시설용량과 2008년도 슬러지 처리량 및 바이오가스 발생량, 그리고 발생된 바이오가스 사용처를 정리하였는데 발생된 바이오가스의 대부분은 혐기성소화조의 가온용 및 자체 난방용 보일러 연료로 사용하거나 소각과 같은 단순처리방법에 사용하고 있는 실정이다.

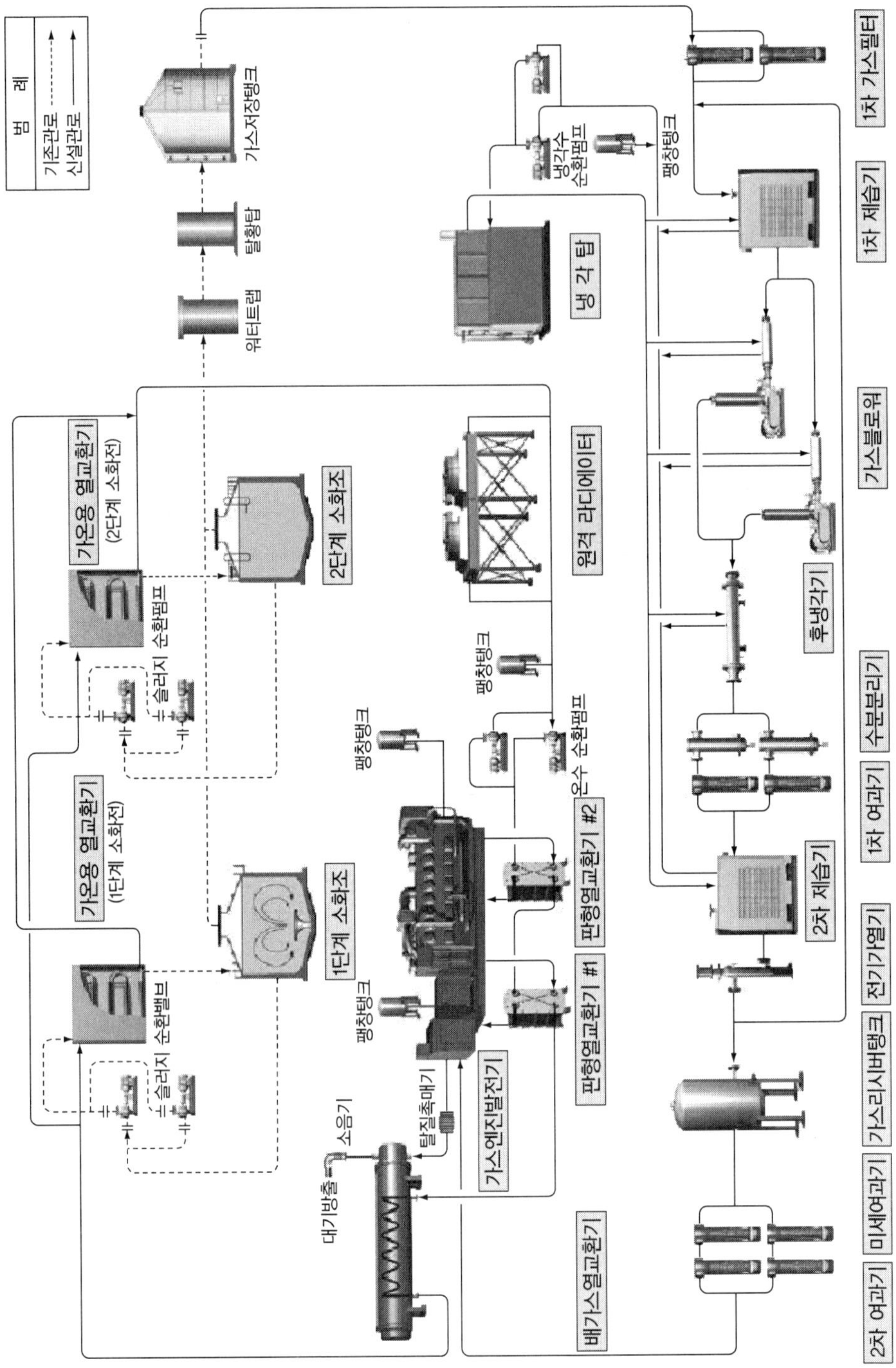

그림 2.44 하수슬러지 혐기성소화시설 및 바이오가스 발전시스템의 예(제주하수처리장)

표 2.14 하수슬러지 혐기성소화처리 설치시설

시설명	시설용량 (톤/일)	처리량 (톤/년)	가스생산량 (Sm^3/년)	비고
부산환경공단 남부하수사업소	1,065	389,649	2,750,005	소화조 가온용 자체 난방용
부산환경공단 강변하수사업소	190	625,835	3,576,972	소화조 가온용
대구 달서천 공공하수처리시설	960	304,878	684,238	소화조 가온용
대구 북부 공공하수처리시설	693	109,938	994,269	소화조 가온용 자체 냉난방용
대구 서부 공공하수처리시설	1,376	644,526	4,425,123	소화조 가온용 자체 난방용
인천환경공단 가좌사업소	882	773,867	831,347	소화조 가온용
성남시 수질복원센터	1,540	370,426	1,634,032	소화조 가온용
안산시 공공하수처리시설	25.5	4,694	1,509,599	소화조 가온용
원주시 공공하수처리장	285	107,716	648,290	소화조 가온용
충주시 하수슬러지 처리시설	240	124,841	296,636	소화조 가온용
제천시 하수슬러지 처리시설	240	8,760	523,930	소화조 가온용
김천시 하수종말처리장	188	65,139	270,136	소화조 가온용 건조기 보일러용
안동시 공공하수처리시설	132	52,704	460,955	소화조 가온용
문경시 슬러지 처리시설	1,277	31,755	139,800	소화조 가온용
구미시 칠곡하수처리장	1,200	355,233	2,013,823	소화조 가온용 자체 난방용
마산창원 하수종말처리장	560	195,973	1,008,050	소화조 가온용
제주시 공공하수처리시설	419	111,764	568,730	소화조 가온용

(13) 유기성폐기물 병합 바이오가스화 시설

유기성 폐기물의 병합 바이오가스화 시설은 바이오매스 중 유기성 폐기물로 분류되는 음식물, 음폐수, 하수슬러지, 가축분뇨 등을 병합하여 처리하는 시설로, 통상 하수처리장에 하수슬러지의 처리를 위해 설치된 혐기성 소화조에 음식물, 음폐수, 가축분뇨 등을 병합처리하는 공공하수처리시설과 음식물, 음폐수, 가축분뇨의 바이오가스화가 가능한 고효율 혐기성소화 공정 개발을 위한 시설로 구분된다.

음식물류폐기물 또는 음폐수는 하수슬러지 및 가축분뇨에 비해 유기물 함량이 매우 높아 유기성폐기물의 병합 바이오가스화 시설을 설치하거나, 하수처리장 소화조의 바이오가스의 발생량 증가를 통해 에너지화를 꾀하고자 할 때, 병합처리를 위한 주 유기물원으로 고려되고 있다.

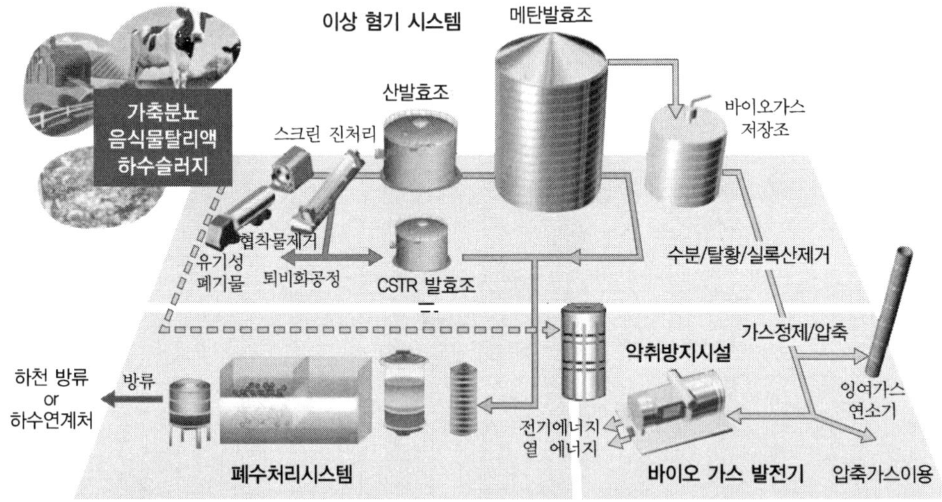

그림 2.45 유기성 폐기물 병합 바이오가스화 시설의 예 (아산 통합형 고효율 바이오가스 발전시설)

표 2.15 유기성 폐기물 병합 바이오가스화 시설

시설명	처리용량 (톤/일)						처리량 (톤/년)	가스 발생량 (Sm^3/년)	비고
	계	음식물	음폐수	하수 슬러지	가축 분뇨	기타			
부산환경공단 수영사업소	1,591	120	0	1,471	0	0	405,201	3,132,505	소화조 가온용 발전용
대구 신천하수처리시설	1,375	200	0	1,175	0	0	542,533	3,500,659	소화조 가온용
인천환경공단 승기사업소	634.8	0	98.9	535.9	0	0	231,741	1,020,935	소화조 가온용
울산 남구 음식쓰레기 하수병합처리시설	96	40	0	56	0	0	32,189	1,839,917	소화조 가온용
파주시 축산분뇨 혼합처리시설	110	50	0	0	60	0	18,088	1,079,000	보일러 연료 발전용
안성 유기성폐기물 바이오가스 연구시설	6	1.8	0	0	4.2	0	1,600	53,600	소화조 가온용 발전용
속초시 음식물 하수병합처리시설	250	20	0	150	0	0	119,564	1,695	소화조 가온용 발전용
아산 통합형 고효율 바이오가스 발전시설	100	0	25	25	50	0	1,000	15,000	발전용
밀양시 음식물 하수병합처리시설	300	20	0	100	100	80	59,486	574,944	소화조 가온용
사천시 삼천포 공공하수처리장	140	20	0	120	0	0	104,065	미집계	소화조 가온용

2) 외국의 혐기성소화에 의한 가스 및 부산물 활용 현황

(1) 중 국

아시아에서 혐기성발효방식에 대하여 오랜 역사를 지닌 국가는 중국이다. 중국에서는 농촌지역에 사는 840만의 중국인이 만들어내는 농업부산물, 인분, 축분, 음식물쓰레기를 처리하기 위하여 분산식 시스템인 혐기성소화조를 설치하기 시작했다. 이 사업은 1970년부터 시작되었으며, 시설의 형태는 주택용 혐기성소화조였다. 이 사업에 의하여 현재 중국에는 농촌지역 주택의 약 5백만 가구에 혐기성소화조가 설치되어 있다. 혐기성소화조를 설치한 가구에서는 인분, 축분, 볏짚, 감자줄기, 잡초 등의 농업부산물을 함께 처리하고 상한 음식, 곡식껍질, 잡초 등 타 유기물질은 소량 첨가한다. 30년 전 소화조가 처음 설치될 시기에는 볏짚이 주로 이용되었는데 이는 타 유기물이 적었기 때문이다. 초기 소화조는 규모가 컸고 기계적인 청소장비를 이용하였다. 그러나 곡식줄기는 쉽게 분해되지 않아 상층에 1 m 정도의 두꺼운 층을 형성하였다. 그 층은 매년 제거되었고 반응도 효과적으로 이루어지지 않았다. 이 문제를 해결하는 유일한 방법은 소화조의 투입구를 설치하는 것이었다. 그러나 이 방법은 작업도 어려웠고 산소가 없는 상태에서 생물가스가 폭발할 위험성도 안고 있었다. 이러한 문제점을 개선하는 방향으로 반응조의 구조는 지속적으로 발전하여 왔다. 원통형의 주반응조에 원형뚜껑이 달려있고, 유입물은 투입구를 통하여 바닥으로 공급된다.

초기의 반응조에는 유출수 저류조가 설치되어 있었으며 수면 아래로 연결파이프가 있었다. 청소가 쉽도록 반응조 상부에 뚜껑을 설치하였다. 가스누출을 방지하기 위하여 뚜껑은 무겁게 제작하였다. 투입구는 비교적 컸으며, 수동으로 쓰레기를 넣을 수 있도록 외부에 설치하였다. 오늘날의 구조는 좀 더 단순화되었고, 반응조의 상부에 투입구가 없다. 유출수 저유조와 반응조는 연결되어 있고, 화장실과 축사는 직접 연결되어 있다. 반응조는 정부로부터 훈련받은 기술자나 주택소유자가 직접 설치하며, 기술자는 지역의 거주자로 본업 이외에 부업으로 이 일을 한다. 반응조의 건설소재는 콘크리트나 블록으로 중국의 농촌지역에서 쉽게 구할 수 있다. 대부분의 반응조는 새로운 축사와 변소의 설치 시 연계하여 설치된다. 설치기간은 1주일 정도이고 자재비와 인건비를 포함한 총비용은 $80 정도이다. 현대식 자동주입시스템은 운전과 유지관리를 더욱 편리하게 만들었다.

축사와 화장실로부터 나온 폐기물은 직접 반응조로 유입된다. 많은 가정에서 유출수는 없고 단지 세척수만이 유입된다. 어떤 보고에 따르면 6 m^3의 반응조에 매일 주입되어야 할 투입물은 30 kg의 분뇨 및 타유기물과 50 kg 정도의 물과 뇨라고 한다. 반응조로 유입되는 순수한 고형물은 대략 8% 정도이어야 한다. 농부들의 입장에서 반응조를 설치하는 주요한 이유는 60%의 메탄을 함유하는 소화가스를 활용하기 위해서라고 한다.

가스생산은 온도에 영향을 받는데 평균 대기온도가 10℃ 이하에서는 생산이 장해를 받는다. 소화가스는 주로 취사와 광열에 이용된다. 소화가스는 한 가족이 사용하는 전기량의 약 60%를 공급한다. 대부분의 부엌에는 가스버너와 함께 전통적인 연료스토브가 설치되어 있어 가스생산이 낮아지는 동계에는 볏짚, 목재, 석탄 등을 취사용으로 이용한다.

반응조의 유출수는 무취의 흑색 슬러지로 주로 농업용 퇴비로 이용된다. 다른 용도로는 돼지 급이보조제, 버섯재배매체, 물고기 사육 사료, 지렁이 사육매체, 씨의 발아매체 등이 있다(Glenda Gies, 1997).

(2) 프랑스

유럽지역에서는 퇴비화를 음식물쓰레기의 마지막 처리수단으로 간주하고 있지 않다. 공정을 호기성에서 혐기성으로 전환하면 에너지를 회수하고 남는 부산물을 퇴비원료로 활용할 수 있기 때문이다. 소각시설은 인구 50만 이상의 지역을 요구하지만 혐기성소화시설은 훨씬 작은 규모로 건설할 수 있는 장점이 있기 때문이다.

유럽 지역 중 프랑스는 바이오메스로부터 생물가스를 생산하고자 하는 실험을 최초로 수행한 국가이다. 퇴비에 대한 시장수요가 지속적으로 창출되었으므로 새로운 시도에 대한 위험성이 다른 유럽국가보다 작았다. 유기성 가정폐기물로부터 소화가스를 생산하는 최초의 시설은 1984년 4월에 Isere지역 La Buisse에 Valorga Company에 의하여 세워졌다. 시설용량은 연간 16,000톤이었다. 이 시설의 경험을 바탕으로 동회사는 Amiens에 또 다른 시설을 건설하였다.

(3) 벨기에

1984년 벨기에의 Gent지역에서는 연간 1,000톤을 처리하는 실험시설이 설치되었다. 이 시설은 Valorga시설과 유사한 1단계 반응시설이었다. Gent시설은 고온조건인 55℃에서 운전하여 살균도 가능하였지만 Valorga시설은 중온조건인 37℃로 운전되었으므로 이어지는 퇴비화단계에서 살균이 되도록 하였다.

Gent에 있는 시설은 수분이 매우 낮은 상태로 운전하며, 고온조건에서 운전하므로 부산물은 호기성 퇴비화 반응물과 거의 같다.

독일의 Garching에는 연간 100~150 톤 용량의 소규모 시설이 1987년에 건설되었다. 흥미로운 사실은 이 시설이 반응단계를 분리하고 있다는 점이다. 이렇게 하여 체류시간이 15~20일에서 2일로 줄었다. 동시에 가스회수율도 0.3 Nm^3 CH_4/kg-건조유기물에서 0.35~0.4 Nm^3 CH_4/kg-건조유기물로 증가하였다.

(4) 덴마크

오늘날 덴마크는 가정폐기물로부터 소화가스를 생산하는 가장 선도적 국가 중 하나이다. 많은 다른 국가들과 비교할 때 덴마크에서 소화가스의 생산은 매우 매력적인 방법인데, 특별한 덴마크의 세금구조 때문이다. 소각 및 예치폐기물에 대하여 덴마크에서는 톤당 130 DDK의 세금을 부과하고 있다. 이 세금은 음식물쓰레기가 소화가스시설이나 퇴비화시설로 가지 않는 한 반환되지 않는다. 동시에 가정용 화석연료의 높은 에너지비용은 소화가스의 가치를 더욱 높이고 있다. 예를 들어 화석연료에는 톤당 약 2,000 DDK의 세금이 부과되고 있다.

덴마크의 Hillerod지역에는 실험시설이 연간 300톤의 시설용량으로 1989년에 설치되었다. 이 시설은 여러 가지 실험조건에서 운전 중이며, 특히 운전 수분의 감소에 목적을 두고 있다. 이 시설은 거의 고온조건에서 운전되고 있다. 1990년에 북동부 Zealand의 Elsinore지역에는 야심찬 2단계 실규모 시설이 연간 2만톤의 용량으로 설치되었다. 처리대상은 분리수거된 가정계 바이오매스 였다.

덴마크의 다른 지역에서는 유기성 가정폐기물과 농업폐기물의 혼합처리에 대한 관심을 두고 있다. 1990년에 Northern Jutland의 Aaborg에서는 농업시설에 유기성 가정폐기물을 혼합 처리하는 시험을 시작하였다(Ib Larsen, 1993).

참고문헌

Heo, N. H., Park, S. C., Lee, J. S., and Kang, H., "Anaerobic Co-Digestion of Food Waste and Waste Activated Sludge: Effect of the Mixture Ratio of Food Waste on Solubilization and Biodegradability of the Mixture," *J. of KSEE*, 25(8), 1050-1058 (2003).

Kelley, T. R., and Walker, P. M., "Bacterial concentration reduction of food waste amended animal feed using a single-screw dry-extrusion process," *Bioresour. Technol.* 67, 247-253 (1999).

Lee, C. H., Lee, J. M., Bae, S. G., Jeon, S. K., and Kim, J. O., "A study of food waste treatment technology using earthworm," *J. of KORRA*, 13(1), 71-78 (2005).

Manios, T., "The composting potential of different organic solid wastes: experience from the island of Crete," *Environment International*, 29, 1079-1089 (2004).

Nicolas, K., Alexandra, K., "Bound water content of biological sludges in relation to filtration and dewatering," *Water Research*, 21(11), 1319-1327 (1987).

김종수, 김성일, "유기성폐기물 혐기소화 기술동향 및 향후전망," SERES 2002, 유기성자원학회, 217-223 (2002).

박순철, "유기성 폐기물 (음식쓰레기) 혐기소화 기술의 새로운 전개," *ETIS 분석지*, 4, 8-13 (1998).

배재근, *바이오매스 & 바이오가스화 기술(바이오매스의 에너지화 기술)*, 도서출판 아진 (2008).

사단법인 한국신재생에너지협회, http://www.knrea.or.kr (2009).

이상필, 강현무, 박동운, "바이오매스," *심층정보분석보고서*, 한국과학기술정보 연구원, 18-22 (2002).

이정채, 정우진, 임계택, 김태환, "MS미생물복합군에 의한 음식폐기물의 양돈사료화를 위한 적정처리공정," 한국환경농학회지, 19(4), 270-275 (2000).

이진석, 박태현, "바이오에너지 기술의 현황과 전망." 한국신재생에너지학회지, 2(1), 14-20 (2006).

지식경제부, *신·재생 에너지 백서* 2008 (2008).

하범용, *초음파 전처리가 하수슬러지의 혐기성소화에 미치는 영향*, 단국대학교 대학원 박사학위논문 (2006).

한국환경자원공사, *Waste to Energy Report(통합본)* (2009).

환경관리공단, *바이오가스 생산효율 증대를 위한 공정연구* (2002).

환경관리공단, *음폐수 육상처리를 위한 처리기술 조사 및 적용방안 연구* (2008).

환경관리공단, *저탄소 녹색마을 시범모델 개발연구* (2009).

환경관리공단. *음식물류 폐기물 및 발생폐수의 에너지화를 위한 방법별 최적모델 및 설치·운영 지침서 개발 연구* (2008).

환경부, *유기성폐자원에너지 활용시설 현황* (2009).

환경부, *저탄소에너지 생산보급을 위한 『폐자원 바이오매스 에너지 대책』 실행계획* (2009)

바이오가스 정제 및 활용기술

3

3.1 바이오가스 개요

바이오가스는 혐기성 조건하에서 여러 종류의 미생물에 의하여 유기물이 분해되며 발생하는 가스혼합물이다. 표 3.1에 요약된 바와 같이 바이오가스는 주로 가스 중 2/3가 메탄이고 1/3이 이산화탄소이며 미량의 황화수소, 수증기, 암모니아 및 미량의 가스를 포함하고 있다. 황화수소는 황산염의 전환과정에서 발생하고 암모니아는 단백질 분해과정 산물이다. 일반적으로 암모니아는 수중에 용해하기 때문에 바이오가스 중 암모니아 농도는 높지 않다. 바이오 가스 발생원별 특징은 다음과 같다.

1. 하수처리장 : 호기성 하수처리장에서 발생하는 슬러지는 슬러지의 부피를 줄이고 안정화시키기 위하여 혐기조건에서 소화하게 된다.
2. 매립지 : 매립지에 폐기된 유기성 물질이 수분, 온도, pH, 미생물 등의 영향을 받아 단계적으로 분해되어 발생하는데, 혐기성 조건이 형성되는 시기부터 메탄과 이산화탄소 상태가 주성분을 이루는 전형적인 매립가스가 발생된다. 통상 매립지가 혐기성에 도달하는 기간은 매립완료 후 6개월~1년 정도로 추정하고 있다. 매립가스가 정상

표 3.1 매립가스와 소화가스의 특성 및 성분

character	Unit	Landfill gas	Digester gas
Calorific Value, lower	kWh/m^3	4.4	6.5
Density	kg/Nm^3	1.3	1.2
Wobbe index, upper	MJ/Nm^3	18	27
Methane	vol %	45	65
Methane, range	vol %	35~65	60~70
Hydrogen	vol %	0~3	0
Carbon dioxide	vol %	40	35
Nitrogen	vol %	15	0.2
Nitrogen, range	vol %	5~40	–
Oxygen	vol %	1	0
Oxygen, range	vol %	0~5	–
Hydrogen sulfide	ppm	< 100	< 500
Hydrogen sulfide, range	ppm	0~100	0~4000
Ammonia	ppm	5	100
Total chloride, Cl^-	mg/Nm^3	20~200	0~5

상태에서 발생되면 55% 메탄, 45% 이산화탄소, 1% 미만의 기타성분(황화수소, 메틸 머켑탄, VOCs, 각종 탄화수소 등)으로 구성되며, 메탄과 이산화탄소는 무색, 무취이므로 매립가스의 악취는 1% 미만의 미량 불순물로 인해 유발된다고 볼 수 있다. 그러나 매립가스를 인위적으로 포집하면 포집과정에서 산소와 질소 등이 포함되는 경우가 있다. 따라서 매립가스 성분을 측정하는 경우 메탄과 이산화탄소, 산소를 제외하면 주로 질소성분이다.

3. 바이오가스 플랜트 : 혐기성 소화과정은 음식물 처리과정에서 발생하는 고농도의 폐수를 정화하는 데에도 적용할 수가 있다.

위와 같이 서로 다른 기질특성으로 인하여 소화조와 소화조 운전방식이 달라진다.

표 3.2는 바이오가스에 함유된 연료성분인 메탄을 제외한 주요 성분 및 불순물에 대한 함량과 바이오가스 특성에 미치는 영향을 열거하였다.

표 3.2 바이오가스 주요성분 및 불순물

Component	Content	Effect
CO_2	25~50 vol%	· 연료의 열량을 낮춤 · 메탄수(methane number)와 엔진의 anti-knock을 증가시킴. · 습가스상에서 저농도의 탄산형성으로 부식초래
H_2S	0~0.5 vol%	· 설비와 배관이 부식(스트레스 부식)되어 상한규격을 0.05 vol%로 · SOx 발생 · 불완전연소시 H_2S 대기 방출 · 촉매피독
NH_3	0~0.05 vol%	· 연소시 NOx발생 · 엔진의 anti-knock증가
Water vapor	1~5 vol%	· 설비와 배관부식 · 응축수로 인한 계기 오동작 유발 · 배관 및 노즐의 결빙
Dust	> 5um	· 노즐 막힘
N_2	0~5 vol%	· 열량 낮춤 · 엔진의 anti-knock증가
Siloxanes	0~50 mg/m^3	· 연소시 엔진표면에 SiO_2형성

3.2 바이오가스 정제기술

3.2.1 황화수소 정제기술

황화수소는 분자량이 34g인 무색 가연성의 달걀 썩는 냄새가 나는 대표적인 악취물로 유독성가스이다. 물에 녹고 에탄올, 이황화탄소, 사염화탄소 등에 녹으며 비중은 1.54 (0 ℃), 증기밀도는 1.19 (kg/m^3), 융점은 −82.9℃, 비등점은 −60.2℃, 인화점은 260℃이다. 알칼리와 반응하여 두 가지 염 즉, 황화수소와 황화물을 생성한다. 산화물을 잘 환원시키고 특히, 진한 질산 등의 산화제와는 격렬하게 반응하므로 위험하다. 단백질 등의 유기물질이 박테리아에 의한 분해 작용으로 인하여 천연적으로 발생된 황화수소는 대기 중에서 산화하여 이산화황이나 황산염으로 순환한다. 현재 대기환경보전법의 배출허용기준치는 공업지역 사업장의 경우 2 ppm 이하 기타지역 사업장의 경우 1 ppm 이하이다. 황화수소는 하수와 같은 유기물질 분해과정, 가죽무두질, 고무제품의 부산물이다.

황화수소는 독성이 강한 가스로 저농도에서 노출이 되면 특이한 냄새가 나지만 고농도에서는 후각이 마비되어 위험 신호를 느끼지 못하고 폭로되는 것을 모르게 되어 심한 중독에 이를 수 있다. 고농도 가스를 많이 흡입하면 세포의 내부 호흡이 정지하여 중추신경이 마비되어 실신하거나 호흡 정지 또는 질식 증상을 일으킬 수 있다. 또한 점막에 산으로 작용해 눈이나 호흡기계의 점막을 자극하며 심한 통증을 유발한다. 황화수소는 심한 악취를 수반하며 인체, 동식물 및 재산에 커다란 피해를 주는 데 인체에 접촉하면 눈코 호흡기에 심한 통증을 일으키고 불면증 및 식욕 부진을 초래하며 다량 흡입할 때에는 생명이 위태롭다. 독성을 좌우하는 중요한 결정 인자는 가스농도와 폭로시간이다. 1000 ppm 이상에 폭로되면 즉시 혼수상태에 빠지고 호흡마비, 저산소증에 빠지므로 빨리 옮겨 인공호흡을 하지 않으면 사망에 이를 수도 있다.

1) 건식탈황기술

고체 흡착제를 사용하여 황화수소를 화학적으로 선택하여 흡착하는 공정을 건식탈황공정이라고 한다. 흡착탑은 하향 또는 상향 흡착탑으로 모든 흡착공정과 같이 연속적인 처리공정을 가지는 semi-batch type과 점차적으로 흡착질로 포화되는 고정층 흡착탑이 사용되고 있다. 이와 같은 건식 탈황공정은 흡착제를 재생할 수 없으며 기대수명이 비교적 짧아서 대규모 탈황에는 적용되지 않는다. 그러므로 소규모의 발효공정이나 매립장 등에서 발생하는 바이오가스 정제에 사용되고 있다. 흡착제의 종류는 다음과 같다.

(1) 산화철 흡착제

바이오가스 중 황화수소(H_2S)가 산화철에 의해 불용성인 황화철(FeS)로 전환되어 황화수소를 흡착제거 한다. 산화철을 재생하기 위해 황화철에 공기를 공급하여 단체 황을 생성하면서 산화철을 재생할 수 있다. 가장 잘 알려진 산화철 흡착제는 산화철 스폰지이고 최근에는 산화철 스폰지를 대체하기 위한 흡착제가 상품화(SulfaTreat®, Sulfur-Rite® & Media-G2®)되어 판매되고 있다.

① 산화철 스폰지

산화철을 함침한 우드칩을 사용하여 황화수소와 머켑탄 만을 선택적으로 흡착 제거한다. 주요 활성성분은 알파와 감마 결정구조를 가지고 있는 수화산화철(Fe_2O_3)이며, 소량의 Fe_3O_4 ($Fe_2O_3 \cdot FeO$)가 활성에 기여한다. 일반적인 산화철의 특성은 표 3.3과 같다.

표 3.3 산화철 스폰지의 주요특성

Water Content (Loss on drying, wt%)	
Iron sponge product	30.60
Iron oxide particles	17.70
Size distribution of ion oxide particles, wt%	
Retained on mesh	4.22
16	54.62
30	32.72
60	4.49
100	1.58
140	0.79
200	1.06
325	0.26
400	
Chemical Analysis of dried iron oxide particles, wt%	
Iron as Fe_2O_3	58.67
Iron as Fe_3O_4	20.40
Sulfur as S	0.49
Copper as Cu	0.11
Zinc as Zn	0.01
Lead as Pb	0.01
Silicon as Si	1.02
Aluminum as Al	0.02
Balance primary wood substrate material	
Flooded pH(1)	10.2
Leached pH(2)	7.88
Weight of iron oxide, lb/bushel	17.61

산화철 스폰지의 등급은 100, 140, 190, 240, 320 kg Fe_2O_3/m^3으로 나누어지며, 일반적으로 190 kg Fe_2O_3/m^3가 가장 많이 사용되고 있다. 산화철에 의한 황화수소의 흡착 화학 반응식은 다음과 같다.

$$Fe_2O_3 + 3H_2S \rightarrow Fe_2S_3 + 3H_2O \quad \Delta H = -22\ kJ/gmol\ H_2S \tag{3.1}$$

$$2Fe_2S_3 + 3O_2 \rightarrow 2Fe_2O_3 + 3S_2 \quad \Delta H = -198\ kJ/gmol\ H_2S \tag{3.2}$$

식 (3.1)에서 보는 바와 같이 1 kg의 Fe_2O_3는 양론적으로 0.64 kg의 H_2S을 제거한다. 식 (3.2)에서는 공기 중 산소를 공급하여 산소와 반응하게 되면 높은 발열이 발생하면서 단체 황이 형성되면서 산화철(Fe_2O_3)이 재생된다. 또한 산화철은 식 (3.3)에 의하여 머켑탄을 제거하기도 한다.

$$Fe_2O_3 + 6RSH \rightarrow 2Fe(RS)_3 + 3H_2O \tag{3.3}$$

산화철 스폰지는 2개의 흡착탑을 가지고 있어 흡착과 재생을 별도로 하거나 공급가스에 소량의 공기를 혼합함으로써 흡착과 재생이 동시에 일어나는 회분식(batch 타입)이 사용되고 있다.

흡착과 재생을 번갈아 하는 2탑 공정에서는 황화수소 제거율이 이론적 효율인 85% (0.56 kg H_2S/kg Fe_2O_3)에 도달하고 있다. 황화수소로 포화된 폐산화철 스폰지는 8%의 산소를 함유한 공기를 0.3~0.6 m^3/m^3-bed/min의 속도로 공급하여 재생하게 된다. 산화철에 공기를 공급하여 재생할 때 공기 중 산소와의 반응에 의해 높은 열이 발생하게 되므로 폭발현상이 발생할 수도 있어 주의를 요하고 있다.

식 (3.1)과 식 (3.2)의 반응에 의해 산화철이 황화수소를 흡착제거하면서 단체 황이 산화철 표면에 쌓이게 되고 물이 형성되면 산화철 스폰지의 활성은 재생 후에 1/3로 감소하게 된다. 그러므로 산화철 스폰지는 1~2회 사용하고 난 후 새로운 산화철 스폰지로 교체한다. 흡착과 재생이 동시에 연속적으로 일어나는 1탑 공정에서 10% 이하의 산소를 함유한 공기를 동시에 공급할 때 황화수소 제거율은 2.5 kg H_2S/kg Fe_2O_3이다. 식 (3.4)를 사용하여 가스 중 황화수소의 함량에 따라 가스 중 유입되는 공기의 유량을 계산할 수 있다.

$$\%\ Air = 1.90 + (mg/m^3\ H_2S\ measured)/3024 \tag{3.4}$$

헌팅턴 농장에서 140 kg Fe_2O_3/m^3급의 산화철 스폰지을 사용하여 가스 중에 2.29%의 공기를 공급하였을 때 황화수소제거율이 1.84 kg H_2S/kg Fe_2O_3이었다. 산화철 스폰지 기술은 잘 알려진 기술로 표 3.4와 같이 설계가이드라인이 제시되어 있다.

표 3.4 산화철 스폰지의 설계인자 고려사항

vessel	· 부식과 조작편의성을 위하여 스테인레스 스틸 재질 · 충분한 베드길이를 확보하기 위하여 직렬의 2탑
가스유입	· 가스는 탑하부에서 공급하며, 가스중 수분을 제거한다.
체류시간	· 공탑 부피와 가스량으로 계산하여 체류시간을 60초 이상일 것.
온도	· 반응속도 향상을 위하여 18~46℃
탑 높이	· 최소 3m일 것 · 머켑탄이 함유되어 있으면 6m
유속	· 선속도 ; 0.6~3 m/min
공급량	· 가스중 sulfur 함량 ; 10g-S/min/m^2-bed
수분함량	· 활성유지를 위해 40±15% 유지하거나 포화된 유입가스 조건
pH	· Na_2CO_3 공급하여 pH = 8~10
압력	· 140 kPa 유지할 것

산화철 스폰지는 공정이 간단하고 운전이 용이하기는 하지만 산화철 스폰지 사용량이 많다는 단점을 가지고 있다. 산화철 스폰지는 화학적으로 큰 활성을 가지고 있으며, 운전비용이 높고, 폐산화철 스폰지의 처리문제가 발생하게 된다. 더욱이 재생하지 못한다면 산화철 스폰지의 교체작업은 매우 힘이 들고 어려운 일이다. 무엇보다도 중요한 것은 폐산화철 스폰지의 안정적인 처리이다. 왜냐하면 폐산화철 스폰지는 특정폐기물이어서 특이한 처리절차가 필요하다. 매립방법이 시행되고 있지만 최근에는 매립규제가 따르고 있다.

② Sulfatreat[2]

Sulfatreat®는 다공성 담체에 Fe_2O_3나 Fe_3O_4가 코팅된 탈황제로서 Sulfatreat사에 의하여 판매되고 있다. Sulfatreat는 하향 흐름상태의 저압 베셀내 산화철 스폰지와 같이 사용되며 포화된 가스에서 매우 효과적이다. 상업화 설비의 전환율은 0.55~0.72 kg-H_2S/kg-iron oxide이며 회분식 운전인 산화철 스폰지에서 보고된 전환율과 같거나 높은 편이다. 사용되는 입자크기는 4-30 mesh이고 충진밀도는 1120 kg/m^3이다.

Sulfatreat®는 균일한 구조를 가지고 있어 가스 흐름에 저항이 없을 뿐만 아니라 산화철 스폰지보다 취급이 용이하고, 운전비용이 저렴하고 교체작업이 용이하며, 차압이 작은 장점을 가지고 있다. 또한 Sulfatreat®는 공기와 접촉시 자연발화되지 않는 특성이 있어서 교체 시 위험하지 않다. 또한 유입가스가 포화되어 있다면 pH 조정, 가스 중 수분첨가 등이 필요없다. Sulfatreat는 산화철 스폰지와 같이 재생이 어려워 화학적으로 활성이어서 폐 매디어를 적절하게 처리하기 위한 고가의 처리비용이 발생하게 된다.

표 3.5는 농장에서 발생하는 바이오가스 중 황화수소 정제를 위한 SulfaTreat® 공정설계사양과 흡착제의 성능을 나타내고 있다.

표 3.5 SulfaTreat② 공정설계사양 및 성능예측

Item	Specification
Number of Vessels	2 in series(Lead/Lag)
Vessel Dimensions	1.22 m × 1.65 m × 1.83 m
Vessel Costs	$8,000 for two
Gas Flow Rate	0.94 m^3/min
Mass of SulfaTreat®	3,636 kg each
Air Recirculation Rate	2.4%

Item	Performance Estimates	
	Low Loading (1000ppm H_2S)	High Loading (4000ppm H_2S)
Expected Bed Life(one vessel)	345 days	86 days
Total Pressure Drop(kPa)	0.4	0.4
Annual SulfaTreat® Consumed	3,850 kg	15,450 kg
Annual SulfaTreat® Costs	$3,400	$13,500

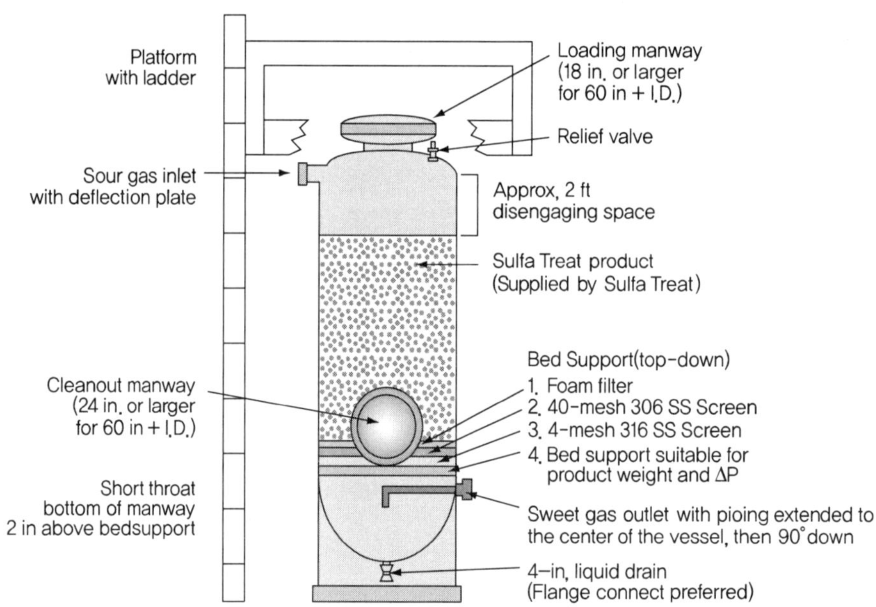

그림 3.1 SulfaTreat② 공정도

③ Sulfur-Rite[2]

Sulfur-Rite®는 GTP-merichem에서 개발한 건조상태의 산화철이다. 제조사에 의하면 Sulfur-Rite®는 황화수소를 황철석(FeS_2)으로 전환하여 가스 중 황화수소를 흡착제거하며, 또한 산화철 스폰지보다 성능이 3~5배 우수하며 매립가능하다고 한다. Sulfur-Rite®는 가스유량이 70 m^3/min, 가스 중 황처리량이 180 kg sulfur/day 이하에 적합하다.

표 3.6 Sulfur-Rite[2] 공정설계사양 및 성능예측

Item	Specification
Number of Vessels	1-Carbon Steel unit
Vessel Dimensions	2.29 m(D) × 3.43 m(H)
Vessel Costs	$43,600 for one vessel
Gas Flow Rate	0.94 m^3/min
Mass of Sulfur-Rite®	9,100 kg

Item	Performance Estimates	
	Low Loading (1000ppm H_2S)	High Loading (4000ppm H_2S)
Expected Bed Life(one vessel)	420 days	98 days
Annual Sulfur-Rite® Consumed	7,900 kg	33,900 kg
Annual Sulfur-Rite® Costs	$5,560	$23,840

④ Media-G2[2]

Media-G2®는 ADI International Inc에서 음용수 중 비소를 제거할 목적으로 규조토 담체에 산화철을 첨착한 산화철기반의 흡착제이다. 최근 ADI는 Media-G2®를 황화수소 제거용 탈황제로 개발하고 있으며, 바이오가스와 매립가스를 주요 대상으로 여기고 있다. 실험실 및 파일럿 규모 실험결과에 의하면 H_2S를 3,000 ppm까지 처리할 수 있다. 또한 Media-G2®에 공기 공급으로 최대 15번까지 재생할 수 있어 최대 560 mg-H_2S/g-solid의 탈황능을 제시하고 있다. 탈황제의 1회 탈황능은 35~40 mg-H_2S/g-media이므로 표 3.7에서 보는 바와 같이 탈황탑을 병렬로 배열하여 8시간마다 공기를 공급하여 탈황제를 재생하고 있다.

바이오가스의 탈황기술을 선정할 때 폐흡착제의 특성이 기술적, 경제적인 지속성을 평가하는 중요한 인자이다. 실제로 농장이나 매립장과 같이 중·소규모 시설에 있어서 폐흡착제의 최종처리비용이 결정적인 판단기준이 될 것이다. 철계 탈황제에 흡착된 황은 주로 원소형태의 황(S^0)이거나 황화물 형태이다.

표 3.7 Media-G2® 공정설계사양 및 성능예측

Item	Specification
Number of Vessels	2 in parallel
Vessel Dimensions	0.91 m(D) × 1.52 m(H)
Gas Flow Rate	0.94 m^3/min
Empty Bed Residence Time	62 seconds(with one offline)
Mass of Media-G2®	760 kg
Air Recirculation Rate	2.4%

Item	Performance Estimates	
	Low Loading (1000ppm H_2S)	High Loading (4000ppm H_2S)
Expected Bed Life(one vessel)	190 days	47 days
Annual Media-G2® Consumed	1,460 kg	5,900 kg
Annual Media-G2® Costs	$2,050	$8,290

(2) 활성탄 흡착제

① 활성탄의 개요

활성탄은 입자 하나하나에 잘 발달된 무수한 세공(pore)으로 이루어진 무정형의 탄소의 집합체이며 세공들(micropore, transitional pore, macro pore)은 상호 연결되는 무수한 통로로 구성되어 넓은 내부표면적을 갖고 있다. 이 표면적은 상대분자 크기에 따른 세공의 크기의 적합성과 함께 활성탄의 생명인 흡착능력을 좌우하게 되며, 활성탄소 1g은 1,000~1,600 m^2의 대단히 넓은 표면적을 갖고 있으며, 세공의 분포는 10Å의 세공구조를 주로 하여 150,000Å로 존재하는 해면상의 다공질이다. 활성탄은 그림 3.2에 제시된 바와 같이 분말상, 파쇄상 및 조립상이 있다. 표 3.8에 제시한 바와 같이 활성탄은 원료에 따라 식물계, 석유계, 석탄계로 구분되기도 한다.

분말상　　파쇄상　　조립상

그림 3.2 물리적 현상에 의한 분류

표 3.8 원료에 따른 활성탄의 구분

분 류	원 료	비고
식물계	톱밥, 목재, 야자각 등	재생 회수율(80~85%)
석탄계	이탄, 갈탄, 역청탄 등	재생 회수율(85~90%)
석유계	석유 잔사, 황산 슬러지등	
기타	펄프 폐액, 합성수지 폐액등	

활성탄은 다음과 같은 특성을 가지고 있다.

- 유기물분자에 대해 고도의 흡착 능력을 갖고 있다.
- 미세기공(Micropore)이 잘 발달되어 유효 표면적이 매우 넓다(1000 m^2/g 이상)
- 물리적, 기계적 강도가 크다.
- 내열성이 우수하며 재생시 손실이 적다.
- 회분이 적고 순도가 높아 고도여과(정화)시설에 적합하다.

흡착은 흡착제 표면에 피흡착질 분자가 축적되는 것이며 흡착될 수 있는 물질의 양은 흡착제의 비표면적 크기에 달려 있다. 이러한 관계에서 내부표면적이 흡착이 이루어지는 동안 외부표면적은 단지 2차적인 역할만 할 뿐이다. 활성탄의 세공은 복잡한 세공구조를 나타내며 거대한 내부 표면적을 이루고 있는 모세관을 가지고 있다. 활성탄이 가지고 있는 세공을 다음과 같이 분류할 수 있다.

- Micropore : 20 Å 이하, 활성탄소의 흡착은 대부분이 세공에서 일어남
- Mesopore : 20~500 Å, 피흡착제의 확산에 관계
- Macropore : 500 Å 이상, 피흡착제의 확산에 관계하며 흡착속도에 큰 기여를 한다.

흡착이란 활성탄소가 어떤 성분을 흡착하고 있을 때 흡착된 성분을 피흡착질(Adsorbate), 활성탄을 흡착제(Adsorbent)라고 한다. 흡착량은 활성탄소의 단위면적 또는 단위 질량에 대한 피흡착질의 질량, 중량으로 표시하거나 혹은 흡착분자수로 나타낸다. 그리고 전면적을 점유한 양을 포화흡착량이라 하며 실제로 피흡착질이 점유한 비율을 흡착율 또는 피복율(Coverage)이라고 한다. 피흡착질이 활성탄에 흡착되는 과정은 다음과 같다.

- 1단계 : 피흡착질분자들이 흡착제(활성탄소) 외부 표면으로 이동
- 2단계 : 피흡착질이 활성탄소의 대세공, 중간세공을 통해 확산
- 3단계 : 확산된 피흡착질이 미세공 내부표면과의 결합 또는 미세공에 채워짐

일반적으로 흡착메커니즘은 물리흡착과 화학흡착으로 나뉘며, 그 특성은 표 3.9에 제시한 바와 같다. 물리흡착은 가스분자의 고체에 대한 약한 결합력을 가지며 결합에너지는 액체분자 사이의 인력과 비슷하다. 흡착과정은 발열반응이며, 흡착열은 보통 피흡착물의 증발열보다 약간 높다, 고체에 가스분자들을 끌어당기는 힘은 온도가 증가하거나 압력이 감소하면 쉽게 사라진다, 이러한 원리들은 흡착제를 재생시키는데 이용되고 있다, 화학흡착은 흡착제와 피흡착물과의 반응에 의한 실제 화학결합을 포함한다. 화학흡착열은 반응열과 비슷한 수준이며, 화학흡착은 비가역적이다. 활성탄 표면에서 SO_2에서 SO_3로의 산화는 화학흡착의 한 예이다.

표 3.9 물리흡착과 화학흡착의 비교

구분	물리흡착	화학흡착
온도	저온에서 흡착열 큼	비교적 고온에서 일어남
피흡착질	비선택성	선택성
흡착열	작음 (10 kcal/mol 이하) 응축열과 같은 정도	큼 (10~30 kcal/mol) 반응열과 같은 정도
흡·탈착	가능(가역)	불가능(비가역)
흡착속도	빠름	느리다(활성화에너지 필요)

② 활성탄의 H_2S 흡착특성

일반 활성탄은 일반적으로 휘발성 유기화합물(VOCs)을 제거하는 데 사용하고 있으며, 특정 목적을 위하여 소량의 황화수소 제거에 국한적으로 사용되고 있다. 바이오가스 중 황화수소제거에 사용되고 있는 활성탄은 NaOH, Na_2CO_3, KOH, KI, 금속산화물(MO) 등을 활성탄 표면에 첨착한 첨착활성탄이 사용되고 있다. 소규모 바이오가스 발생원에서 황화수소 제거용으로 첨착활성탄을 사용할 때의 단점은 폐활성탄의 재생작업이다.

활성탄에 대한 황화수소 흡착량은 활성탄의 특성인 비표면적, 표면관능기, 기공구조, 기공크기, 기공부피 등에 따라 크게 달라진다. KOH 첨착활성탄의 경우 H_2S 흡착특성은 첨착활성탄의 표면 pH에 따라 다음과 같이 일어날 수 있다.

- 활성탄 표면 pH > 7.0인 경우에는 KOH 첨착활성탄에 황화수소 흡착이 일어나고 난 후 다음과 같이 흡착이 일어난다.

$$H_2S_{(g)} + KOH_{(aq)} - C \Rightarrow KHS_{(aq)} + H_2O \tag{3.5}$$

$$KHS_{(aq)} \Leftrightarrow K^+_{(aq)} + HS^-_{(aq)}$$

$$HS^-_{(aq)} \Leftrightarrow HS^-_{(ads)}$$

$$2xHS^-_{(ads)} + xO^*_{(ads)} \Rightarrow 2S_{x(ads)} + xH_2O$$

- 활성탄 표면이 pH < 7.0이지만, pH > 4.5인 경우에는 KOH 첨착활성탄에 황화수소 흡착이 일어나는 중간단계에 HS^- 이온농도가 낮아서 다음과 같은 반응이 지배적으로 진행된다.

$$H_2S_{(g)} + H_2O_{(aq)} - C \Rightarrow HS^-_{(aq)} + H_3O^+ \tag{3.6}$$

$$HS^-_{(ads)} + 3O^*_{(ads)} \Rightarrow SO_{2(ads)} + OH^-$$

$$SO_{2(ads)} + O^*_{(ads)} \Rightarrow SO_{3(ads)}$$

$$SO_{3(ads)} + H_2O_{(ads)} \Rightarrow H_2SO_{4(ads)}$$

$$H^+ + OH^- \Rightarrow H_2O$$

- 활성탄 표면이 pH < 4.5인 경우에는 다음과 같은 반응이 지배적이다.

$$H_2S_{(g)} \Rightarrow H_2S_{(ads)} \tag{3.7}$$

$$xH_2S_{(ads)} + xO^*_{(ads)} \Rightarrow S_{x(ads)} + xH_2O$$

$$H_2S_{(ads)} + 3H_2SO_{4(ads)} \Rightarrow 4H_2SO_{3(ads)}$$

여기서 KOH-C는 KOH 첨착활성탄이고, (aq)는 액상, (ads)는 흡착상, $O^*_{(ads)}$는 흡착된 해리산소, $S_{x(ads)}$는 체인이나 고리같은 모양을 가진 polysulfide를 나타낸다.

(3) 산화아연(Zinc Oxide) 흡착제

산화아연은 고온에서 산화철보다 가스에 함유된 황화수소에 대하여 뛰어난 선택성을 가지고 있어 가스 중 저농도의 황화수소 제거에 적합하다. 황화수소는 산화아연과 반응하여 다음 반응식에 의하여 불용성의 아연황화합물을 형성하게 된다.

$$ZnO + H_2S = ZnS + H_2O \tag{3.8}$$

이 반응식의 평형상수는 다음과 같다.

$$K_p = P_{H_2O} / P_{H_2S} \tag{3.9}$$

여기서, P_{H_2O}는 가스상에서 수증기의 부분압, P_{H_2S}는 가스상에서 황화수소의 부분압.

그림 3.3에서 제시된 바와 같이 평형상수는 온도증가에 따라 감소하게 된다. 그러므로 매우 높은 온도에서 평형에 도달하지만, 온도가 감소함에 따라 반응속도는 현저하게 감소하게 된다. 산화아연공정은 200~400℃의 온도범위에서 여러 가지 운전방식으로 적용되고 있으며, 최대 황화수소 전환율은 30~40 kg sulfur/100kg sorbent이다. 폐산화아연은 무게비로 20%의 황을 함유하고 있다. 아연황화합물은 비가역적이고 산화아연은 유기황화합물과 반응하지 않는다. 가스가 머켑탄을 함유하고 있다면, 촉매를 사용하여 수첨탈황에 의하여 가스 중 머켑탄을 황화수소로 전환하여야 한다.

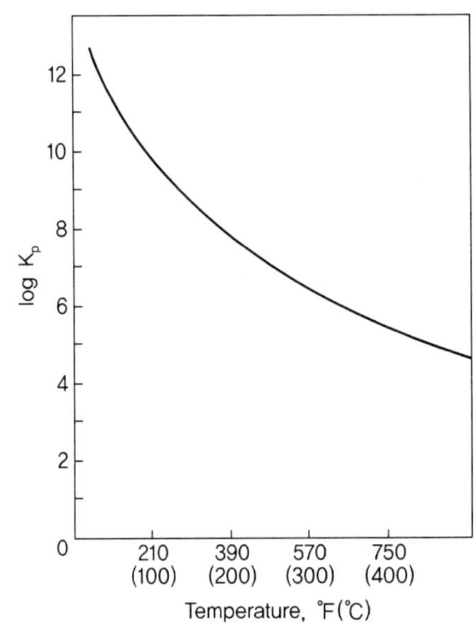

그림 3.3 식 (3.8)의 반응식에 대한 평형상수

2) 습식탈황기술

습식탈황기술로는 탈황제가 액상이냐 슬러리냐에 따라 액상탈황과 슬러리탈황으로 나눌 수 있다. 액상탈황은 탈황제로 철킬레이트, 알칼리염, 아민, 퀴놀린-바나듐 금속염을 사용하고 있으며, 슬러리탈황제로는 산화철이나 산화아연 슬러리 등을 사용한다. 이외에도 미생물을 이용하여 황화수소를 제거하는 생물학적 탈황기술이 있다. 여기서는 바이오가스 탈황제 적용되고 있는 탈황기술에 국한하여 논하고자 한다.

(1) 철킬레이트 탈황기술

철킬레이트용액은 철이온이 킬레이트와 결합된 상태이며 황화수소 제거에 사용된다. 철킬레이트탈황공정을 LO-CAT이라는 상품명으로 판매되고 있다. 철킬레이트 탈황공정의 흡착과 재생공정에 적용되고 있는 산화환원 반응은 다음과 같다.

$$2Fe^{3+} + H_2S \quad = \quad 2Fe^{2+} + S + 2H^+ \tag{3.10}$$

$$2Fe^{2+} + (1/2)O_2 + H_2O \quad = \quad 2Fe^{3+} + 2OH^- \tag{3.11}$$

LO-CAT공정은 황화수소 제거율이 99% 이상이고, 탈황제가 무독성이며 상온에 운전되며 냉각 및 가열을 위한 열원이 필요없어 바이오가스 탈황공정에 잠재적으로 매력을 가지고 있다. 철킬레이트 탈황은 매립가스에 함유된 황화수소와 탈황제와의 산화환원반응을 이용한 법이다. 탈황제인 철킬레이트용액이 가스에 포함된 황화수소와 반응하여 단체 황을 만들게 된다.

이와 같은 기술은 1995년 플로리다 매립지에서 처음으로 적용되었으며 미국 내 몇몇 매립지에 설치 및 운영되고 있다. 하지만 개발당시 초기에는 황화수소를 제거하는 산화환원 반응조건을 설정하는 것이 쉽지가 않아 주로 석유화학공정에서만 사용되었다. 그 후 산화환원 반응조건설정이 쉬워진 철킬레이트 용액을 개발하게 되었으며 현재에 이르고 있다. 철킬레이트 탈황은 그림 3.4에서 나타나 있으며, 다음은 산화환원반응을 이용한 철킬레이트 탈활 방법의 설명 및 반응식이다.

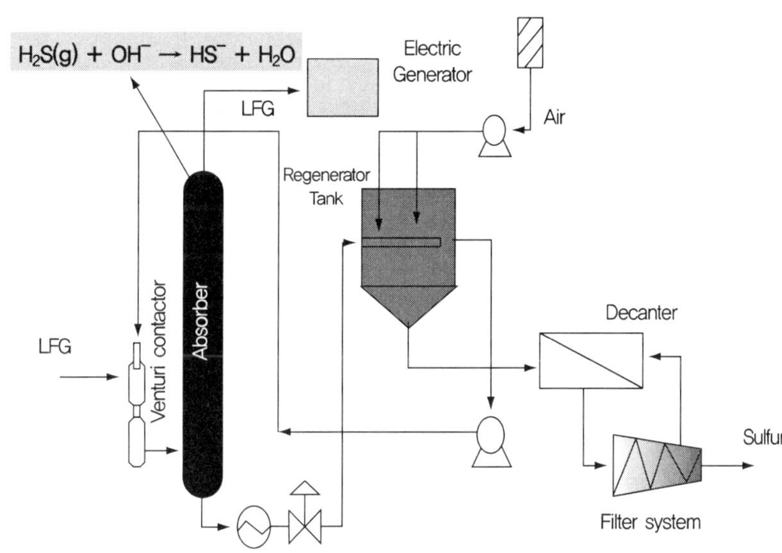

그림 3.4 철킬레이트 탈황공정

① 흡수반응(Absorber Reactions)

흡수탑에서 황화수소는 알칼리인 철킬레이트 용액에 흡수된다. 흡수된 황화수소가 bisulfide로 이온화되어 철이 제일철로 철 이온을 환원시켜 황으로 산화된다. 환원된 철이온은 흡수탑에서 산화탑으로 수송되어 재생된다.

$$H_2S_{(g)} + H_2O_{(l)} \leftrightarrow H_2S_{(l)} \tag{3.12}$$

$$H_2S_{(l)} \leftrightarrow HS^- + H^+$$

$$HS^- + 2Fe^{3+} \rightarrow S^0{}_{(s)} + 2Fe^{2+} + H^+$$

② 산화반응(Oxidizer Reactions)

산화탑에서는 대기 중의 산소가 철킬레이트 용액에 흡수되어 황화철이 제1철로 환원되고 재생하게 된다. 재생촉매는 흡수탑에 공급되어 재사용하게 된다.

$$\frac{1}{2}O_{2(g)} + H_2O_{(l)} \leftrightarrow \frac{1}{2}O_{2(l)} \tag{3.13}$$

$$\frac{1}{2}O_{2(l)} + 2Fe^{2+} + H_2O \rightarrow 2Fe^{3+} + 2OH^-$$

③ 총괄반응(Overall Reactions)

총괄반응은 등온적이고 낮은 운영비를 가진 클라우스 반응을 수반한 과정이다. 첨가되는 화학약품은 위의 반응조건에 대한 pH를 조정하며 황제거 공정에서 소실된 킬레이트 철이온을 재생시켜준다.

$$H_2S_{(g)} + \frac{1}{2}O_{2(g)} \rightarrow H_2O + S^0 \tag{3.14}$$

④ 부반응(Side Reactions)

모든 화학반응과 마찬가지로 철킬레이트 탈황에서도 부반응이 일어나게 된다. 예를 들면 산성 가스에 산소가 존재하게 되면 티오황산염 형성이 증가하게 된다. 처리대상인 산성가스가 공기와 접촉할 때, 또는 산성가스가 공기로 오염되었을 때에도 부반응이 일어나게 된다. 티오황산염은 킬레이트용액을 안정화하는데 기여하게 되어 열화를 방지하고 화학약품비용을 절감시켜준다. 한편 과량의 티오황산염은 알칼리 용액의 첨가를 필요로 하여 pH을 조정하게 된다.

중탄산염형성은 이산화탄소 함량과 밀접한 관계를 가지고 있어 가스중 이산화탄소 부분압과 pH에 좌우하게 된다. 그러나 중탄산염 형성은 철킬레이트 용액에 유해한 성분으로 작용하게 되므로 알칼리 용액을 첨가하여 pH를 조정하게 된다.

Thiosulfate Formation

$$2HS^- + 2KOH + \frac{3}{2}O_2 \rightarrow K_2S_2O_3 + 2H_2O \qquad (3.15)$$

Biocarbonate Formation

$$CO_{2(g)} + H_2O_{(l)} \leftrightarrow H_2CO_{3(l)} \qquad (3.16)$$

$$KOH + H_2CO_3 \leftrightarrow KHCO_3 + H_2O$$

(2) 알칼리 탈황

알칼리 탈황은 알칼리인 가성소다 용액과 산성인 황화수소와의 산·염기반응인 중화반응을 이용한 탈황법으로서 탈황제인 알칼리와 산성인 황화수소의 화학반응에 의한 흡수반응이다. 이 때 흡수탑 하부로 배출되는 황화수소를 가지고 있는 알칼리용액의 pH가 낮아지게 되면 폐알칼리 용액으로부터 황화수소가 대기로 휘발하게 된다. 그러므로 탈황제인 알칼리용액의 pH을 높게 하여야만 황화수소 제거율을 향상시킬 수 있다. 알칼리 탈황법은 그림 3.5에서 보는 바와 같이 공정이 간단하지만 탈황제로 사용하는 알칼리용액의 pH가 높아 설비부식의 우려가 매우 높으며, 폐알칼리를 처리하기 위한 폐수처리공정을 필요로 한다. 또한 폐수처리공정에서 황화수소를 가지고 있는 폐알칼리 용액으로부터 황화수소가 다시 대기로 휘발될 수 있으므로 가스 중 황화수소의 근본적인 처리방법은 아니다. 폐알칼리 용액으로부터 황화수소의 휘발을 억제하기 위하여 가성소다 용액에 첨가제로서 차아염소산나트륨(NaOCl)을 혼합하여 황화수소제거용 탈황제로 사용하고 있지만 실제로 적용되는 예는 극히 드문 실정이다. 아직까지 상기에서 언급한 설비부식 및 폐알칼리 용액의 폐수처리문제가 발생하기 때문이다. 다음은 알칼리탈황법의 반응식이고 그림 3.5에 알칼리 탈황공정을 나타내었다.

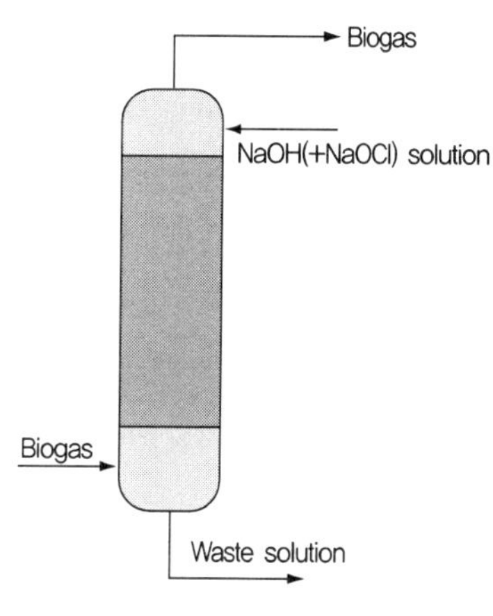

그림 3.5 알칼리 탈황공정

$$H_2S_{(g)} + 2NaOH_{(aq)} \leftrightarrow Na_2S_{(aq)} + 2H_2O_{(l)} \qquad (3.17)$$

$$Na_2S_{(aq)} + 4NaOCl_{(aq)} \rightarrow Na_2SO_{4(aq)} + 4NaCl_{(aq)}$$

(3) 생물학적 탈황기술

생물학적 탈황기술은 주로 미생물의 활동에 의한 산화작용으로 악취를 제거하는 방법으로 1960년대 이후부터 미국과 유럽을 중심으로 대표적인 생물학적 탈황법으로 알려져 있는 biofilter에 관한 많은 연구가 진행되었다. 저농도로 배출되는 황화합물을 제어할 경우에 경제적이며 일정 수준의 제거효율을 얻을 수 있는 방법으로 대표적인 생물학적 탈취법으로는 biofilter, biotrickling filter, bioscrubber가 있다(표 3.10). 기본적인 제거 메카니즘은 세 장치 모두 유사하며, 미생물상의 존재 형태에 차이점이 있다.

표 3.10 생물학적 탈황기술 분류

Reactor type	Microorganisms	Water phase
Biofilter	Fixed	Stationary
Biotrickling filter	Fixed	Flowing
Bioscrubber	Suspended	Flowing

Bioscrubber는 흡수법과 생물학적 처리방법을 접목시킨 방법으로 운전원리는 폐가스를 세정탑에 통과시켜 오염물질을 물에 흡수시킨 후 용해된 오염물질을 포함하는 물을 폭기조에서 미생물의 작용에 의해 제거하는 것이다. Bioscrubber에 적용 가능한 물질은 물에 대한 용해도가 높아야 하며, 특히 고농도 폐가스로 인해 미생물에 독성으로 작용하는 경우에는 biofilter 대신 적용이 가능하다.

Biotrickling filter는 biofilter와 bioscrubber가 혼합된 형태로 미생물이 고정화되어 있는 불활성 합성담체에 물을 살수시키고 다시 물은 순환되는 형태이다. 오염물질을 상부에서 살수되는 살수액에 흡수시킨 후, 담체에 고정화 되어 있는 미생물에 의해 생물학적으로 제거한다. Biofilter와 biotrickling filter의 간단한 장·단점은 표 3.11에 요약한 바와 같다.

Biotrickling filter는 부유 또는 고정 미생물에 의한 생물학적 분해 이전에 가스 상의 오염물질이 유동액상에 흡수가 이루어진다. Biotrickling filter에서 충전담체에 고정된 미생물과 물속의 부유 미생물이 반응기를 통과하는 동안 흡수된 오염물을 분해한다. 오염물질의 제거는 물질전달(diffusion, convection)과 미생물의 성장과 사멸, 세포 용해, 포식과 같은 생물학적 과정의 복잡한 과정의 결합이다. 살수액의 순환에 의해, 최적 오염물질 제거를 위한 환경으로 조정하기 위해 반응기에 영양물질, 산, 염기의 첨가가 가능하다. 가장 중요한 것은 biotrickling filter 반응기 내부 미생물의 과잉성장과 막힘 현상 등이 일어나지 않는 조건하에서 미생물의 활성은 최대화되도록 하는 것이다.

표 3.11 Biofilter와 biotrickling filter의 비교

기술	장점	단점
Biofilter	· 운영비와 투자비가 낮음 · 차압 거의 없음 · 폐가스 처리 불필요 · 공정이 간단함	· 대규모 부지 필요 · 열화 발생 · 고농도 부적합 · 수분, pH조정 어려움 · 미세입자로 인한 폐쇄
Biotrickling filter	· 운영비와 투자비가 중간 · 화합물 제거 효과적 · 산함유 불순물 처리필요 · 차압 거의 없음	· 바이오매스로 인한 폐쇄 · 설치와 운전 복잡 · 폐가스 처리 필요

Biotrickling filters는 biofilter보다 더 복잡하지만 일반적으로 효율이 더 높으며, 특히 분해하기 어렵거나 황화수소와 같은 산성 부산물을 생성하는 화합물 처리에 특히 효율적이다. Biotrickling filter는 biofilter보다 더 높게 설계될 수 있으며, 따라서 면적의 축소가 가능하다. 그리고 부유 액상 때문에 조건을 컨트롤하기가 더 쉬우며, 생물학적 처리방법의 적용이 어려운 경우에도 biofilter보다 biotrickling filter로 다루기가 더 쉽다. 고농도의 오염물질 처리, 고온의 가스 처리, 산 생성 오염물질, 그리스나 입자를 포함한 공기 흐름 처리에도 제한이 없다.

황화수소는 황 박테리아에 의한 산화반응을 통해 황산염으로 변환된다. 이들 박테리아 중 일부는 유기탄소를 세포성분과 에너지원으로 사용하는 종속영양세균이고, 나머지는 탄소원으로 CO_2를 사용하고 에너지원으로 환원된 황화합물을 사용하는 화학독립영양세균이다. Biofilter에 주로 이용되는 독립영양 미생물로는 *Thiobacillus* sp., *Thiothrix* sp., *Beggiatoa* sp. 등과 같은 무색 황산화세균이 있다. 화학독립영양세균인 *Thiobacillus* sp.는 다양한 종류가 있는 그램음성의 단간균이며, 극성편모로 운동하고, 유황산화를 화학적으로 암반응으로 행하는 대표적인 세균이다. 에너지원으로는 통상 단위체 유황(S^0), 황화수소, 티오황산, 포리티온산, 아황산 등을 전자공여체로 이용하게 된다. *Thiobacillus* sp.는 에너지원을 환원형 무기유황화합물을 전자공여체로 이용하고, CO_2를 유일한 탄소원으로 하여 최종적으로 황산염이 생성된다. 또한 *Thiobacillus* sp.는 1~10의 pH 범위에서도 살 수 있으며, 적정 성장온도는 8~37℃의 범위에 걸친다.

표 3.12에는 각종 탈황기술의 적용방법, 처리속도 및 예상 비용 등을 정리하여 나타내었다.

표 3.12 탈황기술 비교[1)]

	Comments	Disposal Method (sulfur form)	Removal Rate (lb sulfur /day)	Estimated Cost ($/lb of sulfur)
Zinc Oxides	· Used for hydrogen sulfide sweeting & polishing (<0.1 ppmv) · Throw away solid · Not reactive with organic sulfur compounds	Non hazardous landfill (zinc sulfide)	<20	
Impregnated Activated Carbon	· Throw away solid · Used for hydrogen sulfide sweeting & polishing (<0.1 ppmv) · Low sulfur capacity	Non hazardous landfill (sulfur absorbed into carbon)	<20	2.27
Iron Chlorides	· Bulk removal of H_2S in digesters · Low capital cost · Care required to avoid upsetting digester process	Non hazardous landfill (iron sulfate in sludge)		0.50
Iron Sponge	· Throw away solid · Partially regenerable · Low capital cost	Non hazardous landfill (iron sulfate impregnated wood chips)	<250	1.63
Sulfa Treat® Sulfur-Rite® Sulfa-Bind®	· Throw away solid · Low capital cost · Sulfa-Bind® is regenerable	Non hazardous landfill (iron sulfate in clay)	<250	2.25~4.00
Enviro-Scrub ®	· Throw away liquid · Low capital cost	Wastewater Treatment Plant(aqueous organic sulfur compound)	<500	4.71
Biopuric®	· Biological process · Sulfur concentrations of 1,000~50,000 ppmv · 90~99% removal rates	Wastewater Treatment Plant(aqueous solution with elemental sulfur, sulfate)	20~1,000	$0.03~Note 1
Paques	· Biological process · Creates elemental sulfur · Treated gas is 5~100 ppmv · High capital cost	Non hazardous landfill (elemental sulfur)	100~40,000	0.12
MINI-CAT® SulfurOx®	· Regenerable solution · Produces elemental sulfur · High capital/low operating cost	Non hazardous landfill (elemental sulfur)	440~2,200	0.17

Note 1 - Assumes nutrient cost is $3.33/liter. Water (4,000~5,000 gal/day non potable) and heat cost (1MBTU/day) are not included.

3.2.2 실록산 정제기술

1) 실록산의 개요

실록산이란 메틸, 에틸 또는 다른 작용기를 가지고 있는 실리콘에 산소와 결합된 실리콘 화합물(Si－O－Si)을 말한다. 실록산은 높은 압축성, 낮은 화염성, 낮은 표면장력 및 방수성, 고온 안정성 등 매우 우수한 특성을 가지고 있어 다양하게 사용되고 있다. 또한 실록산은 독성 및 알레르기가 매우 낮아 우리 생활용품에 널리 사용되고 있다. 반면, 실록산이 대기중에 노출되어 열화하게 되면 휘발성유기화합물(VOC)의 규제대상물질이다.

실록산은 샴푸, 화장품 등 생활용품과 제제류, 코팅류 등에 사용되는 공업용품 등에 함유되어 있는 실리콘이 사용 후 폐기된 인위적인 실리콘 화합물로서, 하수처리장이나 매립장에서 발생하는 바이오가스에 함유되어 있다. 실록산의 연간 세계 생산량은 백만톤 이상으로 추정하고 있다. 실록산과 실리콘은 널리 사용되고 있으며 그림 3.6에 가장 일반적인 제품들을 보여주고 있다.

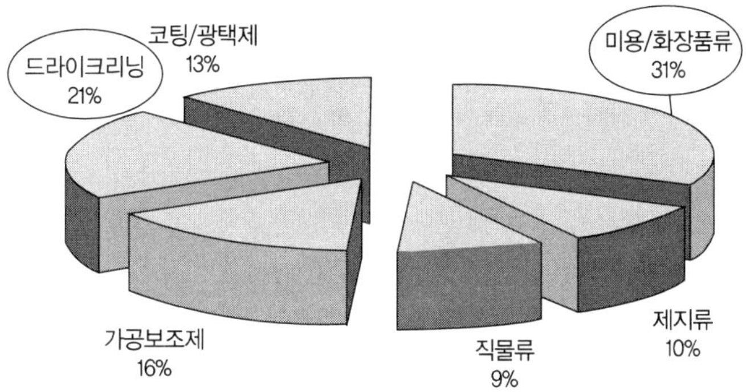

그림 3.6 실리콘 함유제품들

하수처리장에서 발생하는 대부분의 실록산은 대기에 쉽게 휘발되고 확산되어 수산기를 가지고 있는 실란올(Si－OH)이나 다양한 카르보닐기를 함유한 실록산으로 열화되며, 최종적으로 공기중의 산소에 산화하여 하얀 분말의 실리카와 이산화탄소로 전환하게 된다. 미국의 하수처리장내 실록산의 유입량은 년간 17,000톤으로 추정하고 있다.

실록산은 활성슬러지공정에서 열화되지 않고 슬러지 플록의 체외고분자물질(EPS) 표면에 흡착하여 슬러지내 실록산 농도가 증가하게 된다. 슬러지 내 실록산의 흡착성을 Freundlich상수, k_F로, Everaert & Baeyens(2004)에 의해 식 (3.18)로 표현되었다.

$$\ln(k_F) = \frac{-521.2}{\mathrm{Mw}} + 8.1153 \tag{3.18}$$

분자량(Mw)이 300 이상인 경우에 있어서 Freundlich상수 k_F는 거의 600인데, Everaert & Baeyens(2004)에 보고한 데이터에 의하면 지방족 또는 고리형 탄화수소가 주로 흡착됨을 알 수 있다. 슬러지의 혐기소화 시 슬러지 온도가 거의 60℃에 이르면 실록산의 휘발성이 높아 바이오가스에 함유하게 된다. 더군다나 소화조에서 거품형성 억제를 위하여 실리콘을 사용하기도 하는데, 실리콘이 실록산으로 열화하게 된다.

실록산은 물과 혼합하지 않는 친유성이어서 기름과 섞이게 된다. 또한 실록산은 분자량이 크지만 휘발특성을 가지고 있어, 공기중 산소와 접촉하여 연소하게 되면 열화되어 안정한 상태인 실리카로 변환되어 가스와 접촉하는 부위인 표면에 코팅된다. 시간이 지남에 따라 코팅된 양이 증가하게 되어 바이오가스 발전시설인 가스엔진이나 터빈 블레이드에 손상을 입히게 된다. 또한 미세한 실리카입자는 노즐이나 고속의 터빈유로를 폐쇄하기도 한다.

2) 실록산의 구조 및 특성

실록산의 구조는 선형과 환형이 있으며, 실록산(Siloxane)은 실리콘(Silicon), 산소(Oxygen) 및 메탄(Methane)의 합성어이다. 슬러지 혐기소화시 발생하는 바이오가스에 실록산은 휘발성 실록산이며, 비휘발성의 polydimethylcyclosiloxane [$-(Me_2SiO)_x-$]은 낮은 증기압으로 인해 바이오가스에 함유되지는 않는다.

바이오가스에 함유되어 있는 실록산의 종류 및 물성을 표 3.13에 나타내었다. 실록산의 이름이 길기 때문에 편의상 약자를 사용하고 있다. 환형구조를 가지고 있는 실록산은 간단히 “D”로, 선형구조을 가지고 있는 실록산을 “L” 또는 “M”으로 표기한다. 표 3.13에서는 실록산에 대한 분자량, 증기압, 끓는점, 화학구조 및 용해도를 나타내고 있다.

Kochetkov등(2001)은 선형(L2~L4)와 환형(D3~D6)실록산에 대한 헨리상수(H_c)을 표 3.13에 제시하였으며, 다음과 같은 관계를 도출하였다.

$$H_c = a \cdot V_m + b \tag{3.19}$$

여기서 V_m은 몰랄부피이고, 변수 a, b와 선형계수인 r^2을 표 3.14에 나타내었다.

표 3.13 실록산의 종류 및 특성

약어	분자식	분자량	증기압 (25℃, mmHg)	끓는점 (℃)	용해도(물) (25℃, mg/L)	log K_{ow} (-)	Henry H_e(-)
D3	$C_{12}H_{18}O_3Si_3$	222	10	135	1.56	3.85	-
D4	$C_8H_{24}O_4Si_4$	297	1.3	175	0.056	4.45	259
D5	$C_{10}H_{30}O_5Si_5$	371	0.4	211	0.017	5.2	185
D6	$C_{12}H_{36}O_6Si_6$	445	0.02	245	0.005	5.86	104
L2	$C_6H_{18}OSi_2$	162	31	107	0.93	4.2	397
L3	$C_8H_{24}O_2Si_3$	236	3.9				
L4	$C_{10}H_{30}O_3Si_4$	301	0.55				
L5	$C_{12}H_{36}O_4Si_5$	384	0.07				

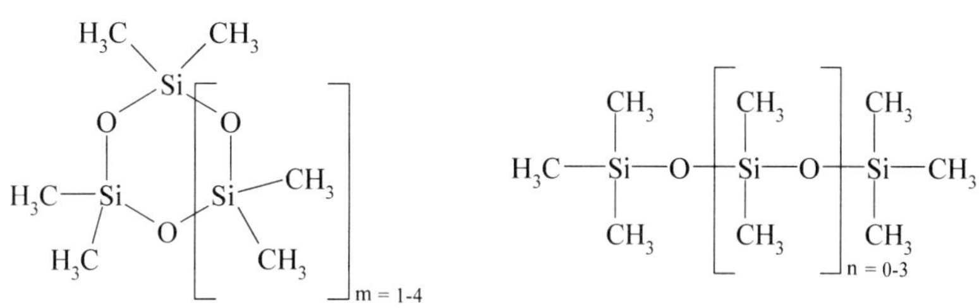

m = 1 Hexamethylcyclotrisiloxane (D3)
m = 2 Octamethylcyclotetrasiloxane (D4)
m = 3 Decamethylcyclopentasiloxane (D5)
m = 4 Dodecamethylcyclohexasiloxane (D6)

n = 0 Hexamethyldisiloxane (L2)
n = 1 Octamethyltrisiloxane (L3)
n = 2 Decamethyltetrasiloxane (L4)
n = 3 Dodecamethylpentasiloxane (L5)

표 3.14 실록산 화합물 구조에 따른 변수 a, b의 값

화합물구조	a	b	r^2
선형실록산	+0.0159	−2.80	0.953
환형실록산	−0.0049	+3.02	0.988

3) 실록산 분석방법

현재까지 가스상의 휘발성 실록산 분석을 위한 국제적인 표준화방법이 설정되어 있지 않다. Hagmann 등(1999)은 질량스펙트로미터를 결합한 가스크로마토그라피(GC-MS)에 의한 실록산 분석방법을 제시하고 있으며, Huppmann 등(1996)은 불꽃이온화검출기(FID; flame ionization detector)를 사용하여 실리카칼럼을 가진 가스크로마토그라피(GC/FID)를 사용하여 바이오가스 중 실록산을 분석하였다.

고분자흡착제인 XAD수지, 활성탄, 폴리우레탄 폼, 테트라데칸을 사용하여 바이오가스 중 실록산만을 선택적으로 추출하기도 하였는데, ultra sonification과 XAD을 사용하는 것이 실록산의 회수율이 제일 우수하였다. 폐수, 소화슬러지로부터 실록산을 추출하기 위해서는 XAD에 흡착하고 나서 헬륨을 사용하여 탈기하는 방법이 사용되고 있다. Schweigkofler와 Niessner(1999)은 진공상태의 스테인리스 재질의 캐니스터를 사용해 실록산을 샘플링하여 바이오가스 중 실록산을 분석하였다.

표 3.15는 실록산을 분석하기 위한 바이오가스 샘플링 방법의 특성을 보여주고 있지만, 아직까지 표준화된 방법은 없다.

표 3.15 가스샘플링 방법 비교

샘플링방법	재질	단점	장점
활성탄 흡착	활성탄, 탈착용매 (CS_2, Benzyl alcohol, CH_2Cl_2)	회수율 낮음	
이온교환수지 흡착	XAD 2, XAD 4, 탈착용매(헥산)	회수율 낮음	
가스포집백	린데가스백	가스백의 밀봉성 의심	
유리포집병	유리포집병	유리벽면에의 응축/흡착	핸들링 용이
액체흡착	메탄올, 헥산 가스포집병	메탄올/헥산 냉각,	모든 실록산 정량화 가능

4) 실록산의 생태적 · 위해적 특성

실록산은 인위적인 화합물로서, 실리콘과 메틸작용기를 결합하는 미생물학적 과정은 밝혀지지 않았다. 그럼에도 불구하고 실리콘원자로부터 유기 작용기를 끊어서 실록산을 열화하는 미생물학적 프로세스가 일어난다. 실록산은 물에 거의 용해되지 않지만, 슬러지에 선택적으로 흡착되는 특성을 보이고 있다. Graiver 등(2003)에 의하면, 실록산이나 실록산 열화생성물이 환경 및 유기체에 무해하다고 한다.

휘발성 메틸실록산에 대한 대기학적 화학반응은 많은 연구가 진행되었는데, 메틸실록산이 대기 중 광화학반응에 의해 열화되지만 대기권의 오존층에는 영향을 미치지 않는다고 한다. 이런 실험결과를 토대로 미국 환경청(EPA)은 휘발성 메틸실록산을 비반응성의 휘발성유기화합물(VOC)로 분류하여 휘발성유기화합물 규제대상에서 제외하고 있다.

실록산이 대기에 노출되면 공기 중의 산소와 반응하는 산화반응은 그림 3.7에 나타내었다. 초기에 실리콘－메틸라디칼 ($Si-CH_2\cdot$)을 이루는 실리콘의 메틸기에 부착하여 실록산의 산화반응이 개시되며, 라디칼은 산소와 반응하여 과산화물 라디칼($Si-CH_2OO\cdot$)

로 전환된다. 실리콘과 산소는 친화성을 가지고 있어 과산화물이 옥시카본 중간물(Si－O－CH_2－O·)과 불안정한 옥시카본 실란(Si－O－CH＝O)으로 전환되며, 이 구조는 쉽게 수소화되어 실란올(Si－OH)로 변환되고 열화된다. 모든 메틸기가 실리콘원자로부터 제거될 때까지 반응이 일어나서 최종 반응생성물로 실리카와 이산화탄소로 변환하게 된다.

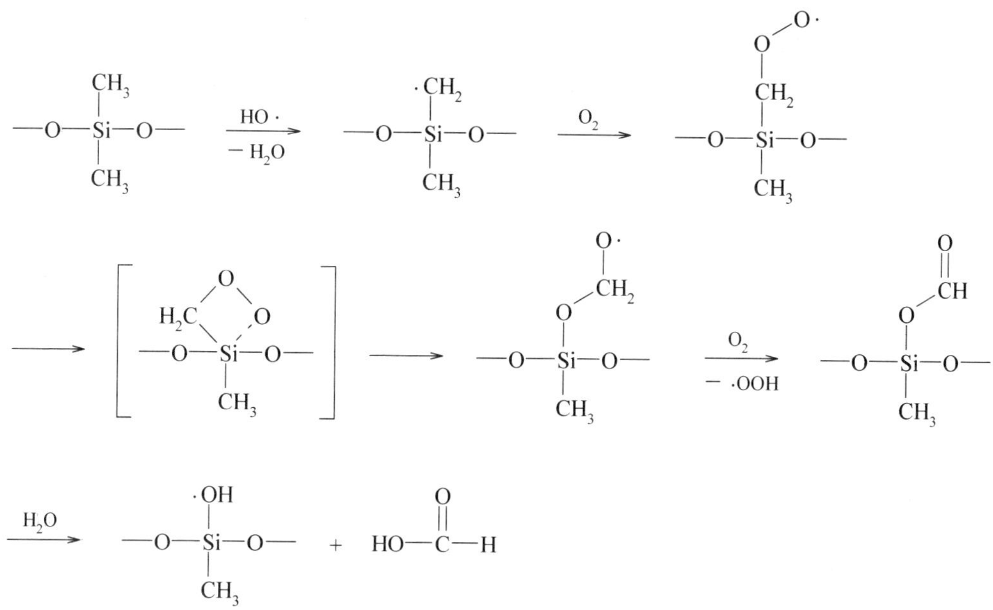

그림 3.7 대기중 실록산 분해반응 메커니즘

5) 실록산함유 바이오가스가 연소설비에 미치는 영향

바이오가스를 에너지원으로 사용할 때 많은 기술적인 문제점이 야기되고 있어 바이오가스 성분에 대한 정확한 정보와 바이오가스 연소에 대한 열역학적 프로세스 등에 대한 고급지식을 필요로 한다. 바이오가스의 연소설비에서 야기되는 대부분의 기술적인 문제는 바이오가스에 함유된 미량의 많은 불순물로부터 발생하고 있다. 그러므로 바이오가스 종류, 예를 들면 매립쓰레기로부터의 매립가스, 하수처리장 소화가스, 축산분뇨로부터 바이오가스 등 바이오가스 발생원에 따라 바이오가스 성분이 달라진다. 이와 같은 불순물들로 인해 에너지회수설비(열교환기, 가스엔진 등)에 큰 손상을 주어 바이오가스의 에너지화설비가 경제적 손실을 입게 된다. 바이오가스를 에너지원으로 사용 시 공정상 문제를 일으키는 주요성분은 다음과 같다.

- 부식성 산
- 황화수소
- 할로겐화합물
- 휘발성 실리콘화합물

부식성 산과 할로겐 화합물은 모든 설비의 부식을 초래하여 부식에 강한 재질을 사용하여 해결하기도 하지만, 경제적 비용이 증가하게 된다. 또한 휘발성 실리콘화합물은 연료인 바이오가스가 접촉하거나 통과하는 면(배관 벽면, 흡입구, 배출구 등)에 부착하여 바이오가스 에너지회수설비에 큰 손상을 입히게 된다. 그림 3.8은 바이오가스에 실록산을 함유한 상태로 가스엔진의 연료로 공급하게 되었을 때 가스엔진에 미치는 영향을 보여주고 있다. 실록산 함유 바이오가스를 연소하게 되면 유리와 같은 화학적 물리적 특성을 갖는 미세결정성 실리카를 형성하게 되어 가스엔진 표면이 마모된다. 또한 단열효과로 인하여 모터가 과열되고, 축적되어 가스엔진, 스파크 플러그, 피스톤, 실린더헤드, 밸브 및 배기가스측 촉매처리장치 등에 손상을 입히게 된다. 또한 미세결정의 실리카입자들이 엔진오일에 혼입되어 오일에 누적됨으로써 오일을 오염시키게 된다.

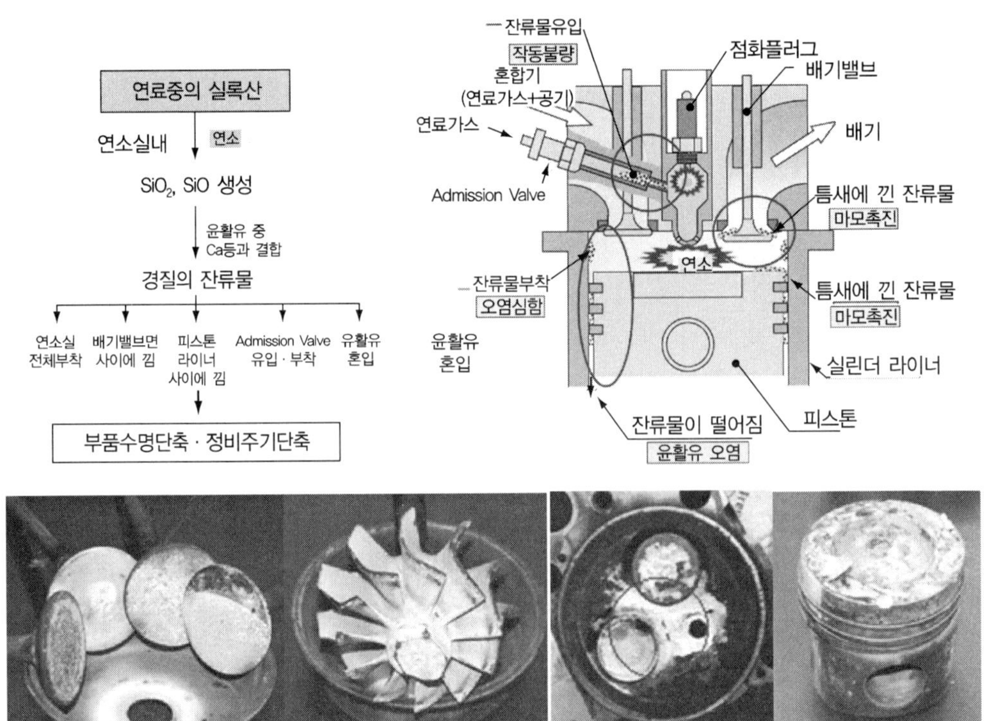

그림 3.8 실록산 함유 바이오가스로 인한 가스엔진의 영향

6) 실록산의 정제기술

바이오가스에 함유된 실록산을 제거하는 정제기술로는 냉각, 동결, 흡착 및 용매흡수 등이 사용되고 있다. 실록산의 어는 점을 이용하여 실록산을 제거하는 냉각 및 동결 정제 과정에서 −25℃보다 −70℃에서 실록산 제거성능이 높았지만 실록산이 냉매가 통과하는 배관표면에 부착하게 되어 시간이 지남에 따라 실록산 제거성능이 떨어지게 된다. 그러므로 배관표면에 부착한 실록산을 분리하기 위한 추가적인 장치가 필요하다. 또한 실록산은 온도계 및 압력계 등에 부착하게 되어 기기 오동작을 일으키기도 한다.

활성탄과 같은 흡착제를 이용하여 실록산을 제거하는 기술은 온도와는 상관이 없고 다만 활성탄의 비표면적과 기공구조 등에 영향을 받게 된다. 일반적으로 흡착제의 비표면적이 증가할수록 실록산 흡착량이 증가하게 되고 미세기공, 중기공 및 거대 기공간의 기공 네트워크가 발달될수록 실록산의 제거성능도 증가하게 된다. 그러나 흡착제에서 실록산이 흡착제거되는 메커니즘은 아직 밝혀지지 않았으며, 판매되고 있는 실록산 흡착제거용 흡착제에 대한 자세한 정보는 기술보안으로 인해 보고되지 않았다. 활성탄은 바이오가스 중 실록산을 흡착할 수 있지만, 활성탄에 흡착된 실록산을 탈착하기는 어려워 활성탄에 실록산이 포화 흡착되면 활성탄을 일정주기로 교체하여 운전하고 있다. 실록산 흡착제로 활성탄 이외에도 무기계 또는 탄소계 분자체나 고분자 비드를 사용할 수 있다. 일반적으로 활성탄 흡착은 흡착탑 2개를 병렬로 두어 앞단의 흡착탑이 실록산으로 포화되면 후단의 흡착탑으로 유로를 변경하고 나서 앞단의 흡착탑내 활성탄을 교체한다. 이와 같이 흡착탑내 활성탄의 교체와 바이오가스 중 실록산 흡착제거를 병행하여 연속공정을 시행할 수 있다.

용매흡수법은 고비점의 용매를 사용하여 바이오가스 중 실록산만을 선택적으로 흡수하고, 실록산을 흡수한 용매를 재생하게 된다. 흡수탑으로는 스프레이 칼럼이나 충전물이 충진된 충전탑을 사용하여 실록산을 흡수제거할 수 있지만, 실록산을 함유한 용매를 재생하기 위해서는 고온의 열원이 필요하고 회수한 실록산을 처리해야 하는 문제점을 가지고 있다. 표 3.16은 바이오가스 중 실록산 정제기술에 대한 성능으로, 이 중에서 활성탄 흡착이 매우 높은 성능을 보여주고 있어 다른 실록산 정제기술로 보편적으로 널리 이용되고 있다.

표 3.16 실록산 정제기술별 성능

Technique	Performance(%)
Cooling(−25℃)	25.9
Freezing(−70℃)	99.3
Adsorption activated carbon	> 99.1
Solvent washing	> 60

3.3 바이오가스 고질화기술

3.3.1 바이오가스 고질화 필요성

메탄과 이산화탄소 및 소량의 불순물을 함유한 바이오가스에서 이산화탄소와 소량의 불순물을 제거하여 바이오가스를 고질화할 수 있다. 바이오가스 고질화의 필요성은 다음과 같다.

1. 압축용량감소에 다른 에너지소비 감소를 포함하여 연료부피의 감소로 인한 저장탱크의 축소
2. 신규 바이오가스 활용영역의 개척
3. 재생에너지원으로부터 발생하는 가스연료의 화석연료 대체 또는 신규 규격을 가지는 균일연료 공급

표 3.17 바이오가스 고질화 기술의 장단점

공정	개요	장점	단점
흡착	활성탄이나 탄소분자체와 같은 다공성 흡착제를 이용하여 CO_2, 탄화수소 등을 제거한다.	· 고품질의 가스 · 건조공정 · 화학약품 사용하지 않음 · 공정수 사용하지 않음 · 폐수발생 없음 · 일부의 N_2와 O_2제거가능 · 생성물내 미생물 오염없음 · 입증된 기술임	· H_2S 정제필요 · 3~4탑 병렬공정 · 복잡 공정 · 높은 투자비 · 흡수에 비해 에너지 소비가 큼
흡수	물이나 아민, PEG등을 흡수액으로 하여 CO_2, H_2S을 흡수제거한다.	· 고품질의 가스 · 적절한 투자비 · 정제공정 필요없음 · 컴팩트화 공정 · 입증된 기술 · CO_2의 재사용가능	· 폐수처리 · 장치규모가 큼 · 공정수 필요 · 운전조건 복잡
막분리	분리막을 사용하여 분리속도차에 의하여 CO_2를 제거한다.	· 건조공정 · 화학약품 사용않음 · 기계구동 적음 · 컴팩트화 공정	· 정제공정 필요 · 낮은 CH_4 회수율 · 높은 투자비 · 장기간 운전 불안정 · 높은 에너지 소요 · 실증단계
액화	고압과 저온에 의해 CO_2를 액화하고 재생탑에서 CO_2를 분리한다.	· 초고품질의 가스 · 화학약품 사용않음 · 물 사용않음 · 컴팩트화 공정 · CO_2 재사용 가능	· 정제공정 필요 · 높은 에너지소비 · 높은 투자비 · 복잡 공정 · 실증단계

4. 대기오염물질 및 연소시 문제가 되는 불순물 제거를 위한 바이오가스 정제
5. 산업체 및 농수산부문에서의 이산화탄소판매에 의한 수익원 창출

표 3.17에는 바이오가스 고질화 기술의 장단점을 요약하여 나타내었다.

3.3.2 흡수분리기술

흡수법은 오염된 공기가 비휘발성 액상과 접촉하여 기상에서 액상으로의 물질전달이 목적이다(그림 3.9 참고). 흡수법은 세정액으로 폐가스의 오염물질을 제거하는 방법이며 세정액으로는 주로 물이 사용된다. 친유성의 오염물질인 경우에는 실리콘오일과 같은 유기용매가 사용된다. 효율적인 기-액 물질전달을 위해 충전칼럼, 버블칼럼 또는 벤츄리 컨텍터 등이 사용된다. 이 기술의 주요한 단점은 오염물질이 파괴되는 것이 아니라 다른 상으로 전환되어 여전히 오염물 처리문제가 남는다는 것이다. 그러나 경우에 따라서 물질의 특성에 따라 상대적으로 가치있는 화합물이 될 수도 있으며 그 물질을 재사용할 수 있다는 장점이 있다.

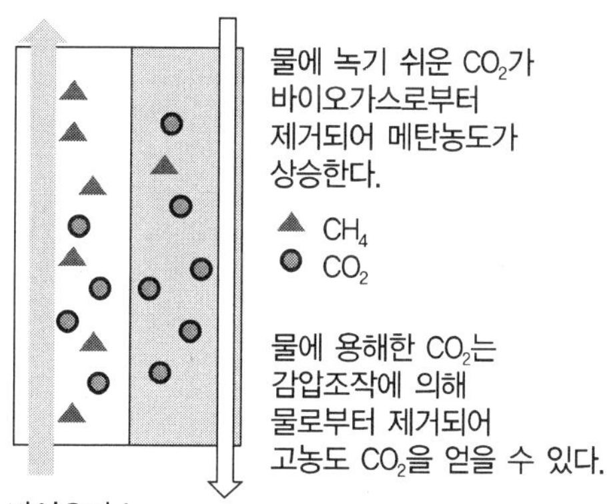

그림 3.9 흡수분리의 개요

1) 고압수(高壓水) 흡수법

물흡수법은 기체가 액체에 용해되는 물리적인 현상에 기인한 방법으로 그 개략적인 공정도는 그림 3.10에 예시한 바와 같다. 용매인 물에 CH_4보다 CO_2, H_2S가 잘 용해되기 때문에 물흡수법을 사용한다. 바이오가스에 함유된 기체인 CO_2와 H_2S는 물에 용해하기 쉬운 성분이지만 CH_4의 거의 용해되지 않는 특성을 이용하여, 바이오가스의 CO_2와 H_2S을 물에 용해하여 고농도 CH_4만을 회수하게 되고, 물에 용해한 CO_2와 H_2S는 감압조작을 통해 물로부터 CO_2와 H_2S을 분리하여 물을 재생하게 된다. 이와 같이 물흡수법은 용매인 물을

사용하여 특정 성분만을 흡수하고(흡수), 또한 물에 흡수한 성분을 분리하여 재생하는 공정(탈기)을 가지게 된다. 즉 흡수 및 탈기공정을 거치게 되는 것이다.

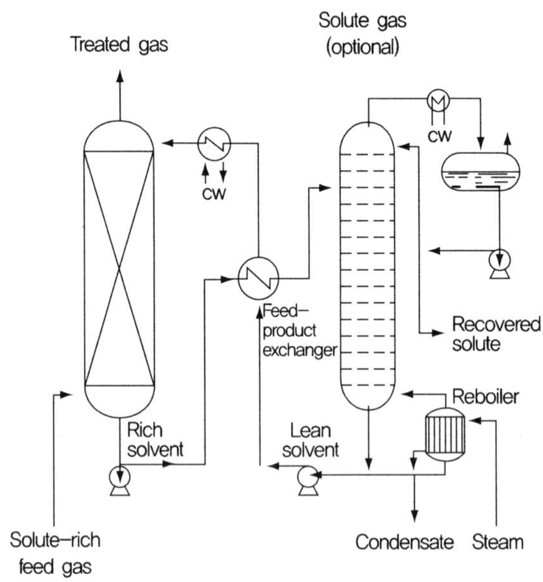

그림 3.10 일반적인 흡수 및 탈기공정

용매인 물에 기체가 용해되는 현상은 헨리의 법칙을 따르게 되는데, 헨리의 법칙에 의하여 일정온도에서 기체의 용해도는 그 기체의 압력인 분압이 증가할수록 증가하고, 기체가 액체에 용해될 때에는 발열반응이므로 일정압력에서 온도가 낮을수록 증가한다. 그림 3.11은 온도에 따른 기체의 물에 대한 용해도를 보여주고 있다. CH_4의 용해도는 온도와 관계없이 거의 일정한 경향을 보여주고 있지만, H_2S와 CO_2의 용해도는 온도가 증가함에 따라 급격하게 감소함을 알 수 있다. 또한 바이오가스에서 CH_4와 함께 주성분인 CO_2의 용해도는 압력이 증가할수록 증가함을 알 수 있다.

물에 대한 기체의 용해도에 영향을 미치는 주요 인자는 압력과 온도이다. 압력은 일반적으로 기계장치인 가스 콤프레서를 이용하여 조정할 수 있어 기계적인 오류만 없다면 큰 문제를 일으키지 않는다. 하지만 설비 규모상 또한 사계절을 가지고 있는 우리나라 기후변화 특성상 온도조절은 쉽지 않다. 즉 겨울철에는 외기온도가 낮아 임의적으로 온도를 낮추지 않아도 낮은 온도로 인하여 기체용해도가 크므로 CH_4를 회수하기가 용이하지만, 여름철에는 외기온도가 높아 기체용해도가 다소 떨어지기 때문에 CH_4의 순도를 올리기 위해서는 추가적인 장치나 에너지를 필요로 한다.

온도가 증가함에 따라 기체의 용해도가 증가하는 현상을 물리적으로 설명하면 다음과 같다. 먼저 고체, 액체 또한 기체에 대한 분자운동을 생각해보면, 고체(예를 들면, 얼음)에서는 분자들이 진동하거나 움직임이 전혀 없지만, 열을 가하면 분자들이 운동하게 되어 분자들이 진동하게 된다. 즉 고체에서 액체로, 다시 액체에서 기체로 변환하게 된다. 예를 들면 물속에 설탕을 넣게 되면, 물 분자들이 설탕격자를 용해하게 된다. 설탕격자들은 물 분자들로 둘러싸여 설탕격자들이 끊어지면 설탕격자의 유기적인 구조에 물분자가 침입하게 된다. 여기서 물분자에 에너지를 가하게 되면 많은 양의 설탕이 물에 용해하게 되며, 설탕격자가 더 많이 끊어지게 된다.

이와 같은 현상이 기체 용해에 대해서는 반대적인 현상을 가지고 있다. 기체상의 분자는 고체상이나 액체상에 비하여 큰 에너지를 가지고 있다. 즉 고체는 적은 에너지를 가지고 안정한 상태를 유지하지만 이에 비하여 액체는 조금 큰 에너지를 가지고 있고, 기체는 액체보다 더 큰 에너지를 가지고 있는 상태이다. 더 큰 에너지를 가지고 있는 기체는 물분

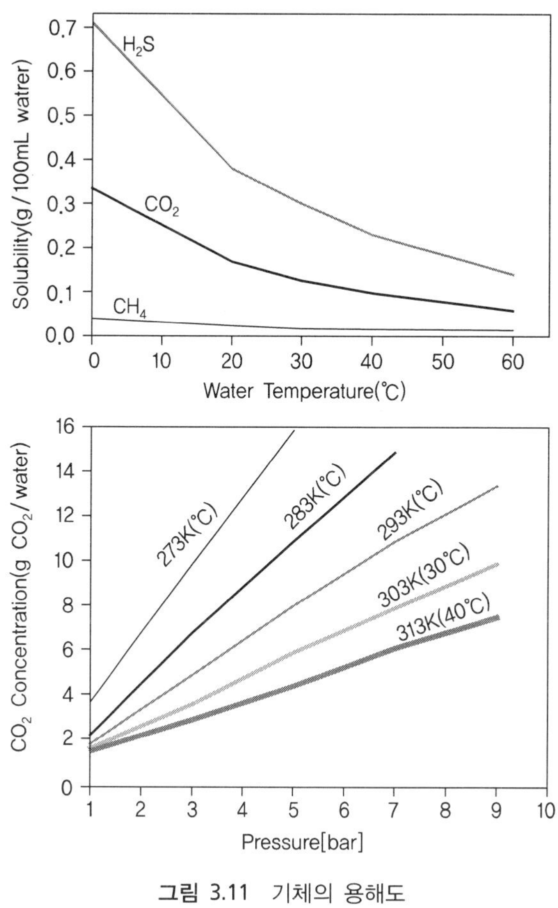

그림 3.11 기체의 용해도

자를 진동시켜 기체분자가 물 분자의 격자를 끊어 물 분자 사이에 칩입한다. 하지만, 물에 열을 가하면 기체분자가 물분자 격자를 끊을 수 있는 에너지가 부족하게 되어 물분자 격자에 기체분자가 침입할 수 없게 된다. 아민흡수법에 비하여 물흡수법의 장점은 다음과 같다.

- 공정이 단순하다(열교환기나 리보일러가 필요 없음).
- 열부하가 없다.
- 저렴한 용매를 사용한다.
- 카르보닐황(COS), O_2 및 다른 미량 불순물과 반응하지 않는다.
- 질소성분 용매를 배출하지 않는다.

물흡수법의 단점은 다음과 같다.

- 매우 큰 펌프부하가 필요하다.
- CO_2 제거효율이 낮다.
- 부산물의 CO_2 순도가 낮다.
- 생성물의 손실이 다소 높다.

물흡수법은 다음과 같이 2가지 종류로 나눌 수 있다.

(1) 재생수 흡수법(Regenerating water wash process)

흡수탑에 공급되어 이산화탄소를 흡수하는 세정수가 재생되는 공정이다(그림 3.12). 이 기술의 장점은 일회수 흡수법(single pass water wash process)에 비하여 적은 양의 물을 사용하는 것이다. 흡수탑에 공급되는 세정수에 흡수된 메탄을 플래시탱크에서 2~4기압의 중압으로 감압하여 회수한 메탄을 가스 콤프레서 전단의 유입가스로 순환하여, 메탄의 회수율을 증대시킨다. 플래시 탱크에 공급되는 공정수는 공정수 중 메탄을 회수하고, 탈착탑(또는 탈기기)에서 공정수에 함유된 이산화탄소, 황화수소, 산소, 질소 등을 탈착하여 공정수를 재생한다. 흡수탑과 같이 탈착탑 내부에는 random packing의 일종인 pall ring이 채워져 있다. 물은 탈착탑 상부로 공급되고 하부로부터 공기를 공급하는 air stripping 기능을 발휘하게 된다. 탈착탑 내 압력은 상압을 유지하면, 탈착탑 상부로 폐가스가 배출된다. 폐가스 중의 이산화탄소와 황화수소와 같은 불순가스는 가스필터를 통과 후 대기로 배출된다.

저압의 탈착탑에서 물에 흡수된 이산화탄소(HCO_3^-)는 다음과 같은 반응식에 의해 기상의 이산화탄소로 전환된다.

$$HCO_3^- + H^+ \Rightarrow CO_2(g) + H_2O \tag{3.20}$$

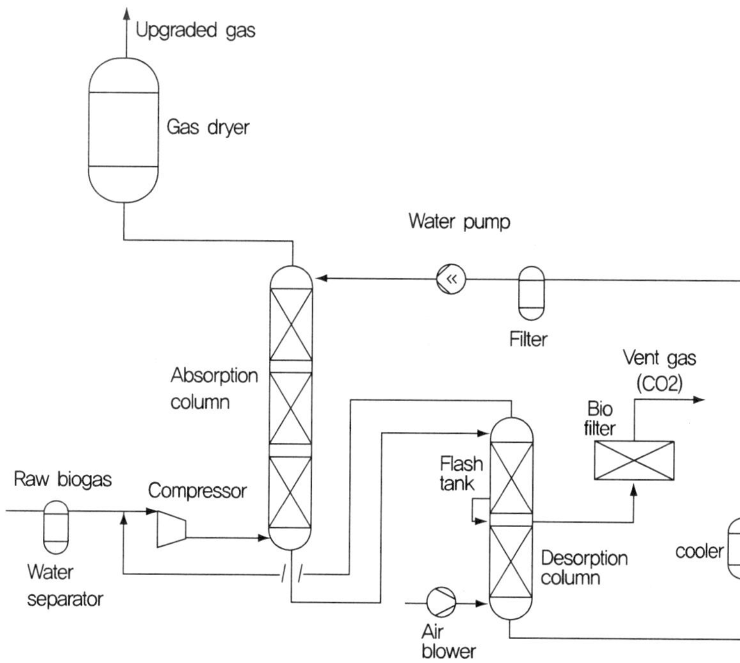

그림 3.12 Regenerating water wash process

공정수의 pH는 바이오가스 세정과정이 일어나면서 중성으로 증가하게 되며, 물의 온도도 증가하게 된다. 물은 열교환기에서 냉각되어 15℃로 흡수탑에 공급되고, 재생과정을 거쳐 재사용된다. 공정수는 음용수이고 소량씩 보충하여 준다.

(2) 일회수 흡수법(Single pass water wash process)

일회수 흡수법(Single pass water wash process)은 세정수를 한번만 사용하는 것으로 세정수에 H_2S와 CO_2같은 불순물이 포함되지 않는다는 것이 장점이다(그림 3.13). 세정수를 순환하지 않고 한번만 사용하기 때문에 세정수에 H_2S와 CO_2를 최대로 흡수할 수 있다. 하지만, 많은 양의 물을 필요로 하는 단점을 가지고 있다.

공급수의 가격 저감을 위하여 하수처리장 발생 재생수를 공정수로 사용한다. 물의 온도는 계절에 따라 변하므로 공정수 온도는 계절변화 등에 따라 심하게 변할 수 있지만, 일반적으로 4~21℃의 온도를 유지한다. Single pass water wash process는 흡수탑과 플래시탱크가 없는 regenerating water wash process의 원리와 같다. 공정수는 흡수탑 내부에서 바이오가스와 반응하여 공정수에 흡수된 메탄은 플래시탱크에서 감압되어 유입가스로 순환되고, 물은 플래시 탱크 하부에서 배출되어 하수처리공정으로 보내진다. 공정수는 재사용하지 않는다. 물흡수법에 있어서 상압조작보다 고압조작이 가지는 장점은 압력이 증가함에 따라 적은 양의 물을 사용하여 용매인 물을 과포화상태로 만들 수 있고, 물을 재생할 때도 저압에서 빠르게 재생할 수 있다는 것이다.

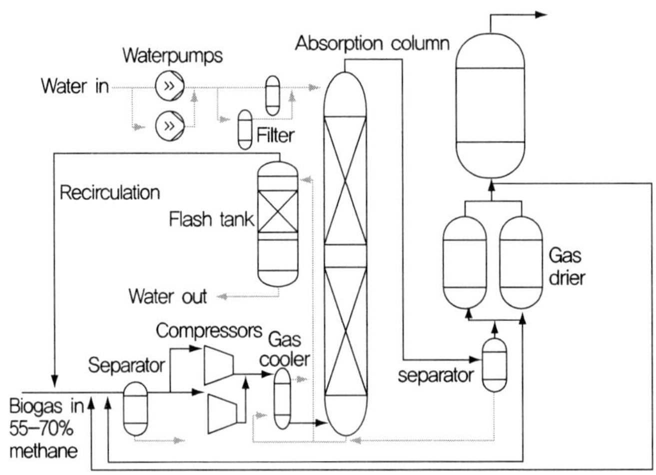

그림 3.13 일회수 흡수법(Single pass water wash process)

2) 셀렉솔(Selexol) 흡수법

Selexol은 1950년 Allied Signal사에서 개발된 물리적인 액체 흡수액(또는 용매)으로 천연가스 및 합성가스 정제에 사용되고 있다. 이 흡수액은 H_2S, CO_2, 머켑탄 및 탄화수소계열 성분을 제거하기 위하여 전세계적으로 50개 이상의 설비가 운전되고 있다.

Selexol이란 폴리에틸렌글리콜(polyethylene glycol)과 dimethyl ether의 혼합물로서 $CH_3(CH_2CH_2O)_nCH_3$ ($n=3\sim9$)의 화학구조를 가지고 있다. 아민 흡수액은 흡수액과 가스 중 성분이 화학반응하는 화학 흡수액인 반면, Selexol 흡수액은 가스중 성분과 흡수액이 반응하는 않는 물리 흡수액이다. 그러므로 Selexol 흡수액이 가수 중 성분과 반응하지 않는 것이 매우 큰 장점이다. 여기서 물리흡수액과 화학 흡수액에 대하여 알아보자.

그림 3.14는 Selexol과 같은 물리흡수액과 아민계열(MDEA, DEA)과 같은 화학흡수액에 대한 특성을 비교하여 보여주고 있다. 화학흡수액은 낮은 비교적 분압 하에서도 높은 흡수용량을 나타내지만, 분압이 증가함에 따라 흡수용량이 증가하다가 어느 분압부터는 거의 일정한 흡수용량을 보인다. 또한 물리흡수액은 분압이 증가함에 따라 흡수용량이 비례적으로 증가한다. 그러므로 화학흡수액은 가스 중 분압이 낮은 성분들에 대하여 유리하고, 물리흡수액은 분압이 높은 성분들에 유리하므로 공급가스의 성분들에 적합한 흡수액

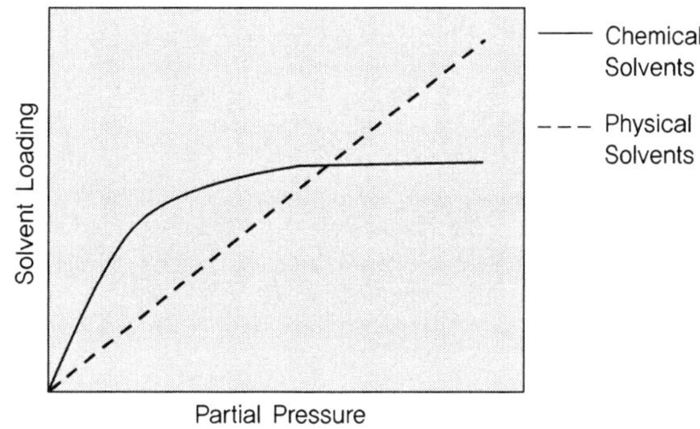

그림 3.14 물리흡수액과 화학흡수액과의 특성 비교

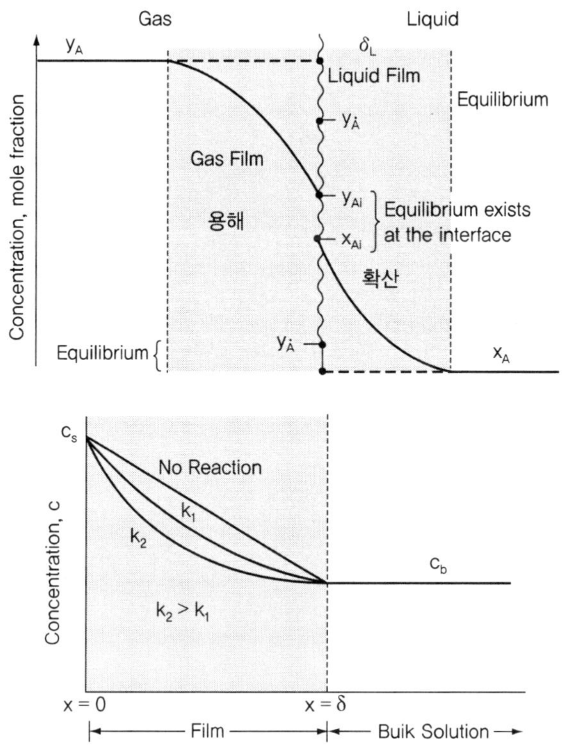

y_A : A성분 기체 농도 　　　x_A : A성분 액체농도

y^*_A : 평형상태에서의 A성분 기체농도 　　　x^*_A : 평형상태에서의 A성분 액체농도

$y_{A.i}$: 계면에서의 A기체 농도 　　　$x_{A.i}$: 계면에서의 A성분 액체농도

δ_L : 액체측 격막 두께

그림 3.15 물리흡수와 화학흡수 원리

을 선정하는 것이 바람직하다. 게다가 물리흡수액은 압력변화에 의하여 흡수액을 재생할 수 있어 화학흡수액에 소요되는 에너지에 비해 에너지 소비량을 줄일 수 있다.

기체가 액체인 용매에 흡수되는 과정을 이중격막설로 설명할 수 있으며, 그림 3.15는 이중격막설에 의해 가스가 흡수액에 흡수되는 흡수메커니즘이다. 이중격막설(Two film theory)이란 기체와 액체 사이에 격막이 있어서 기체측 격막에 기체격막이 존재하고, 액체측 격막에는 액체격막이 존재한다. 기체가 액체에 흡수되기 위해서는 기체가 기체격막에 대하여 용해과정이 일어나고 난 후, 액체격막에서 확산과정이 일어나는 물질전달 과정이다. 그러므로 물리흡수과정에 대한 물질전달플럭스(N)는 식 (3.21)과 같이 표현할 수 있다.

$$N = k(C_s - C_b) \tag{3.21}$$

여기서 k는 평형상수이고, C_s와 C_b는 각각 액체출구측 농도와 공급가스 농도를 말한다. 화학흡수는 물리흡수 과정과 같은 메커니즘을 진행하지만, 물리흡수와는 달리 가스 중 성분과 흡수액 간에 화학반응을 동반하여 다음식과 같이 표현할 수 있다.

$$N = Ek(C_s - C_b), \quad E = \frac{(k)_{\text{chem}}}{(k)_{\text{phys}}} \tag{3.22}$$

여기서 E는 촉진계수(Enhancement Factor)로서 화학흡수의 평형상수와 물리흡수의 평형

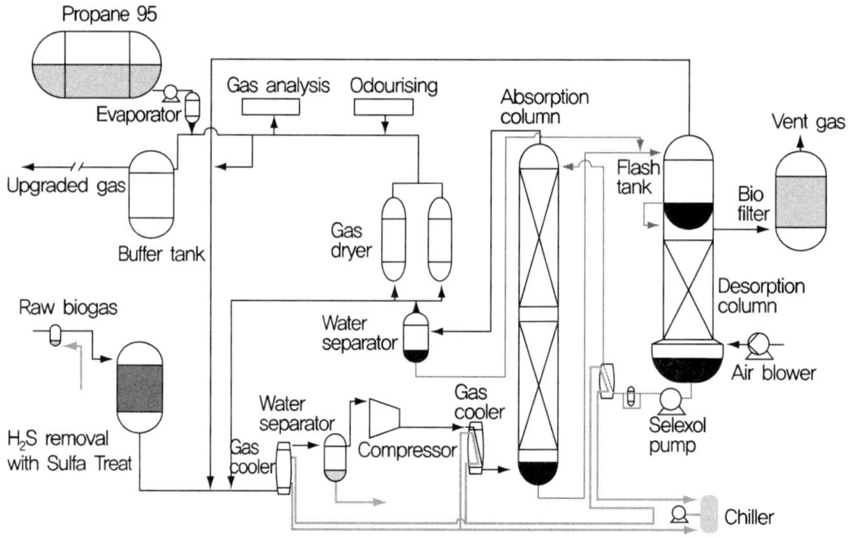

그림 3.16 바이오가스 고질화를 위한 Selexol 흡수공정

상수의 비로 나타낸다. 그러므로 물리흡수속도에 비해 화학흡수 속도는 촉진계수로 인해 화학흡수속도가 빠르게 일어남을 알 수 있다.

그림 3.16은 바이오가스를 고질화하기 위하여 일반적으로 사용되고 있는 Selexol 흡수 공정도를 보여주고 있다. Selexol흡수공정에서 사용하는 Selexol 흡수액의 관리를 위하여 바이오가스에 함유된 H_2S를 정제하기 위한 H_2S 정제공정이 설치되어 있으며, 전체적인 공정은 물흡수법과 동일하게 CO_2를 흡수하는 흡수탑과 흡수액을 재생하여 CO_2를 탈기하는 탈기기로 구성되어 있다. 또한 Selexol 흡수액은 물리흡수액으로 화학반응을 동반하지 않기 때문에 흡수액을 재생하기 위하여 대기중 공기를 공급하여 흡수액에 흡수된 CO_2를 탈기시키고 나서 재생된 흡수액은 흡수탑으로 재순환되는 연속공정을 이루게 된다.

3) 아민흡수법

특정 기체성분을 액체인 흡수액에 흡수시키기 위하여 아민계열의 흡수액을 사용하는 기술을 아민흡수법이라고 한다. 아민흡수법은 석유화학에서 발생하는 대기오염물질인 H_2S 뿐만 아니라 CO_2를 제거하기 위하여 개발된 기술로서 역사적으로 오랜 된 기술이다. 아민흡수법에서 사용되는 흡수액으로는 MEA(Monoethanolamine), DEA(Diethanolamine), MDEA (MethylDiethanoamine), DIPA(Diisopropylamine), DGA(Diglycolamine)등이 있으며, 산업계에서 사용되고 있는 일반적인 흡수액은 MEA, DEA 및 MDEA이다. 아민흡수법에 사용되는 아민은 주로 석유화학공업에 사용되고 있지만, 바이오가스의 고질화를 위하여 사용되고 있는 아민은 복합아민계열을 사용하고 있다,

아민흡수액에 의하여 CO_2를 흡수제거하는 반응식은 다음과 같다.

$$H_2CO_3 + [\text{amine}] = HCO_3^- + [\text{amine}]H^+ \quad \text{또는}$$

$$CO_2 + 2[\text{amine}] = [\text{amine}]^+ + [\text{amine}]COO^- \tag{3.23}$$

그림 3.17은 아민을 흡수액으로 하여 바이오가스를 고질화하는 공정을 보여주고 있다. 먼저 바이오가스 중에 함유된 H_2S가 흡수액인 아민과 반응하여 흡수액을 열화시켜서 수명을 단축시킬 수 있기 때문에 아민흡수탑에 바이오가스를 공급하기 전에 H_2S을 제거하고 난 후 아민흡수탑에 공급하게 된다. 아민흡수탑에서 상기의 화학반응식에 의하여 CO_2를 흡수한 다음에 흡수액을 재생하기 위하여 탈기기에 공급하여 흡수액을 재생하고 난 후 흡수탑에 재순환하여 사용하게 된다. 물리흡수와는 달리 아민을 흡수액으로 하는 화학흡수는 흡수액을 재생하기 위하여 열에너지를 가지고 있는 스팀을 탈기기에 공급한다. 메탄성분이 농축된 바이오가스는 가스 중 수분 등을 제거하고 난 후 아민흡수탑 상부로부

터 사용하게 되고, 바이오가스에 함유된 CO_2는 탈기기상부로부터 회수하게 된다. 화학흡수는 화학반응을 이용한 흡수이므로 물리흡수에 비하여 특정 가스성분 만을 선택적으로 흡수할 수 있어 메탄회수율이 매우 높지만, 흡수액을 재생하기 위한 열에너지를 추가로 공급해야 하는 단점도 가지고 있다.

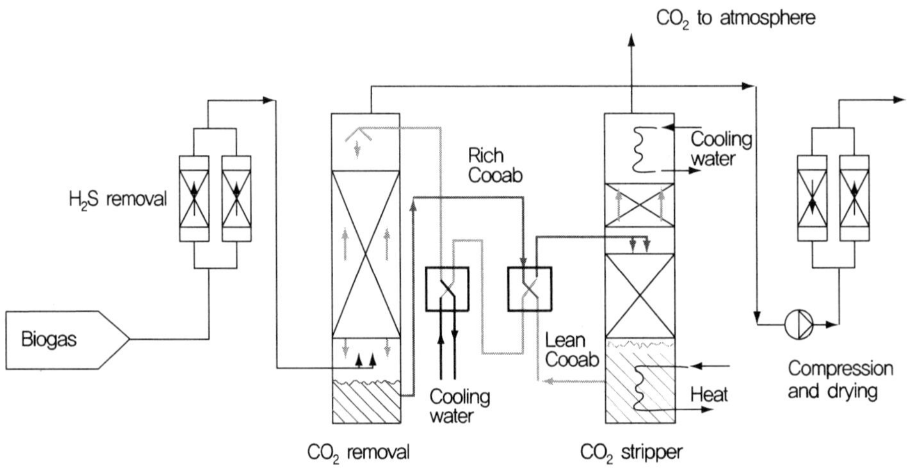

그림 3.17 아민흡수공정도

3.3.3 흡착분리기술

흡착법은 기체의 분자나 원자가 고체의 표면에 달라붙는 성질을 이용하여 오염된 기체를 흡착제가 들어있는 흡착탑을 통과시키면서 특정한 유해가스 뿐만 아니라 악취도 함께 제거하는 방법이다. 흡착탑은 활성탄, 제올라이트와 같은 물질의 혼합층이나 유동층으로 이루어지며 낮은 농도의 증기처리에 가장 효과적인 방법이다. 흡착 메카니즘은 반데르발스 힘과 관련된 물리적 흡착, 그리고 흡착 기체 분자와 흡착제 표면 사이의 새로운 화학결합이 형성되거나 화학반응이 일어나는 화학적 흡착 두 가지로 구분된다. 물리적 흡착은 고체표면과 흡착질의 결합이 약한 결합이어서 재생이 가능하며 열처리에 의해 흡착물질이 탈착가능하고 흡착제는 재생될 수 있다. 화학적 흡착의 경우에는 강한 화학결합이 형성되며 재생이 더 이상 불가능하다. 흡착법은 탈취 효과가 아주 높기 때문에 다른 방식과 조합 처리 시에 1차 처리된 잔존 취기의 제거방법으로 많이 적용되고 있다. 그러나 매연이나 분진 등을 함유한 가스에 대해서는 전처리가 필요하며 고농도의 취기에 대해서는 흡착능의 한계로 인해 흡착제의 사용기간이 단축되는 문제점이 있다.

압력순환흡착법(Pressure Swing Adsorption, PSA)은 바이오가스를 고질화하는 기술이다. PSA는 특정한 기체성분과 흡착제의 재료간의 친화성을 이용하여 압력변화를 이용하여 바이오가스 중 특정성분 만을 분리하는 기술이다. PSA의 조작방식은 크게 평형분리형과 속도분리형으로 구분된다. PSA의 조작은 거의 평형분리형이며, 속도분리형은 흡착제에 있어서 각 가스성분의 흡착속도의 차이를 이용하는 것으로 대표적인 흡착제로는 탄소분자체를 사용한다.

PSA의 기본원리는 평형분리형이며 그림 3.18에 나타내었다. 그림 3.18은 어떤 흡착제의 가스에 대한 평형 흡착등온선이다. PSA에서는 고압상태에서 흡착조작이 행해지고, 그 후 저압상태에서 감압 또는 저압에 의한 퍼지에 의해 퍼지 탈착조작이 행해진다.

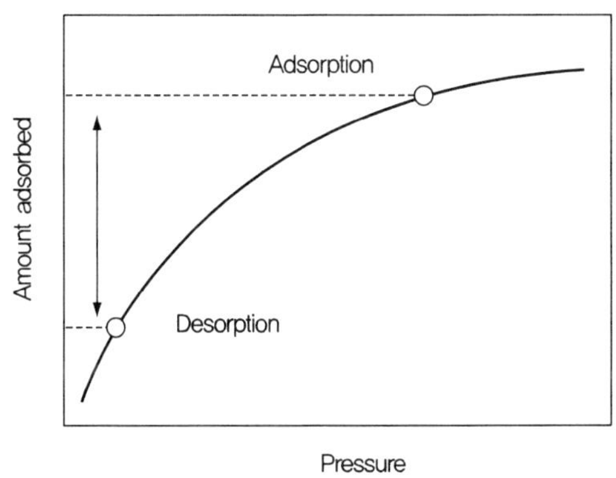

그림 3.18 PSA의 원리

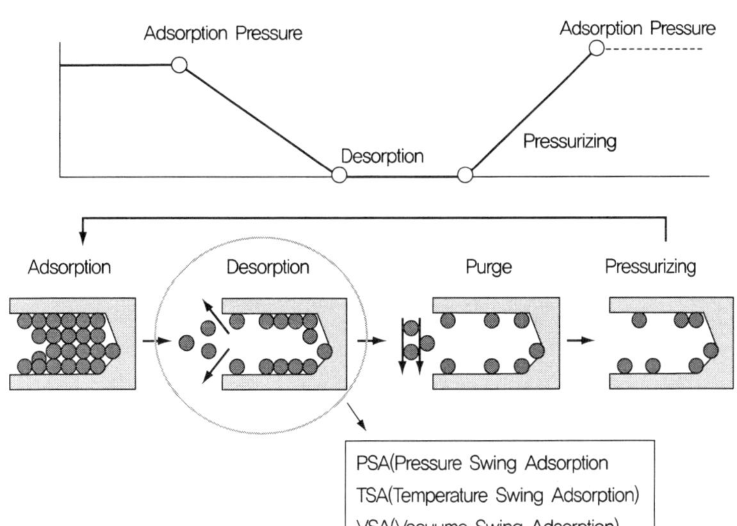

그림 3.19 PSA조작 방식

실제 PSA설비에서는 그림 3.19에 나타낸 바와 같이 연속조작이 반복되어 행해지고 있다. 통상 PSA에서는 비흡착성 가스를 배출하는 측과 흡착성 가스를 배출하는 측이 분리되어 있어 가스의 순도를 높게 유지시키게 된다. 흡착제의 유동화방지나 가스유속을 고려하여 일반적으로 공급가스는 흡착탑의 하부에서 상부로 공급되며 퍼지가스는 상부에서 하부로 공급한다. 흡착조작은 높은 압력에서 행해지며 흡착제가 흡착가스로 포화되기 전에 공급가스의 흐름은 별도의 흡착탑으로 이송처리된다. 이후 감압탈착 공정에서 흡착성 가스를 공급가스 입구방향으로 배출한다. 단 탑내 정상부분에 잔류하는 고순도 비흡착성 가스를 회수하여 회수율을 올리고자 할 경우에는 비흡착성가스 부분은 흡착성가스와 반대방향으로 회수한다. 압력을 내려도 재생이 충분하지 않은 경우에는 감압조작에서 회수되거나 또는 흡착조작에서 얻어지는 비흡착성가스 일부를 흡착탑의 상부로부터 하부방향으로 흘려보내 재생도를 높인다.

승압공정에서는 회수된 고순도 비흡착성가스에 의해 흡착탑 내의 승압을 행하여 탑내 압력 및 탑내 흡착제의 재생상태를 흡착조작 이전의 상태로 되돌려 놓는다.

그림 3.20에 나타낸 바와 같이 흡착탑에 충진된 흡착제에 CH_4는 흡착이 안되고, CO_2, H_2S, O_2, N_2 등이 흡착제에 흡착하게 된다. 흡착제에 흡착된 성분인 CO_2, O_2, N_2 등은 흡착제와 반응성이 없어 흡착제를 압력조작에 의하여 재생할 수 있지만, H_2S는 흡착제와 화학흡착을 이루게 되어 흡착제를 손상시키게 된다. 즉 비가역적인 현상을 보이게 된다. 그러므로 H_2S는 PSA에 공급되기 전에 정제해야만 한다.

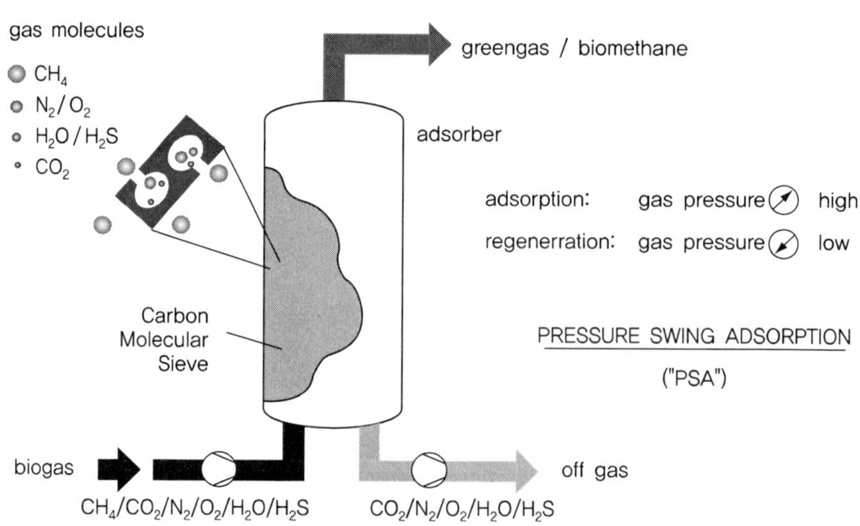

그림 3.20 PSA에 의한 바이오가스 고질화기술 원리

바이오가스로부터 CO_2를 분리하는 대표적인 PSA공정도를 그림 3.21에 나타내었다. CO_2흡착탑은 3탑 내지 4탑이며 대형 PSA공정에서는 흡착탑 내의 압력강하를 작게 하기 위하여 횡형조가 사용된다. 흡착제로는 탄소분자체(CMS ; Carbon Molecular Sieve)나 활성탄이 사용된다. 이외에도 다공성 흡착제인 실리카겔, 알루미나 및 제올라이트를 결합하여 사용할 수 있다.

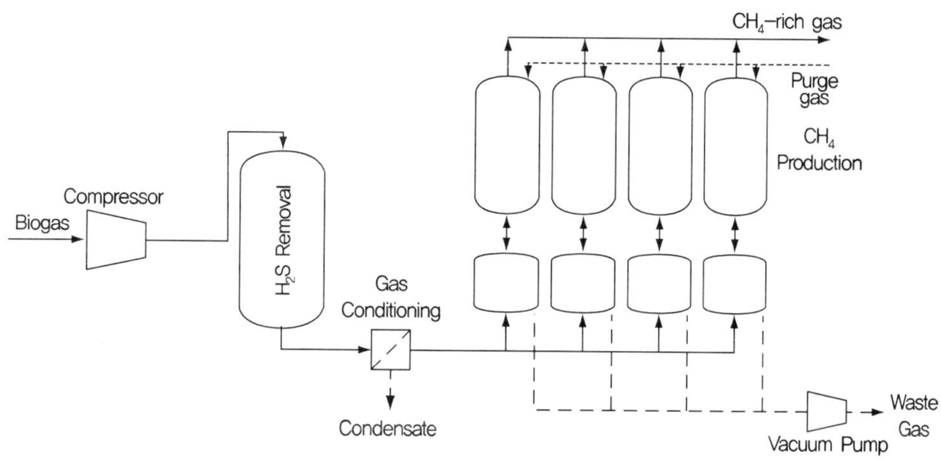

그림 3.21 압력순환흡착법의 공정도

3.3.4 막분리기술

1) 분리막의 개요

분리막이란 두 상간의 선택투과적인 장벽으로 정의될 수 있으며, 기체 혼합물을 분리막을 통하여 특정한 성분의 선택적인 투과에 의하여 분리하게 된다(그림 3.22). 분리막을 통한 기체의 이동은 비가역적인 공정이다.

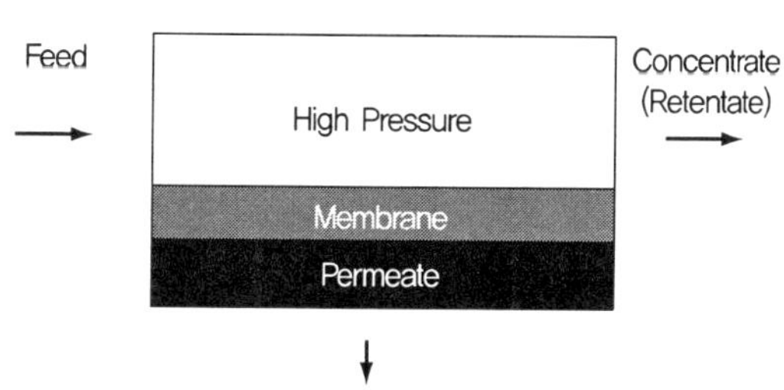

그림 3.22 분리막의 기체분리 원리

분리막에서 분리를 유도하는 구동력은 압력, 농도, 온도의 차 등 세 가지로 나누고 있다. 기체분리막은 압력의 차이로 일어나며, 크게 다공성 막과 비다공성 막으로 나누며 분리막을 통한 기체 투과는 막의 구조에 따라 그림 3.23에 나타낸 바와 같이 세 가지 기본적인 종류로 구분할 수 있다.

첫 번째는 다공성막으로서, 세공의 크기가 분자평균자유경로(mean free path)의 비가 5배 이상이면 기체분자가 분리막간의 충돌보다 분자간의 충돌이 지배적인 Poisseuille흐름이 일어나서 물질 분리가 일어나지 않는다. 세공의 크기가 기체의 평균자유경로보다 작으면 기체분자와 분리막 간의 충돌이 지배적인 Knudsen흐름이 일어나고 기체의 투과속도가 분자량의 제곱에 반비례하여 분자량이 현저하게 차이가 있는 기체혼합물의 분리가 가능하다.

두 번째는 비슷한 크기의 분자들의 분리가 가능한 비다공성 막으로 주로 기체분리막으로 사용되며 용해-확산의 기체투과기구를 따른다. 용해-확산과정은 고분자막을 구성하고 있는 고분자 매트릭스의 분자간 간격 및 고분자쇄의 열운동에 의해서 생성된 자유용적(free volume)과 미세한 기공을 통하여 이루어진다. 기체분자의 이동경로인 자유용적의 생성확률은 비다공성을 구성하는 고분자 물성과 기체와 고분자의 상호작용에 따라 결정된다. 따라서 비다공성 막을 통한 기체투과 특성은 고분자 재질 및 기체 종류에 따라 각각 다른 거동을 보인다.

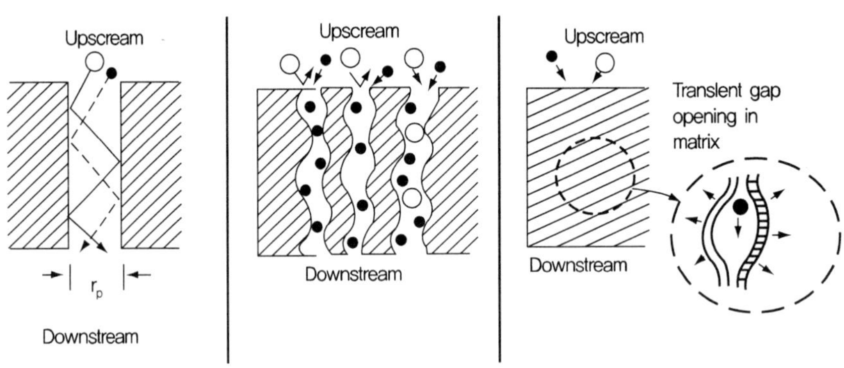

그림 3.23 기체투과 원리

마지막으로 특정기체와 가역적으로 결합하는 담체를 함유하고 있는 막으로서 일반적으로 mixed matrix membrane이라고 한다. 특정물질과의 선택적인 결합능력이 뛰어난 담체를 고분자에 결합 고정시키는 분리막은 낮은 압력에서 큰 선택도를 나타내지만 압력이 상승하면 투과성능이 급격히 감소되는 단점이 있다. 담체 함유 액체 지지막의 경우에는 선택도와 투과계수는 크나 막의 안정성에 문제가 있어 실용화에 어려움이 있다. 그림

3.24는 최근까지 연구된 분리막 재료에 따른 CH_4/CO_2 분리특성을 보여주고 있다.

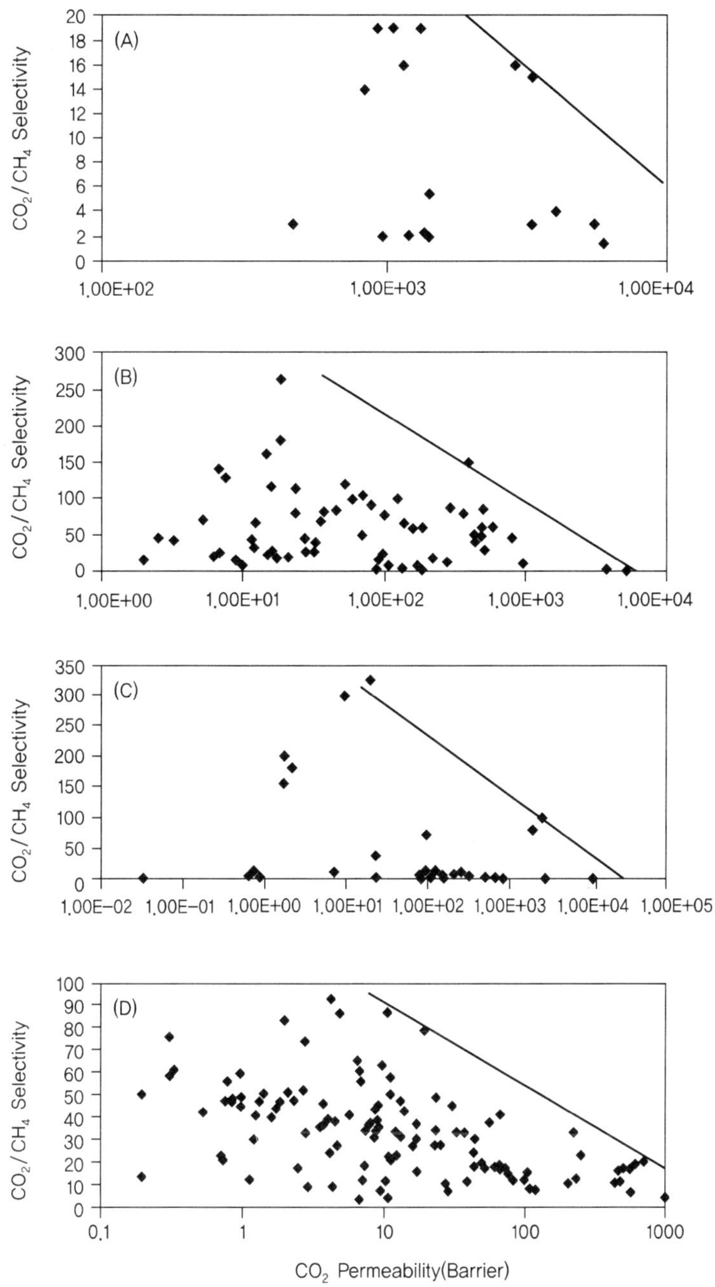

그림 3.24 분리막 재료에 따른 CH_4/CO_2 분리특성
(A; 제올라이트막 B; 탄소막 C; 실리카막 D; 고분자막)

2) 기체분리막의 기체투과기구

기체의 투과과정은 고압측의 막경계에 기체분자가 용해되고, 이 용해된 기체분자가 막의 내부로 확산되어 반대측 계면에서 탈착되는 "용해-확산 모델"이다. 막 내부의 기체분자 확산에 대해 Fick의 제1법칙을 적용하면, 기체투과 플럭스 N에 대한 다음 식을 얻을 수 있다.

$$N = -D\frac{dC}{dx} \tag{3.24}$$

여기서 D는 기체 확산계수(cm^2/sec), dC/dx는 막의 양쪽 계면의 농도구배, C는 막내 기체에 용해된 농도(cm^3(STP)/cm^3(polymer))이고, x는 확산방향으로의 거리(cm)이다.

일정온도에서 고분자막에 있는 투과기체의 농도는 용해도 계수와 압력에 의하여 결정되며 고분자내 기체 농도 C와 평형에 있는 기체압력 p의 관계는 헨리의 법칙이 성립한다. 즉,

$$C = S \times p \tag{3.25}$$

여기서, S는 용해도 계수이다.

정상상태 조건과 확산 계수 및 용해도 계수가 농도와 무관하다고 가정하면 기체투과 플럭스는 다음과 같다.

$$N = DS\frac{p_f - p_p}{h} = P\frac{\Delta p}{h} \tag{3.26}$$

여기서 p_f와 p_p는 고압(feed pressure)과 저압(product pressure) 측 계면에서의 투과기체의 압력(cmHg), $(\Delta p/h)$는 막(두께 $h$cm)의 양쪽의 압력 구배이고, $P(=DS)$는 막의 기체 투과계수로 정의되고 단위는 cm^3(STP)·cm/cm^2·sec·cmHg이고, 1×10^3 cm^3(STP)·cm/cm^2·sec·cmHg을 1 Barrer라고 한다.

막의 기체분리특성인 분리계수(separation factor), α_{AB}는 이성분계에서는 다음과 같이 정의된다.

$$\alpha_{AB} = \frac{y_a/y_b}{x_a/x_b} \tag{3.27}$$

여기서 y_i는 막의 낮은 압력부분의 기체혼합물의 i 성분에 대한 몰분율이고, x_i는 막의 높은 압력부분에서의 i 성분에 대한 몰분율이다. 정상상태에서 몰분율 y_i에 대한 기체투과 플럭스는 다음과 같다.

$$y_A = \frac{N_A}{N_A + N_B} \tag{3.28}$$

그러므로 분리계수는 다음과 같이 표현할 수 있다.

$$\alpha_{AB} = \frac{N_A/N_B}{x_A/x_B} = \left(\frac{P_A}{P_B}\right)\left(\frac{\Delta p_A/x_A}{\Delta p_B/x_B}\right) \tag{3.29}$$

여기서 Δp_i는 i 성분의 막의 양 계면의 부분 압력 차이이다.

막의 낮은 압력부분이 높은 압력보다 상대적으로 매우 작아 낮은 압력부분을 무시한다고 가정, 즉 $p_p = 0$이라 하고 2성분계 기체 혼합물의 각각의 기체의 상호작용이 없다고 가정하면 분리계수 α_{AB}는 이상분리계수(Idealseparation factor) α^*_{AB}로 간단히 된다. 이는 같은 조건에서 측정되는 투과도의 비로서 막의 이상적인 선택도로 정의되는 데 아래와 같다.

$$\alpha^*_{AB} = \frac{P_A}{P_B} = \left(\frac{D_A}{D_B}\right)\left(\frac{S_A}{S_B}\right) \tag{3.30}$$

여기서 (D_A/D_B)는 확산 선택도(diffusivity selectivity), (S_A/S_B)는 용해선택도(solubility selectivity)라 한다. 이는 막과 기체의 투과에서의 속도론적, 열역학적 행동에 기반하는 막의 분리 특성을 나타내고, 막의 기체분리에 있어서 막의 분리 성능을 측정하는데 쓰인다.

3) 막분리 고질화기술

CH_4과 CO_2를 함유한 바이오가스로부터 분자크기나 친화도에 의하여 막을 사용하여 분리하게 된다. 기체분리의 구동력은 부분압(또는 농도차, 압력차)이고, 사용되는 분리막의 특성에 크게 좌우된다. 그러므로 분리막을 선정하는 것이 매우 중요하다. 현재까지 CH_4와 CO_2 혼합가스로부터 CO_2분리에 사용되는 분리막 재료로는 cellulose acetate, polyimides, polyamides, polysulfone, polycarbonate, polyetherimide 등의 고분자 재료들이다.

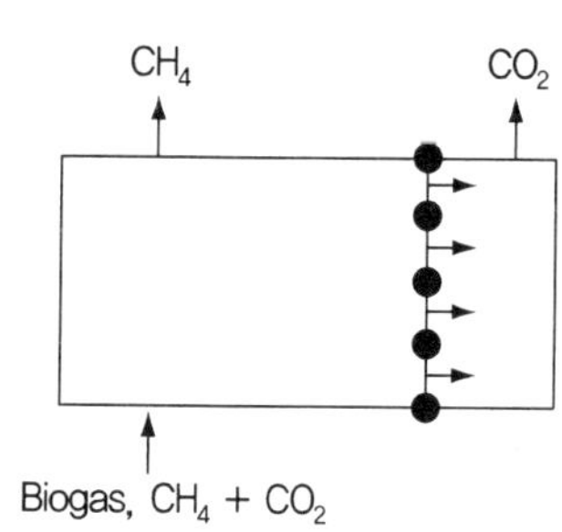

그림 3.25 분리막에 의한 CH_4/CO_2 분리 원리

그림 3.25에 나타낸 바와 같이 CH_4과 CO_2를 함유한 바이오가스 중 CO_2는 막 재질특성에 의하여 용해 및 확산되어 CO_2를 분리하여 고순도의 CH_4를 회수하게 된다.

분리막을 이용한 기체분리에 있어서 공급가스의 압력이 증가할수록 투과도는 증가하지만, 투과선택도는 감소하고, 또한 공급가스압력이 감소함에 따라 투과도는 감소하고, 투과선택도는 증가하게 된다. 즉 막을 통한 투과도와 투과선택도는 항상 상반되는 관계를 가지고 있다. 그렇지만 투과선택도는 막모듈을 직렬과 병렬등 막모듈을 조합하여 투과선택도를 향상시킬 수 있다. 그러므로 기체분리에 적용되고 있는 막분리의 막모듈은 그림 3.26과 같은 중공사막이 사용되고 있다.

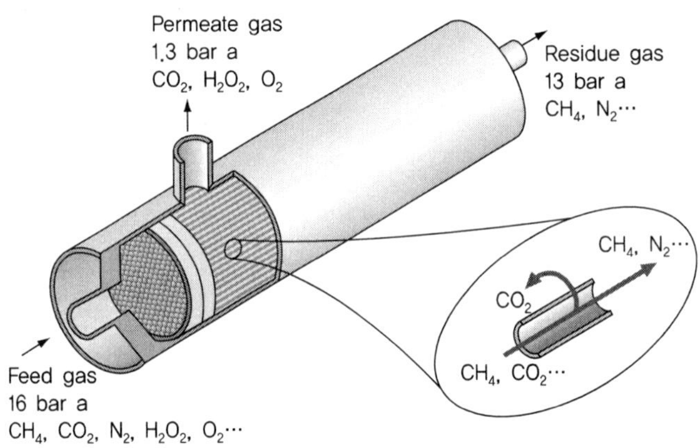

그림 3.26 중공사막의 형태 및 기체분리 원리

막분리의 총괄효율은 주로 사용되는 분리막에 의해 크게 좌우된다. 또한 분리막의 투과선택도, 기체투과도, 분리막 수명, 운전온도 및 습도, 유지비용 등도 바이오가스 고질화기술의 총괄효율을 결정하는 중요한 인자이다. 막분리공정은 운전이 용이하고 공정이 간단하여 공정을 이해하는 것이 용이하지만, 분리막 가격이 비싸며 취급이 어려워서 아직까지는 바이오가스 고질화기술로서 정착되지는 않았지만, 바이오가스 중 CH_4/CO_2 분리에 적합한 분리막 소재를 저렴하게 제조할 수 있다면 타 기술보다 경쟁력이 우수한 기술이다.

3.3.5 초저온 분리기술

바이오가스에 함유된 성분들은 각 성분에 대한 기체-액체-고체에 대한 상평형도를 통하여 상변화를 유도할 수 있으며, 이를 이용하여 바이오가스를 고질화하는 기술을 초저온 분리기술이라고 한다. 그림 3.27은 바이오가스에서 CH_4 이외에 대부분을 차지하고 있는 CO_2

에 대한 상평형도이다.

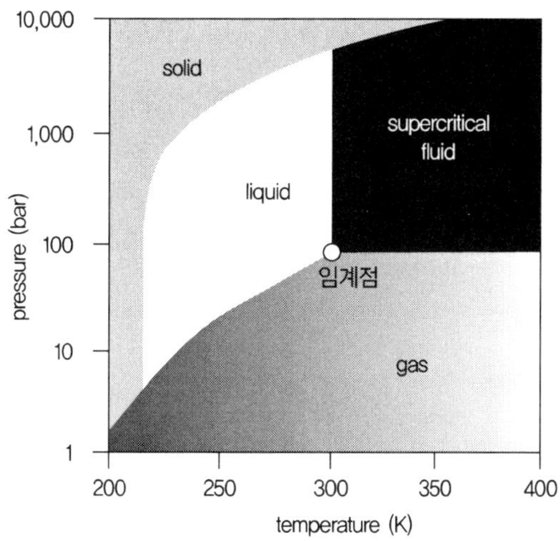

그림 3.27 CO_2의 상평형도

상평형도에 의하면 모든 물질은 온도와 압력변화에 따른 기체, 액체 및 고체로 존재할 수가 있는데, CO_2는 온도가 300 K, 압력이 100 bar 부근이 임계점이라고 하면, 임계점에서는 기체, 액체 및 고체와 같이 3가지 상태로 존재한다. 즉, 위 그림에서 온도가 250 K이고, 압력이 100 bar일 때는 CO_2는 액체로 존재하고, 온도가 350 K이고, 압력이 10 bar이면 기체로 존재하며, 온도가 250 K이고, 압력이 5000 bar에서는 고체로 존재한다. 이와 같이 온도와 압력을 변화시켜 바이오가스를 구성하고 있는 CH_4, CO_2 및 H_2S의 응축온도가 각각 다르므로 온도와 압력을 달리하여 바이오가스로부터 CH_4를 분리할 수 있다.

즉, CH_4이 대기압(1 bar)에서 −161℃ 이상이면 기체로 존재하지만, −161℃ 이하에서는 액체로 존재한다. 또한 CO_2는 대기압에서 −78℃ 이상이면 기체로 존재하지만, −78℃ 이하에서는 액체로 존재한다. 하지만, 대기압이 아니라 압력이 증가할수록 온도는 낮아지게 된다. 그러므로 초저온 분리기술은 바이오가스 성분들에 대한 응축온도의 차를 이용하여 분리하는 기술이다. 표 3.18은 각 성분들에 대한 응축온도를 보여주고 있다.

표 3.18 각 성분들에 대한 응축온도

성분	응축온도(℃)
CO_2	−78.5
CH_4	−161
N_2	−196

바이오가스 성분 중 메탄 함량을 높이기 위해서는 대기압 하에서 가스온도를 −80℃ 정도로 냉각함으로써 바이오가스로부터 액체인 CO_2를 얻을 수 있다. 공급되는 바이오가스 중에 질소가 포함되어 있어도 가스온도를 낮추어 CO_2를 분리한 후에 −162℃로 냉각하여 질소를 분리하여 순수한 액체메탄(LBG ; Liquid biogas)을 얻을 수 있다. 그러므로 초저온 분리기술은 액체 CO_2와 액체 CH_4를 동시에 생산할 수 있는 기술이다.

초저온 분리기술은 주로 매립가스를 대상으로 액체바이오가스(LBG)를 생산하는데 적용되어 왔다. 그림 3.28은 매립가스 중 메탄만을 함유한 고질화된 바이오가스를 얻을 수 있는 초저온분리기술이다.

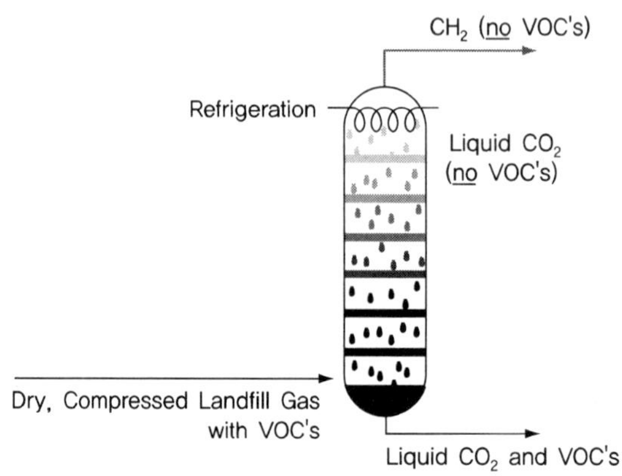

그림 3.28 초저온 분리기술에 의한 매립가스의 고질화공정

CO_2, H_2S 등 기타 불순물을 함유하고 있는 바이오가스의 심냉분리는 온도와 압력조건 하에서 CH_4로부터 분리한다. 즉, 온도는 −100℃, 압력은 40 bar의 조건이다. 그림 3.29는 초저온분리기술에 대한 공정도를 보여주고 있으며, 다음과 같이 구동하게 된다,

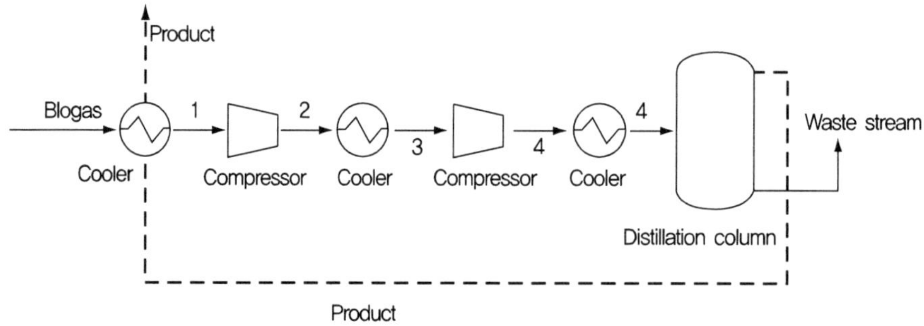

그림 3.29 초저온 분리기술의 공정도

1. 바이오가스가 열교환기(cooler)를 지나 −70℃로 냉각한다. 이때 사용하는 냉매로는 증류탑(distillation column)상부의 생성물을 사용한다.
2. 일련의 가스컴프레서와 열교환기를 거쳐 증류탑 유입가스온도를 −80℃로, 압력을 40 bar로 공급하여 증류탑에서 CH_4로부터 H_2S, CO_2를 분리한다. CH_4는 증류탑 상부로, CO_2와 H_2S는 액체상태로 증류탑 하부로 배출된다.
3. 초저온 분리는 메탄함량이 99% 이상인 바이오가스를 얻을 수 있다.
4. 초저온 분리의 단점은 가스컴프레서, 가스터빈 및 열교환기로 구성되어 있는 복잡한 공정을 이루고 있으며, 높은 투자비를 요구한다.

3.3.6 국외 바이오가스 고질화공정 현황

표 3.19 및 그림 3.30에는 매립가스 고질화공정의 국외 설치현황을, 표 3.20에는 바이오가스 정제 및 고질화공정의 국외 현황을 요약하여 나타내었다. 국외에 설치된 매립가스를 포함한 바이오가스 정제공정으로는 solvent scrubbing, water scrubbing, chemical scrubbing, PSA공정, 멤브레인 공정 및 상기공정을 결합한 복합공정이 주류를 이루고 있다. 1970년대에는 가스정제공정의 개발이 이루어지지 않아 바이오가스의 에너지원으로의 활용이 저조한 편이어서 Selexol을 흡수액으로 사용하는 solvent scrubbing과 복합공정인 2개의 바이오가스 정제공정이 설치되었다. 한편 1980년대에는 5개의 바이오가스 정제공정이, 1990년에는 8개의 바이오가스 정제공정이 보고되고 있다.

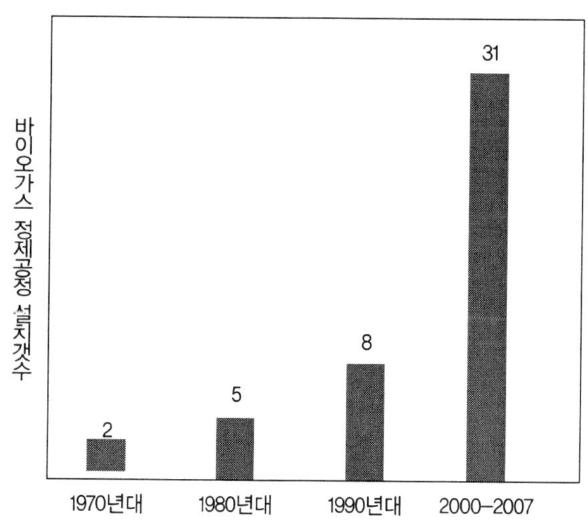

그림 3.30 연도별 바이오가스 고질화공정 설치현황

바이오가스가 에너지원이라는 인식이 높아지면서 2000년대 이후 바이오가스 정제공정의 설치가 크게 증가하게 되었다. 설치된 바이오가스 정제공정의 특성을 파악하면 solvent scrubbing은 흡수액으로 oil, Selexol을 사용하였으며, water scrubbing에서는 물을 흡수액으로 사용하였고, PSA공정에서는 분자체 탄소를 흡착제로, 멤브레인 공정에서는 polyamide을 고분자로 사용하였다. 막분리공정으로는 Monsanto사에서 1970년 중반에 개발한 중공사형 분리막을 처음으로 바이오가스 정제공정에 사용하였고, 그 후 UOP에서

표 3.19 매립가스 고질화공정 국외 설치현황

Generic Type	Process Type	Example Type	Location	Year	Size (m^3/hr)	Capital Cost (1 million)	O&M (1 million)
Solvent Scrubbing	Oil spray	Confidential	UK	1999	600		
	Depogas	Berlin-Wansee	Germany		4,000	1.59	0.11
	Phytec		Germany		600	0.19	0.01
	Herbst		Germany		600	0.90	0.05
	Selexol	Fresh Kills	USA	2000			
	Selexol	Mountain Gate	USA	2000			
	Selexol	Olinda	USA				
	Selexol	Monterey	USA	1979			
	Selexol	Calumet	USA	1980	4,170		
	MDEA	Pompano	USA	1985			
	DEA	Scranton	USA				
Water Wash	SMB	Tilburg	Netherlands	1989	2,000	4.15	0.9
PSA	Carbiogas	Neunen	France	1991	1,200	2.17	0.39
	Carbiogas	Wijster	Sweden	1990	1,200	1.37	
	Oxygen-sulphuric acid		Netherlands		1,000	1.99	0.40
	Norit						
	Cimac		Belgium		600		
	AC(batch)		USA		600	0.30	
	Gemini V	Belgium			1,200	0.003	0.05
Membrane	Polyamide	Vasse	Netherlands	1992	350	0.43	0.15
	Polyamide	Weperpolder	Netherlands		1,100		
	Separax	Puente Hills	USA	1993	420		
	Monsanto Prism	Florence	USA	1982	60		
Multiple System	GSF Zeolite	Palos Verdes	USA	1975	590		
	ONSI	Flanders Road	USA	2000			
	MSC+Mem	McCarty Road	USA	1997			
	Water wash+PSA	Montebro	Italy	2000	350	0.44	
	PSA+Mem	Kiverstone	UK		1,000	0.5~1.0	

표 3.20 바이오가스 정제 및 고질화공정 국외 현황

국가	도시	CO_2 제거공정	H_2S 제거공정	이용	자원	CH_4 (%)	용량 (m^3/hr)	가동년
Austria	Pucking	PSA	Bio-filter+AC	grid	Manure	97	10	2005
Canada	Quebec	Membrane	-	grid	LFG	-	-	2003
France	Lile	Water Scrubbing	Water Scrubbing	fuel	S.S	-	100	1993
	Lile	Water Scrubbing	Water Scrubbing	fuel	Manure	97	1200	2007
Germany	Jameln	Selexol Scrubbing	Selexol Scrubbing	fuel	Manure	96	100	2006
	Kerpen	PSA	AC	grid	Crops	-	500	2006
	Pliening	PSA	AC	grid	Crops	-	-	2006
	straelen	PSA	AC	grid	Crops	-	-	2006
	Rathenow	PSa	Ac	grid	Crops	-	500	2007
Iceland	Reykjavik	Water Scrubbing	Water Scrubbing	fuel	LFG	-	700	2005
Japan	Kobe	Water Scrubbing	Water Scrubbing	fuel	S.S	97	100	2004
	Kobe	Water Scrubbing	Water Scrubbing	fuel	S.S	97	600	2007
Netheriands	Collendoor	Membrane	AC	grid	LFG	88	375	1991
	Nuenen	PSA	AC	grid	LFG	88	1500	1990
	Tilburg	Water Scrubbing	Iron Pellets	grid	LFG	88	2100	1987
	Wijster	PSA	AC	grid	LFG	88	1150	1989
Norway	Fredrikstad	PSA	-	fuel	S.S	95	150	2001
Spain	Vacalsses	Chemical	AC	fuel	LFG	85	100	2005
	Madrid	Water Scrubbing	Water Scrubbing	fuel	-	96	4000	2007
Sweden	Boras	Chemical	AC	fuel	S.S	97	300	2002
	Goteborg	Chemical	AC	grid	S.S	97	1600	2006
	Helsingbor	PSA	AC	F&G	Manure	97	350	2002
	Stockholm	PSA	AC	fuel	S.S	97	800	2006
	Skovde	PSA	-	fuel	S.S	97	110	2003
	uppsala	Water Scrubbing	Water Scrubbing	fuel	F/W	97	400	2002
	Trolhattan	Water Scrubbing	Water Scrubbing	fuel	S.S	97	400	2001
	Norrkoping	Water Scrubbing	Water Scrubbing	fuel	S.S	97	275	2004
	Eskilstune	Water Scrubbing	Water Scrubbing	fuel	S.S	97	330	2003
	Linkoping	Water Scrubbing	Water Scrubbing	fuel	S.S	97	1400	2002
Switzerland	Bachenbulach	PSA	AC	F&G	B.W	96	200	1996
	Jona	Genosorb washing	AC	F&G	S.S	96	55	2005
	Lucerne	PSA	AC	F&G	S.S	96	75	2004
	Otelfingen	PSA	AC	fuel	B.W	96	300	2006
	Rumlang	PSA	AC	fuel	B.W	96	50	1998
	Prattech	Genosorb washing	AC	grid	B.W	96	300	2006
	Samstagern	PSA	AC	F&G	B.W	96	50	1998
USA	LA	Mem	-	fuel	LFG	96	2600	1993
	Houstom	Selexol Scrubbing	Selexol Scrubbing	grid	LFG	-	9400	1986
	Staten island	Selexol Scrubbing	Iron Oxide chips	grid	LFG	-	13000	1981
	Cincinatti	PSA	-	grid	LFG	-	10000	1986
	Dallas	PSA	-	grid	LFG	-	10000	2000
	Pittsburg Valley	Membrane	-	grid	LFG	-	5600	2004
	Pittsburg Monreevms	Membrane	-	grid	LFG	-	5600	2004
	Shawnee	P/A	-	grid	LFG	-	5500	2001
	Dayton	Krysol(methanol)	-	grid	LFG	-	6000	2003
	Renton	Water Scrubbing	Water Scrubbing	grid	S.S	98	4000	1997

1999년에 상품화된 Separex가 설치되었다. 또한 2000년까지 상기에서 언급한 단위공정을 결합한 즉, water scrubbing과 멤브레인의 복합공정, PSA와 멤브레인을 결합한 복합공정을 설치한 사례가 있다.

2000년대 들어서 설치된 바이오가스 정제공정으로는 대부분이 water scrubbing과 PSA 공정 및 멤브레인 공정이다. Solvent scrubbing의 설치사례가 적은 이유는 solvent의 비용부담과 solvent의 환경유해성으로 인하여 설치사례가 감소한 것으로 여겨진다. 한편 고순도 메탄을 얻기 위해 이산화탄소를 제거하는 바이오가스 정제공정과 병행하여 황화수소를 제거하는 바이오가스 전처리공정이 설치되었다. 바이오가스 전처리공정은 대부분 바이오가스 정제공정을 똑같이 사용하였지만, 바이오가스 정제공정의 효율성과 운영비 절감을 위하여 활성탄 및 산화철을 충진한 흡착공정, 미생물에 의한 바이오 트리클링 필터를 설치한 사례를 볼 수가 있다.

3.4 바이오가스 활용기술

3.4.1 바이오가스 발전기술

바이오가스를 연료로 공급하여 열에너지나 전기를 생산할 수 있다. 또한 바이오가스를 연료로 하는 가스엔진이나 디젤엔진에서 전기 생산뿐만 아니라 열을 동시에 생산하는 열병합발전기술도 있다. 스터링엔진, 가스엔진, 마이크로가스터빈, 저온 및 고온형 연료전지나 가스터빈과 병합된 고온형 연료전지가 사용되기도 한다. 또한 바이오가스를 연소하여 스팀을 생산하여 엔진을 구동할 수 있다. 예를 들면 유기랭킨사이클(ORC : Organic Rankine Cycle), 쳉사이클(Cheng Cycle), 스팀터빈, 스팀피스톤엔진 또는 스팀스크류엔진 등이 있다. 또한 바이오가스 발전의 유망기술로 가스·스팀발전이 있다.

그림 3.31은 파일럿플랜트나 상업용 규모의 발전기의 발전용량에 따른 전기효율을 보여주고 있다. 효율은 바이오가스의 전체 에너지량에 대한 전기발생량의 비율로 나타낸다. 소규모 용량의 엔진은 대규모 용량의 엔진에 비하여 낮은 효율을 보여주고 있다. 그림 3.32는 바이오가스를 연료로 공급하여 열이나 전기를 생산할 수 있는 전력발생기들이다. 발생된 전기와 열은 관련시설, 인근 주택가나 산업용시설 및 바이오리액터에 공급할 수 있다. 전력은 공공전력선에, 열은 장거리 열공급선에 공급하게 된다.

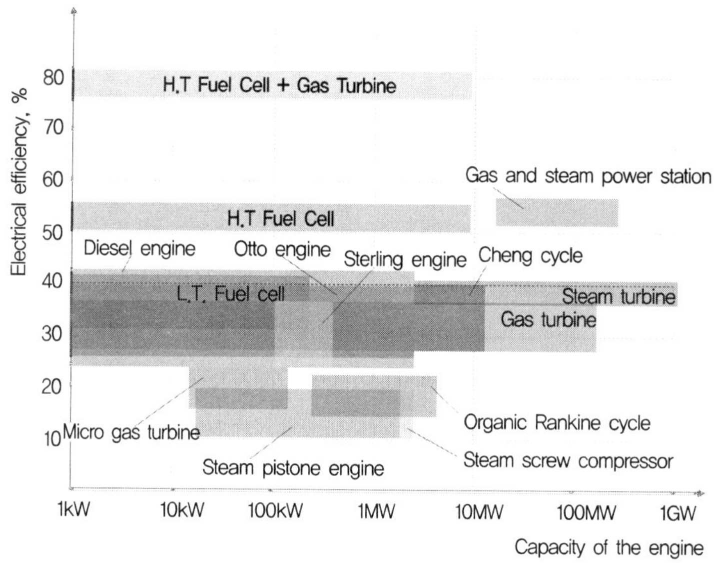

그림 3.31 발전용량에 따른 전기효율

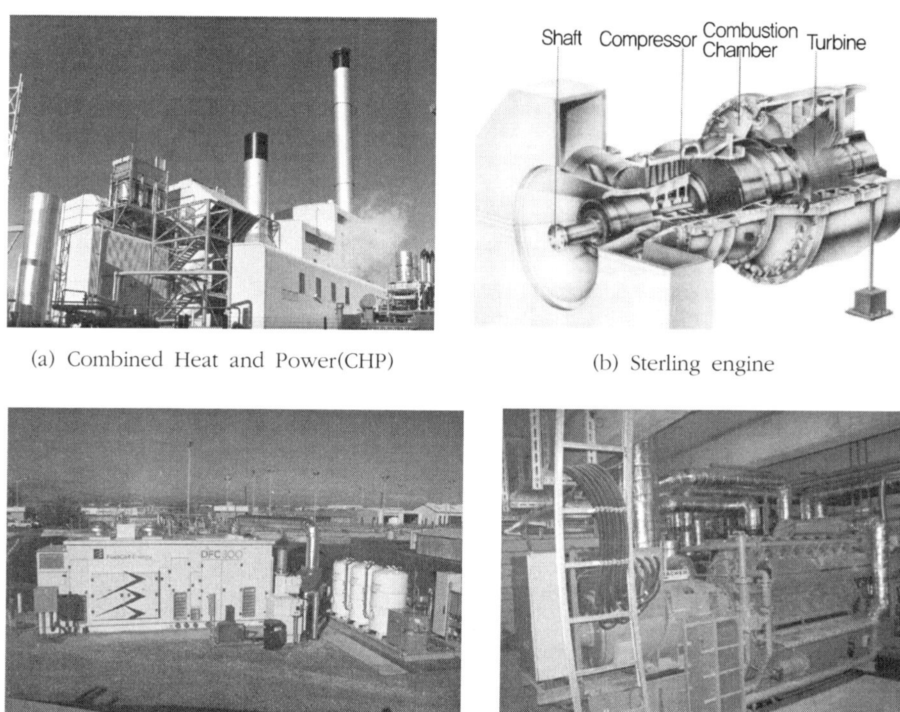

(a) Combined Heat and Power(CHP)
(b) Sterling engine
(c) Fuel cell
(d) Diesel engine

그림 3.32 전력발생기의 예(계속)

(e) Micro gas turbine

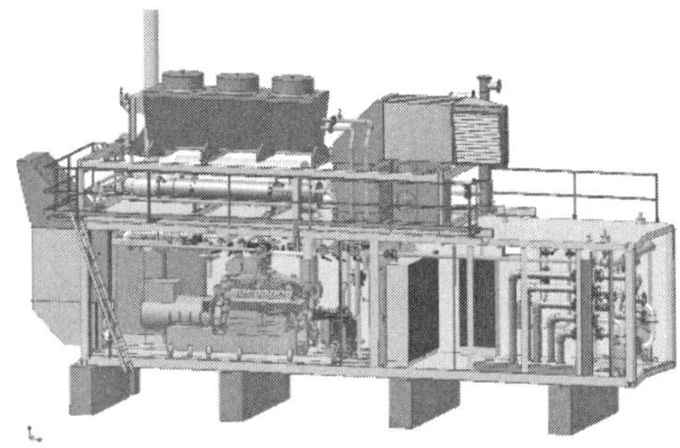

(f) Organic Rankine cycle(ORC)

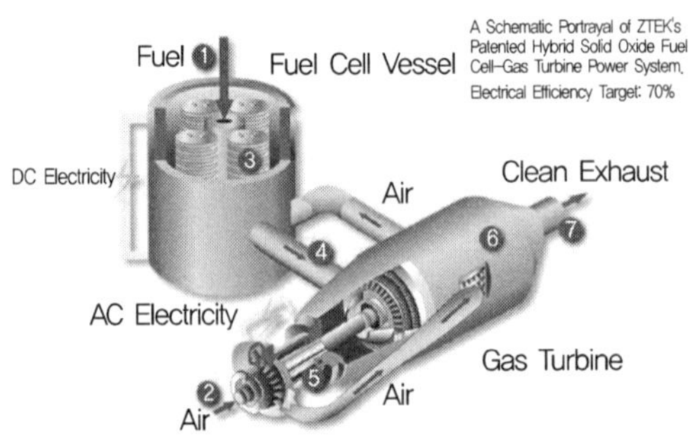

(g) Fuel cell combined gas turbine

(h) gas and steam power plant

그림 3.32 전력발생기의 예

열병합발전기술(CHP, Combined Heat and Power generation)은 바이오가스 플랜트에서 보편적으로 사용되고 있다. 열병합발전은 전기생산 외에도 발전기의 종류에 따라 많은 양의 열을 회수하고 있다. 유럽에 설치 및 가동되고 있는 바이오가스연료의 열병합발전기는 약 50%가 4행정엔진(four-stroke engine)이고, 나머지 50%는 오일점화용 디젤엔진(ignition oil diesel engine)이다.

최근 설치 및 가동되는 CHP의 전기효율과 열효율의 합계인 전체효율은 85~90%로, 바이오가스 에너지량의 10~15%만이 손실되고 있다. 그러나 전기효율(최대 40%)은 아직까지 매우 낮은 수준이어서 1m^{3}의 바이오가스로부터 2.4 kWh가 생산되고 있다.

열병합발전기의 구성은 다음과 같다.

- 구동체와 전기발생기로 구성된 전기발생시스템
- 폐가스처리시스템
- 연소용 공기공급 및 내부 방사열제거용 공조시스템

- 소음방지후드
- 윤활유 자동공급시스템

전 세계적으로 바이오가스 플랜트의 설치가 증가함에 따라 최근에 전력발생기의 성능이 향상되었으며, 표 3.21은 전력발생기에 대한 주요 특성을 보여주고 있으며, 각각의 전력발생기에 대하여 알아보고자 한다.

표 3.21 Characteristic values of power generators
(* 15% O_2 in the exhaust gas, ** compressed biogas, so that ignition oil not needed)

<table>
<tr><th>Feature</th><th>Four-storke engine</th><th>Gas-Diesel engine**</th><th>Ignition oil diesel engine</th><th>Stirling engine</th><th>Fuel cell</th><th>Gas turbine</th><th>Micro gas turbine</th></tr>
<tr><td>Range of capacity(kW_{el})</td><td>< 100</td><td>> 150</td><td>30~100</td><td>< 150</td><td>1~10000</td><td>-</td><td>30~110</td></tr>
<tr><td>Spec. investment-costs (US$/kW_{el})</td><td>Medium</td><td>Low</td><td>High</td><td>Very high</td><td>very high</td><td>Very Low</td><td>very low</td></tr>
<tr><td>Electrical efficiency</td><td>30~40%</td><td>35~40%</td><td>32~40%</td><td>30~40%</td><td>40~70%</td><td>25~35%</td><td>15~33%</td></tr>
<tr><td>Cooling water temperature</td><td colspan="3">110℃</td><td>60℃</td><td>n.a.</td><td>210℃</td><td>300~500℃</td></tr>
<tr><td>Pressure ratio</td><td>10 : 1</td><td>20 : 1</td><td>20 : 1</td><td>5 : 1</td><td>n.a.</td><td>5 : 1</td><td>5 : 1</td></tr>
<tr><td>Controllability of the power/heat ratio</td><td colspan="4">Not possible</td><td>good</td><td colspan="2">very good</td></tr>
<tr><td>Weight</td><td colspan="4">Medium</td><td>High</td><td>Low</td><td>Low</td></tr>
<tr><td>Lifetime</td><td colspan="2">Medium</td><td colspan="2">Long</td><td>Very short</td><td colspan="2">Long</td></tr>
<tr><td>Noises</td><td>Medium</td><td colspan="2">Loud</td><td>Medium</td><td colspan="3">Silent</td></tr>
<tr><td>Emissions NOx</td><td colspan="2">High</td><td>Carbon black 600~700 mg/Nm³*</td><td>Very low</td><td>Very low 3mg/Nm³ flue gas*</td><td>Low 25mg/Nm³ flue gas*</td><td>Low 20mg/Nm³ flue gas*</td></tr>
<tr><td>Alternative fuel in shortage of biogas</td><td>Liquid gas (gasoline)</td><td>Liquid gas</td><td>fuel, petroleum (vegetable oil)</td><td>Any.</td><td>Natural gas</td><td>Natural gas</td><td>Natural gas, biogas, Kerosene, fuel oil</td></tr>
<tr><td>Minimum heating value</td><td colspan="2">Medium</td><td>High(10~30% ignition oil)</td><td colspan="2">Any.</td><td colspan="2">Low</td></tr>
</table>

1) 4행정 엔진 및 디젤엔진

4행정엔진(four stroke gas engine)은 천연가스를 연료 기반으로 개발되었지만 천연가스와 같이 메탄을 함유하고 있는 바이오가스연료에도 적용되고 있다. 4행정엔진은 자동차용 엔진과 같이 연료와 연소용 공기가 흡입, 압축 및 점화되어 폭발에 의해 피스톤을 구동하여 작동하므로 왕복동 엔진이라고도 한다. 전기효율은 일반적으로 30~40%이고, 대기오염물질인 질소산화물(NOx) 발생량이 높은 편이다. 4행정엔진의 용량은 100 kW에서 1 MW이고, 수명은 약 60,000시간이다.

1500 rpm의 4행정엔진의 구성은 다음과 같다.

① 크랭크샤프트, 크랭크샤프트 베어링, 하우징, 피스톤, 실린더, 플라이휠 하우징 등으로 구성된 엔진블럭
② 실린더 헤드 가스켓, 캠샤프트, 밸브, 암등으로 구성된 실린더 헤드

4행정엔진은 터보차저를 이용하여 기체연료를 압축하여 실린더에 공급함으로써 효율을 1.5배 가량 증가시킬 수 있다. 일반적으로 바이오가스에 함유된 CO_2 함량이 증가하게 되면 4행정엔진의 효율이 감소하게 된다. 바이오가스 중 CO_2로 인한 엔진의 코킹현상을 방지하기 위하여 바이오가스 중 메탄함량은 45% 이상이어야 한다. 황화합물을 함유한 바이오가스가 엔진에 유입될 수 있으므로 엔진은 쉽게 교체할 수 있으면서 부식에 강한 재질이어야 한다. 엔진오일의 교체주기는 바이오가스 중 황화합물 함량에 따라 달라지기는 하지만, 일반적으로 160~20,000시간이고 평균적으로 465시간이다. 디젤엔진은 4행정 엔진에 비해 효율이 다소 높은 편이고 경제적이지만, 질소화합물 발생이 높으며 수명은 약 35,000시간이다.

2) 스터링엔진

스터링엔진은 열화학적으로 가장 높은 열효율을 가지며 이상적인 사이클의 효율에 가깝다. 또한 연소할 때 폭발행정이 없기 때문에 엔진의 진동과 소음이 낮고, 외연기관이기 때문에 바이오가스 뿐만 아니라 석유, 천연가스를 비롯하여 목질계 연료, 공장 폐열, 태양열 등 모든 열원을 이용할 수 있는 열기관이다.

스터링엔진은 1816년 영국에서 고안된 것으로 알려져 있다. 그러나 증기기관과 내연기관의 급속한 발전으로 빛을 받지 못하다가 최근에 와서 관련기술, 특히 내열재료와 실링기술의 발전, 그리고 에너지절약과 대체에너지의 중요성이 강조되면서 다시 개발되기 시작하였다. 고효율성이라는 특징을 살린 소형 발전기, 연료의 다양성이라는 특징을 활용한

바이오매스 또는 폐열을 이용하는 시스템을 실현할 수 있는 엔진으로 기대를 모으고 있으며, 4행정엔진이나 디젤엔진의 대안으로 사용될 수 있다.

스터링엔진의 작동원리는 그림 3.33에 나타낸 바와 같다. 스터링엔진은 한 사이클당 번갈아가면서 작동유체가 가열되고 냉각된다. 연소실에서의 열전달이 느리기 때문에 외부열교환기가 설치되어 있으며 특정한 구동기체가 가열되고 냉각된다. 구동기체는 2개의 챔버를 오고가면서 한 개의 챔버에서는 가열되고, 한 개의 챔버에서는 냉각된다.

1단계에서는 구동기체가 냉각 챔버에서 압축되지 않고, 구동피스톤이 위로 움직이게 되면 구동유체가 압축(2단계)하게 되어 가열 챔버로 이송되면서 외부 열교화기에 의해 가열된다. 가열된 작동유체는 팽창압력에 의해 피스톤을 밑으로 밀어내게 된다(3단계). 피스톤은 구동피스톤과 함께 밑으로 내려가고, 2개의 피스톤을 연결하고 있는 기어에 의해 다시 위로 올라가게 된다. 피스톤은 작동유체를 아래로 밀어냄으로써 작동유체를 냉각챔버로 보내면서 냉각 열교환기에서 냉각된다. 2개의 챔버에 연결되어 있는 기어가 움직여서 기어를 통하여 전기가 발생하게 된다.

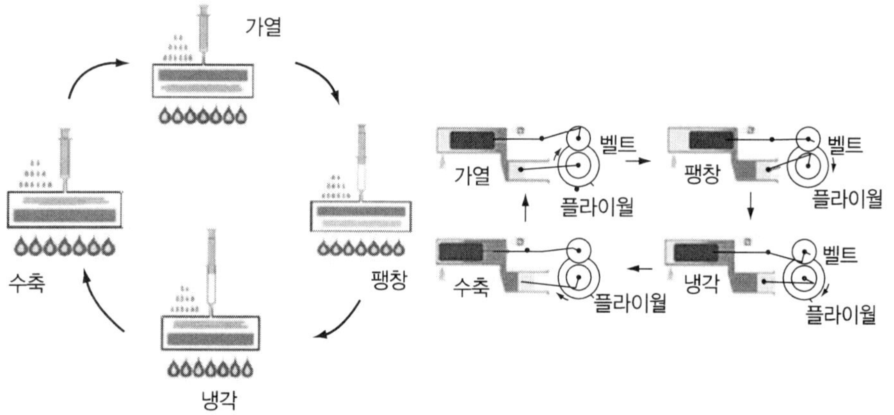

그림 3.33 스터링엔진의 작동원리

3) 연료전지

연료전지는 화학에너지인 수소와 산소를 직접 전기와 열로 변환하는 장치이다. 이때 부산물로 물이 발생한다. 연료전지는 양극과 음극이라는 2개의 전극 간에 고체나 액체의 전해질을 가지고 있다. 전해질은 전자가 아니라 이온만을 음극에서 양극으로 통과시키게 되면서 전기가 발생하게 된다.

전해질은 전기적으로 비전도성이며, 양극과 음극을 분리하여 화학반응물이 직접적으로 반응하지 못하게 한다. 어떤 연료전지에 있어서는 산소분자가 통과하여 음극측에서 반응이 일어나게 된다. 전극에는 리드선이 연결되어 있어 전자가 이동하여 전기를 생산하게 된다. 연료전지는 전해질 종류로 분류하면 고분자전해질막 연료전지(PEMFC ; Polymer Electrolyte Membrane Fuel Cell), 인산형 연료전지(PAFC ; Phosphoric Acid Fuel Cell), 용융탄산염 연료전지(MCFC ; Molten Carbonate Fuel Cell) 및 고체산화물 연료전지(SOFC ; Solid Oxide Fuel Cell) 등이 있다. 또한 작동온도에 따라 저온형 연료전지(PEMFC, PAFC)와 고온형 연료전지(MCFC, SOFC)로 구분한다.

연료전지가 전기를 생산하기 위해서는 연료인 수소와 산소를 계속적으로 공급함으로써 촉매작용을 하는 전극에서 수소와 산소가 반응하여 물을 생성하게 되는데, 이때 전자가 발생하여 전기를 발생하게 된다. 연료전지의 효율은 모든 손실을 고려하여 단전지(한 개의 양극과 음극 및 전해질로 구성되어 있는 전지)에서의 전압은 0.6~0.9 볼트이다. 단전지를 적층한 것을 스택이라고 하며, 적층한 개수에 따라 연료전지의 용량이 결정된다.

연료전지의 연료로 바이오가스를 공급하기 위해서는 연료전지 종류마다 요구되는 연료성분이 다르므로 바이오가스를 정제하여 공급해야 한다. 일반적으로 모든 연료전지에 공급되는 바이오가스에는 H_2S을 정제해야 하며, 특히 저온형 연료전지는 CO을 정제해야 한다. 저온형 연료전지는 저온이어서 반응효율이 낮아 백금촉매를 사용하고 있는데, 연료 중에 CO가 함유되어 있으며 백금촉매의 피독현상을 일으키게 되어 반응효율이 떨어지게 된다.

표 3.22 연료전지의 종류 및 특성

특성	PEMFC	PAFC	MCFC	SOFC
전해질	나프온 고분자막	고농도 인산	용융 Li_2CO_3/K_2CO_3	지르코늄
작동온도(℃)	60~120	130~220	650	800~1000
연료가스	H_2, CH_4, 메탄올	메탄, 수소, 천연가스, 바이오가스	메탄, 천연가스, 바이오가스	메탄, 수소, 천연가스, 바이오가스
단전지효율(W/cm^2)	0.6	0.2	0.1	0.4
전기효율(%)	60%(H_2), 40%(CH_4)	40%	50	55
개발현황	상용화	상용화	상용화	개발단계
장점/단점	빠른 스타트업, 부하변동 민감하지 않음	CO제거	백금대신 니켈촉매 사용 반응열을 메탄개질에 사용	긴 수명 촉매필요없음. 반응열을 메탄개질에 사용
적용처	차량, 소형CHP	소형, 중소형 CHP	중소형, 대형CHP	CHP

표 3.22는 연료전지의 종류와 특성을 보여주고 있다. 연료전지는 바이오가스를 연료로 사용하는 다른 엔진에 비하여 매우 가격이 높아 아직까지는 널리 보급되지 않았다. 현재 설치되어 가동되고 있는 연료전지의 연료는 대부분 천연가스를 사용하고 있지만, 천연가스의 가격은 유가상승에 매우 민감하게 반응하고 있으며 천연가스 가격이 매년 상승하고 있어 연료전지의 연료로 천연가스 외에 다른 연료를 찾고 있다. 천연가스를 대체할 수 있는 연료로는 바이오가스가 기대되고 있으며, 바이오가스를 연료로 하는 연료전지의 개발이 보다 활성화된다면 연료전지의 보급은 더욱 빨라질 것으로 전망되고 있다. 하지만 바이오가스는 천연가스에 비하여 불순물을 다량 함유하고 있어 바이오가스 정제기술도 함께 개발되어야 한다. 그림 3.34는 연료전지의 연료로 바이오가스를 공급하기 위한 바이오가스 연료기반의 연료전지발전 공정도이다.

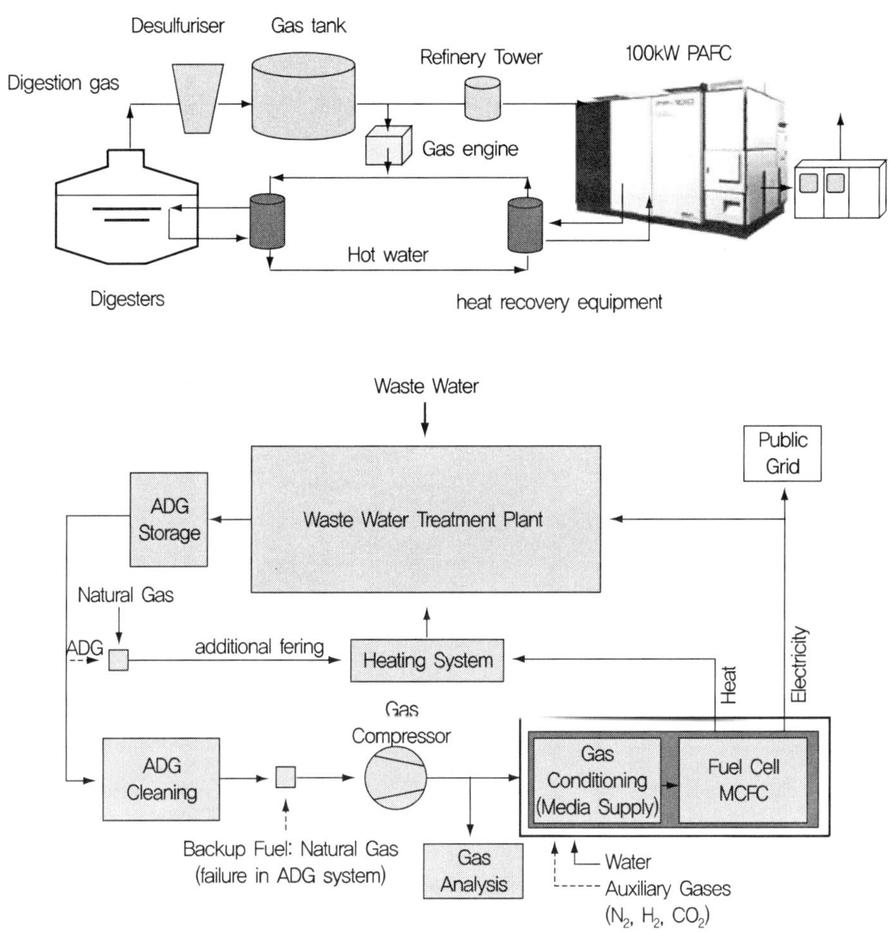

그림 3.34 연료전지발전 공정도

바이오가스를 연료로 공급하는 연료전지발전은 열병합발전으로, 연료전지에서 발생하는 전기는 인근에 판매하고 있으며, 이외에 발생하는 열은 온수 생산용으로 사용하고 있다. 예를 들면 하수처리장에서는 소화조를 가온하기 위하여 연료전지로부터 온수를 생산하여 소화조 가온용으로 공급하고 있다. 또한 바이오가스의 발생은 주변여건에 따라 변동될 수도 있기 때문에 이로 인한 연료전지의 안정적인 운전을 위하여 천연가스와 병행하여 사용하기도 한다.

4) 가스터빈

바이오가스는 중규모 및 대규모 용량(200 kW 이상)의 가스터빈에 의해 약 1200℃에서 전기로 변환된다. 공급되는 바이오가스의 온도가 높을수록 또한 압력이 높을수록 전기효율은 증가한다. 가스터빈은 주로 컴프레서, 연소실, 터빈으로 구성되어 있다. 연소용 공기는 컴프레서에 의해 압축되어 연소실에 공급되며, 연료인 바이오가스가 공급되어 연소실에서 연소가 일어나게 된다. 연소 배가스는 터빈을 통과하면서 팽창하여 에너지로 전환된다. 터빈 프로펠러가 회전하면서 운동에너지가 전기에너지로 변환되어 전기가 발생한다. 터빈을 나가는 연소배가스의 온도는 거의 400~600℃의 온도를 가지고 있어 연소용 공기를 예열하거나 스팀터빈을 구동하는 열원으로 사용하게 되며, 이를 그림 3.35에 나타내었다. 가스터빈의 연소용 배가스에는 대기오염물질이 매우 적은 편인데, 정제하지 않은 바이오가스를 연료로 공급하게 되면 배가스 중 질소화합물(NOx)은 약 25 ppm이다. 가스터빈의 효율은 높은 연소온도로 인하여 높은 효율을 가지고 있다.

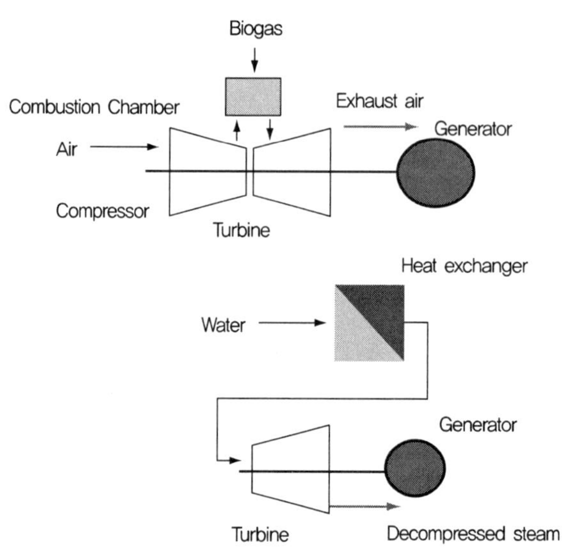

그림 3.35 스팀터빈의 열회수와 결합된 가스터빈 공정

그림 3.36은 수도권매립지내에서 운영되고 있는 매립가스(LFG)를 연료로 하는 스팀터빈공정이다. 매립가스발전소는 매립가스를 사용하여 보일러에서 증기를 발생시켜 증기터빈을 구동하여 전기를 생산하는 설비로 구성되어 있다. 발전 설비구성은 보일러 2기 및 증기터빈 1기로 구성되어 있으며, 다음과 같다.

① 터빈 발전기

터빈은 직렬배열(tandem compound), 단류(single flow type), 비재생 및 복수 터빈으로 구성되어 있으며, 증기터빈은 교축증기조건 96 kg/cm^2.a, 536℃, 배압 50.8 mmHg abs. 0% 보충수량 상태에서 정격출력(명판출력) 50 MW가 가능한 직렬배열 3,600 rpm 복수식이다.

② 증기발생기

보일러는 드럼형, 자연순환식, 압입통풍형, 반옥외형으로 증기를 계속적으로 증기터빈에 공급하고, 연료는 LFG(매립가스) 이며, 보일러에서 공기가 공급되어 매립가스를 연소하며 이때 얻어진 열로 보일러에서 증기를 발생시켜 증기터빈으로 보낸다.

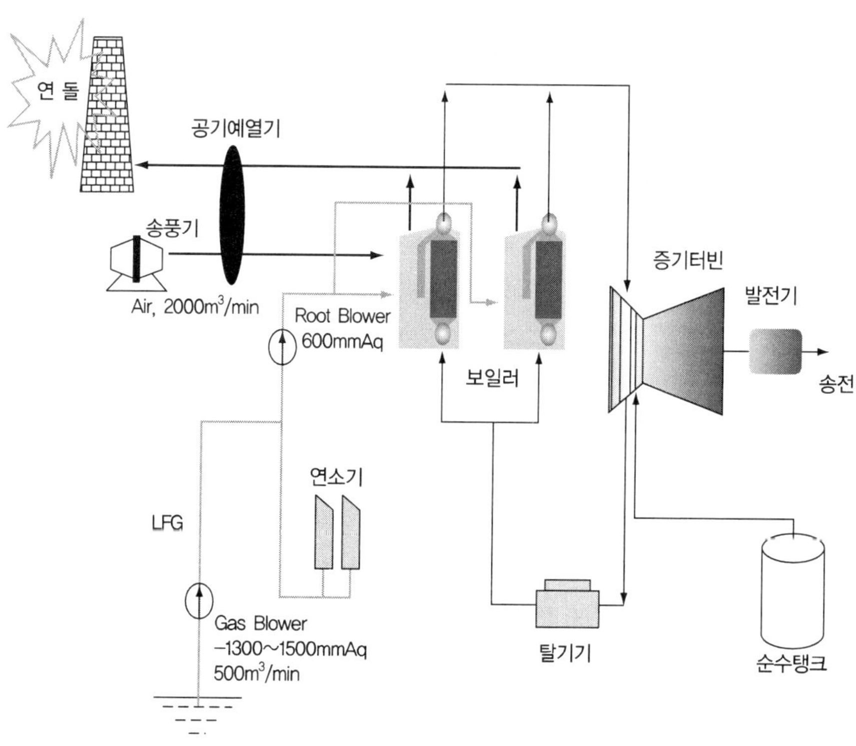

그림 3.36 매립가스를 이용한 스팀터빈발전공정

③ 연료계통

수도권매립지에서 발생되는 매립가스는 포집블라워(gas blower)로 흡입되며, 또한 승압블로워(root blower)를 이용하여 매립가스의 공급압력을 일정하게 보일러로 공급하고 있다.

④ 보충수 계통

보충수 계통은 순수저장 탱크에서 공급받으며 블로우다운 손실수, 누설수, 시료채취수, 실험실용 및 기기냉각수 계통에서의 손실수를 보충한다.

⑤ 복수 및 급수계통

복수펌프에 의해 글랜드 스팀 콘덴서를 거쳐 탈기기로 보내지고, 보일러 급수펌프는 급수저장탱크로부터 급수를 흡입하여 펌프의 토출측에서 보일러로 공급하고, 중간 단에서 나온 급수는 수증기 bypass 온도저감 및 보조증기 온도 저감용으로 공급하게 된다.

⑥ 순환수 계통

순환수계통은 냉각탑 냉각 방식이 적용되어 순환수 펌프에 의하여 복수기를 통과한 후 냉각탑으로 회수되도록 되어 있으며, 냉각탑은 강제통풍방식으로 제한적인 용수원을 고려하여 습-건식 혼합형을 선정하였다.

5) 마이크로 가스터빈

마이크로 가스터빈은 낮은 연소실 압력과 온도를 가지고 있는 소규모의 고속 가스터빈이다. 거의 모든 가스터빈 제조사들은 그림 3.37과 같은 연소 공기용 컴프레서, 연소실, 발생기 및 열교환기로 구성된 가스터빈을 제작할 수 있다. 마이크로 가스터빈은 한 개의 샤프트에 컴프레서, 터빈 및 발생기가 고정되어 있는 특성을 가지고 있다. 터빈은 콤프레서를 구동하여 연소용 공기를 압축하고 동시에 발생기를 구동하게 된다.

마이크로 가스터빈은 1 kW 미만에서 수백 kW의 출력을 갖는다. 분산형 전원과 소규모 열병합 발전용으로 기술적인 장점 및 친환경적인 특성으로 인해 기술개발과 보급이 증가하는 추세다. 마이크로 가스터빈은 피스톤 엔진에 비해 많은 장점을 가지고 있다. 즉 크기에 비하여 출력이 크고 연소가 양호하며 구동부분이 적으며, 또한 공기베어링과 공랭식으로 윤활유와 냉각수가 필요 없으며, 여름철 잉여 열 처리를 위한 냉각탑도 필요 없다. 또한 마이크로 가스터빈은 전력부하 변동이 발생하면 로터의 rpm의 조절만으로도 빠른 응답속도와 넓은 부하추종범위를 가질 수 있는 장점을 지니고 있다. 반면 피스톤 엔진의 경우 왕복운동 및 회전운동을 거치는 기계적인 한계로 인해 가스터빈에 비해 부하 추종

속도에서 불리하고, 통상 최고 출력대비 50% 이상의 범위에서만 추종이 가능한 운전특성으로 인해 정속도로 운영하는 것이 효율적이다.

마이크로 가스터빈의 주요 특징은 다음과 같다.

① "공기베어링"으로 샤프트가 회전할 때 스스로의 회전력에 의해 샤프트와 베어링과의 사이에 공기막을 형성하여 로터를 부상시키는 원리로서 종전의 윤활유 방식 베어링에 반드시 장착되어야 하는 윤활장치가 생략되어 전체적으로 단순화되고 오일의 보급, 교환 등의 정기적인 점검이 불필요하다.

② 인버터기술을 활용하여 감속기를 생략하였기 때문에 설비의 구조를 단순화시켜 소형화할 수 있게 되었다.

③ 가장 중요한 것은 리큐퍼레이터를 부착하였기 때문에 재생사이클을 채용하여 열효율을 향상시켰다. 가스터빈의 배가스는 통상 500℃ 이상의 고온이므로 그대로 방출하면 열손실이 커서 기존의 가스터빈은 열을 증기로 만들어 가스터빈과 증기터빈으로 발전하여 열효율을 높였다. 마이크로 가스터빈의 재생사이클에서는 연소기에 들어가기 전의 공기를 배가스와 열교환하여 예열시킴으로써 연소기에 투입되는 연료의 양을 저감시키는 방법으로 열효율을 높여준다.

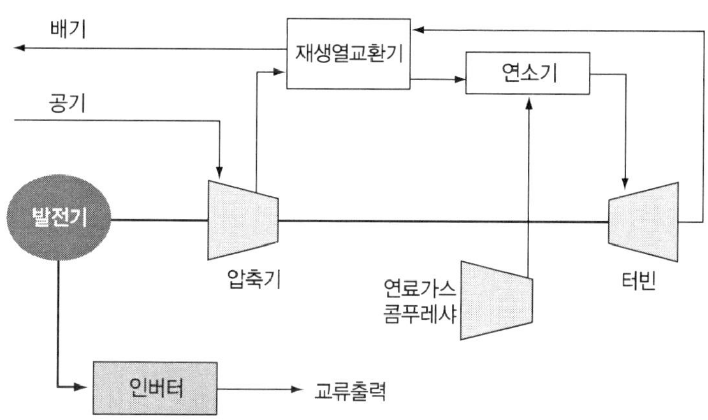

그림 3.37 마이크로가스터빈 공정

3.4.2 천연가스 배관망 혼입 및 수송용 연료화 기술

바이오가스를 고질화기술을 이용하여 가스 중 메탄과 이산화탄소를 개별적으로 분리하여 메탄을 저압의 천연가스 배관망에 공급할 수 있고, 이산화탄소는 산업용, 음료용 등으로

판매할 수 있다. 표 3.23에 요약한 바와 같이 바이오가스와 천연가스는 특성이 서로 간에 상이하기 때문에 천연가스배관망에 바이오가스를 공급하기 위해서는 압력, 밀도, 황화합물, 산소 및 습도 함량, 웨버지수 등의 조건을 맞추어야 한다. 몇몇 나라에서 바이오가스와 혼합된 천연가스 가격은 소비자가 공급받는 천연가스 배관망 지점에서의 천연가스 성분을 가지고 가격을 결정한다.

가스의 품질을 보장하기 위하여 그림 3.38에 나타낸 바와 같이 천연가스를 혼합하게 된다. 즉 저열량 가스를 고열량 가스와 혼합하여 가스품질을 안정적으로 유지하는 것이다. 바이오가스와 천연가스는 웨버지수(Wobbe Index)나 열량을 기준으로 압력, 천연가스 유량을 조정하여 혼합한다.

표 3.23 천연가스와 바이오가스의 특성 및 성분

character	Unit	Natural gas	Biogas
CH_4 (methane)	vol%	91.0	55~70
C_2H_6 (ethane)	vol%	5.1	0
C_3H_8 (propane)	vol%	1.8	0
C_4H_{10} (butane)	vol%	0.9	0
C_5H_{12} (pentane)	vol%	0.3	0
CO_2 (carbon dioxide)	vol%	0.61	30~45
N_2 (nitrogen)	vol%	0.32	0~2
H_2S (hydrogen sulfide)	vol%	~ 1	~ 500
NH_3 (ammonia)	vol%	0	~ 100
Water dew point	℃	< −5	saturated
Net caloric value	MJ/Nm^3	39.2	23.3
	kWh/Nm^3	10.89	6.5
	MJ/kg	48.4	20.2
Density	kg/Nm^3	0.809	1.16
Relative density	-	0.625	0.863
Upper Wobbe index	MJ/Nm^3	54.8	27.3
Lower Wobbe index	MJ/Nm^3	49.6	25.1
Methane number(MON)	-	73	~ 135
Theoretical air requirement	Nm^3/Nm^3 gas	10.4	6.22
Adiabatic flame temperature	℃	2040	1911
Water dewpoint(flue gas)	℃	59.7	59.2
Water vapor(flue gas)	vol%	18.8	19.3

웨버지수(WI)는 단위 오리피스 면적당 엔진출력의 지표를 나타내며 압력차를 이용한 노즐연료 공급방식의 경우 엔진의 연료공급특성에 영향을 미치게 된다. 웨버지수를 구하는 식은 다음과 같다.

$$WI = \frac{HHV}{\sqrt{d}} \tag{3.31}$$

여기서 HHV는 표준상태(STP)에서 총발열량(kcal/Nm^3)이고, d는 공기에 대한 천연가스의 비중이다. 웨버지수는 가스연료의 연소장치에 있어서 연료가스 종류별 호환성을 나타내는 지수로서, 이 지수가 같으면 동일의 연소장치에 같은 압력의 연료가 공급될 때 발열량이 변하지 않는 것으로 판명할 수 있다.

모터옥탄가(MON : Motor Octane Number)는 천연가스 자동차에 있어서 내녹킹성을 나타내는 지수로서 모터옥탄가 수치가 클수록 녹킹이 일어나지 않고 연소성이 좋다는 것을 말한다. GRI/SWRI에서 Steven(1992)에 의해 제안된 아래의 실험식에 의해 모터옥탄가를 계산할 수 있다.

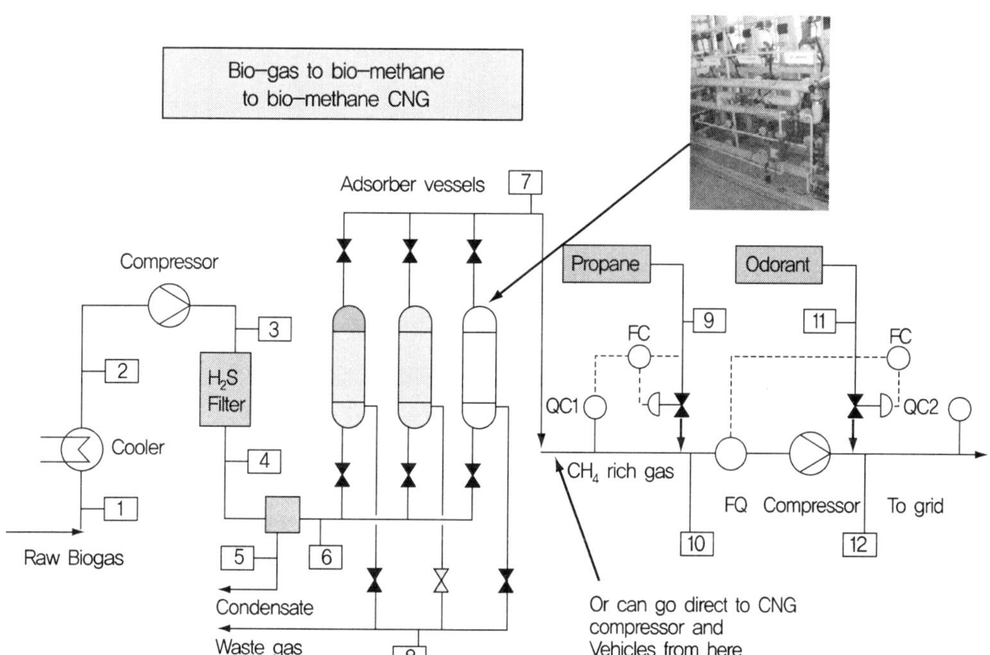

그림 3.38 바이오가스의 천연가스 배관망 공급공정 (압력단위 ; bar)

$$MON = (-406.14) + (508.04 \times x) + (-173.55 \times x^2) + (20.17 \times x^3) \tag{3.32}$$

$$x = \frac{\%CH_4 \times 4 + \%C_2H_6 \times 6 + \%C_3H_8 \times 8 + (\%\text{iso-butane} + \%\text{n-butane}) \times 10 + (\%\text{iso-pentane} + \%\text{n-pentane}) \times 12}{\%CH_4 \times 1 + \%C_2H_6 \times 2 + \%C_3H_8 \times 3 + (\%\text{iso-butane} + \%\text{n-butane}) \times 4 + (\%\text{iso-pentane} + \%\text{n-pentane}) \times 5}$$

천연가스 배관망에 바이오가스를 공급하기 전에 부취제를 혼합해야만 한다. 천연가스는 메탄을 주성분으로 하고 있어, 무색무취의 특성을 가지고 있다. 그러므로 메탄가스의 누출로 인한 사고를 예방하기 위하여 부취제를 혼합하여 냄새로 확인할 수가 있다. 부취제로 사용하고 있는 물질로는 TBM(tertiary butylmercaptane)과 THT(tetrahydrothiophene)이며, 국내에서 천연가스에 혼합되는 부취제 총량은 10 ppm 이하이다. 부취제는 강한 취기를 보이며, 천연가스 배관 내벽에 부착되지 않는 특성을 가져야 한다. 그림 3.38은 부취제의 공급을 보여주고 있다.

유럽에서 바이오가스만을 연료로 사용하는 경우는 없으며 대부분 천연가스 배관망에 혼입하여 천연가스와 바이오가스를 혼합한 연료를 사용하여 천연가스 사용시설이나 수송용 연료(천연가스 자동차)로 공급하고 있다.

천연가스 배관망에 공급되는 바이오가스의 품질이 만족스럽더라도 바이오가스 품질관리를 위한 모니터링 시스템이 설치 및 운영되어야 한다. 바이오가스가 품질기준을 만족하지 못하면 바이오가스 공급을 차단할 수 있도록 해야 한다. 바이오가스를 천연가스 배관망에 공급하기 위해서는 압력조정이 매우 중요하다. 바이오가스 공급압력은 천연가스 배관망내 압력보다 큰 압력으로 설정해야 한다. 바이오가스 공급을 원활하게 하기 위해서 바이오가스 플랜트 및 바이오가스 고질화공정은 천연가스 배관망과의 거리에 따라 가스공급을 위한 가스 컴프레서등 시설비에 대한 투자비용이 결정된다. 즉, 인근에 천연가스 배관망이 있게 되면 바이오가스의 공급압력을 크게 할 필요가 없어 가스컴프레서의 추가 설치가 필요 없지만, 거리가 멀어짐에 따라 추가설치가 필요하여 이에 따른 추가비용이 발생하게 된다.

바이오가스를 천연가스 배관망에 공급할 때 바이오가스 품질기준은 스웨덴에서 처음으로 국가규격으로 설정되었으며, 이후 독일, 스위스, 네델란드 및 덴마크 등에 전파되었다. 하지만, 각 나라마다 바이오가스의 품질규격은 각 나라의 사용현황에 따라 달리 설정되었다. 예를 들면 스위스의 경우 제한적 공급시와 무제한적 공급시에 따른 바이오가스 품질규격을 별도로 설정하고 있다. 바이오가스의 제한적 공급조건에 만족하는 바이오가스 품질규격은 천연가스 배관망에 혼입되는 바이오가스는 부피로 5% 이내로 한정하고 있다. 하지만, 무제한적 공급조건은 바이오가스 중 메탄함량이 96% 이상이어야 하며 CO_2, O_2, H_2S 및 수분함량 등에 대한 엄격한 기준이 설정되어 있다.

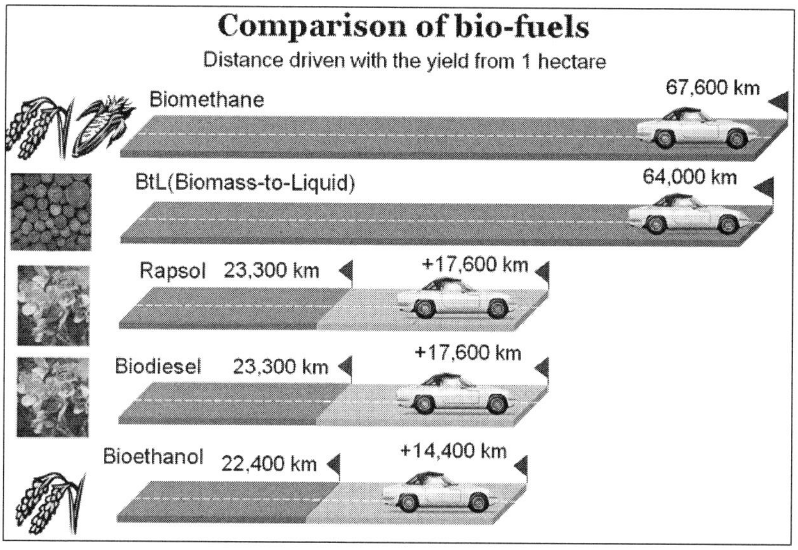

그림 3.39 바이오에너지 수송용 연료 성능비교

그림 3.39는 바이오에너지를 수송용 연료로 사용하였을 때 차량성능을 비교한 것이다. 1헥터당 바이오매스로부터 생산할 수 있는 바이오에너지 중에서 바이오가스인 바이오메탄이 가장 큰 차량 성능을 보여주고 있다. 그러므로 바이오에너지 중에서 바이오가스가 수송용 연료로서 가장 유력한 바이오에너지라는 것을 입증해주고 있다.

바이오가스는 주로 천연가스 자동차 연료로 공급되어 사용되고 있기 때문에 자동차 연료로 공급하기 위해서는 바이오가스 품질기준을 설정하여 이를 만족할 수 있도록 관리해야 한다. 우리나라는 아직까지 자동차 연료로 바이오가스를 공급할 수 있는 기술적, 법적 제도가 만들어 지지 않았지만, 향후 바이오가스의 품질기준 설정에 있어서는 자동차 특성에 따른 품질기준 설정이 필요하다.

이중성 등(1999)은 그림 3.40에서 보는 바와 같이 바이오가스와 같이 메탄을 주성분으로 한 천연가스를 연료로 하여 국내 자동차의 성능을 비교하였다. 자동차는 기화기 방식 엔진과 전자제어 방식엔진을 비교하였다. 기화기 방식엔진에 있어서는 성능이 열량보다 웨버지수에 크게 좌우되는 것을 알 수 있고, 전자제어 방식엔진은 웨버지수와 열량에 따라 자동차 성능이 좌우된다. 그러므로 바이오가스를 자동차 연료로 공급할 때 바이오가스 품질기준은 대상이 되는 자동차의 형식에 따라 바이오가스 품질기준을 설정해야 할 것이다. 이외에도 메탄지수, 옥탄가 등에 대하여도 면밀한 검토가 필요하다.

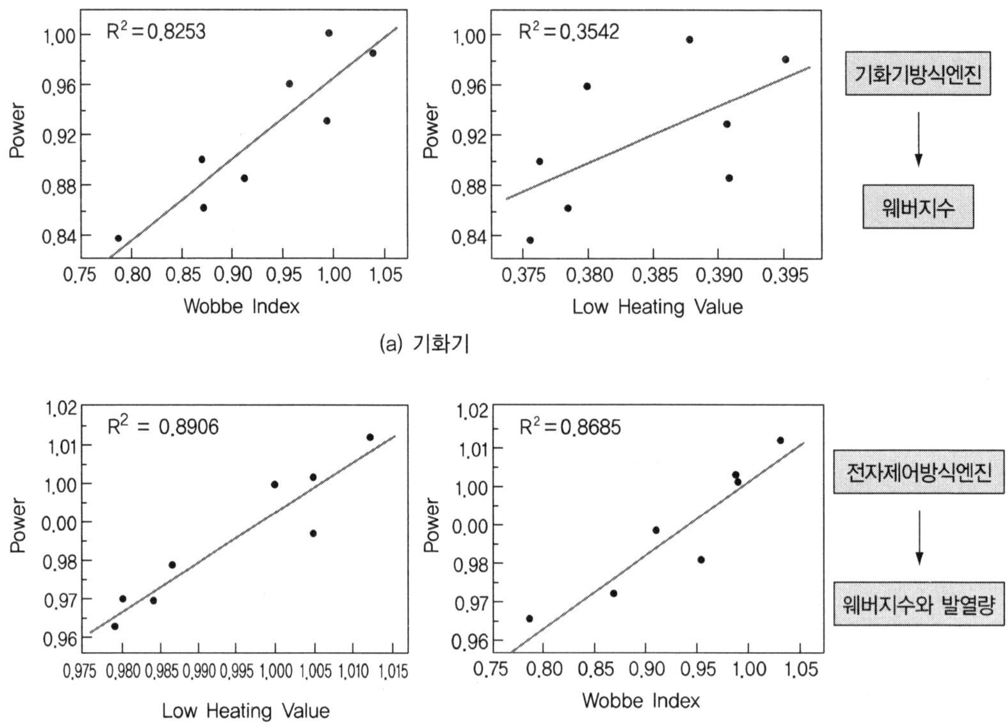

(a) 기화기

(b) 전자제어 방식엔진

그림 3.40 천연가스 연료에 따른 자동차 성능비교

참고문헌

Anerousis JP and Whitman SK, "Iron sponges: still a top option for sour gas sweetening", *Oil Gas J.* 18, 71~76(1985).

Kohl A and Neilsen R, Gas Purification, 5th edition, Gulf Professional Publishing, Houston, Texas, pp. 1302~1523 (1997).

Zapffe F, "Iron sponge removes mercaptans", *Oil Gas J* 61(33), 103~104 (1963).

이석기, 박영성, "NaOH첨착활성탄의 H_2S흡착능", 대한환경공학회지, 2000, 22(5), 879~886(2000).

Paul.N. Cheremisinoff and F.Ellerbush, Carbon Adsorption Handbook, Ann Arbor Science Publisher, Inc, (1978).

Rong, Y, Terence, C. Yuen, L.N., Huiqi, D, David, T.L. and Joo H.T, "Influence of surface properties on the mechanism of H2S Removal by alkaline activated carbon", *Environ. Sci. Technol.* 38(1), 316~323 (2004).

Chiang, A. S. T. and Y.-W. Chen, "Selective Removal of Hydrogen Sulfide Pollutant with Zinc oxide." in *Proc. of 4th Air Pollution Control Technical Conference*. National Taiwan University, Taipei: 199-206 (1987).

Borgwardt, R.H and Roache, N.F., "Reaction of H_2S amd sulfur with limestone particles", *Ind. Eng. Chem.*, 23(4), 742~747 (1984).

Demmink JF and Beenackers AACM, "Gas desulfurization with ferric chelates of EDTA and HEDTA: new model for the oxidative absorption of hydrogen sulfide". *Ind Eng Chem Res* 37(4), 1444~1453 (1998).

Wubs HJ and Beenackers AACM, "Kinetics of H_2S adsorption into aqueous ferric solutions of EDTA and HEDTA", *AIChE J* 40(3), 433~444 (1994).

Horikawa MS, Rossi F, Gimenes ML, Costa CMM and Silva MGC, "Chemical absorption of H2S for biogas purification" *Brazilian J Chem Eng,* 21, 415~422 (2004).

Brandy, J., fanlo, J.L.&LeChoirec, P., "Deodorization of gaseous emissions by a bioscrubber", *OdoursVOC's*, 1, 192 (1995).

Kennes,C.&Veiga,M.C., Bioeactors for Waste Gas Treatment, Dordrecht/Boston/London: Kluwer Academic Publishers (2001).

Devinny, J.S., Deshusses, M.A. & Webster,T.S., Biofilteration For Air Pollution Control, NewYork: Lewis Publishers (1999).

박상진, 조경숙, "황산화균주가 부착된 다공성 세라믹을 이용한 H_2S 제거", 한국대기환경학회지, 15, 649-655 (1999).

Everaert K, Baeyens, J. "Catalytic combustion of volatile organic compounds", *J. Hazard. Mater.* 109(1-3), 113-139 (2004).

M. schweigkofler and R. Niessner, "Determination of Siloxanes and VOC in Landfill Gas and Sewage Gas by Canister Sampling and GC-MS/AES Analysis", *Environ. Sci. Technol.*, 33, 3680-3685 (1999).

M. schweigkofler and R. Niessner, "Removal of siloxanes in biogases", *J. Hazard. Mater.* B83 183-196 (2001).

수도권매립지관리공사, 매립가스중 규소화합물류의 측정분석방법 및 자원화시설에 대한 영향 연구 (2005).

McKim JM, Wilga PC, Breslin WJ, Plotzke KP, Gallavan RH, Meeks RG." Potential estrogenic and antiestrogenic activity of the cyclic siloxane octamethylcyclotetrasiloxane (D4) and the linear siloxane hexamethyldisiloxane (HMDS) in immature rats using the uterotrophic assay", *Toxicol Sci,* 63:37-.46 (2001).

P.Tower, "New Technology for removal of siloxanes in digester gas results in lower maintenance costs and air quality benefits in power generation equipment", *WEFTEC 03 78th Annual Technical Exhibition and Conference*, October, pp.2-9 (2003).

M.Hagmann,E.Hesse, P.Hentschel, T.Bauer, "Purification of Biogas-Removal of volatile silicones, in Proceedings *Sardinia 2001, 8th International Waste Management and Landfill Symposium*, Cagliari, Italy, pp.641-644 (2001) .

G. Astarita, D.Savage and A. Bisio, " Gas treating with chemical solvents", John Wiley & Sons Inc, 1983.

D. Shekhawat, D. R. Luebke and H. W. Pennline, A Review of Carbon Dioxide Selective Membranes-A Topical Report, DOE/NETL-2003/1200 (2003).

Richard W. Baker, Membrane Technolgy and Applications, 2nd Ed. John Wiley & Sons Ltd, (2004).

Kochetkov, A., Smith, J.S., Ravikrishna, R., Valsaraj, K.T. and Thibodeaux, L.J., "Air-water partition constants for volatile methyl siloxanes", *Environ Toxicol Chem*, 20(10), 2184-2188 (2001).

Hagmann M, Heimbrand E and Hentschel P., "Determination of siloxanes in biogas from landfills and sewage treatment plants". In: *Proceedings Sardinia 99, seventh international waste management and landfill symposium*, Cagliari, Italy, 4-8 October 1999.

R. Huppmann, H.W. Lohoff and H.F. Schröder, "Cyclic siloxanes in the biological waste water treatment process-determination, quantification and possibilities of elimination", *Fr J Anal Chem,* 354, 66-71 (1996).

Steven R. King, 1992, "The impact of Natural Gas Composition on fuel metering and engine operational characteristics", *SAE*, Paper 920593.

이중성, 유현석, 윤영석, 한정옥, "천연가스 연료조성이 엔진연소 특성에 미치는 영향, 한국자동차공학회논문집", 7(6), 32-41(1999).

4 매립지 가스 이용기술

최근 "저탄소 녹색성장"의 새로운 패러다임에 따라 신재생에너지에 대한 관심이 고조되고 있다. 이와 관련하여 매립가스(LFG, Landfill Gas)의 자원화 역시 많은 사업화가 이루어졌으며, 연구개발이 전세계적으로 활발히 진행되고 있는 분야 중의 하나이다. 4.1절에서는 매립가스의 정의와 특성, 매립지의 분해과정에 따른 발생특성과 영향요소에 대하여, 4.2절에서는 매립가스의 포집방법에 대한 방법별 비교와 각종 포집시설들의 종류, 설치방법 등을 알아보고, 포집·이송된 가스의 전처리에 대해 간략히 설명하도록 하겠다. 전처리된 매립가스의 다양한 이용기술로써 발전, 자동차 연료, 연료전지 등의 활용에 대한 내용을 4.3절에서 설명하고, 마지막으로 4.4절에서는 국내에 설치된 매립가스 자원화시설의 사례를 자세히 알아보고자 한다.

4.1 매립가스의 개요

4.1.1 매립가스의 정의 및 특성

매립가스란 "매립된 폐기물로부터 발생하는 모든 가스"를 말한다. 즉, 매립된 폐기물 중 유기성분이 혐기성조건에서 미생물에 의해 분해되어 발생되는 가스로 주성분은 주로 메탄(CH_4)과 이산화탄소(CO_2)가 약 99%를 차지하는 것으로 알려져 있다. 그리고 그 밖의 성분은 질소(N_2), 산소(O_2) 암모니아, 기타 비메탄계 유기화합물(NMOCs, Non-Methane Organic Compounds) 등으로 구성된다. 일반적인 매립가스의 성분과 특성을 표 4.1에 나타내었으며 안정된 분해단계에서의 메탄가스는 50~70% (55%), 이산화탄소는 30~50% (45%) 정도의 부피 백분율을 나타낸다.

매립가스의 발열량은 메탄 함유량이 50%인 경우 약 5,000 kcal/m^3 정도로 현재 사용중인 도시가스(LNG) 발열량 10,500 kcal/m^3의 약 1/2을 차지하고 있으며, 연소기에 직접 연소가 가능하여 유용한 에너지원으로 이용될 수 있으나 그냥 대기 방출시 대기오염 및 악취 유발 가능성이 있고, 화염 및 폭발 가능성 등 위해 요소를 내포하고 있다. 매립 폐기물 톤당 112~230 m^3 정도의 가스가 발생하며, 매립 후 2~3년 내 최대로 많이 발생하고 20~30년까지 생성이 가능한 것으로 알려져 있다.

매립가스 중 가장 생활환경에 영향을 미치는 물질은 메탄(CH_4)과 암모니아(NH_3), 황화수소(H_2S)이다. 메탄(CH_4)은 독성이 없고 무색무취이며, 에너지가 풍부한 가스로(13,300 kcal/kg CH_4) 공기무게의 0.558 정도로 가벼운 특성을 지닌다. 비메탄계 유기화합물

(NMOCs)은 매립가스 성분 중 1% 내외에 불과하나 오존이 형성되는 화학적 반응에 관련하여 악취를 일으키기도 하고, 또한 신장, 간장, 중추신경통, 암따위를 일으킴으로써 건강을 위협하기도 한다. 그러므로 이들은 매립가스에 의한 위해성 평가의 주요항목이 되며, 노르웨이에서는 독성의 정도에 따라 26가지 물질을 표 4.2와 같이 3가지로 나누고 있다.

미국 환경청(U.S. EPA)은 매립지에서 비메탄계 유기화합물의 발산기준을 TGNMOC (Total Gas NMOC) 20 ppm으로 규정하고 있다. 매립가스에 포함된 강한 악취를 유발하는 물질을 표 4.3에 6개의 계열별 화합물의 종류별로 표 4.3에 제시하였다. 표 4.4에는 매

표 4.1 매립가스(LFG)의 성분 및 특성(Tchobanoglous, Theisen, and Vigil, 1993)

성 분	부피백분율(%)	특 성
CH_4	45~60	· 무색, 무취, 가연성, 질식성, 폭발성 · 공기보다 가볍다
CO_2	40~60	· 무색, 무취, 약산성 · 공기보다 무겁다
N_2	2~5	· 무색, 무취, 무미
O_2	0.1~1	· 무색, 무취, 무미
Ammonia	0.1~1	· 무색, 악취(pungent odor).
NMOCs	0.01~0.6	· 저농도, 다양한 구성 · 폭발성, 독성, 악취 (e.g. benzene, 1,1-dichloroethane, carbonyl sulfide, ethyl-benzene, hexane, tetrachloroethylene, toluene, trichloroethylene, vinyl chloride, and xylenes)
sulfides	0~1	· 악취(썩은 달걀냄새)
Hydrogen	0~0.2	· 무색. 무취
CO	0~0.2	· 무색, 무취

표 4.2 매립가스에서 검출 가능한 유해성분 종류

분 류	유 해 성 분
높은 독성	Carbon tetrachloride, Carbon disulfide, Hydrogen sulfide, Formaldehyde
독 성	Chloroform, Vinylchloride, Benzene, Methyl-furan, Dichloromethane
유 해	Methyl-mercaptan, Dichloro-ethane, Toluene, 1,1,2-trichloroethane, 1,1,1-trichloroethane, Butanethiol, 1,1-dichloro-ethylene, Chloro-benzene, 1,2-dichloro-ethylene, Dimethyl-furan, Trichloro-ethylene, Dichloro-benzene, Tertrachloro-ethylene, Xylene, Naphtalene, Ethyl-mercaptan, Hexane

표 4.3 매립가스 중의 악취 유발 물질

화합물	종 류
유기물/무기물	Hydrogen Sulfide (H_2S)
황화합물	Methyl Mercaptan (CH_3SH)
	Propyl Mercaptan (C_3H_7SH)
	Dimethyl Sulfide ($(CH_3)_2S$)
에스터	Methyl Butanoate ($C_5H_{10}O_2$)
	Ethyl Butanoate ($C_6H_{12}O_2$)
	Ethyl-2-Methyl
	Propanoate (C_3H_6O)
산	Butanoic Acid (C_4H_6O)
알코올류	Butan-2-ol ($C_4H_{10}O$)
탄화수소화합물	Limonene ($C_{10}H_{16}$)
	C3 Benzenes

표 4.4 위생매립지에서 발생된 가스의 물리적 성질

가 스	분자량	밀도(g/L) (@ 0℃, 1atm)	용해도(in 100g water)
Air	28.97	1.2928	
NH_3	17.03	0.7788	89.0g (at 0℃)
CO_2	44.00	1.9768	179.7cm^3 at 0℃)
CO	28.00	1.2501	3.5cm^3 (at 0℃)
H_2	2.016	0.0898	2.1cm^3 (at 0℃)
H_2S	34.08	1.5392	437cm^3 (at 0℃)
CH_4	16.03	0.7167	
N_2	28.02	1.2507	2.35cm^3 (at 0℃)
O_2	32.00	1.4289	4.89cm^3 (at 0℃)

립지에서 발생되는 다양한 가스의 물리적 성질을 나타내었다. 암모니아와 메탄가스의 밀도는 산소의 약 1/2 정도이며, 황화수소는 산소와 유사한 밀도를 보이고 있다.

4.1.2 매립가스의 발생특성

1) 매립가스 발생 메커니즘

매립가스 발생 메커니즘은 매립된 폐기물 층에서의 미생물에 의한 유기물의 분해가 주된 것이나 그 이외에도 다양한 물리적, 화학적 반응이 포함될 수 있는데 예를 들면 다음과 같다.

- 휘발성 물질의 휘발
- 폐기물 분해과정에서 발생하는 열에 의한 온도상승과 이로 인한 증기압 상승
- 금속부식 (예 : 금속의 부식과정에서 수소가 발생)
- 매립 층의 pH 변화에 따른 가스 발생(예 : 산성에서 생기는 시안화수소, 황화수소)
- 유기혼합물질간의 반응 (예 : 에스터 형성)

(1) 증발/휘발작용

폐기물내의 액체나 고체의 특정성분이 증발 및 휘발 작용을 거쳐 기체화될 수 있는데, 대부분의 비메탄계 유기물(NMOC)들이 이 과정을 거쳐서 매립가스 속에 포함되게 된다.

(2) 생물학적 분해

매립된 폐기물의 분해에 수반되는 가스의 생성 기작은 폐기물 층 내의 조건에 따라 변화하지만, 대략적으로는 탄수화물과 단백질과 같은 고분자화합물이 차례로 저분자화 되고, 당류와 유기산, 알코올 등의 중간생성물을 거쳐 최종적으로는 물과 기체(이산화탄소, 메탄가스), 그리고 무기염으로 안정화된다. 이 분해과정은 관여하는 미생물에 따라 다르고, 크게는 공기 중의 산소를 필요로 하는 미생물의 작용에 의한 호기성 분해와 공기 중의 산소를 필요로 하지 않는 미생물의 작용에 의한 혐기성 분해로 나뉜다. 이들 분해과정은 식 (4.1) 및 식 (4.2)와 같이 나타낼 수 있다.

호기성 분해

$$C_aH_bO_cN_d + \left(\frac{4a+b-2c-3d}{4}\right)O_2 \rightarrow aCO_2 + \left(\frac{b-3d}{2}\right)H_2O + dNH_3 \qquad (4.1)$$

혐기성 분해

$$C_aH_bO_cN_d + \left(\frac{4a-b-2c+3d}{4}\right)H_2O \rightarrow \left(\frac{4a+b-2c-3d}{8}\right)CO_2 + \left(\frac{4a-b+2c+3d}{8}\right)CH_4 + dNH_3 \qquad (4.2)$$

혐기성 상태로 유지되는 매립지에서는 식 (4.2)에 나타낸 바와 같이 메탄, 이산화탄소, 암모니아가 발생함과 동시에 미량이지만 황화수소(H_2S), 황화메틸($(CH_3)_2S$), 메틸메르캅탄(CH_3SH) 등의 악취물질이 생성된다. 매립가스의 성상은 매립 후의 경과년수에 따라 변한다. 일반적으로 매립을 시작한 지 얼마 안 되어서는 폐기물 속에 포함된 산소에 의해 호기

성분해가 이루어지고, 그 결과 폐기물 속의 산소가 없어진다. 산소가 없어지면 호기성 분해를 하는 미생물은 생식할 수 없게 되고, 차츰 혐기성 분해로 바뀐다. 혐기성 분해를 하는 미생물에 의해서 산생성균, 메탄생성균이고, 이산화탄소와 메탄가스 등이 발생하게 된다.

대부분의 매립가스는 상기와 같이 폐기물 중의 유기물이 생물학적 분해과정을 거치면서 발생되는데, 이는 일반적으로 5 단계로 구분되며, 각 단계에 따라 발생되는 가스와 침출수의 성상이 변하게 된다.

① 제1단계 : 초기 호기성 분해단계

폐기물이 매립된 직후에는 매립층에 산소가 있는 호기성 상태가 유지되므로 호기성 미생물에 의해 쉽게 분해될 수 있는 유기물질들이 분해되며 이산화탄소(CO_2)가 많이 발생한다.

② 제2단계 : 전환단계

매립층 안에 있는 산소가 소비되면서 호기성에서 혐기성조건으로 바뀌어 가는 단계이다. 탄수화물, 단백질, 지방 등이 분해되어 알코올, 지방산, 이산화탄소(CO_2), 암모니아(NH_3), 수소(H_2)가 생성된다.

③ 제3단계 : 산 형성단계

혐기성 미생물에 의한 분해가 활발해지면서 유기물들의 중간 분해 생성물인 유기산이 축적되는 단계이다. 침출수의 pH는 유기산과 매립지내 이산화탄소(CO_2) 농도의 증가로 5 이하로 떨어지고, BOD와 COD는 증가한다. 매립가스 중 메탄(CH_4) 구성비가 증가하기 시작한다.

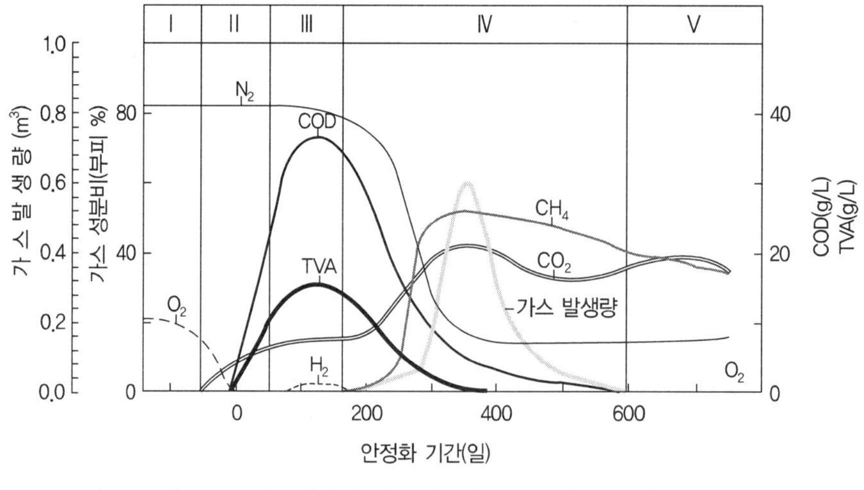

그림 4.1 폐기물의 매립경과에 따른 매립가스 성분비의 변화(Pohland, 1986)

④ 제4단계 : 메탄 생성단계

완전한 혐기성 상태로 산 형성 단계에서 형성된 아세트산과 수소(H_2)가 메탄생성균(methanogen, methane formers)에 의해서 메탄(CH_4)과 이산화탄소(CO_2)로 활발하게 전환되는 과정이다. 이 단계에서는 메탄(CH_4)과 이산화탄소(CO_2)로의 전환량이 커짐에 따라 산 축적 비율이 뚜렷이 낮아지면서 pH가 올라가기 시작한다. 생분해 가능한 유기물질이 안정적으로 활발하게 분해된다.

⑤ 제5단계 : 안정화 단계

비교적 생분해가 어려운 유기물질들이 천천히 분해되면서 분해과정이 실질적으로 끝나게 된다.

그림 4.1은 위에서 설명한 5단계별 발생되는 매립가스의 종류와 농도, 침출수의 농도 변화 특성 등을 보여준다.

(3) 화학적 반응

매립가스는 폐기물내부에 존재하는 화학물질에 의한 화학반응에 의해서도 만들어질 수 있다. 예로 산화력을 가진 표백제와 같은 물질이 폐기물 중에 포함되어 매립층에 들어오는 경우에 화학반응이 일어날 수 있다.

2) 매립가스 발생에 영향을 끼치는 인자

매립가스의 발생량과 발생속도는 매립된 폐기물의 특성과 매립지 및 매립층의 다양한 환경적 요인에 따라 많이 달라진다.

매립가스의 발생량과 속도에 영향을 미치는 인자를 그림 4.2에 나타내었다.

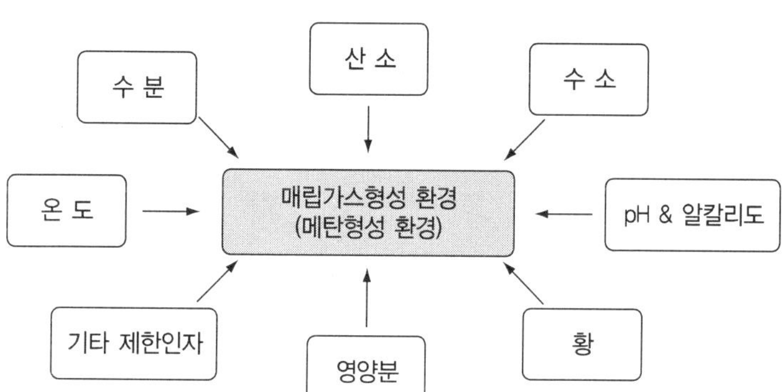

그림 4.2 메탄형성에 영향을 미치는 외부 영향인자

(1) 폐기물의 구성성분

그림 4.3은 폐기물의 혐기성 분해과정으로, 발생 가스량은 매립지내에 이용 가능한 용존 유기물과 직접적으로 연관된다. 그리고 미생물의 대사에 필요한 영양소들도 미생물의 성장과 활동, 결과적으로 매립가스의 발생에 영향을 끼치게 된다. 즉, C, H, O, N, P의 성분, 특히 용존 가능한 양이 많이 존재할수록 미생물에 의한 생화학적 분해로 인해 매립가스의 생산량은 더욱 많아진다. 또한, Na, K, S, Mg, Ca와 같은 미량영양소는 미생물의 성장과 번식에 중요한 영향을 끼치는 것으로 알려져 있으며 따라서 매립가스의 발생에도 영향을 주게 된다. 반면, 폐기물 내의 높은 염 농도는 미생물의 성장을 방해하게 되어, 가스를 생산하는데 악영향을 주기도 한다. 또한 반응성 화학물질이 많이 존재할수록 휘발이나 화학반응의 메커니즘을 통해 비메탄계 유기물과 기타 다른 미량가스가 많이 생성될 것이다.

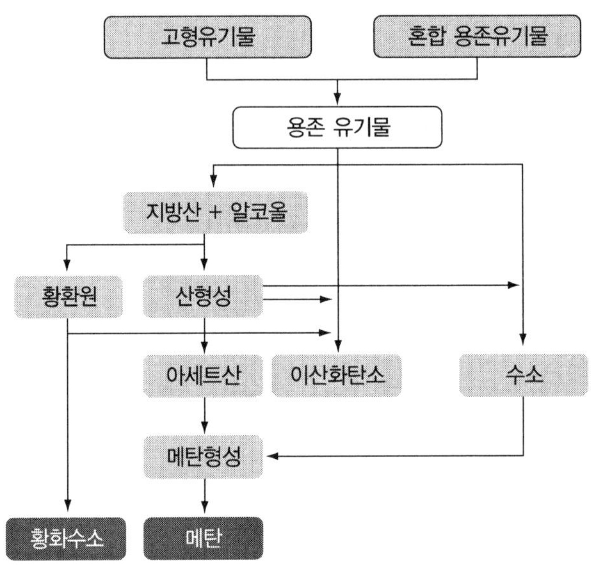

그림 4.3 폐기물의 혐기성 분해과정

(2) 산소

메탄은 매립층이 혐기성 상태로 변한 후, 즉 처음에 있던 산소가 모두 소모된 후에 생성된다. 그러므로 초기 매립층에 더 많은 산소가 있을수록 호기성 박테리아가 오랫동안 폐기물을 분해할 수 있다. 만약 폐기물이 느슨하게 매립되거나 자주 교란되면, 통기성이 좋아지게 되고 결과적으로 더 많은 산소가 공급되어 호기성 분해기간이 길어지게 된다. 반면 폐기물이 잘 다져져서 매립된다면 호기성 박테리아가 혐기성 박테리아에 의해 빨리 교체되어 메탄의 생성이 빨리 시작된다. 메탄을 생성하는 혐기성 박테리아는 산소에 매우 예민하므로, 매립지 내에 약간의 산소가 있더라도 메탄발생은 쉽게 저하된다.

(3) 온도

미생물의 활동은 온도에 따라 달라지며, 또한 활동하는 주된 종이 달라질 수 있으며 그에 따라 분해 동역학이 달라지면서, 가스발생 특성도 달라질 수 있다. 매립지 내의 온도변화에 영향을 끼치는 주요 인자로는 매립깊이, 다짐밀도, 주변지역의 온도, 미생물과 기타 화학반응으로 인한 생화학적 활성도, 수분함량, 기후 등이 있다.

분해에 알맞은 온도는 호기성 분해는 54～71℃, 혐기성 분해는 30～55℃로 알려져 있다. 따뜻한 온도는 박테리아의 활성도를 증가시켜 매립가스의 발생률을 증가시킨다. 반대로 온도가 차가워지면 박테리아의 활성도는 저하된다. 일반적으로 박테리아의 활성도는 10℃, 아래에서 급격하게 떨어져서 매립깊이가 낮은 곳에서의 매립가스발생에 큰 영향을 끼친다. 반면, 매립깊이가 깊은 곳이나 복토를 두껍게 한 경우에는 박테리아가 온도변화의 영향을 덜 받게 된다. 따라서 복토가 잘된 매립지의 경우, 온도를 안정하게 유지함으로써 가스발생을 극대화 시킬 수 있다. 미생물이 활성화 되면 열을 발생시켜 매립지의 온도를 25~45℃ 사이에서 안정화시키고, 최대 70℃까지 올리는 것으로 알려져 있다. 온도의 증가는 휘발과 화학반응의 속도 역시 증가시킨다. 일반적으로 비메탄계 유기물의 방출은 온도가 10℃ 증가할 때 두 배가량 증가하는 것으로 보고되어 있다.

(4) 수분함량

매립지 내 수분의 양은 매립가스 생산량에 직접적인 영향을 끼치는데, 이는 미생물의 성장에 필요한 영양분을 용해, 이동시켜 미생물이 이용 가능한 형태로 만들어주기 때문이다. 가스 생산량을 최대화시키기 위해서는 습윤 상태의 폐기물 무게비로 약 40% 또는 그 이상이 좋은 것으로 알려져 있다. 수분의 함량은 폐기물의 다짐상태에 따라 달라지는데, 많이 다지게 되면, 폐기물 내의 수분을 배출할 뿐만 아니라, 외부에서 수분이 폐기물 층으로 들어오는 속도를 느리게 만들어, 매립층 내부의 수분함량을 낮게 만들 수 있으며 결과적으로 가스발생을 저해할 수 있다.

(5) pH

매립지의 pH는 넓은 범위에 걸쳐서 변하는데, 도시생활폐기물(MSW) 매립지의 경우 평균적으로 pH 5~9를 나타내며, 지정폐기물인 경우는 이보다 더 넓은 범위의 값을 보이게 된다. 미생물에 의한 메탄생성기간에는 pH가 6.5~8.0의 범위를 보이는데, 메탄 생성을 위한 최적 pH는 7.0~7.2이다.

(6) 매립 시간

매립된 폐기물의 특성에 따라서 그 분해속도가 다르다. 생분해가 쉬운 물질이 활발히 분해되면서 대부분 매립 초기에 많은 양의 가스가 발생된다. 대개 1~3년 안에 상당한 양의 가스가 발생되며 최고 발생속도는 매립된 후 5~7년 사이에 일어나고, 20년 정도가 지나면 가스 발생량이 매우 작은 것으로 알려져 있다. 그러나 환경이나, 폐기물의 특성상 분해속도가 느린 경우에는, 5년 후부터 가스가 발생해서 약 40년에 걸쳐서 지속적으로 발생하기도 한다. 매립작업은 한꺼번에 이루어지지 않으므로 같은 매립지에서도 매립지점에 따라 매립된 시기가 다르므로 같은 시점임에도 서로 다른 분해단계에 있는 폐기물 층이 있게 되고, 그에 따라 발생특성이 달라진다.

(7) 황화합물

황환원박테리아와 메탄생성박테리아는 혐기성 조건에서 동시에 활동하며, 아세트산이 수소로 변환되는 과정에 영향을 미친다. 황 환원박테리아와 메탄생성 박테리아가 먹이를 두고 경쟁하면서 상대적으로 메탄 형성이 감소될 수 있다.

4.2 매립가스의 포집 및 정제

4.2.1 매립가스의 이동

매립지 내부에서 가스가 지속적으로 발생함에 따라 내부압력이 증가하게 되고 매립가스는 매립지 내의 공극을 통하여 외부로 이동하게 된다. 압력에 의한 이동과는 별개로 가스의 분자량의 차이로 인해 상하로 움직이는 흐름도 있게 된다. 예를 들어 메탄과 같이 공기보다 가벼운 성분은 매립지 표면을 통과하여 위쪽으로 움직이려는 경향이 있으며 이산화탄소와 같이 공기보다 무거운 기체는 아래쪽으로 움직이게 된다. 가스의 이동은 수평, 수직으로 다 일어날 수 있는데, 기본적으로 저항이 최소가 되는 경로를 통해 이동한다. 상대적으로 잘 다져진 매립 폐기물이나 복토시스템에 의해 상하로의 움직임보다는 수평방향으로의 이동이 더 쉽게 일어나는 편이다. 가스이동은 분압 혹은 농도 차에 의한 확산, 전체 내부 압력 차에 의한 대류에 의해서 일어나며, 매립 층의 투수계수가 흐름에 큰 영향을 주게 된다.

매립가스의 이동 메카니즘

농도 차에 의한 확산

어떤 물질의 농도가 다른 두 지점이 연결되어 있으면 두 지점의 전체 압력이 동일하더라도, 그 물질의 농도를 같게 하는 방향으로 물질이 이동하는 현상이다. 이동은 고농도의 지역에서 저농도의 지역으로 일어난다. 일반적으로 매립가스의 농도는 매립지 내부보다 외부지역이 낮아 매립지에서 주변주역으로 확산 된다.

압력차에 의한 대류

매립가스가 제한된 공간 안에 축적되면 상대적으로 제한되지 않은 공간보다 압력이 높아지게 되고 이러한 압력차는 압력이 높은 곳에서 낮은 곳으로 전체 가스의 흐름을 일으키는데, 이러한 현상을 대류라고 한다. 전체 가스의 흐름이 생기게 되면, 그 안에 포함된 오염물질도 함께 이동한다. 따라서 매립가스의 생성으로 매립지내의 압력이 높아지면 매립가스는 주변 대기나 인접한 실내공기로 이동한다.

투수계수

투수성은 가스나 액체와 같은 유체가 폐기물이나 흙과 같은 공극성 매체 안에서 흐르게 될 때, 얼마나 잘 흐를 수 있는가를 나타내는 매체의 특성으로 일반적으로 다짐정도, 입자의 크기, 함수율 등에 따라 다르다. 투수성이 크면 상대적으로 이동때 적은 저항을 받게 된다. 매립가스는 이동의 저항이 최소가 되는 경로를 통해 움직인다. 매립지의 경우는 표면이 복토시스템을 갖추고 있는데 이 복토재의 재료로 점토 등의 투수성이 작은 물질을 사용하고 수직방향으로 다짐을 하여 건설되므로 매립가스는 수직이동보다는 수평이동이 더 잘 일어난다.

매립가스의 물리·화학적 특성과 이동특성은 서로 조합되어 인간의 건강과 안전에 위협이 될 뿐 아니라 주변 환경의 질을 악화시킨다. 따라서 매립가스를 성공적으로 관리하기 위해서는 매립가스 자체의 특성에 대한 감시와 함께 이동경로를 잘 파악하여 인간과의 접촉을 최소화하는 것이 필요하다. 그림 4.4는 매립가스에 노출될 수 있는 경로를 요약한 것이다.

그림 4.4 매립가스의 잠재적인 이동경로

4.2.2 매립가스 포집 및 관련시설

1) 포집기술의 비교

폐기물매립지에서 발생되는 가스를 제어하는 기술에는 여러 종류가 있다. 그 중 가장 적당한 제어 기술을 선택하기 위해서는 매립깊이, 지하수 층과 또는 투수율이 낮은 토양까지의 깊이, 토양종류, 수분상태와 같은 부지의 상태와, 공지 또는 주거지역/상업지역 따위와 같은 주위 토지이용현황, 설치비용, 운전 및 유지비용 및 수집된 가스의 에너지가치 등을 고려하여야 한다. 매립가스 포집방식은 수동포집방식(Passive System), 강제포집방식(Active System)으로 구분할 수 있으며, 가스포집에는 수평가스 포집관과 수직가스 포집관이 사용된다.

(1) 수동포집방식(Passive System)

수동포집방식은 매립깊이가 얕은 폐기물매립지에서 일차적으로 고려할 수 있는 방식으로, 유지관리비용이 적게 들며 기계장치가 없기 때문에 에너지 비용과 부품교체비용이 필요 없다는 장점이 있다. 그러나, 이 방법은 폐기물매립지의 지하수위와 같은 지형적 조건이 적합할 경우에만 가능하다는 단점이 있다.

그림 4.5는 일반적으로 사용되는 수동포집시스템의 가스 배출구 모식도의 한 예를 나타낸 것이다. 수동포집방식에서 효과적으로 가스를 제거하기 위해서는 폐기물매립장내에

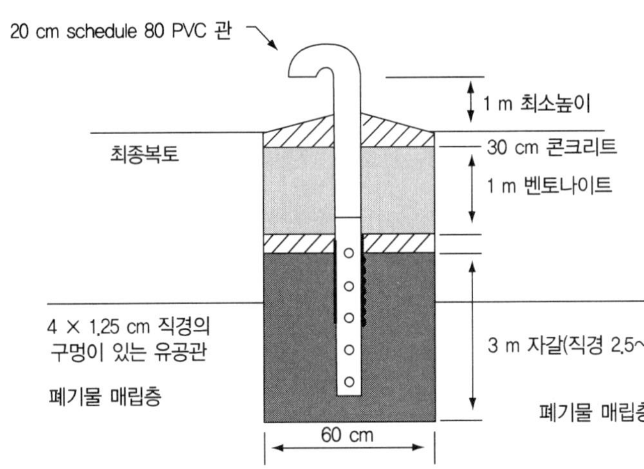

그림 4.5 수동포집 시스템에서의 가스 배출구 모식도

자연적인 가스 압력차가 존재하여야 한다. 이 시설에서 자갈 등 투과성이 높은 물질로 채워지는 트렌치는 폐기물매립지 내부보다 상대적으로 낮은 가스압력을 유지하므로 가스가 이곳으로 이동하게 되며, 트렌치에 수직으로 설치된 유공관을 통하여 매립가스가 외부로 배출된다.

수동포집을 위한 트렌치 등에 사용되는 투과성이 높은 물질로는 깨끗한 자갈 또는 돌 등이 사용되며 직경이 약 1.3 cm (1/2 inch) 이하인 것으로 전체 질량의 10% 내외 정도가 적당하다고 알려져 있다. 가스가 다른 방향으로 이동하는 것을 막기 위한 커튼 차단벽 설치를 위해서는 합성수지 또는 점토 등이 사용되고, 시설로부터 배출되는 매립 가스는 연소 시킨 후 대기로 방출되어야 한다.

수동포집방식에서 효과적으로 가스를 제거하기 위해서는 폐기물매립장내에 자연적인 가스 압력차가 존재하여야 한다. 이 시설에서 자갈 등 투과성이 높은 물질로 채워지는 트렌치는 폐기물매립지 내부보다 상대적으로 낮은 가스압력을 유지하므로 가스가 이곳으로 이동한다.

(2) 강제포집방식(Active System)

가스의 이동을 완전히 제어하려는 경우, 그리고 수동포집시설에 의한 가스조절이 실패하는 경우는 강제포집방식 시설의 설치가 필요하다. 강제포집시설은 깊은 폐기물매립지나 주거지로 개발 가능성이 있는 지역 근처에 위치한 매립지에 적합한 시설이다. 가스추출시설의 헤더시스템(header system)은 가스의 추출을 위하여 적절한 진공을 유지하며, 가스의 운반이 충분히 일어나도록 적당한 용량으로 설계되어야 한다. 강제포집방식의 시설은 상황에 따라 시설의 유연성이 크다는 장점이 있다. 하지만 시설이 복잡하고 운전과 유지에 상대적으로 많은 비용이 소모된다는 단점이 있다. 따라서 가스제어의 목적에 따른 시설의 효과와 경제성을 비교하여 선택하여야 한다.

표 4.5는 매립가스의 포집방식, 표 4.6은 강제포집방식 중 수직포집방식과 수평포집방식을 비교하여 나타내었다.

표 4.5 매립가스 포집방식 비교

구분	강제포집방식(Active System)	수동포집방식(Passive System)
시설 개요	매립층내에 수직 또는 수평포집관을 설치 후, 강제적으로 흡입, 이송관을 이용하여 포집압(부압)을 포집관에 작용시키는 방법	매립층내에 잡석 및 유공관을 설치하여 매립가스 발생압력에 의해 매립층 외부로 자연 배출시키는 방식
개념도	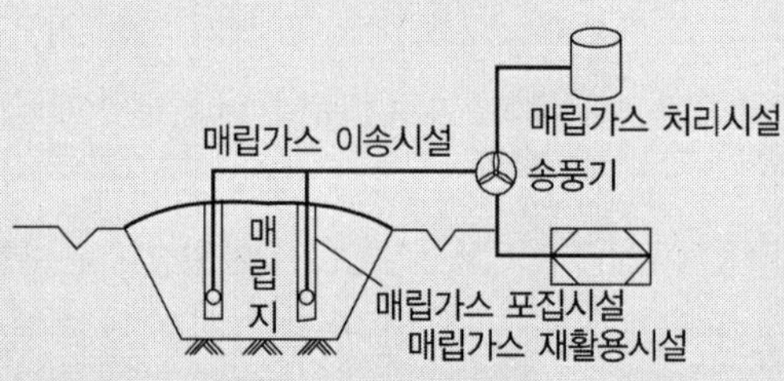	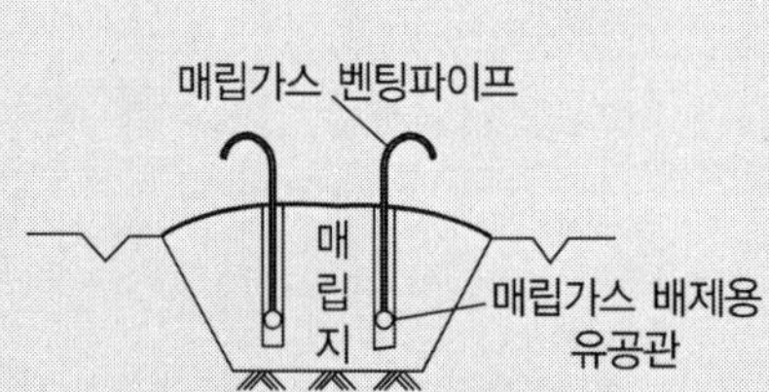
설치 시기	수집포집방식 경우에는 매립완료 후 수평포집방식의 경우에는 매립 중 가능하나, 부압을 걸게 되므로 공기의 유입 가능성에 주의가 필요.	수직배출방식의 경우에는 매립 중 및 매립완료 후 가능
포집후 처리	중앙연소시설에서 연소 재이용(자원화)	현 장간이 소각
장점	악취 저감에 효과 우수 계획적인 재이용 가능	시설투자비 저렴
단점	초기투자비가 고가임	매립가스 자원화 및 악취 저감효과 다소 불리

표 4.6 매립가스 강제포집방식 비교

구 분	수직포집방식 (Vertical Collection System)	수평포집방식 (Horizontal Collection System)
설치 방법	폐기물의 최종매립 완료 후나 일정 매립단 매립 후 일정 간격으로 수직 boring하여 포집공에 골재와 유공관을 매설, blower로 강제적으로 흡입하여 가스를 포집	폐기물을 단계적으로 매립하고 복토 후에 일정간격으로 매립가스포집용 유공관과 자갈을 포설하여 blower로 강제적으로 흡입하여 가스를 포집
개념도	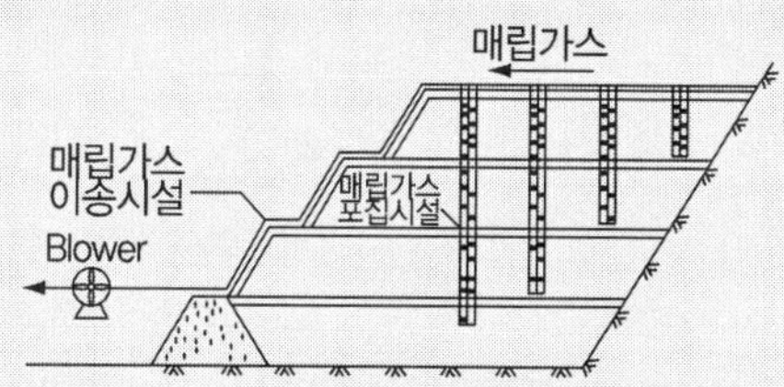	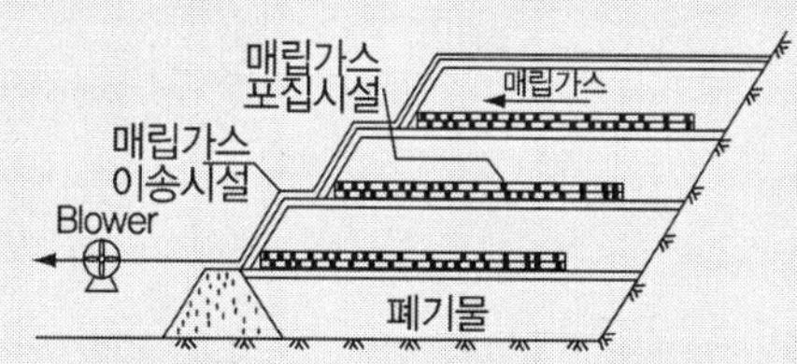
설치 시기	매립 중 또는 매립완료 후	매립 중
장점	각각의 포집공 압력조절이 가능하여 포집효율 양호 파손된 포집정의 교환이나 매립가스 포집량 증가를 위한 포집정 추가시공 가능 폐기물 부등침하에 영향이 적음	폐기물 매립 중 설치와 포집이 용이 폐기물 매립작업에 지장이 적음
단점	폐기물 매립 진행 중에 설치하는 경우 매립작업에 주의필요	폐기물층 부등침하로 수명이 짧음 침출수로 인한 가스포집효율 저하 및 응축수 제거에 대한 대책 필요
포집가스 처리방법	자원화 및 소각처리 가능	자원화 및 소각처리 가능

2) 포집관련 시설

매립가스는 포집설비 즉, 매립장내에 수평과 수직으로 설치되는 가스포집정과 포집이송관, 각 관로가 집결되는 manifold(매립가스 활용에 필요한 파라미터인 가스성상과 가스량 측정·제어)을 거쳐 가스압출설비(블로워, 부스터 등)에 의해 처리시설 또는 이용시설로 직접 보내진다. 그림 4.6에 가스포집시스템 구성요소를 나타내었으며, 그림 4.7은 매립지에 포집정을 배치하여 일반적으로 포집하는 시스템에 대한 평면도이다. 가스포집정은 규칙적

그림 4.6 가스포집시스템 구성요소

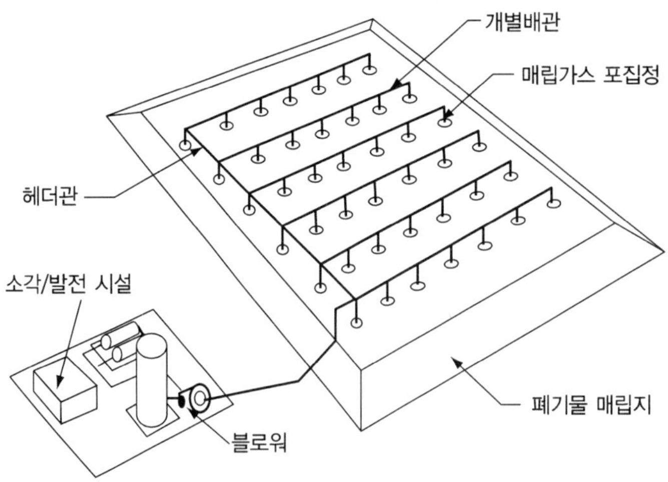

그림 4.7 일반적인 매립가스 포집정 배치 평면도(U.S.EPA, 2005)

으로 잘 배치할 경우 통상 수직포집정이 수평포집관보다 포집효율 면에서 더 우수하다. 가스포집정 간의 최적거리(영향반경)는 포집시스템을 설치하기 전에 조사하여 결정하여야 하며, 매립지 가장자리에 수평 헤더관을 설치하여 보다 철저하게 가스를 포집할 수 있도록 설계되어야 한다. 또한 모든 가스포집설비는 우선 매립지 가장자리의 포집배관 집결장인 manifold로 연결되어 있다. 이곳에서 가스 추출을 위한 적절한 파라미터들이 각각의 가스포집정 별로 관리되고 있으며, 최적 유량을 제어할 수 있다. Manifold는 포집 헤더관을 경유하여 가스의 압출·처리·활용설비에 연결되어 있다. 매립가스는 가스포집설비에 흡입 압력을 가하여 추출한다. 배관망 내에 누적되는 응축수를 배출하기 위해, 응축수 배제시설(통상 싸이클론이나 drip leg 등)이 배관망의 가장 낮은 지점에 설치된다.

(1) 포집정

가스포집정은 매립지 내부 가스추출 시스템에 의하여 진공상태를 효과적으로 유지하여야 하며 최저의 압력손실로 최대한의 포집정의 영향범위를 얻는 것이 바람직하다. 유공관 시작부문과 지표면 사이에 충분한 공간을 띄움으로써, 수직포집정은 짧은 필터관으로서도 (매립고에 따라 달라지지만, 보통 40 m 이하) 보다 효과적이고 넓은 범위의 매립가스를 포집할 수 있다. 수직포집정에서는 지표면을 통한 외기의 유입이 보다 적으므로 매립지보다 많은 가스를 추출할 수 있다. 수직포집정 상부에는 수직방향으로 작용하는 힘을 상쇄하기 위한 완충장치를 해야 하는데, 그 크기는 수평방향의 힘을 완충하는데도 충분해야 한다. 그림 4.8은 매립완료 전 수직 가스포집정이 설치된 사진이며, 그림 4.9는 매립완료 후의 수직 가스포집정 내·외부의 모습을 보여준다.

그림 4.8 매립완료 전 수직 가스포집정 전경

포집시설 배치 방법

O 수직포집방식(Vertical Collection System)

※ 영향반경 산정

$$R_e = \left(R_w^2 + \frac{Q}{\pi h \rho F_g}\right)^{\frac{1}{2}} \fallingdotseq \left(\frac{Q}{\pi h \rho F_g}\right)^{\frac{1}{2}} \qquad (4.3)$$

여기서, R_e : 영향반경(m)

ρ : 밀도(kg/m^3)

h : 추출정의 깊이(m)

R_w : 추출정의 직경(m)

Q : 매립가스의 추출유량(m^3/s)

F_g : 매립가스 발생량(m^3/ton-yr)

기존의 문헌에서 제시된 수직포집정의 영향반경은 다음의 표에 정리하였다.
(수도권매립지관리공사, 2005)

구분	영향반경기준
Integrated Solid Waste Management	Geomembrane Cover : 45~60 m Soil Cover : 약 30 m 설치깊이 = 매립고의 80%
Solid Waste Landfill Design Manual	설치간격 = 매립고의 150% 설치깊이 = 매립고의 80%
Palos Verdes 매립지	영향반경 : 150m
수도권매립지 연구용역	영향반경 : 49~51 m

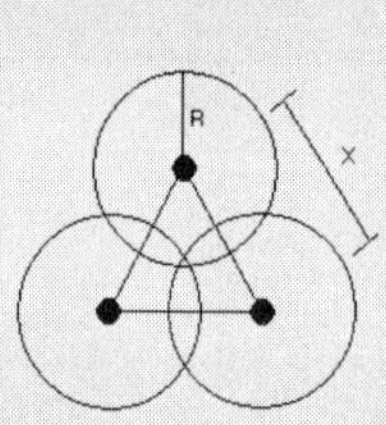

$X = 2R_e \cos 30°$
수직포집정의 이론적인 배치

※ 설치간격

$$X = 2R_e \cos 30° \qquad (4.4)$$

여기서, X : 설치간격(m)

R_e : 영향반경(=L, m)

O 수평포집방식(Horizontal Collection System)

※ 설치간격 산정

Darcy's Equation

$$Q = K \times m_1 \times \frac{1}{S.W.} \times \frac{P_2 - P_1}{L} \qquad (4.5)$$

$$L = \sqrt{\left(\frac{K \times (m_1/m_2) \times (1/S.W.) \times (P_2 - P_1) \times 8{,}760}{R \times D}\right)} \qquad (4.6)$$

수평포집정의 설치간격을 산정하는데 필요한 상수값을 아래의 표에 제시하였다.(이남훈, 2005)

기호	상수명	단위	외국 대표치
K	폐기물층의 투기계수	m/h	2.27×10^{-3}
m_1/m_2	매립층 대비 유효포집고율	–	1.0
S.W.	매립가스의 비중	kg/m^3	1.26
P_1	대기압(또는 강제흡입압력)	kg/m^2	9,992.6
P_2	매립가스 발생 압력	kg/m^2	76.72
R	매립가스 발생율	m^3/yr-kg	2.49×10^{-3}
D	폐기물 다짐밀도	kg/m^3	593.2

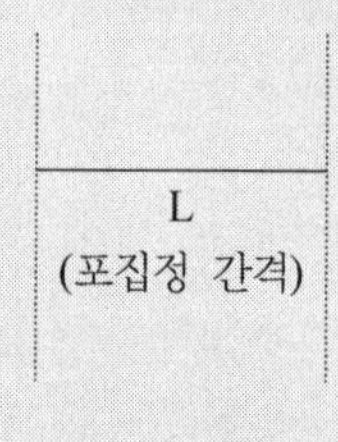

그림 4.9 매립완료 후 수직 가스포집정 내·외부 전경

(2) 이송배관과 응축수 배제정

Manifold는 매립지 외부의 강한 지반 위에 세워야 매립지의 부등침하에도 큰 영향을 받지 않는다. Manifold들은 충분한 크기의 가스이송라인을 갖춘 블로워와 연결되는데 가스흡입배관과 포집배관에 동일한 조건이 요구된다. 배관망은 그림 4.10과 4.11에 나타낸 바와 같이 동일한 구배로 설치되어야 하고 배관이 안전지반에 놓인다면 구배는 0.5%면 충분하나 폐기물위에 놓이면 반드시 5%의 구배를 줘야 한다. 매립가스는 약 40~60℃의 온도에서 100%의 습도로 발생하기 때문에 포집정에서 flare stack과 가스이용설비로 이송되는 동안 외부온도 영향으로 수분이 응축된다. 이러한 응축수를 배제하기 위해 가스추출관로는 적당한 구배와 응축수 배제정을 설치하여야 한다.

그림 4.10 가스포집배관 설치전경

그림 4.11 가스포집 개별배관 설치 전경

(3) Manifold station

그림 4.12와 4.13에서 보인 Manifold station은 각각의 가스포집라인과 가스흡입라인을 연결한 것으로 내부에는 각각의 가스포집라인이 집결되는 manifold가 설치되어 있다. Manifold에서는 각 포집라인의 인입 유량, 가스조성, 압력 등을 파악할 수 있으며 이는 각 가스 포집정 마다 가능한 최대 가스량 추출에 맞추어 제어한다. 종합적으로 시스템의 최적화(optimization)를 통해 가스의 최대량을 포집할 수 있게 한다.

그림 4.12 매립가스 포집 매니폴드스테이션전경 (외부)

그림 4.13 매립가스 포집 매니폴드스테이션전경 (내부)

(4) Booster Station

그림 4.14의 매립가스 압축설비(booster)는 가스엔진에 필요한 압력으로 매립가스를 제공하기 위한 것으로 장소와 날씨에 따라 밀폐 또는 개방된 건물 안에 설치되어야 하며 다음과 같은 최소한의 표준 장치가 포함되어야 한다.

- 압축 설비, 유량제어를 위한 차단·조절 밸브와 다른 기술적인 장치(예를 들어, 바이패스와 booster 모터를 운전하는 주파수 변환기)
- 총 유량, 흡입압, 이송압, 가스 온도를 측정할 수 있는 측정 장비

그림 4.14 매립가스 압축설비 전경

(5) 전처리설비

매립가스를 이용한 발전시스템을 안정적으로 가동하기 위해서는 매립가스를 얼마나 잘 처리하여 연료로 공급하느냐가 중요한 관건이다. 냉매에 의해 냉각된 냉각수를 순환시켜 30℃ 내외로 유입되는 매립가스를 냉각시키기 때문에 매립가스 내에 존재하는 수분을 응축·배출시키는 gas cooling system과 냉각과정을 거친 매립가스에서 잔여수분을 제거하기 위한 데미스터(demister), 전 단계에서 제거되지 않은 대부분의 잔류 유해물질을 제거하면서 특히, 가스 엔진에 유입되면 연소과정에서 실린더와 밸브에 축적되어 엔진의 수명을 급격히 감소시키는 규소화합물을 제거하기 위한 흡착탑 등의 전처리 시스템을 갖추는 것이 필수적이다. 그림 4.15와 4.16은 전처리 설비에 대한 사진과 시스템 구성의 예이다. 가스 전처리에 대한 내용은 3장에 자세히 토의되어 있다.

그림 4.15 매립가스 전처리설비 전경

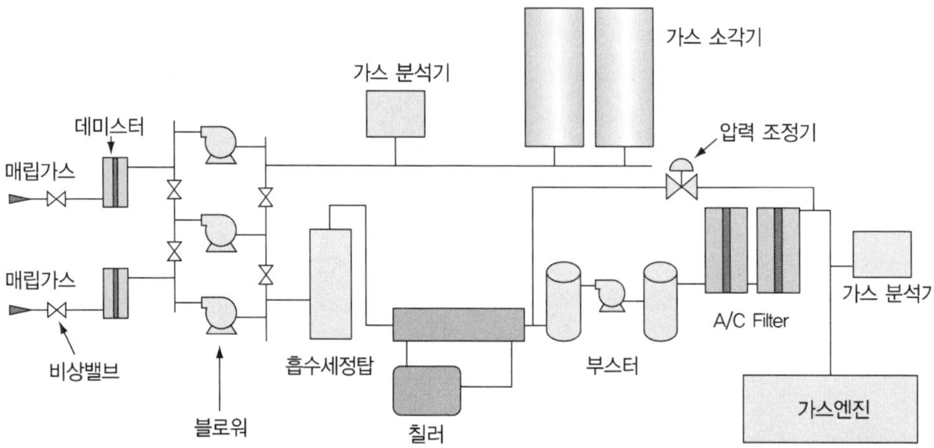

그림 4.16 매립가스 전처리 시스템 구성(안)

4.2.3 매립가스 이용을 위한 정제 기술

대표적인 매립가스 등의 바이오가스 정제기술인 흡수법, 흡착법, 막분리법의 장단점을 표 4.7에 정리하였다. 바이오가스 정제 및 활용기술 등의 자세한 설명은 3장을 참고하기 바란다. 대상 가스의 특성과 용도에 따라 적절한 정제기술을 적용한다면 효율적으로 고농도 메탄을 생산할 수 있다. 각 정제공정에서는 이산화탄소 제거 이전에 수분, 황화수소, 탄화수소 등을 제거하기 위한 전처리공정이 필요하며, 산소나 질소의 제거는 제한적인 것을 알 수 있어 매립가스의 경우에는 이러한 특성이 중요한 요소로 작용할 수 있을 것으로 보인다. 흡수법은 국내에서 개발된 사례가 없으나 이미 해외기술이 도입되어 소화가스 정제에 적용하기 위한 작업이 진행 중이며 흡착법은 국내에서도 개발되었으나 실증실험 이후에 실제로 적용되지는 못한 것으로 파악되고 있다. 막분리 기술은 친환경 기술로 인식되고 있다.

매립가스를 정제하여 생산된 고농도 메탄은 압축하거나 액화하여 고질연료로 활용할 수 있다. 생산된 압축매립가스(CLG, Compressed Landfill Gas)를 자동차연료로 이용하는 경우의 장점은 경유 등을 사용할 때에 비해 대기오염물질 배출이 저감되고 높은 발화점으로 누출시 대기로 급속하게 확산되어 폭발위험성이 감소하여 안정성이 비교적 양호하며, 단점은 고비용의 자동차 개조가 필요하고 연료체계가 보편화되어 있지 않아 사용상의 불편함이 있다는 것이다. 앞으로 유가가 높아지고 온실가스 감축 및 신재생에너지 이용이

표 4.7 바이오가스 정제기술 비교

구 분	흡수법(세정)	흡착법(PSA)	막분리법
사용 재료	· 물, 유기용매(Selexol), 아민류 (MEA, DMEA)	· 활성탄, molecular sieve(MS)	· 고분자막(폴리설폰, 폴리이미드, 폴리에틸렌옥사이드)
공정 구성	· 가스압축 – 수분제거(냉각) – 황제거(탈황) – 탄화수소제거(1차세정) – CO_2제거(2차세정) * 유기용매의 경우임	· 가스압축 – 수분제거(냉각) – 황제거(탈황) – 탄화수소제거(활성탄흡착) – CO_2제거(PSA)	· 가스압축 – 수분제거(냉각) – 황제거(탈황) – 탄화수소제거(활성탄흡착) – CO_2제거(막분리)
제거 원리	· CH_4에 비해 높은 CO_2의 용해도 이용	· 대상물질에 대한 특이성을 갖는 흡착제에 의한 흡착	· CH_4에 비해 높은 CO_2의 막투과성 이용
운전 압력	· 고압	· 고압	· 고압
재생 방법	· 저압 – 공기주입으로 흡수물질 탈기 – 폐가스는 열처리 및 배출	· MS : 저압-공기주입 · 활성탄 : 저압-가열-공기주입-폐가스 열처리	· 활성탄 : 재생후 폐가스 열처리
산소 제거	· 제거 어려움	· 제거 어려움	· 부가적 제거
질소 제거	· 제거 어려움	· 제거시 적절한 메디아 추가 설치·운영 필요	· 제거 어려움
장점	· 대용량 가스처리 가능 · 저농도 CO_2 처리에 유리 · Water scrubbing의 경우 H_2S 등도 함께 처리가능	· 다양한 가스조성에 적용가능 · 장치가 비교적 간단함 · 중간용량 가스처리에 유리 · 고농도 CO_2 처리에 적합 · 화학약품을 사용하지 않음 · 공정수 및 폐수 발생 없음	· 설비 소형화 및 유연성 좋음 · 장치가 간단하고 조작 및 관리용이 · 중소규모 가스처리에 유리 · 고농도 CO_2 처리에 적합 · 화학약품을 사용하지 않음 · 공정수 및 폐수 발생 없음
단점	· 폐액 발생 및 처리 필요 · 흡수제의 손실로 보충 필요 · 흡수제의 재생에 에너지소비 많음 · 화학약품 사용	· 대용량 가스처리에 한계가 있음 · 흡착제 재생에 에너지소비 많음 · 흡착제 교체비용 발생	· 대용량 가스처리는 어려움 · 고가의 분리막모듈로 운영비용 높음 · 고압의 가스 공급설비 필요
기술 적용	· 해외 상용화(가장 많이 적용) · 국내에 해외기술 적용중	· 해외 상용화 · 국내기술 개발 및 실증	· 해외 상용화 · 국내기술은 본 사업에서 개발 및 시범적용 예정

확대됨에 따라 매립가스를 포함한 바이오가스의 정제를 통한 자동차연료화에 대한 관심이 증가하고 있다. 그림 4.17과 그림 4.18은 매립가스 정제를 통한 메탄올 생산과 수소연료 생산의 공정 모식도를 보여준다.

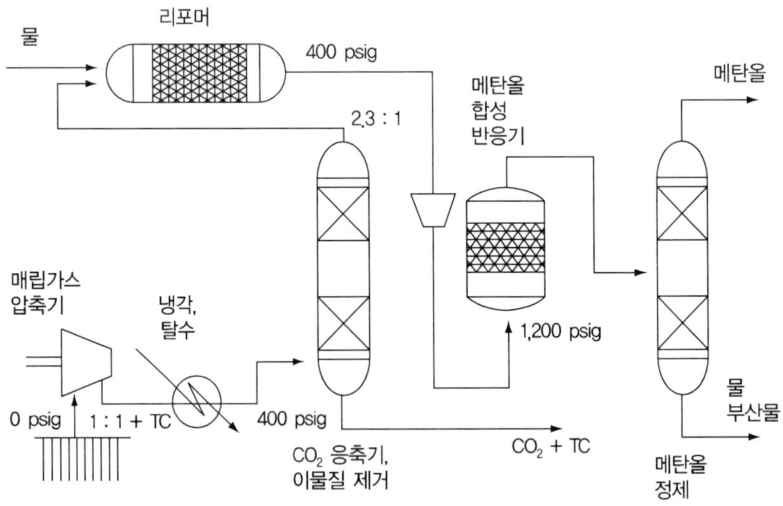

그림 4.17 매립가스 정제 시스템(Methanol 생산)

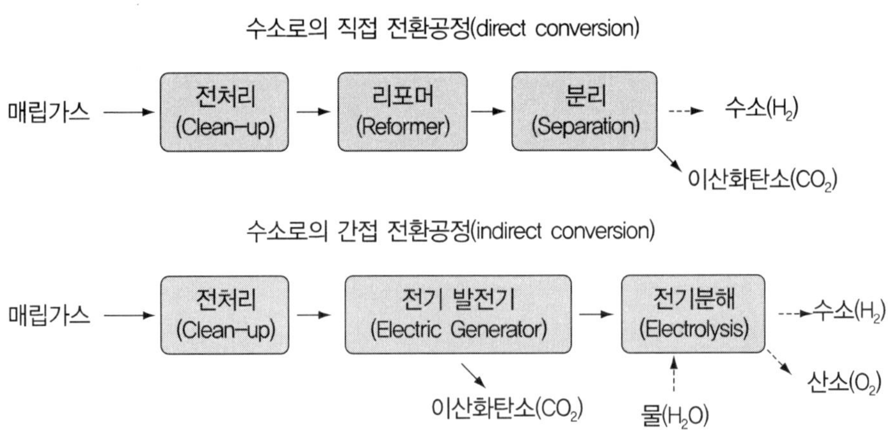

그림 4.18 매립가스 정제 시스템(수소연료 생산)

4.3 매립가스 이용기술

매립가스의 에너지화를 위하여 가장 많이 적용된 이용기술은 발전시스템이 일반적이지만 소규모 발전을 위한 마이크로터빈의 이용, 환경친화적 신기술로서 연료전지에 대한 연구개발, 차량 연료로써의 활용기술 개발 등도 그 필요성이 증대되고 있다. 현재 상용화 단계에 있거나 추진 중인 매립가스 자원화 기술은 그림 4.19에 개략적으로 나타낸 바와 같으며 현재 활용중인 기술은 직접이용 기술과 발전을 통한 이용기술이 중점을 이루고 있다.

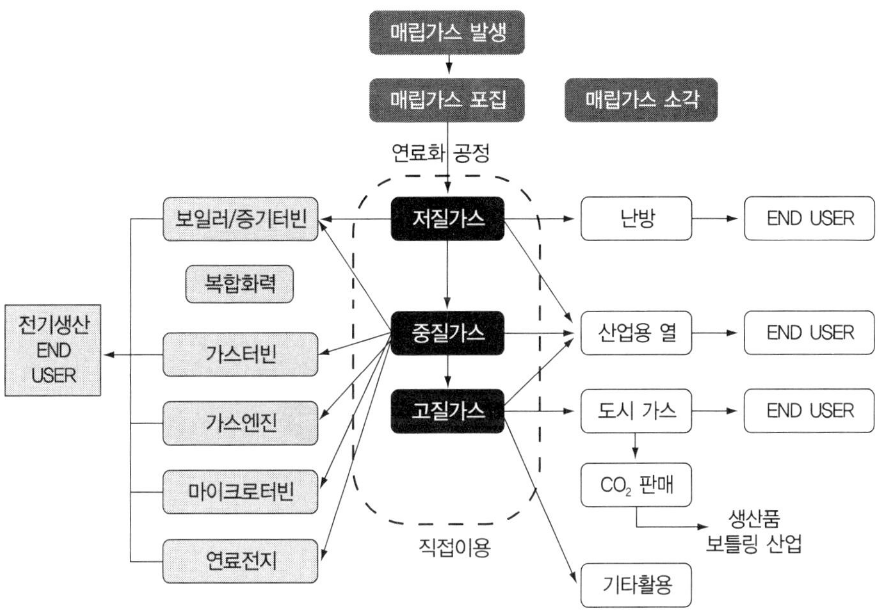

그림 4.19 매립가스의 자원화 유형

4.3.1 발전

매립가스를 이용한 전기 생산방식은 에너지 효율측면에서는 30% 정도의 낮은 수준이나, 시설운영의 편리성과 추가적인 수요확보 문제를 해결할 수 있다는 장점을 갖고 있어 가장 널리 이용되고 있다.

1) 가스엔진(Internal Combustion Engines)

가스엔진에 의한 발전방식은 매립가스를 직접 전처리하여 가스엔진의 연료로 분사하고 이를 통한 발전기를 가동하여 전기를 얻는 방식이다. 가스엔진은 다른 발전시스템에 비하여 설치비가 저렴하고 가스의 양에 따른 전력생산 규모의 변동에 대응이 우수한 것으로 알려져 있고 에너지효율도 다른 발전방식에 비하여 높아 가장 많은 적용사례를 보이고 있다. 그림 4.20에 가스엔진에 의한 발전 흐름도를 나타내었다.

매립가스에 적합하도록 제작된 가스엔진은 매립가스를 압축기로 흡입, 압축하여 실린더 내로 공급하여 4 행정운동(흡입, 압축, 폭발, 배기)을 거치는데, 이때 열에너지가 피스톤에 의해 회전에너지로 변환되고 이 회전에너지는 발전기 회전자를 회전하며 전기를 생산하게 된다. 가스엔진은 주로 4~5 MW 규모 이하의 비교적 소규모 발전에 이용되고 있으며 단위 엔진당 발전용량은 0.1~3 MW 범위이다. 전력생산만의 효율은 36% 내외이며, 보다 효율적인 에너지 활용을 위하여 열병합 형태로 운영하여 전력 외에 스팀이나 온수를 생산함으로써 에너지효율을 80% 이상 유지하는 경우도 있다.

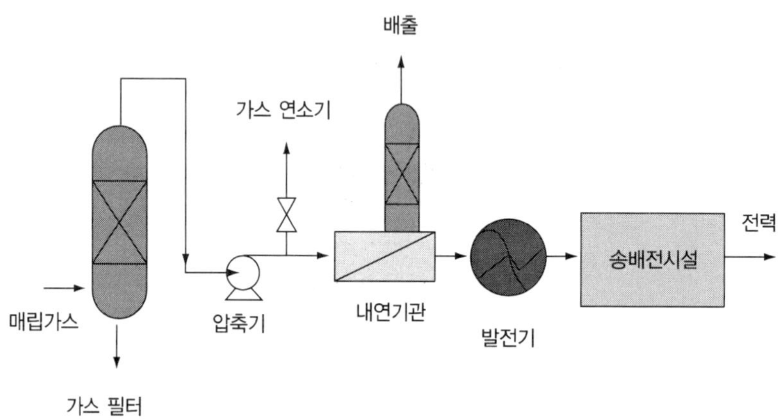

그림 4.20 가스엔진에 의한 발전방식의 흐름도

2) 가스터빈(Gas Turbines)

그림 4.21에 가스터빈에 의한 발전 흐름도를 나타내었다. 가스터빈에 의한 발전방식은 전처리시설, 압축시설, 가스터빈, 발전설비, 송전설비로 구성되어 있다.

전처리시설은 LFG 중의 수분 및 불순물을 제거하는 장치로 이루어져 있는데, 수분은 응축과정을 거쳐 제거하며, 불순물은 필터 설비를 통해 제거하나 설치 운영비가 높기 때문에 필터는 설치하지 않는 경우가 많다. 압축과정은 3 단계를 거쳐 165 psig까지 압축시킨다. 압축된 가스는 가스터빈에서 연소되어 발전기를 가동시켜 전기를 생산한다. 가스터빈의 발전 효율은 20~28%로, 효율 측면에서는 가스엔진보다 다소 떨어지나 발전 용량은 5 MW 이상의 중규모 이상 매립지에 적용되고 있다.

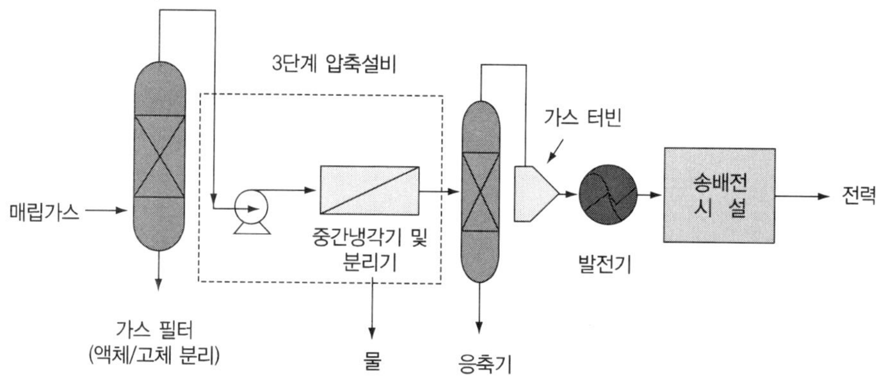

그림 4.21 가스터빈에 의한 발전방식의 흐름도

3) 증기터빈(Steam Turbines)

증기터빈 발전은 미세 분진 등을 제거하기 위한 전처리설비, 수분제거 설비, 보일러, 증기터빈, 발전기, 응축기 등으로 구성되어 있다. 본 기술의 핵심은 LFG를 연소시켜 보일러에서 고압의 수증기를 생산하고, 이를 터빈에 공급 작동시켜 발전하는 방식이다. 증기터빈의 발전 효율은 20~31%이며, 효율의 변화폭이 큰 것은 규모에 따라 차이가 심하고 발전용량이 클수록 효율도 높아지는 것으로 알려지고 있다. 10 MW 이상 규모의 대규모 발전에 적합하며 수도권매립지의 경우에도 50 MW 발전시설을 설치하여 운영하고 있다. 가스엔진이나 가스터빈에 비하여 가스성분이나 유량의 변화에 대해 보다 안정적으로 운전이 가능하다. 그림 4.22에 증기터빈에 의한 발전 흐름도를 나타내었다.

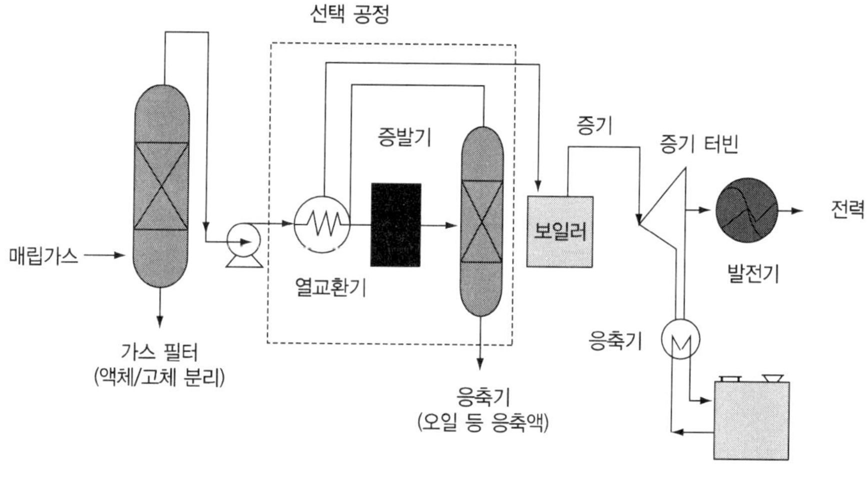

그림 4.22 증기터빈에 의한 발전방식의 흐름도

국내 · 외의 주요 매립가스 발전시설에 대하여 표 4.8과 표 4.9에 각각 나타내었다. 국내에서는 수도권매립지의 50 MW 발전시설, 외국에서는 미국의 Peunte Hills 매립지의 50 MW 증기터빈 형식의 발전시설이 최대 규모로 설치되어 있다.

표 4.8 국내 매립가스 발전 현황

매립지명	매립기간	가스사용량 (Nm^3/min)	형 식	시설규모 (MW)	사업자
수도권매립지	1989~2022	550	증기터빈	50	에코에너지
부산 생곡동	1996~2021	39	가스엔진	6	(주)서희건설
광주 운정동	1993~2004	20	가스엔진	2	(주)서희건설
대전 금고동	1996~2012	40	가스엔진	3.4	(주)효성 (주)토탈이엔에스
포항 호동	1994~2005	19	가스엔진	2	(주)서희건설
군산 내초동	1996~2015	8	가스엔진	1	(주)청우이엔씨
청주 학천리	2001~2006	10	가스엔진	1.05	(주)서희건설
제주 회천동	1991~2011	10	가스엔진	2	(주)서희건설
순천 왕지동	1991~2007	14	가스엔진	1.85	미래에너지개발(주)
여수 만흥동	1997~2020	9.65～14.13	가스엔진	0.925	(주)한려에너지개발

표 4.9 국외 매립가스 발전 현황

매립지명	형 식	시설규모(MW)	비 고
Edgeborough	스팀터빈	10.75	미국 뉴저지
Santa Rosa	가스엔진	6.4	미국 캘리포니아
Newby Island	가스엔진	5.3	미국 캘리포니아
Altamont	가스터빈	6.4	미국 샌프란시스코
Peunte Hills	스팀터빈	50	미국 LA
Gazmont	스팀터빈	23	캐나다 몬트리올
Lachenaie	가스엔진	4	캐나다 Lachenaie
노이뮌스터	가스엔진	0.4	독일 노이뮌스터시
Ihlenberg	가스엔진	3.6	독일 Ihlenberg
Rastorf	가스엔진	1.3	독일 Rastrof
Neu Wulmsdorf	가스엔진	0.614	독일 함브르크
Shakespeare Farm	가스엔진	0.2	영국 런던

4.3.2 차량용 연료

매립가스에 대한 고도 정제공정을 통하여 메탄농도를 약 97~98% 이상으로 유지하여 연료로써 이용하는 기술이며, 자동차 연료 뿐만 아니라 도시가스 배관망에 연결하여 활용할 수 있다. 이를 위해서는 매립가스에 존재하는 수분, 미량의 휘발성 유기화합물과 이산화탄소 등을 물리 · 화학적 방법으로 정제 후 압축하여 천연가스 자동차 연료로 사용할 수 있다. 다만, 천연가스 엔진 차량이 아닌 경우에는 개조가 필요하다.

4.3.3 연료전지

연료전지(Fuel Cells)는 수소와 산소를 전기화학 반응시켜 전기를 발생시키는 장치로 매립가스를 수소 공급원으로 이용하는 방법이다. 화학물질의 결합에너지를 전기로 변환한다는 점에서 대형 전기배터리(촉매와 같은 부속설비 포함)와 비교될 수 있는데, 배터리는 모든 반응물질이 배터리 내부에 있으면서 사용 중에 천천히 소모되는 반면, 연료전지는 반응물질(연료)이 계속적으로 전지에 공급된다는 차이점이 있다.

연료전지에서 공기 중 산소이온은 음극을 통과하고 전해액(산소이온은 통과되나 전자는 통과불가)을 거쳐, 양극에서 수소이온과 탄소와 결합하여 물과 이산화탄소를 생성하며, 제조 시에 사용되는 전극과 전해액의 형태에 의해 4가지 기본형태가 있는데, 각 특성은 다음과 같다. 한 종류인 PAFC(Phosphoric Acid Fuel Cells)는 개발단계에서 다른 종류보다 앞서 있으며 매립가스에 대해서도 상업적으로 입증되고 있다. PAFC는 전력설비, 가벼운 산업용, 무거운 자동차용으로 사용하기에 적합하다. 다른 3가지 종류의 연료전지(molten carbonate, solid oxide, proton exchange membrane)는 개발과 실증단계에 있으며 10~20년 안에는 상업화가 될 수 있을 것으로 보이나 이들 중의 어떤 것도 매립가스로 실증되지는 않았다. 상업적인 PACF는 연료원으로 수소가스 또는 재생 메탄올을 사용하여 전기를 생산하는데, 수소가스는 적은 규모일 경우에는 정제된 형태로 구입되고, 천연가스, 매립가스, 바이오가스, 알코올 같은 수소를 포함한 연료의 변환을 통하여 얻어진다.

일반적인 발전기술과 비교하여 연료전지 기술은 다음의 성능특징을 가지고 있다.

1. 높은 전기변환 효율(40~50%)이 폭넓은 용량범위에서 유지된다. 일반적인 기술(예를 들면 화석연료 발전소)은 33~35%의 효율을 갖는다. 효율은 머지않아 50~60%까지 증가될 것으로 기대되며, 연료전지로부터의 폐열이 이용된다면(예를 들면, cogeneration system) 전체 효율은 85%까지 증가될 수 있을 것이다.
2. 연료전지로부터의 대기오염물질 배출량이 매우 적다. 일반적인 발전방식과 비교할

때 동일한 발전용량에 대해 이산화탄소 배출량이 적으며, 천연가스로 구동된 연료전지는 약 0.004 lb/MWh의 질소산화물(NOx)을 배출한다. 또한 연료전지는 인건비와 유지관리비가 낮으며 소음도가 최소이고 모듈타입이어서 넓은 범위의 매립지 규모에 적용 가능한 기술이다.

연료전지는 연료의 다양성에 장점이 있는데, 연료전지의 1차 연료원은 수소로서, 가스처리공정이 적절히 반영된다면 여러 종류의 탄화수소 연료(천연가스, 메탄올, 기타 액체연료)로부터 수소를 얻을 수 있다.

4.3.4 매립가스 자원화

국내·외의 매립가스 자원화를 위한 제도와 추진현황을 간략히 살펴보면 다음과 같다. 국내에서는 매립가스 자원화 미설치 매립시설에 대한 자원화를 위하여 일정규모(용량 1 만톤) 이상의 생활폐기물 매립장 138개소를 대상으로 조사한 결과, 총 212 m^3/분 가량의 매립가스가 발생하는 것으로 추정하였으며, 발생량 3 m^3/분 이상 매립장 19개소, 1~3 m^3/분 매립장 23개소, 1 m^3/분 미만의 매립장이 96개소로 나타났다. 이에 따라 정부에서는 3 m^3/분 이상 매립장에 대해서는 매립가스 자원화, 2 m^3/분 정도의 매립장은 유기성폐기물 바이오가스와 공동 이용하는 방안을 추진하고 있으며, 1 m^3/분 미만인 매립장은 가스소각을 통한 그룹화 CDM사업을 추진할 계획이다 (이재덕, 2008).

또한, 2009년 7월에 지식경제부, 환경부, 국토해양부 등 7개부처 합동으로 수립한 「폐자원 및 바이오매스 에너지 대책 실행계획」에서는 지자체 쓰레기 매립장 중 매립가스 회수·이용이 가능한 매립가스량을 발생량 1 m^3/분 이상으로 판단하여 총 214 m^3/분을 최대한 회수·활용할 수 있는 것으로 산정하였고, 2013년까지 가용 매립가스의 91% (2 m^3/분 이상 총 194 m^3/분)를 자원화 하기 위한 시설 25개소를 설치할 계획이다 (환경부 등, 2009).

미국은 매립가스 자원화를 위하여 환경보호청(U.S. Environmental Protection Agency) 내에 LMOP(Landfill Methane Outreach Program)를 1994년에 설립하여 주정부와 에너지 이용자 및 공급자들의 협약에 의한 사업을 지원하고 있다. 2009년 4월 현재 LMOP를 통해 미국 44개주의 약 485개의 자원화 시설이 설치되었으며, 이를 통해 연간 약 120억 kWh 발전 및 850억 m^3의 가스를 공급하고 있다 (U.S. EPA, 2009).

유럽(EU)은 다양한 규정과 제도를 통하여 매립가스 자원화 사업을 촉진하기 위하여 생분해성 폐기물 매립장에 매립가스 자원화 설비 설치를 규정(Landfill Directive

1999/31/EC)하고 있으며, 경제성 확보가 불가능한 규모의 매립장에도 포집설비 및 간이소각(Flaring) 시설을 설치하여 매립가스 처리량을 계량토록 규정하고 있다. 스웨덴은 자동차용 바이오가스 연료에 대한 국가기준 설정 및 바이오가스 자동차에 대한 자유주차, 세금 감면, 통행료 면제 등 다양한 특별혜택을 부여하고 있다. 네덜란드에서는 매립가스를 천연가스 수준의 품질로 정제하여 배관망을 통해 도시가스로써 공급하는 시스템을 갖추고 있다. 영국의 경우에도 60개 이상의 매립장에서 매립가스를 직접 또는 발전하여 연간 19만톤의 메탄을 처리하고 있다.

4.4 매립가스 자원화시설 사례

국내의 생활폐기물 매립장 가운데 매립용량이 큰 시설은 대부분 민간투자 등을 통하여 매립가스 자원화시설을 설치·운영 중에 있다. 2007년 기준 전국 매립가스 자원화시설에서의 전기생산량 265,138 MWh로 약 240억원의 전기 판매실적을 나타내었다. 또한, 가스공급량 75,566 천m^3을 통하여 약 83 억원의 수입이 발생하였다. 표 4.10과 표 4.11에 시설현황 및 실적현황을 나타내었다(이재덕, 2008).

표 4.10 국내 매립가스 자원화시설 현황

구 분	발전시설		가스(정제)공급 시설	
	시설수	시설용량(MW)	시설수	시설용량(m^3/분)
계	11	71.8	4	1,092
수 도 권	1	50(70%)	1	920(84%)
비수도권	10	21.8(30%)	3	172(16%)

표 4.11 국내 매립가스 자원화시설의 생산·판매 실적현황

구 분	전기 생산 실적		가스공급 실적	
	전기생산량 (MW)	판매수입 (백만원)	가스공급량 (천 m^3)	판매수입 (백만원)
계	265,138	24,395	75,556	8,318
수 도 권	198,773	17,784	18,752	643
비수도권	66,365	6,611	56,814	7,675

국내에서 전기 생산 및 가스공급에 이용된 매립가스는 총 383,830 천m^3이며, 매립가스의 메탄성분비(평균 45%)를 감안할 때 2007년도에 172,724 천m^3의 메탄가스를 회수·이용한 것으로 추정된다. 이는 연간 233만 CO_2톤 가량의 탄소배출권(CER, Certified Emission Reduction) 확보가 가능한 양으로써 매립가스 자원화 시설이 설치된 각 매립장에서는 CDM(Clean Development Mechanism) 사업을 적극적으로 추진 중에 있다. 수도권매립지와 대구 방천매립지는 유엔기후변화협약 사무국(UNFCCC ; United Nations Framework Convention on Climate Change)에 2007년과 2008년에 각각 등록되어 탄소배출권을 확보할 수 있게 되었다. 국내의 매립가스 자원화를 추진하고 있는 대부분의 매립지에서도 매립가스 CDM 사업을 추진 중 또는 계획 중에 있다.

CDM(Clean Development Mechanism) 사업 추진 절차

절 차	담 당	CDM 집행위원회 제출서류
CDM사업계획서(PDD) 작성 ↓	CDM사업자	
타당성확인 및 등록 ↓	CDM운영기구 (DOE) CDM국가승인기구 (DNA)	1. CDM사업 등록서 2. CDM사업계획서 3. 타당성확인 보고서 4. non-Annex I국가 승인서
모니터링 및 모니터링 보고서 작성 ↓	CDM사업자	
검증 및 인증 ↓	CDM운영기구 (DOE)	1. 검증보고서
CER(인증된 감축량) 발급 ↓	CDM레지스트리	1. 인증보고서
CER(인증된 감축량) 이전	CDM레지스트리	1. Annex I국가 승인서

4.4.1 매립가스 발전시설

1) 수도권매립지

(1) 일반 현황

수도권매립지는 총 4개 매립장으로 구성되며, 제1 매립장은 1992년 2월 매립을 시작하여 2000년 10월 종료되었고, 현재(2009년)는 제2 매립장에 매립하고 있다. 매립장 사용가능 기간은 당초 25년이었으나 최근의 반입추세 등을 감안할 때 향후 약 35년 후인 2044년이 되면 매립이 종료될 것으로 예상되며, 매립장별 면적 및 사용기간은 표 4.12와 같다.

표 4.12 수도권매립지 매립현황

구 분	계	제1매립장	제2매립장	제3매립장	제4매립장	비 고
면 적 (만m^2)	1,979	409(251)	371(248)	330(244)	389(215)	"( )"는 매립가능 면적
사용기간	'92~'44 (52년)	'92~'00 (9년)	'00~'15 (14년)	'15~'30 (15년)	'30~'44 (14년)	
매립량	–	6,300만톤	6,700만톤	장래 매립예정		

※ 매립관련 정책, 매립여건 변화 등에 따라 사용기간 및 매립량 등 변경될 수 있음.

수도권매립지의 매립가스 발전시설은 매립지에서 발생하는 매립가스를 에너지원으로 자원화하여 처리함으로써 악취 등 환경오염을 저감시키고 매립지의 안정화와 기후변화협약에 따른 온실가스의 감축 및 신재생에너지의 개발과 경제적 부가가치를 창출하기 위하여 매립가스를 유용하게 에너지자원으로 활용하는 방안으로 50 MW급 스팀터빈 발전시설을 민간투자방식으로 추진하였다.

50 MW 매립가스 발전시설 설치 주요경과

- 민간투자시설 기본계획(환경부 고시 제2001-65호) : 2001. 5
- 실시협약제결 및 사업자 지정 : 2003. 3
- 실시계획 고시(환경부 고시 제2004-38호) : 2004. 3
- 건설공사 추진 : 2004. 3 ~ 2006. 12(33개월)
- 상업운전 개시 : 2007. 3

50 MW 매립가스 발전시설 개요

- 발전시설 : 50 MW(세계 최대 매립가스발전시설)
- 가스사용량 : 550 Nm^3/min
- 사 업 비 : 773 억원
- 건설기간 : 2004.3 ~ 2006.12 (33개월)
- 투자방식 : 민간투자법에 의한 민간투자방식(BTO)
  - · 환경부 : 사업기간 중 토지 및 매립가스·포집설비 무상제공, 각종 인·허가 등 협의 시 행정지원, 협약에서 정한 수익에 미달 시에는 환경부 장관이 보장
  - · 사업자 : 발전시설 건설 및 11년 동안 운영(준공과 동시에 소유권은 환경부로 귀속), 무상으로 토지 및 매립가스·포집설비를 사용하여 전기사업시행 및 전기 판매
- 사업자 : 에코에너지(주)

(2) 매립가스 포집 · 이송 및 발전시설 현황

수도권매립지의 매립가스 포집 및 발전시설 계통도는 그림 4.23에 나타내었다. 매립가스의 포집은 제 1매립장과 제 2매립장에서 강제포집방식에 의하여 발전시설에 공급되고 있다.

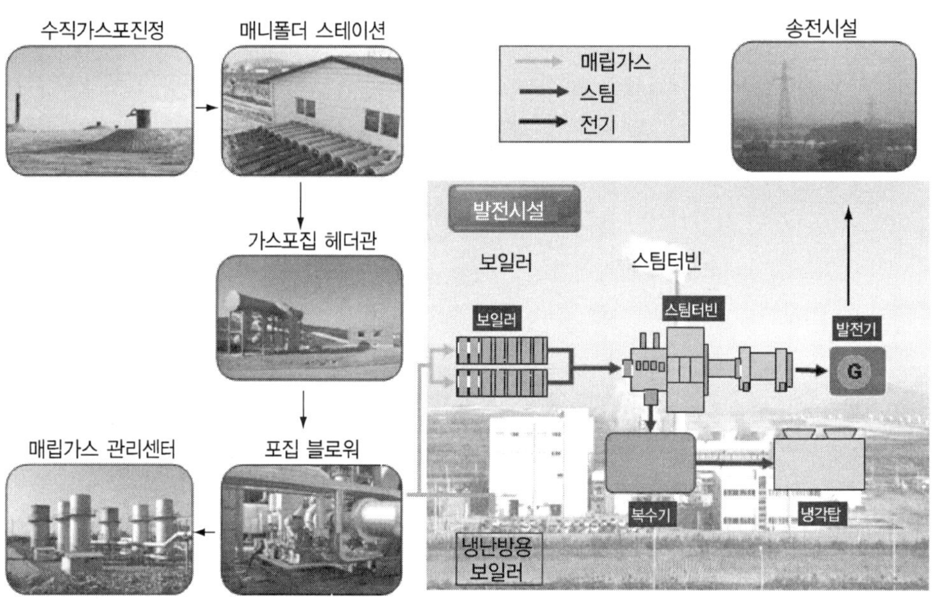

그림 4.23 수도권매립지 매립가스 발전시설 계통도(이원근, 2009)

매립가스의 포집량은 2008년 기준 제1 매립장에서 132 m^3/분, 제2 매립장에서 410 m^3/분이며, 수도권매립지의 매립가스 포집 및 이송시설 현황은 표 4.13과 같다.

표 4.13 수도권매립지 매립가스 포집 및 이송시설 현황

구 분	수직포집관 (개소)	수평포집관 (개소)	개발배관 (km)	이송관 (km)	M/S (개소)	응축수 배제시설(개소)
제1매립장	329	60	80.5	18.4	31	114
제2매립장	699	39	196.7	16.1	44	52
합 계	1,028	99	277.2	34.5	75	166
총 계	1,187		311.7		75	166

표 4.14에는 발전시설의 주요시설 및 설비현황을 나타내었다. 보일러의 형식은 드럼형이며, 증기유량은 106 톤/시간, 증기압력은 100 kg/cm^2·g, 증기온도는 539℃의 사양을 갖는 설비로 설치되어 있다.

표 4.14 수도권매립지 매립가스 50 MW 발전시설 주요 설비 현황

구분		규 격	수 량	비 고
주요설비	보 일 러	106 Ton/h	2	
	터 빈	50 MW	1	
	급수펌프	123 ㎥/h	3	
	복수펌프	123 ㎥/h	2	
	순환펌프	7,600 ㎥/h	2	
	냉 각 탑	76.9 Gcal/h	1	Wet-dry형
	폐수처리시설	2,608 ㎥/h	1	
건물	터빈건물	1,817 ㎡	1	
	주제어 및 공작실	1,527 ㎡	1	
	수처리/폐수처리	1,662 ㎡	1	
	후 생 동	254 ㎡	1	
	경 비 실	57 ㎡	1	
	가스창고	29 ㎡	1	
	냉 각 탑	578 ㎡	1	

(3) 50 MW 매립가스 발전시설 운영실적

표 4.15에 수도권매립지 50 MW 발전시설에 대한 운영현황을 나타내었다. 2007년 3월부터 가동하기 시작한 50 MW 발전시설은 2008년도 발전량이 397,862 MWh로 전력판매 금액이 약 450억원, 가동율 90% 이상을 유지하였다. 또한, 운영기간 중 메탄농도는 제1 매립장의 경우 50% 이하로 저하되었으며, 제2 매립장은 약 54%의 농도로 측정되었다.

표 4.15 수도권매립지 50 MW 발전시설 운영현황

구 분	발전량 (MWh)	전력판매금액 (백만원)	가동율(%)	연평균 CH_4 농도(%)
2007	222,229	17,784	74.5	제1매립장 52.1 제2매립장 53.7
2008	397,862	45,191	91.9	제1매립장 46.6 제2매립장 54.5

이와 같은 매립가스 발전시설의 운영을 통하여 매립지 주변의 매립가스로 인한 악취 및 대기오염 문제의 근본적 해소에 기여할 수 있으며, 발전을 통하여 약 18만여 가구에 공급가능한 전력(가구당 200 kWh 기준)을 생산하여 중유 약 40만 드럼의 에너지 수입 대체효과가 있는 것으로 평가된다. 아울러 50 MWh의 발전시설을 통한 온실가스 예상 감축량은 121만 CO_2 톤/년으로 지구온난화 방지에 기여하고 있으며 CDM 사업을 통한 탄소 배출권을 확보하고 있다. 그림 4.24는 현재 가동 중인 수도권매립지 50 MW 발전시설의 전경이다.

그림 4.24 수도권매립지 50 MW 발전시설

매립가스 발전(가스엔진)시 주요 가동정지 원인

(수도권매립지 6.5 MW 매립가스 발전시설운전자료, 수도권매립지관리공사, 2006))

매립가스 발전시설 가동정지의 주요 원인은, 2002년도에는 엔진 및 발전기 계통(35%), 냉각장치 계통(15%), 가스공급계통(13%) 고장수리 등의 순이며, 2004 년도에는 엔진 및 발전계통(37.2%), 엔진오일교환(26%), 정규정비(12%), 냉각장치 계통(9.3%) 등의 순이다. 2002년부터 2004년까지의 가동정지 현황은 하단의 표와 같다.

2002년부터 2004년까지의 가동정지의 원인 형태를 보면, 실록산 등 유해가스성분에 의한 연소실 내부 스케일 과다 침착과 이로 인한 엔진오일 오손 등이다. 이로 인하여 엔진내부 마모의 촉진, 가동시간 경과에 따른 엔진 및 발전기 계통의 고장수리의 증가, 엔진오일수명 단축으로 오일교환 횟수가 증가를 보이고 있다. 그에 따라 정규정비의 예상주기가 약 2~3배 단축되었고, 정비비용도 큰 폭으로 증가하였다. 한편 2004년도에는 제1매립장 안정화공사의 영향으로 가스공급계통에 따른 정지횟수는 현격한 감소를 보이고, 아울러 냉각장치 계통도 감소하여 안정세를 보여준다.

수도권매립지 매립가스 발전시설 가동정지 현황
(단위 : 월평균 발생건수)

구 분	2002년	2003년	2004년	비 고
가스공급계통	6.2	6.7	1.5	
냉각장치계통	6.3	8.7	3.7	
엔진, 발전기계통	14.7	13.1	14.8	
전처리계통	2.0	2.0	1.4	
오일계통	1.8	0.6	0.7	
응축수배제	1.6	0.6	0.2	
엔진오일교환	1.7	7.8	10.4	
정규정비	5.2	4.3	4.8	
기타	2.9	3.3	2.3	
계	42.4	47.1	39.7	

2) 부산 생곡매립지

(1) 일반 현황

생곡매립지는 부산광역시 강서구 생곡동 일원 지역에 위치하며, 부지면적 758,000 m^2, 매립면적 508,000 m^2인 매립시설이다. 매립은 1996년 시작되어 2021년까지 약 25년간 사용이 가능할 것으로 예측된다. 생곡매립지의 LFG 자원화사업은 1 단계와 2 단계 사업으로 추진되었으며, 설치 주요경과 및 시설의 개요는 다음과 같다.

생곡매립지 매립가스 발전시설 설치 주요경과

- 매립장 가스 자원화(발전)계획 수립 : 1999. 9
- 타당성 조사 및 현장시험 실시 : 1999. 12 ~ 2000. 2
- 사업자 선정(서희건설) : 2000. 3
- 가스포집시설 및 발전기 설치 : 2001. 1 ~ 2001. 6
- 발전시설 준공식 및 시운전 : 2001. 6. 25
- 전기생산(한전판매) : 2001. 7. 22

- 발전시설 증설 2.7 MW ⇒ 6 MW : 2003. 2 ~ 2003. 4

매립가스 발전시설 개요

- 발전시설 : 6 MW
- 가스사용량 : 39 Nm^3/min
- 사 업 비 : 60 억원
- 건설기간 : 2001.2 ~ 2001.6(1단계, 2.7 MW), 2003.2 ~ 2003.4(6 MW)
- 운영기간 : 2001.7 ~ 2020.12
- 사업방식 : 민간제안 방식으로 사업자가 사업비 선투자 후 시설 운영 수익금으로 충당
  · 부산시 : 매립가스 및 토지 무상제공, 자원화시설 설치·운영권 부여
  · 사업자 : 자원화시설 설치·운영, 전력판매, 가스사용료로 전력 판매수입의 3.5% 납부

(2) 매립가스 포집 · 이송 및 발전시설 현황

부산 생곡매립지의 매립가스 발전시설 공정도와 계통도는 그림 4.25 및 4.26과 같다. 포집·이송된 매립가스는 열교환기에서 수분을 제거하고 탈황설비에 의해 황화수소를 제거한 다음 활성탄 필터 및 제습필터를 이용하여 실록산 등을 처리하고 블로워를 이용하여 가스를 가스엔진에 공급하는 시스템으로 구성된다.

포집현황은 표 4.16과 같이 132개의 수직가스 포집정을 이용하여 포집 처리되고 있으며 매니폴드 스테이션 11개소(12개 포집정/개소)와 응축수 제거시설 3개소가 있다. 매립가스 포집량 및 활용량은 표 4.17과 같이 포집된 매립가스 전량을 발전에 활용하고 있으며, 포집되는 매립가스 중 메탄의 농도는 43~47%로 나타났다. 표 4.18에는 발전시설의 전처리를 위한 주요시설을 나타내었다. 매립가스 발전은 가스엔진(제작사 : GE JENBACHER사) 형식이며, 발전 규모는 6 MW (1 MW×6 대)로써 전처리를 위한 탈황설비, 가스필터(활성탄 필터 및 제습필터) 등의 설비가 설치되어 있다.

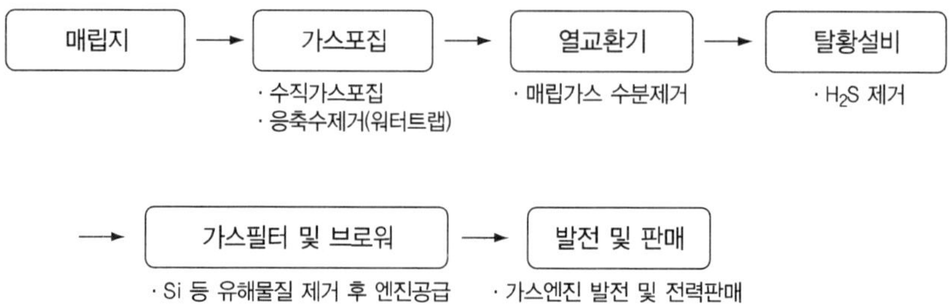

그림 4.25 부산 생곡매립지 발전시설 공정도

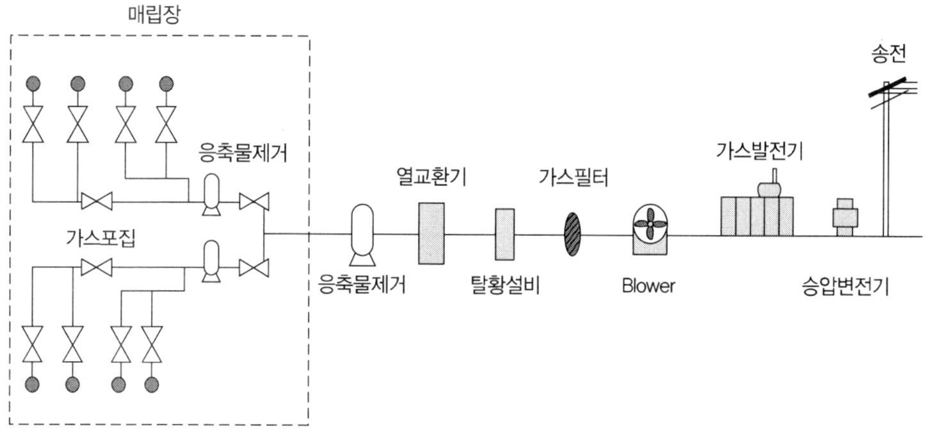

그림 4.26 부산 생곡매립지 발전시설 계통도

표 4.16 부산 생곡매립지 가스포집관 현황

구 분	직 경(mm)	길 이(m)	재 질
포집관	65	18,000	PE 관
	150	4,000	
	400	3,600	
이송관	400	3,600	PE 관

표 4.17 부산 생곡매립지 가스포집 및 활용량 현황

년 도	포집량(Nm^3/분)	CH_4농도(%)	활용량(Nm^3/분)
2002	20	46	19
2003	60	46	59
2004	44	43	44
2005	46	43	46

표 4.18 부산 생곡매립지 발전시설 전처리시설 현황

설 비 명	규격(mm)	수량	비 고
CSV탱크	5,000×1,500	1	탱크, 배출펌프, 레벨센서
탈황설비	4,000×2,000	1	주 탱크, 보조탱크, 순환펌프
열교환기	1,000×1,000	1	열교환기, 냉동기
가스필터	600×600×150	1	활성탄필터＋제습필터
가스블로워	900Nm^3	6	루츠블로워(인버터제어)

(3) 매립가스 발전시설 운영실적

2001년 2.7 MW를 시작으로 2003년부터 6 MW 발전시설을 설치하여 운영하고 있으며, 표 4.19와 같이 발전량 및 전력판매금액이 점차 증가하여 2005년 기준 67%의 가동율로서 31,360 MWh의 발전 및 약 21 억원의 전력판매 수입이 발생하였다. 2007년도는 판매액이 다소 증가하여 약 23 억원인 것으로 나타났다. 그림 4.27 및 4.29에는 생곡매립지 발전시설 및 가스전처리시설 전경을 나타내었다.

표 4.19 부산 생곡매립지 발전시설 운영현황

구 분	발전량 (MWh)	전력판매금액 (백만원)	이용율(%)	가동율(%)	년 평균 CH_4농도(%)
2001.10~12	3,188	208	48	60	46
2002	16,249	1,059	69	81	46
2003	21,895	1,428	42	54	46
2004	30,262	1,973	54	66	43
2005	31,360	2,107	55	67	43
2007	25,341	2,309	–	–	–

그림 4.27 부산 생곡매립지 발전시설 전경

그림 4.28 부산 생곡매립지 매립가스 발전시설 전처리시설 전경

3) 광주 운정동 위생매립지

(1) 일반 현황

운정동 매립지는 광주광역시 북구 운정동 일원지역에 위치하며, 부지면적 279,208 m^2, 매립용량 4,369,000 m^3인 매립시설이다. 매립은 1993년 시작되어 2004년까지 약 10년간 사용 후 매립종료 된 매립시설이다. 운정동 매립지의 LFG 자원화 사업은 2003년도에 설치되었으며, 주요경과 및 시설의 개요는 다음과 같다.

운정동 매립지 매립가스 발전시설 설치 주요경과

- 광주광역시, 환경관리공단 자원화사업 기초조사 : 2000. 7 ~ 2001. 3
- (주)서희건설 사업제안 : 2003. 3
- 광주광역시 환경시설공단 사업승인(계약) : 2003. 5
- 광주광역시청 전기발전사업 허가 : 2003. 9
- 매립가스 발전시설 설치 : 2003. 8 ~ 2003. 12

매립가스 발전시설 개요

- 발전시설 : 2 MW
- 가스사용량 : 20 Nm^3/min
- 사 업 비 : 약 30 억원
- 설치기간 : 2003. 8 ~ 2003. 12
- 운영기간 : 2003. 12 ~ 2013. 12
- 사업방식 : 민간투자 사업
  · 광주광역시 : 매립가스 및 토지 유상제공, 자원화시설 설치·운영권(10년) 부여
  · 사업자 : 자원화시설 설치·운영 및 전력판매, 가스사용료로 전력판매수입의 5.5% 납부

(2) 매립가스 포집 · 이송 및 발전시설 현황

운정동 매립지 매립가스 전처리 및 발전시설 공정도와 계통도는 그림 4.29 및 4.30에 나타내었다. 포집·이송된 매립가스는 탈황설비에 의해 황화수소를 제거한 다음 열교환기 및 냉각기를 통해 수분을 제거한다. 이후 활성탄 필터 및 제습필터를 이용하여 실록산 등을 처리하고 블로워를 이용하여 가스를 가스엔진에 공급한다. 이러한 공정은 포항 호동, 청주 학천리 매립지의 발전시설에서도 이용되고 있으며, 부산 생곡동, 군산 내초동, 제주 회천매립지는 탈황공정과 냉각· 제습공정 순서만 바뀌어져서 운영되고 있다.

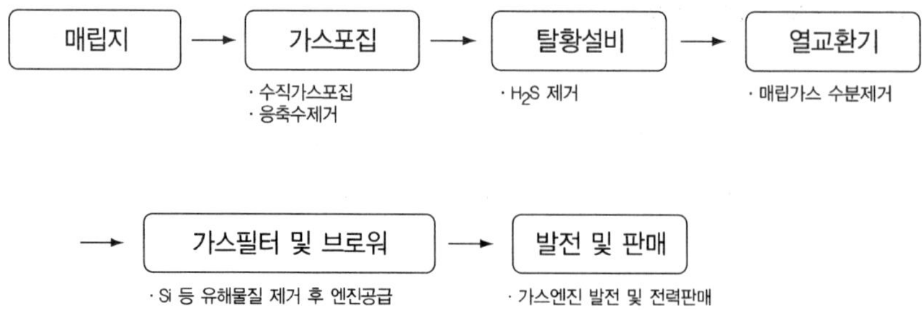

그림 4.29 광주 운정동매립지 발전시설 공정도

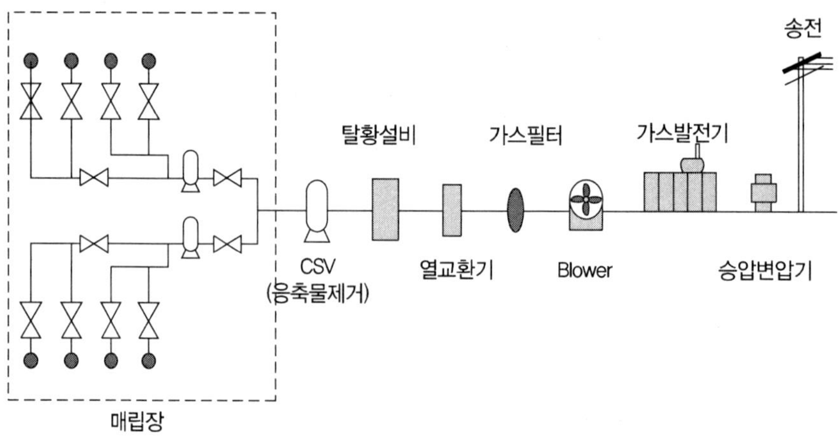

그림 4.30 광주 운정동 매립지 발전시설 계통도

매립가스 포집현황은 표 4.20, 포집량 및 활용량은 표 4.21과 같다. 운정동매립지의 매립가스 포집은 수직 가스포집정 65개 등을 설치하여 운영 중이며, 포집·이송관이 5 km 이상 설치되어 있다. 매립가스 포집량은 전량 매립가스 발전에 활용되고 있으며, 메탄 농도는 약 54%로 측정되었다.

표 4.20 광주 운정동매립지 가스포집관 현황

구 분	직 경(mm)	길 이(m)	재 질
포집관	50(수직)	1,300	PE 관
	50(수평)	1,950	
	250(수평)	1,000	
이송관	250	1,000	PE 관

표 4.21 광주 운정동 매립지 가스포집 및 활용량 현황

년 도	포집량(Nm^3/분)	CH_4농도	활용량(Nm^3/분)
2003	20	58%	20
2004	16	54%	16
2005	15	54%	15

표 4.22에는 매립가스 발전시설의 주요 전처리시설을 나타내었다. 발전시설의 규모는 2 MW (1 MW×2 기)이며, 형식은 가스엔진(제작사 : GE Jenbacher사)으로 설치되어 있다. 전처리 시설은 탈황설비와 가스필터(활성탄 필터 및 제습필터) 등으로 구성되었다.

표 4.22 광주 운정동매립지 발전시설 전처리시설 현황

설 비 명	규격(mm)	수량	비 고
CSV탱크	∅156×4,245H	1	탱크, 배출펌프, 레벨센서
탈황설비	2,000 Nm^3/h	1	주 탱크, 보조탱크, 순환펌프
열교환기	1,635×1,835×3,250	1	열교환기, 냉동기
가스필터	1,600×700×1,210	1	활성탄필터＋제습필터
가스블로워	17 Nm^3	2	루츠블로워(인버터제어)

(3) 매립가스 발전시설 운영실적

2003년 12월부터 2 MW (3 MW, 2005년 이후) 발전시설을 설치하여 운영하고 있다. 표 4.23과 같이 발전량 및 전력판매금액은 2005년 기준 68%의 가동율로 13,166 MWh의 발전 및 약 9억원의 전력판매 수입이 발생하였으며 2007년에는 10억원의 판매액을 나타냈다. 그림 4.31부터 4.33에는 운정동 매립지 발전시설, 응축수 제거시설 및 전처리시설의 모습을 나타내었다.

표 4.23 광주 운정동 매립지 발전시설 운영현황

구 분	발전량 (MWh)	전력판매금액 (백만원)	가동율(%)	연평균 CH_4농도(%)
2004	13,733	895	85	54
2005	13,166	896	68	54
2007	11,415	1,050	–	–

그림 4.31 광주 운정동 매립지 발전시설 전경

그림 4.32 광주 운정동 매립지 발전시설 응축수 제거시설 전경

그림 4.33 광주 운정동 매립지 발전시설 전처리시설 전경

4) 대전 금고동 위생매립지

(1) 일반 현황

대전 금고동 매립지는 대전광역시 유성구 금고동 일원 지역에 위치하며, 부지면적 602,429 m^2, 매립용량 8,762,000 m^3인 매립시설이다. 매립은 1996년 시작되어 2012년까지 약 16 년간 사용이 가능할 것으로 예측된다. 금고동 매립지의 LFG 자원화사업은 2003년도에 설치 완료되었으며, 주요경과 및 시설의 개요는 다음과 같다.

금고동 매립지 매립가스 발전시설 설치 주요경과

- 매립가스(LFG) 발전소 건립타당성조사 : 2001. 3
- 건설기술공모 공고 : 2001.10
- 사업자 선정[(주)효성, 토탈이엔에스(주)] : 2001.12
- 설계 착수 : 2002. 1
- 본 공사 시작 : 2002. 6
- 시설 준공 및 상업운전 : 2003. 5

매립가스 발전시설 개요

- 발전시설 : 3.4 MW
- 가스사용량 : 40 Nm^3/min
- 사 업 비 : 약 64 억원
- 설치기간 : 2002.6 ~ 2003.6
- 운영기간 : 2003.6 ~ 2013(약 10년)
- 사업방식 : 사업자가 사업비를 선투자 후 시설운영수익금으로 상환
  - · 대전광역시 : 매립가스 및 토지 무상제공, 자원화시설 설치·운영권 부여
  - · 사업자 : 자원화시설 설치·운영 및 전력판매, 가스사용료로 전력판매 수입의 6% 지급

(2) 매립가스 포집 · 이송 및 발전시설 현황

금고동 매립지의 매립가스 전처리와 발전시설 공정도와 계통도는 그림 4.34 및 4.35와 같다. 매립가스가 포집 및 이송되면서 응축수가 제거된 후 스크러버에 의한 습식세정으로 먼지 등 불순물이 처리된 다음 수분이 제거된 매립가스는 탈황설비에 의해 황화수소 등을 제거한 후 실록산 등의 저해물질은 활성탄에 흡착시켜 제거되도록 운영하고 있다. 처리된 가스는 블로워에 의해 가스압력 조절을 위한 버퍼탱크를 거친 후 가스엔진에 유입되도록 운영한다.

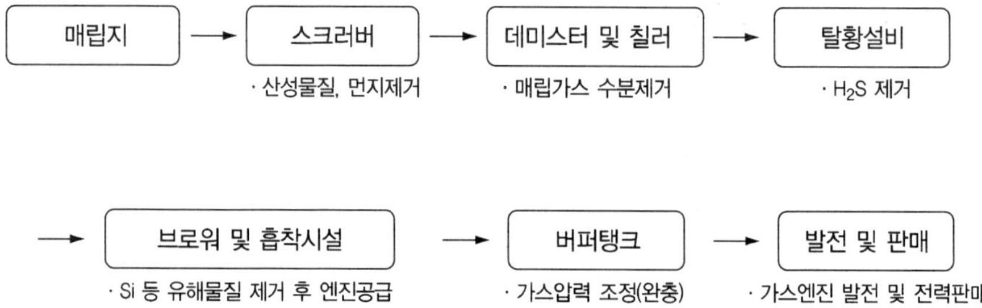

그림 4.34 대전 금고동 매립지 발전시설 공정도

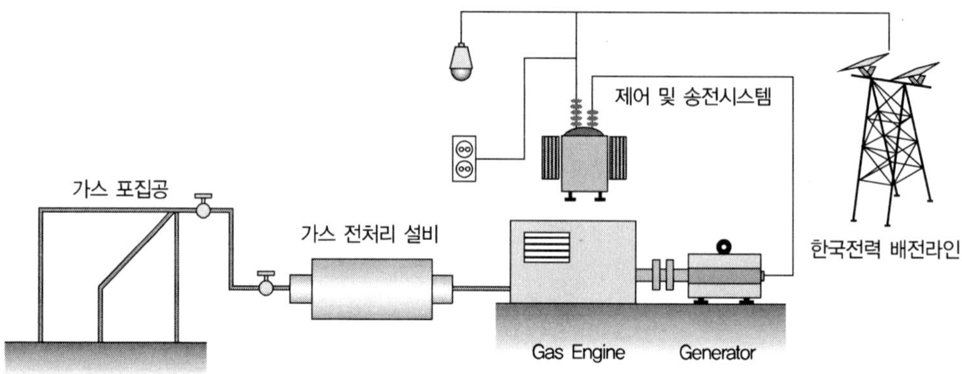

그림 4.35 대전 금고동 매립지 발전시설 계통도

매립가스의 포집현황은 표 4.24, 포집량 및 활용량은 표 4.25와 같다.

표 4.24 대전 금고동 매립지 가스포집관 현황

구 분	직 경(mm)	길 이(m)	재 질
포집관	150(수평)	1,970	PE 유공관
	200(수평)	1,940	
	200(수직)	66개소(간이소각기)	
이송관	100	290	PE 관 무공관
	200	1,100	
	400	290	

표 4.25 대전 금고동 매립지 가스포집 및 활용량 현황

년 도	포집량(Nm^3/분)	CH_4 농도(%)	활용량(Nm^3/분)
2003	10	52 ~ 61	9.8
2004	16.1	47 ~ 56	15.8
2005	18	54	18

표 4.26에는 발전시설의 주요 전처리시설을 나타내었다. 발전시설의 규모는 3.4 MW (865 kW × 4기)이며, 형식은 가스엔진(제작사 : 미국 Waukesha)이 설치되어 있다.

표 4.26 대전 금고동 매립지 발전시설 전처리시설 현황

설 비 명	규 격	수 량	비 고
Wet Scrubber	20 Nm^3/min	3	
Carbon Tower	20 Nm^3/min	3	
Buffer Tank	50 Nm^3/min	1	
Chiller	14.47 RT	1	
가스블로워	20 Nm^3/min(37kW)	3	

(3) 매립가스 발전시설 운영실적

2003년 7월부터 3.4 MW 발전시설을 설치하여 운영하고 있다. 표 4.27과 같이 발전량 및 전력판매금액은 2005년 기준 50%의 가동율로서 약 9억원의 전력판매 수입이 발생하였다.

표 4.27 대전 금고동 매립지 발전시설 운영현황

구 분	발전량 (MWh)	전력판매금액 (백만원)	가동율(%)	연평균 CH_4농도(%)
2003.7~12	3,404	185	26.9	57
2004	10,047	635	40	55
2005	12,795	921	50	55
2007	–	740	–	–

그림 4.36부터 4.38은 금고동매립지 발전시설, 매립가스 이송관로 및 전처리시설의 모습을 보여주고 있다.

그림 4.36 대전 금고동 매립지 발전시설 전경

그림 4.37 대전 금고동 매립지 매립가스 이송관 전경

그림 4.38 대전 금고동 매립지 발전시설 전처리시설 전경

4.4.2 가스공급 시설

1) 서울 난지도 매립지

(1) 일반 현황

난지도 매립지는 서울특별시 마포구 상암동 일대에 위치하며, 부지면적 2,686,800 m^2 (매립면적 2,686,800 m^2), 매립용량 91,972,000 m^3인 매립시설이다. 매립은 1978년 시작되어 1993년 3월까지 약 15년간 사용 후 매립 종료된 시설이다. 난지도 매립지의 LFG 자원화사업은 2002년도에 설치 완료되었으며, 주요경과 및 시설의 개요는 다음과 같다.

난지도 매립지 매립가스 자원화시설 설치 주요경과

- 난지도매립지 안정화사업 기본설계용역 시행 : 1993.11 ~ 1994.12
- 난지도매립지 안정화사업 실시설계용역 시행 : 1995. 4 ~ 1996. 9
- 난지도매립지 안정화 공사 착공 : 1996.12
- 난지도매립가스 처리시설 공사 : 1998.11 ~ 2001.10
- 서울시 난지도매립지가스 및 침출수처리 시설관리·운영위탁에 관한 조례 제정 : 2001.3
- 난지도매립가스포집 및 처리시설관리·운영위탁 협약 체결 : 2001.11
- 매립가스처리시설 공사 완료 : 2002. 2
- 난지도매립가스포집 및 처리시설관리·운영위탁 : 2002. 2. 1

매립가스 자원화시설 개요

- 가스사용량 : 50 Nm^3/min
- 사 업 비 : 약 99 억원
- 설치기간 : 1998.11 ~ 2001.10
- 운영기간 : 2002.12 ~ 현재
- 사업방식 : 서울시가 사업비 투자 후 발생가스를 한국지역난방공사 보일러 연료로 판매

(2) 매립가스 포집 · 이송 및 발전시설 현황

난지도 매립지의 매립가스 자원화시설 공정도 및 계통도는 그림 4.39 및 4.40과 같다. 매립가스 포집을 위한 포집관 현황은 표 4.28과 같으며 수직포집정을 상부와 사면에 총 106 개소, 이송관로는 총 14.1 km를 설치하였다. 매립가스 포집량 및 활용량은 표 4.29와 같다.

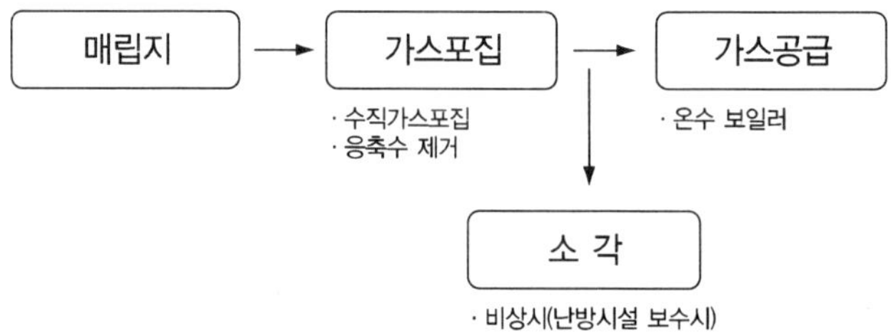

그림 4.39 서울 난지도 매립지 가스공급시설 공정도

표 4.28 서울 난지도 매립지 가스포집관 현황

구 분	직 경(mm)	길 이(m)	재 질	비 고
포집관	200	60/40(상부/사면)	HDPE 관	가스포집공 설치 (106개)
이송관	100	5,508	HDPE 관	
	150	2,392		
	450	6,150		
	계	14,050		

표 4.29 서울 난지도 매립지 가스포집 및 활용량 현황

년 도	포집량(Nm^3/분)	CH_4 농도(%)	활용량(Nm^3/분)
2002	54.1	41.9	54.1
2003	52.8	41.6	52.8
2004	45.3	42.0	45.3
2005	41.0	42.0	41.0

표 4.30 서울 난지도 매립지 가스공급시설 주요설비 현황

구 분	규 격	수 량	비 고
전처리시설	460 m^3/min (수직원통형)	2	SCRUBBER
포집블로워	115 m^3/min (5단 원심송풍기)	5	200 kW
소각시설	115 m^3/min	2	
응축수 펌프	0.5 m^3/h	2	

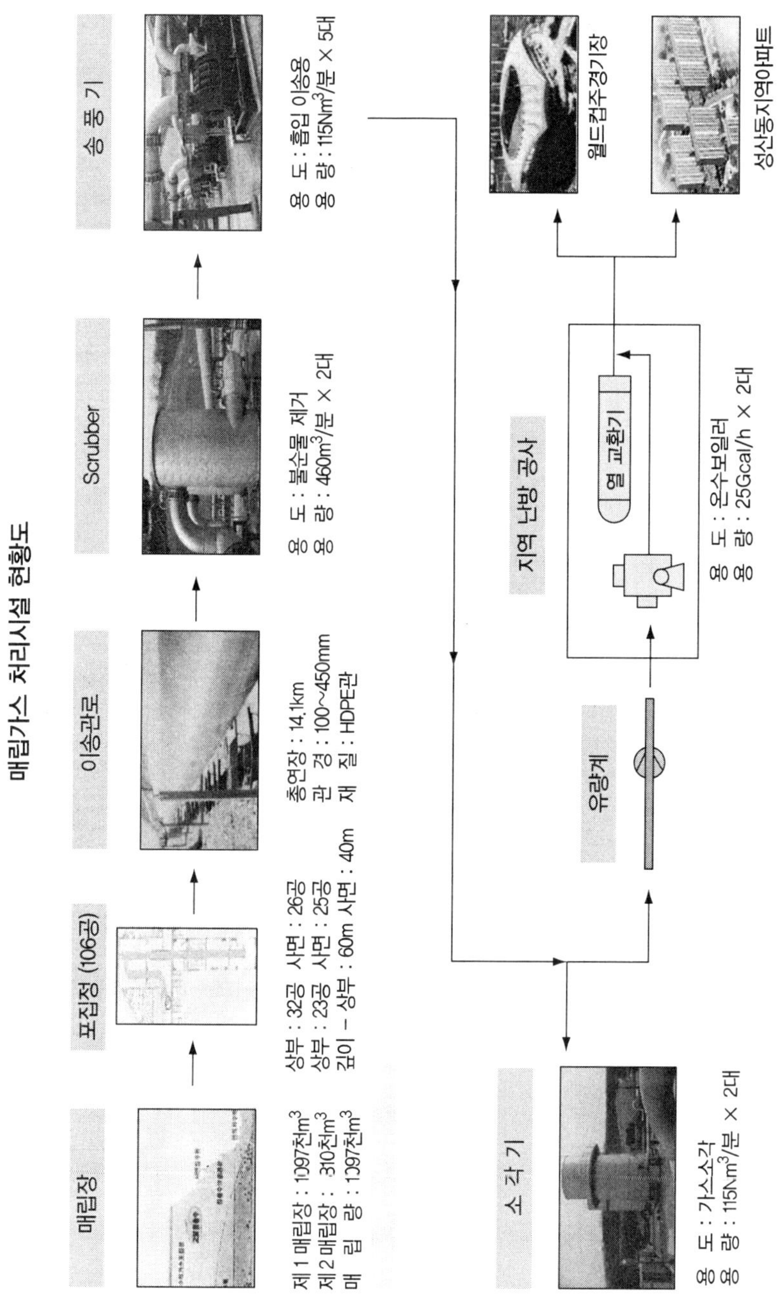

그림 4.40 서울 난지도 매립지 가스공급시설 계통도

(3) 매립가스 자원화시설 운영실적

표 4.31에 나타낸 바와 같이 가스 포집이송 등에 의한 매립가스 생산·공급을 통하여 약 6억여원을 판매하고 있으나 메탄의 농도는 약 42%로서 낮은 수치를 보이고 있으며, 가스 생산량도 2007년까지 지속적으로 감소하고 있어 사업기간은 당초 계획보다 단축될 것으로 예측되고 있다. 그림 4.41과 4.42는 매립가스 세정시설과 압축시설을 보여준다.

표 4.31 서울 난지도매립지 매립가스 생산량 및 판매 현황

구 분	가스생산량 (Nm^3)	가스판매금액 (백만원)	년 평균 CH_4 농도(%)
2002	28,453,217	698	41.9
2003	27,767,089	771	41.6
2004	23,794,830	671	42.0
2005	21,539,492	635	42.0
2007	18,752,000	643	–

그림 4.41 서울 난지도 매립지 매립가스 세정시설 전경

그림 4.42 서울 난지도 매립지 매립가스 압축시설 전경

2) 대구 방천리 매립지

(1) 일반 현황

대구 방천 매립지는 대구광역시 달성군 다사읍 방천리 일원 지역에 위치하며, 부지면적 585,334 m^2(매립면적 435,096 m^2), 매립용량 9,225,000 m^3인 매립시설이다. 매립은 1990년 시작되어 약 17년간 사용예정이다. 방천 매립지의 LFG 자원화사업은 2006년도에 설치 완료되었으며, 주요경과 및 시설의 개요는 다음과 같다.

방천 매립지 매립가스 자원화시설 설치 주요경과

- 민간투자시설사업 기본계획 고시 : 2002. 8
- 실시협약 체결 및 사업시행자 지정 : 2004. 2
- 민자사업 법인(대구에너지환경 주식회사) 설립 : 2004. 5
- 매립가스 공급협약 체결(한국지역난방공사) : 2004. 12
- 민간투자사업 실시계획 승인·고시 : 2005. 3
- 공사 착수 : 2005. 5
- 공사 준공 : 2006. 8
- 매립가스 난방공사 열공급시설 연료 활용 상업운전 개시 : 2006. 10

매립가스 자원화시설 개요

- 발전시설 : 1.5 MW
- 가스공급시설 : 130 Nm^3/min
- 사 업 비 : 약 229 억원
- 설치기간 : 2005. 5 ~ 2006. 8
- 운영기간 : 2006. 10 ~ 2026. 10(약 20 년)
- 사업방식 : 민간투자시설사업(BTO방식, Build Transfer Operation))
  · 대구광역시 : 매립가스 및 토지 무상제공, 자원화시설설치·운영권 부여
  · 사업자 : 자원화시설 설치·운영 및 가스판매, 매립가스 사용료로 대구광역시에 기본료 5억원 및 가스판매 1 m^3당 1.4원 납부, 발생전기는 자체활용 및 매립장 무상제공

(2) 매립가스 포집 · 이송 및 발전시설 현황

방천리 매립지의 매립가스 자원화시설 공정도는 그림 4.43과 같다. 포집 및 이송시설 현황은 표 4.32와 같으며 매립가스 포집시설 188개소, 가스포집은 수직포집 방식 및 Loop형 헤더관 시스템으로 구성되어 있다. 매립가스 정제시설은 표 4.33과 같다.

표 4.32 대구 방천 매립지 가스포집관 현황

구 분	직 경(mm)	길 이(m)	비 고
포집관	200	3,931	보조헤더관(1,2단계)
	400	4,409.8	헤더관(1,2단계)
이송관	400	5,000	

표 4.33 대구 방천 매립지 매립가스 정제시설 현황

공 종	규 격	수 량	비 고
Blower	75 Nm^3/min	3(1)	
Wet Scrubber	75 Nm^3/min	2	
Gas Compressor	75 Nm^3/min	3(1)	
Flare Stack	35 Nm^3/min	2	

가스 공급시설의 규모는 총 187,220 m^3/일 (130 m^3/분)로 전처리 후 중질가스 생산 및 발전(자체사용)을 위한 설비이다. 발전시설의 규모는 1.5 MW (750 kW×2기)이며, 형식은 가스엔진(제작사 : 미국 Waukesha)으로 설치되어 있다.

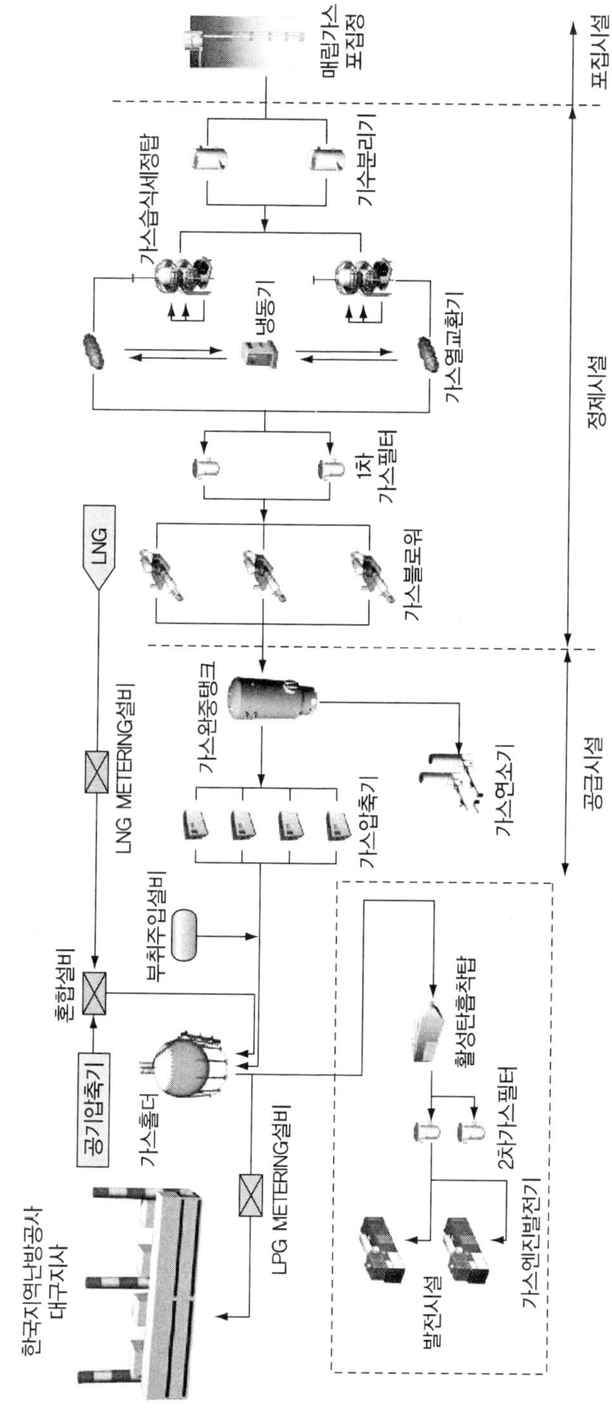

그림 4.43 대구 방천 매립지 가스공급시설 공정도

(3) 매립가스 자원화시설 운영실적

표 4.34에 2006년부터 운영한 자원화시설의 경우 2007년 매립가스 포집량 52,739천 m^3을 포집 판매하여 60억원의 에너지 판매액을 나타냈다. 그림 4.44와 4.45는 방천매립지 매립가스 자원화 시설과 정제시설의 전경을 보여준다.

표 4.34 대구 방천 매립지 자원화시설 운영현황(김한수, 2008)

구 분	매립가스 포집량 (천 m^3)	매립가스판매량 (천 m^3)	전기발전량 (MW)	매출액 (백만원)	매립가스 사용료 대구시 납부액 (백만원)
2006 (10.20~12.31)	14,140	11,394	15.2	1,325	156
2007	52,739	51,243	1,368.2	5,950	512

그림 4.44 대구 방천 매립지 자원화시설 전경

4.5 요 약

매립가스란 "매립된 폐기물로부터 발생하는 모든 가스로 메탄이 50~70% (55%), 이산화탄소가 30~50% (45%) 정도를 차지하며, 암모니아, 비메탄계 유기화합물(NMOCs, Non-Methane Organic Compounds) 등도 포함되어 있다. 매립가스는 농도차에 의한 확산작용, 압력차에 의한 대류 및 투수계수 등에 따라 이동하게 된다. 포집방식은 수동포집방식

그림 4.45 대구 방천 매립지 매립가스 정제시설 전경

(passive system), 강제포집방식(active system)으로 구분할 수 있으며, 가스의 포집에는 수평가스 포집관과 수직가스 포집관이 사용된다. 포집관련 시설에는 포집정, 이송배관 및 응축수 배제정, manifold station, booster station 및 전처리 설비 등으로 구성된다. 포집 및 전처리된 매립가스의 활용을 위한 정제과정에는 흡수법(세정), 흡착법(PSA), 막분리법 등이 있으며, 각각의 장단점에 따라 활용하게 된다.

현재 활용중인 주요 기술은 매립가스의 직접이용(저질, 중질, 고질가스) 기술과 발전을 통한 이용기술이다. 발전기술은 소규모 시설에는 가스엔진(Internal Combustion Engines), 중규모(5 MW 이상) 매립지에는 가스터빈(Gas Turbines), 대규모(10 MW 이상) 증기터빈(Steam Turbines) 방식으로 구성되어 있다.

매립가스의 이용을 위하여 국내에서는 2013년까지 약 194 m^3/분의 양을 활용할 수 있는 매립가스 자원화 시설 25개소 설치를 추진 중이며, 미국은 LMOP (Landfill Methane Outreach Program)를 1994년부터 설립하여 2009년 4월 현재 미국 44개주 약 485개의 자원화 시설 설치를 지원하고 있으며, 연간 약 120억 kWh 발전 및 850억 m^3의 가스를 공급하고 있다. 유럽지역에서는 매립가스 활용을 촉진하기 위한 다양한 제도를 시행하고 있으며, 네덜란드에서는 매립가스를 천연가스 수준의 품질로 정제하여 배관망을 통해 도시가스로서 공급하는 시스템을 갖추고 있다.

수도권매립지의 매립가스 발전시설은 세계최대 규모(50 MW)의 시설로 매립가스 포집량은 약 550 m^3/분이며, 수직 및 수평포집관 1,187개와 manifold station 75개소 등이 설치되어 있다. 2008년 기준 가동율은 약 92%로 발전량 및 전력판매금액은 각각 약 400

MWh와 450억원으로 나타났다. 수도권매립지의 경우 실록산 등 유해가스성분에 의한 연소실 내부 스케일 과다 침착과 이로 인한 엔진오일 오손 등으로 엔진내부 마모촉진 및 엔진 및 발전기 계통의 고장이 발생하여 매립가스 전처리가 필요함을 알 수 있었다. 매립가스 발전이외의 서울 난지도 매립지, 대구 방천리 매립지 등에서는 인근지역 냉난방시설에 공급하는 시설을 갖추고 매립가스를 포집·이송처리 하고 있다.

참고문헌

김낙주 등, 중·소규모 매립지에서의 LFG 생산효율 향상을 위한 한국형 Bioreactor 매립기술 및 에너지 이용기술개발 보고서, 산업자원부(2007)

김한수, "매립가스 자원화시설 설치 운영사례", 2008 폐기물 관리 및 처리기술 발표회, pp. 105~118(2008)

이남훈 등, 폐기물매립공학, 동화기술(2005)

이영민, "매립가스 자원화 기술의 현재와 미래", 2008 폐기물 관리 및 처리기술 발표회, pp. 29~43(2008)

이원근, "수도권매립지 및 국내매립지 매립가스 자원화 사례", 기후변화 대응 및 신재생에너지 확보를 위한 폐자원 에너지 기술 발표회, pp. 267~284(2009)

이재덕, "매립가스 자원화사업 활성화 방안", 2008 폐기물 관리 및 처리기술 발표회, pp. 21~28(2008)

수도권매립지관리공사, 국내 매립가스 자원화시설 현황 및 기술 사례집(2006)

수도권매립지관리공사, 폐기물 매립시설 설치 및 관리기준 연구보고서(2005)

환경부 등, 폐자원 및 바이오매스 에너지 대책 실행계획(2009)

Pohland, F.G., "Sanitary Landfill Stabilization with Leachate Recycle and Residual Treatment". EPA-600/2-75-043. U.S. Environmental Protection Agency, Municipal Environmental Research Laboratory, Cincinnati, Ohio(1986).

Tchobanoglous, G., Theisen, H., and Vigil, S.A., "Integrated Solid Waste Management : Engineering Principles and Management Issues", McGraw-Hill Inc., pp. 382-384(1993)

U.S.EPA, Guidance for Evaluating Landfill Gas Emissions from Closed or Abandoned Facilities(2005).

www.epa.gov/lmop, "An Overview of Landfill Gas Energy in the United States" (2009)

바이오메탄올 생산

5

화석연료의 고갈 및 급격한 지구 온난화에 대응하기 위해 전 세계적으로 신재생 에너지에 대한 관심이 증대되고 있으며 특히 바이오매스를 이용한 바이오연료의 생산은 화석연료기반사회의 새로운 대안으로 떠오르고 있다. 따라서 바이오디젤 및 바이오에탄올 등의 제조 기술 발달과 이용이 점차 증가하고 있다. 그러나 바이오디젤 및 에탄올의 경우 식용작물 및 넓은 토지를 요구하는 작물을 원료로 하므로 그 문제점 또한 적지 않다. 이에 반해 바이오메탄올은 유기성 폐기물로부터 발생되는 합성가스나 바이오가스로부터 생산될 수 있다는 장점을 가지고 있다. 합성된 메탄올은 정제과정을 거쳐 연료로 이용 가능할 뿐 아니라 여러 화학물질의 원료 및 환경 시설에 필요한 탄소원 등으로 이용 가능하다. 따라서 본 장에서는 바이오메탄올에 관련하여 현재까지 연구되었거나 기술개발된 내용을 소개하고자 한다.

5.1 바이오메탄올 생산 배경

메탄올은 산업용 화학물질 중 가장 중요한 화합물 가운데 하나로, 공업적으로 반 이상이 폼알데하이드의 원료로 사용되며 메타아크릴산메틸(MMA), 초산메틸 등의 메틸에스터의 제조와 기타 메틸아민, 의약, 염료, 향료 등의 합성원료, 용제, 추출제등에 사용된다 (Monick, 1968; Wickson, 1981). 메탄올의 일반적 특성을 표 5.1에 나타내었다.

표 5.1 메탄올의 일반적 특성

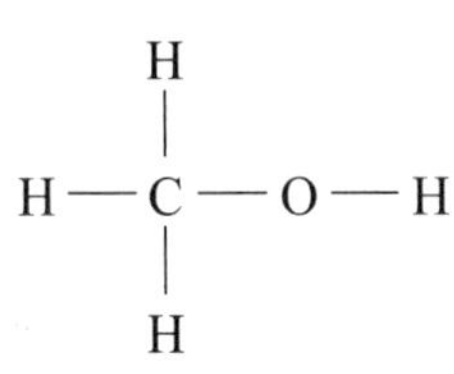	CAS 번호	[67-56-1]
	분자식	CH_3OH
	분자량	32.05 g/mol
	형태	무색의 액체
	밀도	0.7918 g/cm^3
	녹는점	−97°C, −142.9°F (176K)
	끓는점	64.7°C, 148.4°F (337.8K)

최근에는 바이오 에너지에 대한 관심이 커지면서, 연료로서 이용될 수 있는 알코올에 대한 관심이 증가하고 있어 이에 따라 가솔린을 대체할 목적으로 메탄올에 대한 관심 역시 증가하고 있다. 자동차의 연료로 사용될 수 있는 알코올은 메탄올(CH_3OH), 에탄올(C_2H_5OH), 프로판올(C_3H_7OH), 부탄올(C_4H_9OH)이나 이 중 처음 두 개의 알코올만이 기

술적으로나 경제적으로 내연기관(ICEs ; Internal combustion engines)의 연료로 사용될 수 있어 그 자체로나 가솔린과 혼합하여 엔진의 구조변경 없이 이용가능하다. 특히, 메탄올은 에탄올보다 회수하기 쉬운 것으로 여겨지는데, 그 이유는 에탄올은 물과 공비혼합물(azeotrope)을 형성하여 정제하는 비용이 높기 때문이다. 메탄올은 물과 공비화합물을 형성하지 않으므로 더욱 선호된다. 또한, 액체연료로써 메탄올은 메탄과 비교할 때 자동차 연료나 천연가스에서 나오는 이산화탄소 방출로 인한 온실기체 효과를 줄일 수 있으며 배기가스 중에 NOx를 줄일 수 있는 장점을 가지고 있다.

메탄올 사용의 큰 문제점은 비교적 높은 생산 가격으로 인해 상용화되기 어렵다는 점이다. 세계에서 생산되는 메탄올의 70~75%는 천연가스에서 생산되고 있으며 바이오매스에 의한 메탄올 생산 역시 자본 집약적 화학공정이므로 메탄올 생산에 지속가능한 방법은 아직까지 실현가능하지 않다. 그러므로 경제성 있는 메탄올 제조 공정의 개발은 매우 중요한 의미를 가지고 있다. 현재는 오직 폐목재나 유기성 폐기물에 해당하는 바이오매스만이 메탄올을 생산하는데 쓰이고 있다(Wolf, 2002). 그러나 앞서 지적한 바와 같이, 메탄올은 자동차 연료로서 첨가될 수 있을 뿐만 아니라 연료전지의 에너지원으로도 사용가능하며 바이오 디젤의 생산에 필수적인 반응물질로도 이용되므로 그 수요가 증가될 예정에 있어 그 가치는 더욱 증가할 것으로 예측된다.

유기성 폐기물을 메탄올로 전환시키는 방법은 가스화를 통해 합성가스를 생산한 후 메탄올로 변환하거나 혐기성 소화를 통해 바이오가스를 생산한 후 메탄올로 변환하는 방법이 있다. 메탄올 전환연구는 오랜 역사를 가지고 있는데 천연가스의 메탄을 이용하여 메탄올을 제조하는 것으로 시작되었다. 현재 상업적으로 이용되고 있는 시스템은 고온과 고압 상태에서 증기 개질 반응을 이용하여 메탄을 합성가스로 전환하고 이를 메탄올로 전환하는 방법을 사용하고 있다. 직접부분 산화법 및 촉매산화법, 생물학적 부분산화법 등도 메탄의 메탄올 전환에 이용될 수 있으나 현재 대부분의 메탄올은 에너지 전환 효율이 낮은 전통적인 고온, 고압상태에서의 증기개질반응을 통하여 사용되고 있다. 천연가스와 유사한 특성을 가진 바이오가스는 매립지와 가축분뇨 처리 시설, 혐기성 소화조 등에서 발생되며 대기로 방출시 온실가스인 메탄을 방출시키게 된다. 따라서 유용자원으로서 바이오가스를 이용한 전력 생산이 근래에 각광받고 있다. 이러한 바이오 가스를 처리할 수 있는 하나의 대안으로서 바이오가스를 부분 산화시켜 메탄올로 전환하여 운반과 취급을 용이하게 하려는 시스템에 대한 연구가 진행 중이다.

김시욱(2002)에 의하면, 유기성 폐기물을 매립하지 않고 발효기술을 이용하여 고속으로 소화처리하면서 동시에 발효산물인 바이오가스를 직접 가스 연료 또는 액체연료로 에너지화 하는 기술은 폐쇄계 내에서 반응이 일어나기 때문에 기후 변화원인물질인 메탄을 대기 중으로 방출하지 않고 오히려 생산된 메탄을 이용하여 메탄올을 저가로 생산할 수 있다. 따라서 막대한 비용의 유기성 폐기물 처리비용을 절감할 수 있을 뿐만 아니라 수입에 의존하고 있는 메탄올을 국내 생산을 통해 수입 대체효과도 거둘 수 있고 온실가스인 메탄의 감축도 가능하게 된다.

5.2 메탄올 생산방법의 종류

메탄올은 화학적으로 아래와 같은 탄소를 함유하는 여러 원료 및 수소로부터 합성된다.

- 천연가스(natural gas), 석탄(coal) 및 바이오매스(biomass)
- 화력발전소나 시멘트공장 등에서 발생하는 이산화탄소(carbon dioxide)

또한 생물학적으로 바이오매스로부터 발생하는 메탄가스의 부분 산화과정을 통해 합성될 수 있다.

(1) 천연가스로부터 메탄올 생산

전체 메탄올생산의 75% 이상이 천연가스로부터 제조된다. Roan 등(2004)에 의해 알려진 생산공정은 세 개의 기본 단계로 이루어져 있으며 첫 번째로 합성가스 생산을 위한 천연가스의 개질반응, 두 번째로 합성가스를 미정제 메탄올로 변환하는 과정, 마지막으로 미정제 메탄올을 원하는 순도로 증류하는 과정을 포함한다.

(2) 석탄으로부터 메탄올 생산

석탄으로부터 메탄올을 생산하는 것은 천연가스에서 생산하는 것과 유사한 단계로 이루어져 있다. 석탄에서 가스화과정을 통해 합성가스를 생산하고 합성가스를 메탄올로 변환한 뒤 정제하는 과정을 거치게 된다. 그러나 석탄을 이용할 경우 천연가스를 이용하는 경우보다 수소 농도가 낮다.

(3) 바이오매스로부터 화학적 메탄올 생산

Specht & Bandi(1999)에 의하면, 메탄올은 거의 대부분의 유기물로부터 생성될 수 있다. 바이오매스로부터 메탄올을 생산하는 화학적 공정은 천연가스나 석탄에 기반한 공정과 같은 단계로 이루어져 있다. 그러나 바이오매스를 적용하였을 때 전통적인 가스화 공정으로는 메탄올 합성에 요구되는 합성가스의 품질을 항상 만족시키지 않는다. 바이오매스 가스화 공정으로 전력을 생산하는 것과 비교하여, 메탄올 생산을 위해 합성 가스를 생산하는 경우에는 불활성 가스의 비중이 아주 낮아야만 한다. 가스화과정에 공기를 주입할 경우 합성가스의 질소 농도는 매우 높으며, 메탄올 생성을 위해서는 합성가스의 H_2/CO_2의 몰비가 2 이상이어야 한다. 그러나 바이오매스의 가스화 결과 생성된 가스에서는 H_2/CO_2의 몰비가 매우 낮다. 따라서 Specht 등(1998)은 메탄올 생산을 위한 합성가스의 H_2/CO_2의 비율을 조절하는 두 가지 주요 방법을 연구했으며 아래와 같다.

① 이산화탄소 분리 : 이산화탄소를 이루는 과대한 탄소를 산성 가스 분리 공정을 통해 제거

② 수소의 제공 : 이산화탄소의 hydrogenation을 위해 충분한 수소를 첨가

(4) 바이오매스로부터 생물학적 메탄올 생산

혐기성 소화는 혐기성 미생물에 의한 메탄발효에 의해 다양한 유기물이 바이오가스로 분해되는 생물학적 공정이다. 바이오매스, 즉, 유기성 폐기물의 혐기성소화 과정을 거치고 난 후 생성된 메탄가스를 메탄산화균에 의해 부분산화시켜 메탄올을 생성하는 방법이며 이에 대한 기초적 연구가 진행되고 있다.

그림 5.1은 유기성 폐기물을 이용한 메탄 발효 및 메탄올 전환과 이용을 나타내는 예를 보여준다.

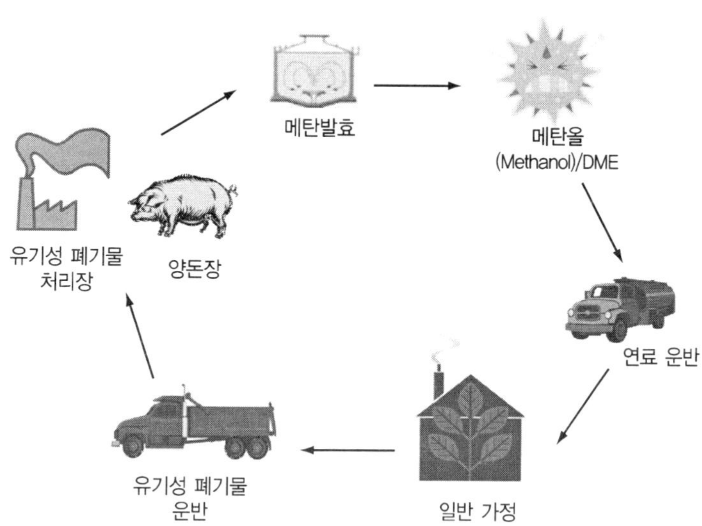

그림 5.1 유기성 폐기물을 이용한 메탄 발효 및 메탄올 전환과 이용

(5) 이산화탄소로부터 메탄올 생산

Saito 등(2000)에 의하면, 메탄올은 이산화탄소의 heterogeneous catalytic hydrogenation에 의해 생성될 수 있다. 그 반응식은 다음과 같다.

$$CO_2 + 3H_2 \rightarrow CH_3OH + H_2O \quad (5.1)$$

이전의 다른 방법들과 비교하여, CO_2에서 메탄올을 생산하는 방법은 재생가능 하도록 생산된 수소를 주입해야 한다. 이 공정은 그림 5.2에 나타나 있다.

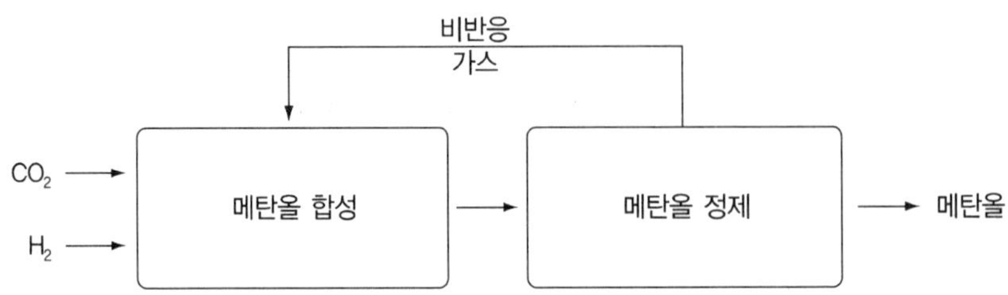

그림 5.2 CO_2로부터 메탄올을 생산하는 공정 흐름도

5.3 폐기물에서 발생하는 합성가스를 이용한 메탄올 생산

5.3.1 폐기물의 열화학적 변환

바이오매스를 열 또는 에너지로 변환하는 기술은 직접연소를 포함하는 열화학적 변환 및 생물화학적 변환으로 구별할 수 있다. 그림 5.3은 유기성 폐기물을 에너지화하는 여러 방법을 보여준다. 생물화학적 변환공정에 비해 열화학적 변환공정은 시설의 규모가 작은 경우에도 도입이 가능하고 시설가동의 중단 및 재가동이 상대적으로 유리하다는 장점을 가지고 있다.

1) 가스화(Gasification)

가스화는 제한된 양의 산소 또는 공기를 공급하여 일산화탄소와 수소가 주 성분이 되는 가연성 가스를 얻는 것이다. 가스화 반응은 바이오매스 뿐만 아니라 석탄, 기름과 같은 연료를 공기나 산소와 같은 산화제와 때로는 수증기를 함께 반응에 주입시켜 CO와 H_2가

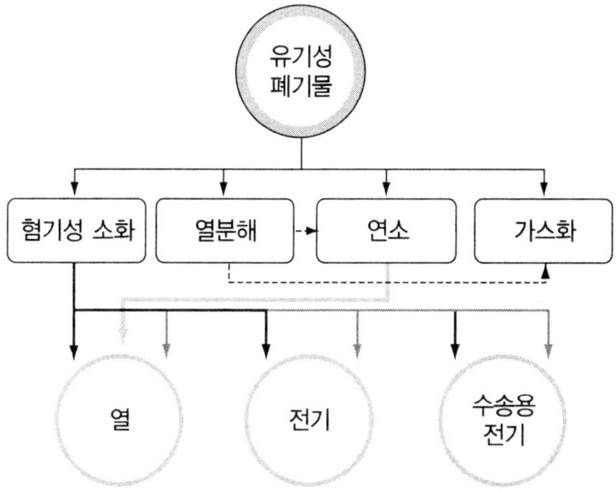

그림 5.3 유기성 폐기물의 에너지화

주요 가연성분으로 구성되는 합성가스(syngas)를 생산한다. 바이오매스 가스화에서 얻어지는 합성가스는 충분한 정제과정을 거친 후 CO와 H_2비를 조정하여 후속공정에서 이용할 수 있다. 합성가스를 이용하는 후속공정에는 열 또는 전력생산, 수소생산, 메탄올 등 각종 화합물의 생산 공정이 있다.

2) 열분해(Pyrolysis)

열분해는 산소가 없는 조건에서 폐기물을 급속하게 가열하여 가연성 가스, 열분해 오일, 그리고 고형탄소로서 챠르(char)를 얻는다. 열분해 공정에서는 생성된 가연성가스와 char를 반응에 필요한 열을 공급하는데 이용하므로 열분해 공정에서는 궁극적으로 액상의 열분해유가 얻어지게 된다. 열분해 공정은 열분해유를 적합하게 제작된 보일러에서 직접 연소하는 방법도 있지만, 액상 바이오연료의 생산 또는 후속공정의 원료 공급에 이용하는 것이 적정하다. 열화학적 변환공정에서 생성물의 조성을 결정하는 가장 주요한 요인으로서는 체류시간, 가열속도, 온도로 열분해에서는 액상 생성물이 가장 많이 얻어지는 것이 바람직하다. 이를 위해서는 짧은 체류시간, 빠른 가열속도, 중간정도의 반응온도가 요구되는데, 체류시간이 길어지면 낮은 온도에서는 주로 차콜(charcoal)이 얻어지며, 높은 온도에서는 가스 생성량이 많아지게 된다. 그림 5.4는 열분해를 통해 가스화하는 과정의 주요 반응과 온도 변화를 나타낸 것이다.

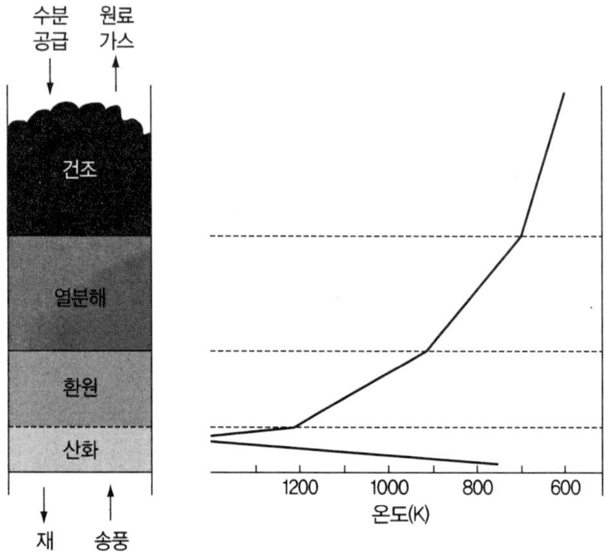

그림 5.4 열분해를 통한 가스화 과정의 주요 반응과 각 단계의 온도 변화(한국화학 연구소, 1998)

3) 단순연소(Combustion)

단순연소는 유용한 기상, 액상, 혹은 고상 물질을 생성하지 않고 고온의 열과 함께 연료를 산화하는 것으로 궁극적으로 완전 연소에서 발생하는 열을 이용하는 것이다. 열분해와 달리 자체 반응열에 의해서 지속될 수 있는 방법이다. 단순연소 시설은 열수요가 인접한 경우나 열을 이용하여 증기를 얻어 후속 설비에 활용하는 경우 바람직하다. 연소 시에는 연료를 완전 산화하기 위하여 이론적 산소 혹은 공기 요구량보다 많은 양의 산소 혹은 공기를 공급하게 된다. 연소 생성물은 이산화탄소, 수증기, 불완전 생성물, 그리고 주로 오염물질인 각종 반응 생성물이다. 보일러 등을 이용하여 고압의 수증기를 생산하면 전력을 생산하고 배열을 활용할 수 있다.

5.3.2 합성 가스의 생산

1) 합성 가스 생산 개요

대부분의 공정들은 바이오매스를 합성가스(H_2+CO)로 변환시키는 과정을 매개하는 산소의 공급이 필요하다. Demirbas & Gullu(1998)에 의하면, 현재 메탄올은 천연가스로부터 생산되나 부분산화 반응을 통해 바이오매스로부터 생산될 수 있다.

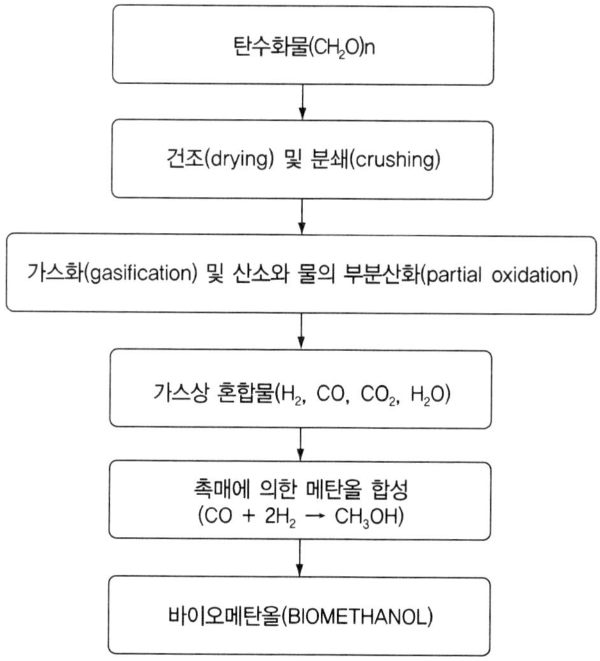

그림 5.5 탄수화물로부터 바이오메탄올을 생산하는 공정의 단계(Demirbas, 2008)

그림 5.5는 가스화(gasification)와 O_2와 H_2O의 부분산화에 의해 탄수화물로부터 바이오메탄올이 생성되는 것을 보여준다. Takezawa 등(1987)은 바이오매스는 가스화 및 이후의 합성가스 생산과 메탄올 합성을 위한 잠재적 연료로 고려될 수 있다고 판단하였다. 바이오매스는 재생 가능한 원료로서 메탄올 생산에 잠재적으로 무한정한 공급재이다. 메탄올 생산에 쓰이는 바이오매스에서 발생한 합성가스(bio-syngas)의 조성은 표 5.2에 나타나 있다.

표 5.2 바이오매스 가스화에서 발생된 합성 가스의 조성(Demirbas, 2008)

구성물	부피 % (dry and nitrogen free)
일산화탄소 (CO)	28－36
수소 (H_2)	22－32
이산화탄소 (CO_2)	21－30
메탄 (CH_4)	8－11
에틸렌 (C_2H_4)	2－4

여러 열화학적 변환을 거쳐 유기성 폐기물과 같은 바이오매스는 기화되어 일차적으로 수소와 일산화탄소가 결합한, 합성가스(syngas) 혹은 바이오합성가스(biosyngas)로 불리는 혼합가스를 생성한다. 수소는 이 합성가스에서 환원될 수도 있고 혹은 촉매작용을 통해 메탄올로 전환되기도 한다. 앞서 설명한 열화학적 변환과정은 메탄올로 변환되기 전 먼저 가스 상태로 변환되며 바이오매스의 가스화를 위한 열화학적 변환 시스템의 종류와 생성물은 그림 5.6과 같다.

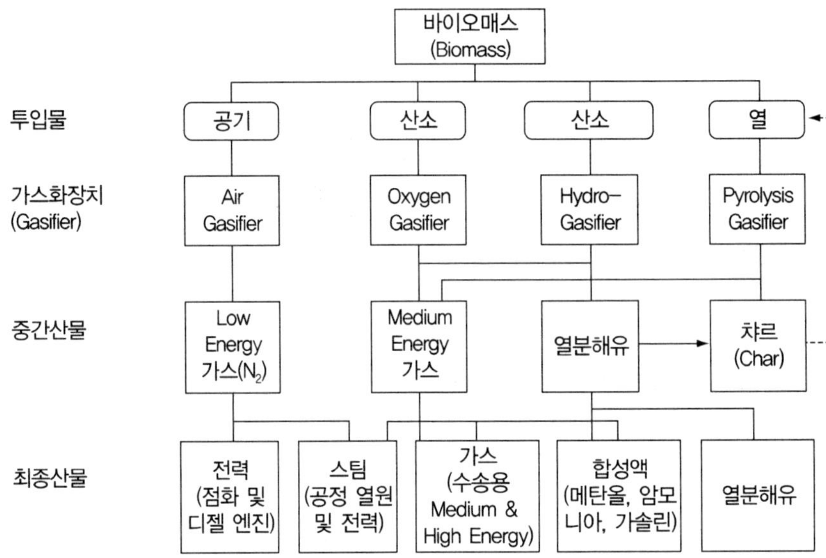

그림 5.6 바이오매스의 열화학적 변환 시스템의 종류와 그 생성물(심구성 등, 1995)

2) 합성 가스 생산 반응

바이오매스는 매우 다른 조성을 가지고 있으므로 바이오매스의 종류에 따라 열분해에 의한 가스화반응에 의해 생성되는 가스의 조성은 매우 다르다. 그러므로 바이오매스에 따라 적절한 가스화반응기는 차이가 있을 것으로 예상된다. 바이오매스의 가스화반응은 그림 5.7과 같이 매우 복잡한 반응들로 진행된다. 주로 바이오매스를 열분해하여 가스와 챠르(char)를 만들고, 생성된 챠르를 분산화, 수성가스화, 발생로 가스반응 등 기-고 반응에 의해 가스화하여 최종적으로 바이오매스를 가스로 바꾸는 일련의 과정을 포함한다.

그림 5.7의 반응식(1)은 바이오매스의 건류과정으로 짧은 시간에 수소 및 메탄 등의 탄화수소와 일산화탄소등의 가스, 그리고 액체생성물(타르, 유분 등), 챠르 등의 고형물로 전환된다. 바이오매스를 건류하면 건류조건에 따라 수소와 메탄이 풍부한 가스가 발생한다.

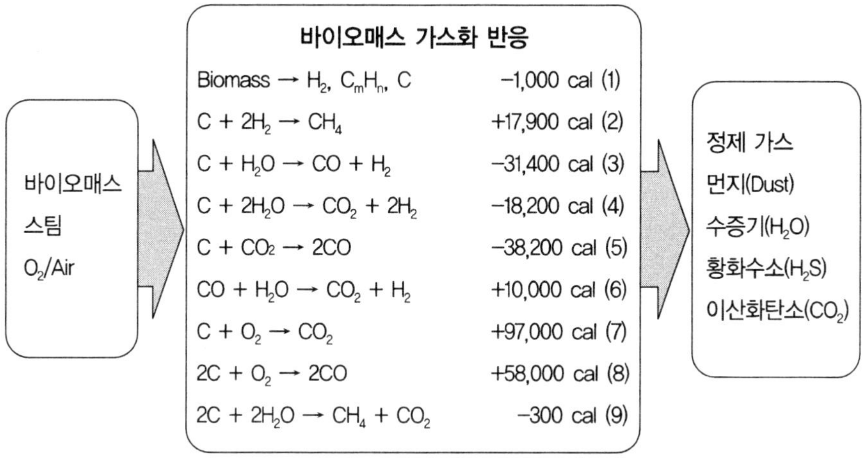

그림 5.7 바이오매스 가스화 관련 반응

저온건류가스에는 메탄이 다량 함유되어 있으나, 7~10 무게% 전후의 낮은 가스 수율로 인해 고온건류가 대두되었다. 바이오매스의 고온건류가스에는 수소, 메탄이 풍부하며 이들이 수율의 20~24 무게%를 차지한다. 반응식 (2)는 챠르의 메탄화 반응으로 가스화로 내 온도가 800℃ 이상의 고온 하에서 잘 일어난다. 반응식 (3)과 (4)는 챠르의 스팀가스화 반응으로 고온가스화로 내의 주반응이며, 흡열반응으로서 이 반응이 얼마나 효과적으로 빨리 일어나느냐에 따라 바이오매스의 가스화가 결정된다. 이들 반응은 1,000℃ 이상에서는 회분이 용융된다는 점도 고려되어야 한다. 반응식 (6)은 균일계의 수성가스전환반응이며, (5)식은 발생로 가스반응인데, 1000℃ 이상의 고온에서는 CO_2 분압이 높은 경우 이 반응에 따른 CO 생성을 기대할 수 있다. 생성된 챠르는 (7) 및 (8)식에 따라 연소 또는 부분 산화하여 CO, CO_2로 진행함과 동시에 가스화로 내에 필요한 반응열을 공급하게 된다. 식 (7)의 반응은 타 반응과 비교하여 빠른 반응속도를 가지고 있지만, 고온에서 산소 분압이 낮은 경우 부분산화 반응이 함께 일어난다. 이와 같이 연소열의 일부를 이용하여 챠르와 수증기, 일산화탄소, 수소 등이 반응하여 최종적으로는 수소, 일산화탄소, 탄산가스 등으로 전환되는데, 일반적으로 챠르의 가스화반응은 연소반응을 제외하고는 매우 느리기 때문에 가스화시간은 길어진다. 차르의 스팀화반응 (3)은 통상 900℃ 정도의 고온을 필요로 하는 흡열반응이며, 메탄화반응 (2)는 평형상 500℃ 정도에서 행하는 것이 유리한 발열반응이다. 합성가스의 수율을 크게 하기 위해서는 반응온도, 수증기의 양, 반응기의 형태, 촉매의 사용 등의 많은 영향들의 검토가 필요하다.

바이오매스로부터 제조되는 가스는 연료용 또는 합성가스용의 두 가지로 나눌 수 있는데, 연료용 가스는 보일러, 공업로, 가스터빈 연소기 등 연소시켜 열에너지를 이용하는 경우이며, 합성가스는 로 내의 가스를 수소, 일산화탄소로 전환시켜 합성가스, 메탄올, 암모니아, 간접액화의 경질 연료유, 수소 등 화학공업의 원료로 사용하는 것을 말한다. 연료가스로 이용하는 경우에는 가스 중 메탄 등 탄화수소 가스가 많이 포함되는 것이 바람직하므로 가스화로 내에서는 비교적 저온으로 건류가스화 시켜 생성된 탄화수소의 재반응을 막고, 가스를 가스화로 밖으로 배출되게 하는 것이 대부분이다. 한편, 합성가스로서 이용되는 경우는 생성가스가 CO, H_2로만 구성되는 것이 바람직하며 합성가스를 얻기 위한 고온 가스화로의 열효율을 향상시키기 위해서는 가스화로부터 유출되는 가스의 현열(顯熱)을 고온 열교환기를 통하여 수증기로 회수하여 활용하는 등의 대책이 필요하다. 연료가스의 경우에는 챠르를 고온에서 가스화 하여, 그 현열로 효과적인 가스화가 가능하다.

3) 가스화 반응기

연료용 및 합성가스용 가스의 제조를 위하여 가스화 장치가 많이 개발되었으며 가스화반응기의 기본적인 종류들은 그림 5.8~5.10과 같다. 가스화반응기를 설계하는 경우 열이동의 문제가 중요하며 반응물(공기, 물, 산소), 열분해 속도, 열과 물질전달의 방법(상향식(counter flow), 하향식(co-flow), 유동층, 부유층 형태) 및 압력(고압, 저압, 감압)과 같은 사항들이 검토된다. 바이오매스를 처리하는 가스화반응기는 원료의 주입방법에 따라 상향식, 하향식, 유동층의 3가지로 대별되며 각각의 특성은 다음과 같다. 바이오매스의 물리화학적인 특성은 매우 복잡하므로 지금까지 상업화로서 개발된 공정들은 주로 석탄을 이용한 경우와 같다.

① 상향식 가스화반응기(Updraft gasifier)

가스화반응 연구에서 가장 간단한 가스화반응기는 그림 5.8과 같은 향류(counter flow)인 상향식 반응기이며 공기는 반응기의 밑에서 가스분산판을 통해서 주입된다.

원료와 공기가 열분해 영역에서 반응하여 가스, 챠르와 타르를 형성하고 이때 생성된 차르가 반응기 하부로 떨어지면서 다시 공기와 반응하여 연소가스인 이산화탄소를 생성하며 반응열이 생성된다. 이렇게 생성된 이산화탄소와 주입되는 수증기는 차르와 반응하여 일산화탄소나 수소로 환원된다. 환원영역을 거쳐 생성된 가스들이 상승하면서 인입되는 축축한 바이오매스와 접촉하여 가스가 낮은 온도에서 배출되게 열을 교환한다. 이 상향식반응기는 열분해영역에서 여러 종류의 화합물, 타르, 기름이 생성되는 반면 공기가 반응기 하단 측면에서 공급되기 때문에 반응기 바닥에 응축이 일어나는 문제점을 가지고 있다.

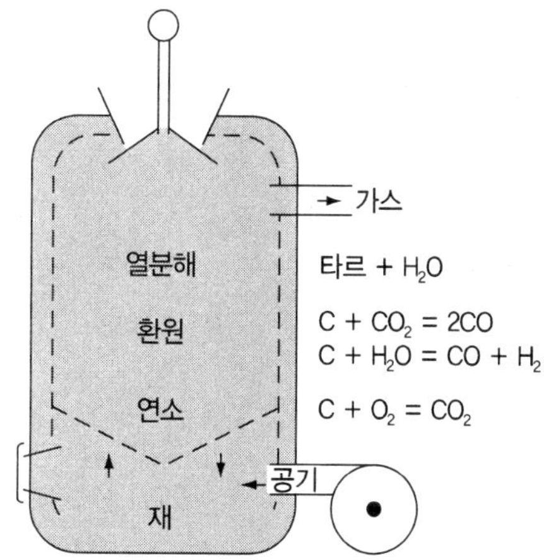

그림 5.8 상향식 가스화 반응기의 개념도

② 하향식 가스화반응기(Downdraft gasifier)

하향식 가스화반응기(co-flow)는 상향식가스화 반응기의 문제점인 가스로부터 타르나 기름을 제거하기 위해 특별히 고안되었으며 그림 5.9와 같다. 가스는 노즐을 통해 주입되고 연소생성물은 가스분산판 아래 뜨거운 탄소층을 통과할 때 환원된다. 계속적인 조작으로 하강하는 바이오매스를 열분해하고 기름 증기는 뜨거운 탄소 층을 통과하여 간단한 가스나 고화탄소로 분해된다. 이 분해의 중요한 결과는 불꽃안정(flame stabilization) 이라고 불리는 효과이며 온도는 800~1000℃에서 유지된다. 타르와 기름은 상향식 가스화반응기에서 생성된 양보다 10% 이하 감소된다.

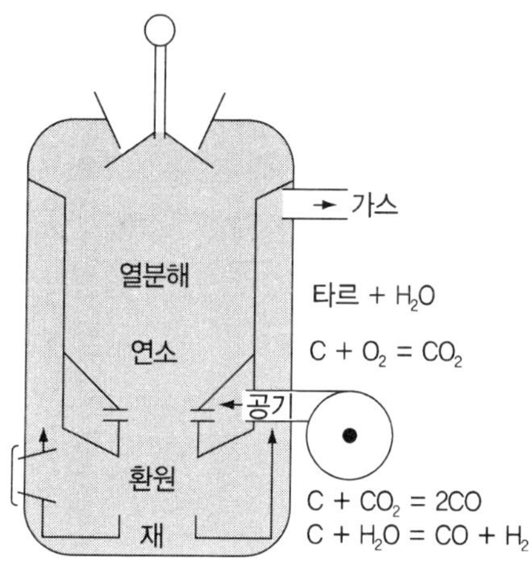

그림 5.9 하향식가스화반응기의 개념도

③ 유동층 가스화반응기(Fluidized bed gasifier)

유동층반응기는 불활성물질(모래)이나 반응성물질(limestone이나 촉매)을 포함한다. 이 물질들은 열이동을 돕고 촉매의 역할이나 가스 정제를 돕는다. 반응 중에 이 물질들은 부유 상태에 있으며 실제 유동층반응기에서 고체들은 매우 빠르게 섞이고 반응기 전체에서 높은 열이동을 제공하고 촉매의 역할이나 가스 정제를 돕는다. 유동층 가스화반응기는 앞의 가스화반응기에서 문제점으로 나타난 균일한 온도와 가스와 고체상의 균일한 접촉을 개선하기 위하여 개발되었으며 전형적인 유동층 반응기는 그림 5.10과 같다.

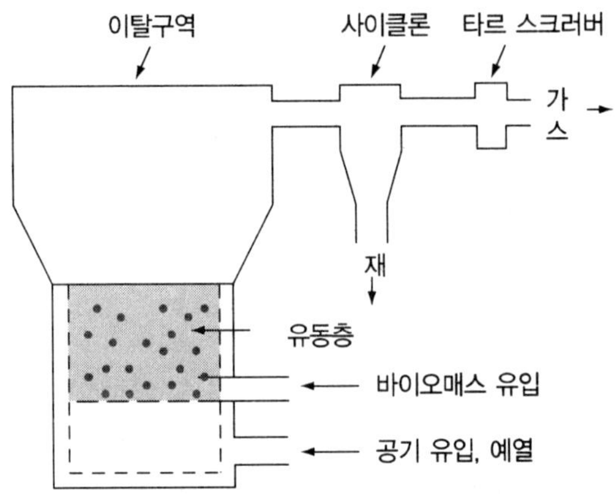

그림 5.10 유동층가스화반응기의 개념도

4) 수소의 제조

최종적으로 가스화반응에서 생성된 가스를 이용하여 메탄올을 제조하기 위해서는 일산화탄소에 대해 이론적으로 필요한 수소의 양이 적기 때문에 수소의 보충이 필요하므로 적절한 수소 제조를 위한 장치가 필요하다. Avery 등(1988)에 의하면 상업적으로 이용되고 있는 수소 제조 공정들은 다양한 방법들이 있지만 수소제조비용은 off-gas의 정제로부터 생성되는 경우가 가장 적게 들며, 전기분해는 SMR(Steam Methane Reforming)에 의해 제조되는 비용의 3배 이상 소요된다.

5.3.3 합성가스를 이용한 메탄올 생산

1) 합성가스(Syngas)로부터 메탄올의 합성 반응

합성가스(syngas)로부터 메탄올의 합성과정은 높은 흡열반응으로 아래식과 같이 일산화탄소나 이산화탄소의 수소화 반응에 의하여 생성된다(Thomas & Portalski, 1958).

$$CO + 2H_2 \leftrightarrow CH_3OH \qquad H_{298K} = -90.77\ kJ/g \cdot mol \tag{5.2}$$

$$CO_2 + 3H_2 \leftrightarrow CH_3OH + H_2O \qquad H_{298K} = -49.58\ kJ/g \cdot mol \tag{5.3}$$

$$CO_2 + H_2 \leftrightarrow CO + H_2O \qquad H_{298K} = +41.19\ kJ/g \cdot mol \tag{5.4}$$

메탄올 제조에 사용되는 촉매는 고압촉매와 저압촉매로 나누어지며 고압반응에서 처음으로 사용된 촉매는 독일 BASF에서 개발한 zinc chromite 촉매이며 저압촉매로는 주촉매로 구리가 사용된다. 1996년 ICI에서 개량된 촉매가 발표된 이후 표 5.3과 같이 여러 촉매회사들로부터 우수한 촉매들이 개발되었다(한국화학연구소, 1999). 개발된 저압 메탄올 제조 촉매들은 구리와 아연을 주 촉매로 알루미늄이나 크롬 등이 조촉매로 사용되고 있다. 조촉매들은 반응성, 열안정성, 촉매의 물리적 특성을 증가시키는 것으로 알려져 있다.

표 5.3 구리에 기반한 메탄올 합성 촉매의 종류(Mp : moist paper, RE : rare-earth metal)

회사	촉매 시스템	원자량비
Ammonia Casale	Cu-Zn-Al-Cr	29 : 47 : 6 : 18
BASF	Cu-Zn-Al	32 : 42 : 26
	Cu-Zn-Al-Cr-Mn	38 : 38 : 0.4 : 12 : 12
DuPont	Cu-Zn-Al	50 : 19 : 31
Halder Topsoe	Cu-Zn-Cr	37 : 15 : 48
ICI	Cu-Zn-Al	61 : 30 : 9
	Cu-Zn-Al	64 : 23 : 13
Lurgi	Cu-Zn-V	61 : 30 : 9
	Cu-Mn-V	48 : 30 : 22
Misubushi Gas Chemical	Cu-Zn-Mp	55 : 43 : 2
	Cu-Zn-Cr	55 : 43 : 2
	Cu-Zn-B	61 : 38 : 1
Shell	Cu-Zn-Ag	61 : 24 : 15
	Cu-Zn-RE	71 : 24 : 5
United Catalysts	Cu-Zn-Al	62 : 21 : 17

2) 합성가스로부터 메탄올 제조 공정

합성가스를 이용한 메탄올의 합성반응에 대한 연구는 1960년대 ICI 사에서 개발한 삼성분계 촉매($Cu/Zn/Al_2O_3$)를 이용하여 반응조건을 온도 230~280°C, 압력 50~100 bar로 메탄올 합성공정을 개발함으로써 활기를 띠기 시작했다. 그리고 현재 상업화되어 있는 메탄올의 합성 공정은 천연가스의 수증기개질을 거쳐 얻어진 합성 가스로부터 $Cu/Zn/Al_2O_3$ 촉매를 이용하여 250°C, 5~10 MPa의 조업조건에서 운전되는 공정이다.

미국의 Steinberg 등(1990)은 바이오매스를 산소와 스팀을 이용하여 합성가스를 제조한 후 이때 부족한 수소를 천연가스를 개질하여 얻은 수소가 풍부한 가스와 혼합하여 메탄올을 제조하는 Hynol 공정을 개발하였다. 그 공정도는 그림 5.11과 같다(Norbeck & Johnson, 2000). 바이오매스를 이용하여 합성가스를 제조한 후 메탄올을 제조하는 Hynol 공정은 크게 세 가지의 반응으로 나누어진다. 바이오매스의 가스화반응, 메탄의 개질반응, 합성가스로부터 메탄올 합성이다. Hynol 공정은 높은 메탄올 수율과 열효율이 좋은 장점들이 있지만, 높은 열원을 필요로 하는 단점 또한 존재한다.

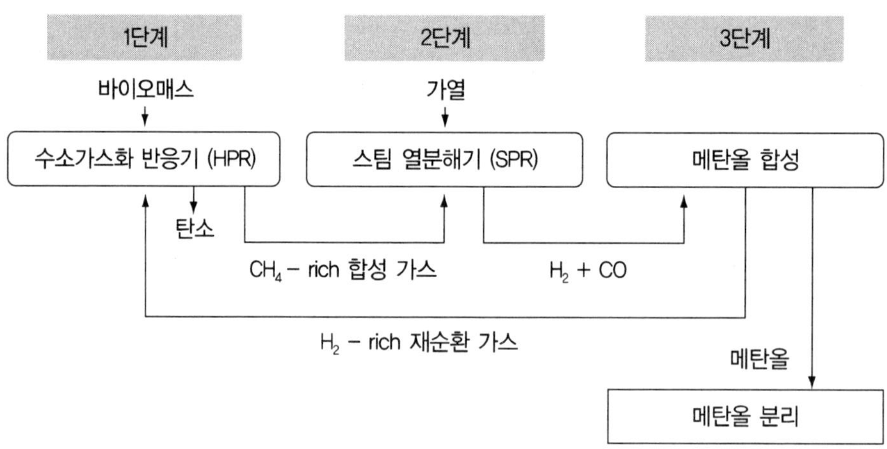

그림 5.11 Hynol 공정

또한 독일의 Specht 등(1998)은 바이오매스를 산소와 스팀을 사용하여 합성가스를 생산한 후 수소를 전기적인 방법이나 생성된 이산화탄소를 PSA 방법 등 여러 방법으로 일산화탄소와 수소의 비를 맞춘 후 메탄올을 제조하는 공정을 개발하였다.

5.3.4 바이오매스로부터 메탄올 생산 공정

바이오매스를 메탄올로 전환하는 공정은 두 개의 주요 요소로 구성되어 있다. 하나는 유기성 원료를 합성가스로 변환하는 가스화반응기(gasifier)이며 다른 하나는 메탄올 합성장치이다. 바이오매스 가스화 기술은 이미 상업화 단계에 있으나 메탄올 합성을 포함하는 통합 바이오매스 가스화 시설은 아직 연구개발 단계에 있다. 그림 5.12는 Ouellette 등(1995)에 의해 제안된 메탄올 생산 설비공정의 한 예이다.

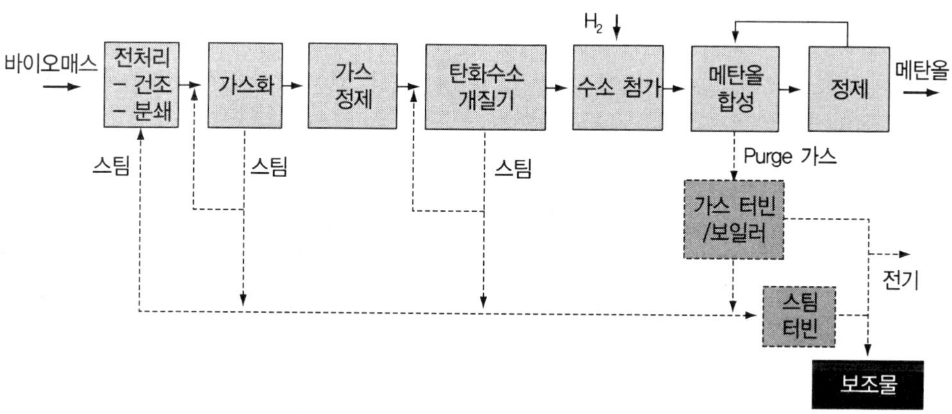

그림 5.12 바이오매스로부터 메탄올을 생산하는 설비의 주요 공정

각 설비의 설명은 다음과 같다.

1. 원료 전처리(Feedstock pre-treatment) : 바이오매스 원료로 폐목재 등을 포함한다. 건조 및 잘게 부수는 과정을 통해 기화 조건에 맞도록 변형한다.
2. 바이오매스 가스화(Biomass gasification) : 원료의 종류에 따라 디자인을 결정한다. 물의 전기분해를 통해 산소를 생성하며 되도록 재생 가능한 에너지원으로부터 생성된 전기를 이용한다. Ouellette 등(1995)에 의하면 건조 바이오매스 10.1 ktonne을 기화시키기 위해 10.32 ktonne의 산소가 사용되었다. 이 조건 하에서, 합성가스의 모든 CO와 CO_2는 합성가스에 존재하는 수소와 전기분해로 생성된 수소 모두와 반응하였고 산소는 과잉으로 존재하였다.
3. 합성가스 처리(Syngas treatment) : 기화장치에 의해 발생된 가스는 촉매에 영향을 줄 수 있고 설비에 부식을 일으키는 타르, 입자들, 먼지, 알칼리 및 황과 염화물을 함유하고 있다. 따라서 이를 처리하는 시스템을 설치해야 한다.
4. 탄화수소 개질(Hydrocarbon reforming) : 적절한 촉매(일반적으로 Ni에 기반한)의 존

재하에서 메탄과 타르 및 다른 탄화수소는 높은 온도에서 CO와 H_2로 개질된다. 830~1000℃과 1.0~3.5 MPa에서의 스팀개질(steam reforming) 또는 900~1000℃에서의 자열개질반응(ATR, autothermal reforming)으로 운전하는 것이 가능하다.

5. 수소의 첨가(Hydrogen addition) : 적절한 H_2/CO비를 조절하기 위해 투입한다. 일반적으로 2이상이 되어야 하며 Ouellette 등(1995)의 연구에서 12.2 ktonne의 메탄올을 생산하는 데 전기분해한 수소 1.29 ktonne이 소모되었다.
6. 메탄올 합성(Methanol synthesis) : Ouellette 등(1995)은 'Lurgi methanol reactor'를 사용하였으며 이 반응기에서 가스 상으로 낮은 압력 하에서 촉매반응을 통해 메탄올을 합성하였다.
7. 증류(Distillation) : 정화된 가스의 냉각과 분리 후에 미정제 메탄올은 증류과정을 통해 요구되는 품질로 생산된다.

미 변환된 가스 등은 가스터빈이나 보일러 등을 이용해 전기를 생산할 수 있다.

전기분해한 수소를 이용하는 재생가능한 메탄올의 두가지 생산 공정은 그림 5.13과 같다. 이들은 화석연료에 독립적이므로 다음 두가지 환경적 장점을 가진다. 한 가지는 바이오매스의 가스화를 통해 생성된 합성가스에 의해 메탄올을 생산하는 것이며 다른 하나는 화력발전소 등으로부터 발생된 이산화탄소를 hydrogenation하여 메탄올을 생산하는 것이다. 바이오매스로부터 메탄올을 생산하는 것이 더 싸고 효율적인 공정으로 여겨지나 온실가스의 감축이라는 측면에서 이산화탄소로부터 메탄올을 생산하는 공정도 간과될 수 없을 것이다.

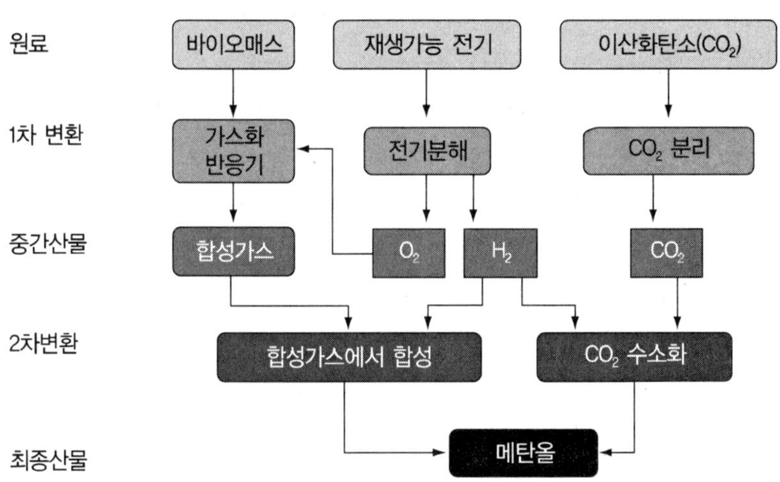

그림 5.13 재생가능한 메탄올 생산 흐름도의 예

5.4 유기성 폐기물에서 발생하는 바이오가스로부터 메탄올 생산

5.4.1 폐기물의 바이오가스화

음식물 폐기물, 축분, 하수슬러지를 비롯한 고농도 유기성 폐자원이 풍부하고 협소한 국토가 오히려 이송거리 단축의 장점이 되는 국내사정을 고려하면 국가경쟁력 확보의 관점에서 고효율 혐기소화 에너지 회수기술 개발에 대한 관심 확대 및 전략적 지원이 시급히 이루어져야 한다. 유기성 폐기물에서의 에너지 회수 분야는 환경문제와 에너지문제의 동시해결을 가능하게 하는 새로운 환경·에너지 산업으로 발전할 가능성이 농후하다. 특히, 혐기성 소화공정은 유기물의 안정화 및 감량화, 병원균의 제거 등의 이유로 유기성 폐기물 처리에 널리 쓰이고 있으며 바이오가스에 포함된 메탄을 생성한다는 장점을 가지고 있어 폐기물을 이용한 에너지 획득에 유용하게 사용될 수 있는 방법이다. 바이오가스는 혐기성발효에 의하여 생성된 가스 그 자체를 의미하며, 조성은 이산화탄소(CO_2)와 메탄(CH_4) 등의 혼합가스를 말한다. 이러한 바이오가스는 메탄을 90% 이상 함유하고 있는 천연가스에 비해 메탄은 적은 반면(약 60%) 이산화탄소 함량이 높아 이를 처리해야 하며, 미량 발생하는 황화수소를 제거해야 하는 문제점을 안고 있다.

바이오가스의 에너지로의 이용의 장점을 정리하면 다음과 같다.

1. 유기성폐기물 매립을 극복하는 좋은 방안
2. 신재생에너지로 이산화탄소 등의 온실가스 저감에 기여
3. 천연가스와 같은 연소특성으로 천연가스를 대신하므로 대기질 개선
4. 바이오메탄의 사용으로 수입 대체로 인한 에너지 안보 확보

그러나 아래와 같은 한계가 존재하다.

1. 천연가스자동차 등의 가스이용기기와 연계되어 있어서 하부 인프라 구축지연으로 보급 어려움
2. 천연가스와 같은 기체연료이기에 정유사, 정부의 정책적인 지원의 어려움

현재 국내에서 발생되는 바이오가스는 다음과 같이 이용되고 있다.

1. 가온용 연료 : 우리나라의 하수처리장 및 대부분의 소화시설에서는 소화가스의 대부분을 소화조의 가온용 연료로 이용하여 왔다. 소화조의 가온을 위해서는 소화가스를 연료로 하는 보일러에서 수증기를 증발시켜 조 내에서 직접 흡입하는 방법이 일반적

이다.

2. 잉여가스의 연소 : 고농도소화에 의해 단위용적당의 가스발생량이 증가하여 가온용 연료로 사용되는 양보다 많은 가스가 발생하게 되어 유용한 에너지 자원인 소화가스를 할 수 없이 잉여연소가스 연소장치에서 연소시키는 경우가 있다.
3. 유기성폐기물의 건조 및 소각로의 보조연료 : 음식물쓰레기를 혐기성소화 할 때에 각종 협잡물 및 소화슬러지가 발생한다. 이러한 협잡물 및 슬러지는 높은 수분함유량 때문에 소각 혹은 퇴비화 시 반응효율을 저하시킬 수 있으므로 소화가스 중 수분 제거를 위한 가온용 연소보일러의 연료로서 사용한다.
4. 소화가스의 발전 : 혐기성소화 과정에서 발생하는 소화가스를 발전에 이용하는 것으로서, 주로 가스터빈을 단독으로 이용하거나 열병합발전을 통해 하수처리장이나 음식물 자원화 시설 및 축산분뇨 처리시설 등에서 시도되고 있으며, 연료전지를 이용하는 방법에 대한 연구도 진행 중에 있다.

바이오 가스의 또 다른 이용 용도로 대두되는 것이 바이오메탄올의 생산이다. 유기성 폐기물 등에서 생산되는 바이오메탄올과 천연가스 메탄올의 생산 조건을 비교하면 바이오메탄올은 현지에서 생산하므로 운송비가 들지 않으며, 온실가스 발생이 증가하지 않고 잉여 메탄가스를 활용함으로써 환경 친화적이고 액체로 저장하여 보관과 운송이 용이해지는 장점이 있다. 반면에 천연가스 메탄올은 운송 거리가 멀고 온실가스 발생량이 추가되지만 대규모 생산이 가능하므로 경제적일 수 있다. 바이오가스의 메탄올 전환에는 이산화탄소의 제거와 황화수소의 제거 등이 요구되는 등 여러 난제들이 잠재되어 있으나 경제성을 확보하는 공정의 개발이 이루어진다면 그 유용성은 지속적으로 증가할 것이다.

5.4.2 메탄의 화학적 변환에 의한 메탄올 생산

메탄은 C－H 결합의 높은 안정성으로 인해 촉매 및 열적으로 대단히 안정한 분자구조를 가지고 있다(Lunsford, 2000). 1902년 메탄을 메탄올로 전환하는 반응이 Bone & Vheeler (1902)에 의해 처음 제안되었다. 이는 메탄의 증기 개질(Steam reforming) 반응을 이용하여 메탄올로 직접 전환하는 기술로서 고온과 고압하에서 이루어 졌다. 현재까지도 대부분의 산업적 규모의 메탄올은 메탄의 증기 개질 반응에 의해서 생산된다. 1934년에는 Wiezevich(1934)가 고압하에서 flow system을 통한 메탄산화법을 도입하였다. 또, 1937년에는 Boomer(1937) 등이 구리를 촉매로 사용한 촉매산화법을 보고하였다. 이후 1980년대 들어서는 메탄의 전환기술에 대한 관심이 증대되어 Lunsford(2000) & Gesser(1985)는 각각 촉매산화법과 비촉매산화법에 대해 연구하였다.

이와 같은 방법들은 메탄의 완전산화에 필요한 산소보다 적은 양의 산소를 공급하여 부분적으로 산화시키는 부분산화반응과 메탄과 수증기를 고온/고압 하에서 반응시키는 증기개질반응을 통해 메탄올 합성에 사용되는 합성가스를 생성한다.

1) 메탄의 증기 개질 반응

증기 개질 반응을 통해 생성된 CO는 수소와 반응하여 합성가스의 메탄올 전환 과정과 같이 메탄올로 전환된다.

$$CH_4 + 0.5O_2 \rightarrow CO + 2H_2 \qquad (5.5)$$

$$CH_4 + H_2O \rightarrow CO + 3H_2 \qquad (5.6)$$

2) 메탄의 직접 산화 반응

메탄 부분산화의 어려움은 메탄의 강한 C－H 결합에 기인한다. 메탄분자는 완벽한 정사면체 구조로서 네 개의 C－H 결합은 완전히 동일하여 탄화수소 중 가장 안정한 구조를 가지고 있다. 메탄 C－H 결합의 첫번째 해리에너지는 440 kJ/mol인데 반해 생성물인 메탄올의 H－CH_2OH 해리에너지는 393 kJ/mol로서 H－CH_3 결합의 경우보다 47 kJ/mol이 낮다. 따라서 같은 조건이라면 메탄올이 메탄보다 더 쉽게 산화되어 CO와 CO_2로 된다. 또한 메탄올은 산소원자를 가지고 있어서 강한 극성을 띠고 있다. 하지만 메탄분자는 극성이 전혀 없으므로 메탄올은 촉매의 표면이나 반응용기의 벽에 더 쉽게 부착하여 활성화 된다. 그러므로 메탄의 산화에 의한 메탄올 생성은 열역학적으로 가능하지만, 이보다 먼저 carbon oxides가 생성되기 때문에 이 산화반응을 제어하여 열역학적으로 더 안정한 형태인 CO_2로 완전히 산화하기 전에 메탄올에서 반응이 멈추게 하는 것이 무엇보다 중요하다. 그러므로 적절한 반응단계에서 산화반응을 멈추어 메탄올을 회수하는 것이 부분산화법 연구의 주요한 관심사 중 하나이다. 남재작 등(2006)에 따르면, 메탄의 메탄올 직접 산화반응은 제어방법에 따라 기상균질화(gas phase homogeneous oxidation)와 촉매산화 두 가지 방법으로 크게 나눌 수 있다.

(1) 기상균질 산화

특정 온도와 압력 하에서 촉매 없이도 산소와 반응하는 메탄의 특성을 이용한 방법으로, 기상균질 산화법은 현재까지 직접산화법 중 가장 효과적인 방법으로 알려져 있다 (Foulds & Gray, 1995). 반응 온도와 압력이 반응 수율과 선택성 결정에 있어서 중요한 인자이며 반응 용기 또한 산화반응 제어에 중요한 역할을 한다. 초기에는 반응용기로 스테인리스 스틸이 주로 사용되었는데, 이는 강한 압력에 견딜 수 있기 때문이었다. 이 때 메탄올의 수율은 많이 낮았는데, 이는 추가적인 산화반응이 반응용기 금속표면에서 발생하여 CO와 CO_2가 생성되었기 때문이다. 많은 연구들에서 스테인리스 스틸 용기의 사용이 메탄올의 선택성을 떨어뜨리는 것으로 확인되었는데, 이러한 효과를 최소화하기 위해 Walsh 등(1992) 및 Chun(1993)은 quartz와 pyrex lining을 사용하여 메탄올 수율을 향상시키는 연구도 진행하였다. 대개의 경우 메탄에서 메탄올로의 변환수율(약 2~5%)에서 약 40~50% 정도만 메탄 선택성을 보여주는 것이 일반적인 결과이나, 낮은 재현성이 메탄부분산화법의 최대 약점이기도 하다. 반응용기의 금속표면 효과를 제거하는 것이 메탄올의 수율과 선택성에 영향을 크게 미치므로 이를 제어하는 것이 중요하다.

메탄의 기체균질 산화에 있어서 반응온도, 압력, 도입 단계에서의 메탄/산소 비 및 총 가스 유속 등을 조절하여 반응을 제어할 수 있다.

① 반응온도

메탄 부분산화법은 주로 300～500℃ 사이에서 수행되었는데, 이 온도는 산소가 전이상태에 도달하는 온도범위이다. 메탄올은 산소의 전이온도(transition temperature)까지 상승하기 전에는 생성되지 않는데 이는 이 반응이 전형적인 자유라디칼(free radical) 메커니즘으로 일어난다는 것을 의미한다. 이 전이온도는 압력과 메탄/산소 비에 따라 영향을 받는다. 만약 전이온도보다 높은 온도로 반응온도를 상승시키면, CO와 CO_2로 변환되어 계속 산화되어 버리기 때문에 메탄올의 수율은 급격히 떨어진다. 메탄의 기체상 산화의 주요산물로는 CH_3OH, CO, CO_2, H_2O, HCHO 등이 보고되고 있다. 이외에도 H_2, C_2H_6 등이 생성된다.

② 압력

압력을 높임으로써 전이온도를 낮추는 효과가 있는데, 압력이 1.0 MPa에서 3.0 MPa로 올라가면, 전이온도는 30℃ 이상 감소한다. 하지만 압력을 5 MPa 이상 올리게 되면 전이온도를 낮추는 효과는 극히 미미해진다. 일반적으로 압력을 올리게 되면 메탄 선택성은 높아지게 되고, 압력이 낮아지면, CO와 CO_2의 생성이 비약적으로 늘어난다.

③ 메탄/산소비

반응기에 공급하는 가스에서 메탄/산소 비를 조절함으로써 메탄의 부분산화반응을 제어할 수 있다. 메탄/산소 비를 낮추면(산소공급을 늘리면) 일반적으로 메탄의 전환수율은 높아지지만 메탄의 선택성은 감소한다. 메탄의 전환율과 선택성이 모두 중요하기 때문에 메탄/산소비를 조절하는 데는 많은 제약도 따른다.

④ 가스유량

공급되는 총 가스 유량을 제어함으로써 체류시간을 조절하여 반응을 제어할 수 있다. 하지만 압력과 온도 메탄/산소비 등이 결정된 상태에서 가스 유량의 변동은 메탄올의 수율과 선택성에 그리 큰 영향을 미치지는 않는 것으로 여겨지고 있다.

이 외에도 반응에 첨가제를 도입함으로써 반응온도를 낮추거나 메탄올 선택성을 높이고자 하는 시도도 있다. 그리고 메탄가스 속에 포함되어 있는 다른 가스들도 전이온도를 변화시키는 역할을 하기도 하는데, 5%의 ethane이 포함되어 있을 때는 전이온도를 50℃ 낮추었다(Burch 등, 1989). H_2와 다른 탄화수소화합물들은 H－donor로서 메탄올 선택성을 높이는데 효과가 있고, NO와 NO_2도 메탄－산소 시스템에 반응 개시제로 사용되기도 하였다. 이것은 질소원자가 산소원자보다 C－H 결합을 끊는데 더 효과적이어서 메탄의 산화반응을 개시하는 효과를 보였기 때문으로 여겨진다.

부분산화법을 이용하여 고순도의 메탄올을 얻기 위해서는 반응용기가 촉매로 작용하여 메탄올이 계속적으로 산화되는 것을 방지할 필요가 있으며, 공급되는 산소가 완전히 반응할 수 있도록 설정하고 높은 압력과 낮은 온도로 설정하는 것이 메탄올의 선택성과 수율에 중요하다. 비록 기상 메탄 부분산화법이 좋은 결과를 보여주기는 하지만 이 반응은 자유라디칼 반응 메커니즘에 의해 일어나기 때문에 반응을 제어하는 것이 대단히 어렵다. 또한 이 반응은 반응조건의 개선을 통해서 메탄올의 수율이나 선택성을 높이는 데도 한계가 있다. 이러한 한계를 촉매의 사용을 통해서 극복하고자 하는 노력도 진행되고 있다.

(2) 촉매산화

촉매를 이용한 메탄의 직접 부분산화법에 대해서는 많은 연구가 이루어져 왔다. 지금까지 연구된 촉매의 종류로는 금속류, 단일금속산화물(single-metal oxides), 다금속산화물(multi-metal oxides), zeolite와 균일착물촉매(homogenous complex catalysts) 등이 있다. 하지만 촉매를 이용하여 보고된 결과들은 기상균질반응에서 얻어진 것에 비해 결과가 더 뛰어나다고는 할 수 없으며, 생성된 산화물은 메탄올보다는 폼알데하이드가 대부분을 차지하고 있다.

① 비균질 촉매산화

MoO_3에 기반한 촉매가 메탄의 비균질 촉매산화법에 광범위하게 적용되었다. 비균질 촉매의 oxide 부분은 탄화수소의 산화를 촉매하고, 다른 부분에서는 알켄의 수화(hydration)를 순차적으로 촉진함으로써 반응을 완결시킨다. 메탄올 생산에 있어서 가장 활성이 높은 촉매는 $Fe_2O_3(MoO_3)$로 알려져 있다. 촉매표면에서 반응 생성물을 빠른 시간 내에 제거하는 것

이 메탄올 선택성에 큰 영향을 미친다.(Dowden & Walker, 1971; Spencer & Pereira, 1987)

② 액상 균질촉매 산화

낮은 온도에서 메탄을 선택적으로 활성화 시키거나 부분산화생성물들을 선택적으로 보존하여 반응을 제어하는 방법들이 액상균질 촉매를 사용하여 시도되었다. 액상촉매를 사용한 반응 중 가장 우수한 결과는 Periana(2002) 등에 의해 보고되었는데, 농축황산을 사용하여 친전자성 치환을 일으키고, 금속이온을 사용하여 메탄만 선택적으로 산화시키는 방법이 개발되었다. 생성물인 메탄올은 중간산물인 methyl bisulphate를 가수분해하여 얻는다. 이 때 수은 촉매를 사용하여 43%의 메탄올 생성이 가능하였으며, batch mode에서 반응온도는 180℃ 였다. 후에 이 반응은 메탄올 수율을 70% 이상까지 달성하였다(Periana 등, 1998, 2002).

이 외에도 초임계 유체 추출법, 레이저의 조사에 의한 방법, 반응분리 반응기 등을 이용하여 메탄올의 추가적인 산화를 방지하는 방법이 시도되고 있다.

5.4.3 메탄의 생물학적 산화에 의한 메탄올 생산

지금까지 메탄을 메탄올로 전환하는 기술은 니켈이나 백금 등의 무기 촉매를 이용하는 방법을 사용하고 있으나 무기촉매를 이용한 공정은 고온, 고압이 요구되기 때문에 온도를 높이고 압력을 유지하는데 어려움이 있고 많은 비용이 소요되며, 수율 또한 낮은 문제점을 안고 있다. 이러한 이유 때문에 선진국에서도 최근 메탄산화세균(methanotrophs)을 이용 하여 메탄을 직접 메탄올로 전환하는 기술을 개발하는데 역점을 두고 있다. 메탄은 메탄산화세균의 methane monooxygenase (MMO)에 의해 상온, 상압 하에서 메탄올로 직접 전환될 수 있다. 그러나 균체 내에서 생성된 메탄올은 메탄올 산화효소(methanol dehydrogenase, MDH)에 의해 순간적으로 폼알데하이드로 다시 전환되기 때문에 다양한 효소억제제를 이용하여 MDH의 활성을 저해하거나 MDH 유전자인 mxaF 유전자를 분자생물학적 기법으로 조작하여 효소생성을 억제함으로써 세포내에서 생성된 메탄올을 세포외로 용출되게 할 수 있다. 따라서 세포 수준에서 배양학적, 생리학적 조절과 mxaF 유전자 등 여러 유전자의 조작을 통하여 메탄올을 합성하는 기술 개발이 연구되고 있다. 또한 균체를 직접 담체에 고정화한 후 반응기에서 메탄을 메탄올로 전환할 수 있다. 그러나 화학적 방법에 비해 상대적으로 메탄산화균에 의한 메탄올 생성 조건에 대한 연구 및 기술 개발은 아직 부족한 실정이다.

또한 메탄산화세균의 메탄 산화과정을 조절하여 중간대사 물질인 아미노산, 조효소,

poly-β-hydroxybutyrate 등의 의약품 원료나 화학원료로도 이용할 수 있다.

1) 메탄산화균(Methanotrophs)

Methylotrophs는 one-carbon compounds(메탄 또는 메탄올)을 생장을 위한 탄소원으로 사용할 수 있는 다양한 미생물 군을 총칭한다. Methanotrophs (methanophiles)는 methylotrophs에 속하며 메탄을 유일한 탄소 및 에너지원으로 이용하여 성장하는 미생물을 총칭하며 이들은 특히 지구온난화에 관련되는 연구자들의 관심대상이기도 하다. 메탄산화균은 1970년대 이후로 국제적으로 단세포 단백질(Single cell protein)의 생산이나 생분해성 고분자인 PHB, 대체 에너지 중 하나인 메탄올의 생산 등과 관련하여 주목을 받아왔다. 또한 이 미생물은 난분해성 염소화 유기 화합물의 분해에 탁월한 능력을 보여 이에 대한 연구가 활발히 진행되고 있다. 대사경로에 대한 연구는 비교적 잘 이루어져 있으나 대부분의 연구가 이론적 수율계산 등에 초점이 맞추어져 있다.

현존하는 메탄산화균은 16S ribosomal RNA(rRNA) 계통학(phylogeny), 형태학(morphology), 탄소 동화방식 및 세포막 구성성분에 따라 두 범주로 구분된다. Murrell과

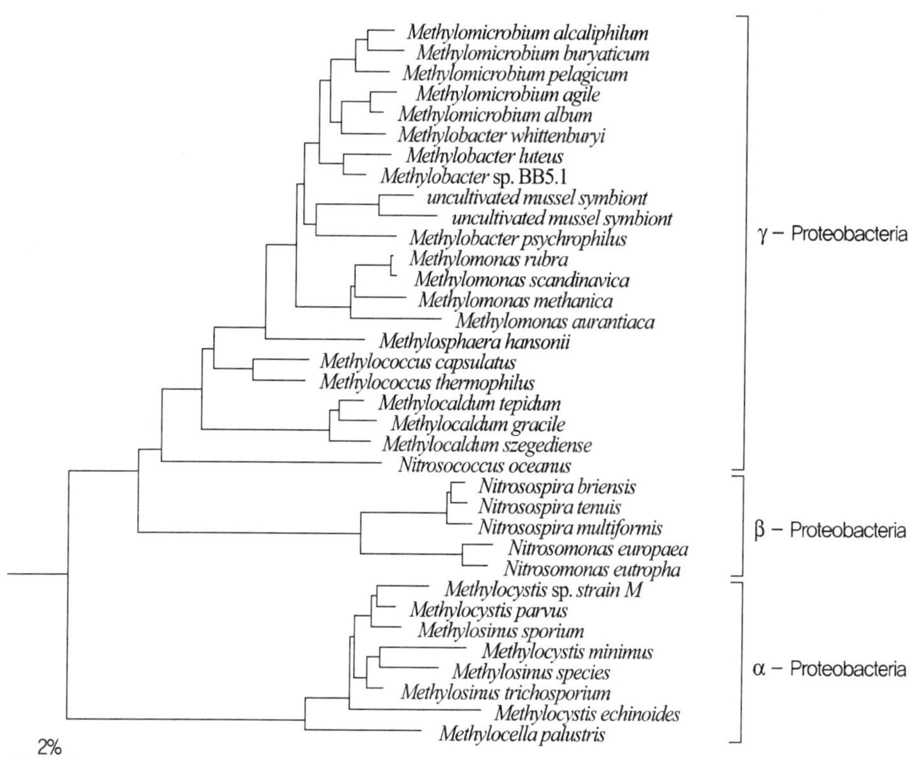

그림 5.14 메탄산화균의 16S rRNA 유전자 염기서열의 계통수 분석

Radajewski(2000)은 그림 5.14와 같은 대표적인 메탄산화균 들의 계통학적 관계를 나타내었다. Type I methanotrophs는 γ-*Proteobacteria*에 속하며 *Methylococcus*, *Methylomonas*, *Methylomicrobium*, *Methylobacter*, *Methylocaldum* 및 *Methylosphaera* 속에 해당한다. 이들은 세포막의 다발을 형성하며 ribulose monophosphate(RuMP) 경로를 통해 메탄산화과정에서 발생된 폼알데하이드를 동화한다. 또한 주로 16-탄소(C16) 지방산을 함유한다. Type II methanotrophs는 α-Proteobacteria에 속하며 *Methylosinus*, *Methylocystis*와 *Methylocella* 속에 해당하는 미생물이다. 이들은 일반적으로 세포 외부 주변에 세포막을 가지며, serine 경로를 통해 폼알데하이드를 동화한다. 또한 세포막은 주로 18-탄소(C18) 지방산으로 구성되어 있다. 메탄산화균의 다른 생리학적, 생화학적, 분자 유전학적 특성 등은 *Methylococcus*와 *Methylosinus*와 같은 일부 속에 대해서만 알려져 있다.

2) 생물학적 메탄산화

메탄산화균의 반응은 호기성 조건과 혐기성 조건에서 각각 다른 것으로 알려져 있다.

호기성 조건에서 메탄산화균은 다음과 같은 특성을 가진다.

① 메탄과 산소가 결합하여 폼알데하이드(formaldehyde)를 형성하고 이후 유기물로 결합된다.

② 대부분 토양에서 발생하는 반응이며, 특히 메탄이 발생되는 환경 주변에서 일반적이다.

③ 논이나 매립지, 습지 등 메탄생성이 상대적으로 활발한 환경에서 메탄의 대기로의 방출을 저감시키는 주된 역할을 담당한다.

④ 이에 해당하는 여러 그룹의 미생물은 Proteobacteria에 속하는 *Methylococcaceae*와 *Methylocystaceae* 그리고 Verrucomicrobiae에 속하는 여러 종들이다.

혐기성 조건에서 메탄산화균은 다음과 같은 특성을 가진다.

① 메탄은 메탄산화 고세균과 황산염환원세균의 집합을 통해 혐기적으로 산화될 수 있다.

② 혐기적 메탄산화(Anaerobic oxidation of methane, AOM)는 주로 무산소 상태의 해저 침전층에서 일어난다.

③ 혐기성 조건에서의 메탄산화기작은 학자들 사이에 이견이 존재하지만 가장 널리 알려진 이론은 고세균이 역메탄생성 pathway를 이용하여 이산화탄소와 다른 알려지지 않은 물질을 생성한다는 것이다.

④ 혐기성 메탄산화균은 호기성 메탄산화균들과 관계가 없는 것으로 알려져 있다.

대부분의 연구에서는 호기성 메탄산화균을 대상으로 연구를 진행하였으며, 이들의 생물학적 반응은 메탄이 메탄올, 폼알데하이드, 최종적으로 이산화탄소로 순서대로 변환된다. 그 과정은 그림 5.15와 같다.

메탄의 산화과정의 첫 번째 단계는 methane monooxygenase (MMO)에 의한 촉매 작용이다. 이 반응에서 생성된 메탄올은 이후 효소인 methanol dehydrogenase (MDH)에 의해 폼알데하이드로 산화된다. 그리고 생성된 폼알데하이드는 세포의 탄소 구성성분으로 동화되고 이후 CO_2로 산화되어 첫 반응인 메탄의 산화 및 생합성 반응을 위한 환원력을 제공한다.

MMO에 의한 메탄으로부터 메탄올이 생성되는 반응식은 다음과 같다.

$$CH_4 + O_2 + 2e^- + 2H^+ \rightarrow CH_3OH + H_2O \tag{5.7}$$

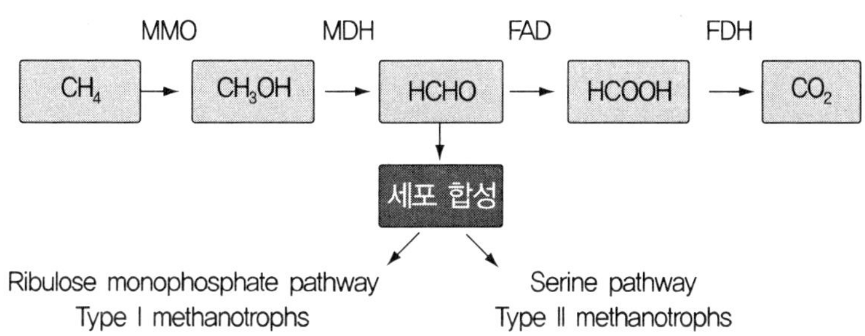

그림 5.15 메탄산화 진로 및 세포합성을 위한 폼알데하이드 이용
(MMO - methane monooxygenase; MDH - methanol dehydrogenase;
FAD - formaldehyde dehydrogenase; FDH - formate dehydrogenase)

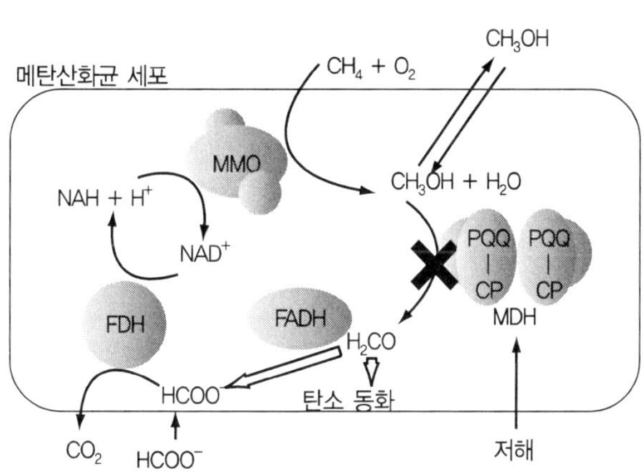

그림 5.16 메탄산화균의 메탄올 생성 기작 및 MDH의 저해

그림 5.16과 같이 MMO에 의한 메탄올 생성이 일어난 이후에 MDH에 의한 메탄올 산화가 일어나지 않게 하면 메탄올은 축적될 수 있다.

MMO는 두 가지 형태가 있는데 하나는 sMMO(soluble methane monooxygenase)로 용해성의 세포질(cytoplasmic)의 효소 복합체이며 일부 methanotrophs에서만 발견된다. 또 다른 하나는 pMMO(particulate methane monooxygenase)로 세포막 경계의 입자성 효소로 모든 methanotrophs에 존재한다. pMMO의 활성은 구리이온의 농도 증가에 따라 빠르게 감소한다. 구리이온 10 M의 농도에서 최적으로 pMMO가 생성되며 sMMO는 구리가 부족한 환경에서 생성된다. 또한 sMMO는 NADH를 필요로 하므로 sMMO의 활성을 위해서는 formate 등이 필요하다(그림 5.17).

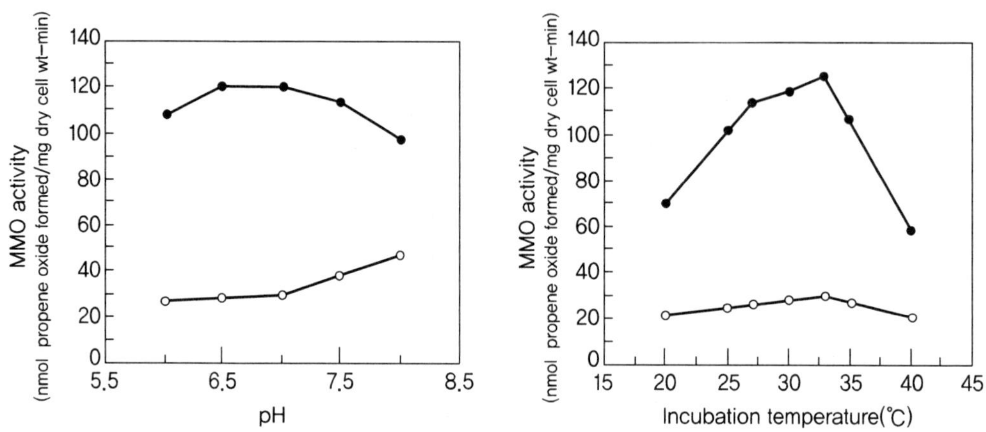

그림 5.17 pH 및 배양 온도에 따른 sMMO 활성변화
formate 첨가시(●) 및 비첨가시(○)(박성훈과 추석열, 1993)

메탄올 생성반응은 메탄산화균인 Methylosinus trichosporium OB3b를 연구함으로써 알려지게 되었다. 이 세균은 구리이온(Cu^{2+}) 존재 하에 메탄을 메탄올로 변환시키는 가장 잘 알려진 미생물이다. 또한 질소원으로 질산성 질소를 선호한다.

메탄올의 다음 변화과정(산화)을 막기 위해 다음 과정을 수행하는 효소인 MDH (methanol dehydrogenase)를 저해해야 한다. 그 방법은 인산염 이온의 농도를 80 mM 이상으로 조절하는 것(그림 5.18), cyclopropanol을 이용하는 것과 200 mM의 NaCl을 첨가하는 등의 방법이 알려져 있다.

생성되는 메탄올의 농도가 높아지면, *M. trichosporium* OB3b의 메탄올 합성이 저해되므로 생성된 메탄올을 미생물에서 분리하여야 한다. 최근에는 독립영양형 질산화박테리아가 메탄산화를 수행할 수 있음이 알려졌으며, 또한 메탄과 암모니아 분자가 서로 유사한 크기와 구조를 가지고 있어 암모늄은 메탄산화균을 저해할 수 있다고 알려져 있다.

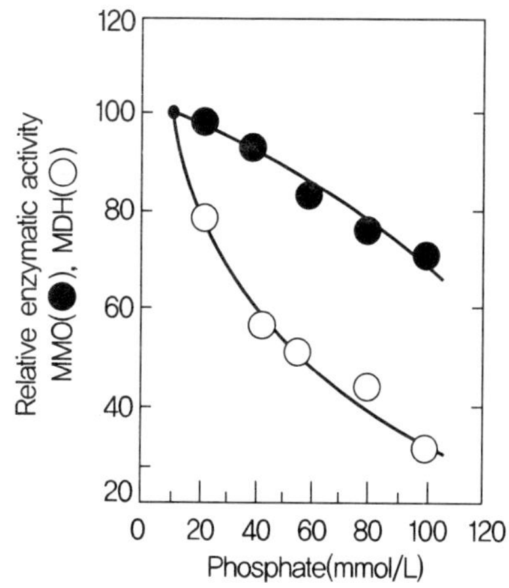

그림 5.18 sMMO와 MDH 효소 활성에 미치는 인산염 농도의 영향(박성훈과 추석열, 1993)

3) 메탄올 생성 공정

그림 5.19는 김시욱(2002)에 의해 연구된 메탄올 생산 공정 흐름도이다. 메탄과 산소가 메탄올 생성 반응기에 유입되고 발생된 메탄올은 분리되어 따로 저장되며 잔여 미반응 메탄을 포함한 공기는 필터를 통해 이산화탄소가 제거된 뒤 다시 반응기에 투입된다.

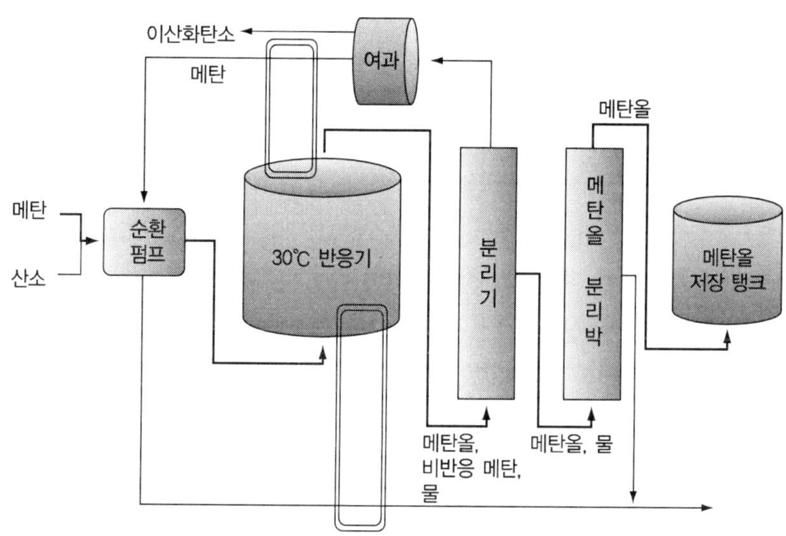

그림 5.19 메탄산화 세균을 이용한 메탄올 생산 공정 흐름도

5.5 바이오메탄올 이용

5.5.1 바이오메탄올의 이용 방법

Cifre & Badr(2007)이 분류한 바에 따르면 메탄올은 다음과 같이 이용될 수 있다. 수소 운반체(hydrogen carrier), 연료(fuel), 화학 합성 원료(feedstock for chemical synthesis) 및 환경시설에의 이용 등이다. 메탄올은 가장 간단한 유기성 수소 운반용 액체이다. 수소 저장 물질일 뿐 아니라 직접 연료로 쓰일 수 있다. 메탄올은 탄소 입방미터(m^3) 당 1,100 m^3의 수소와 결합하고 있으며 미래에 수소저장 매체가 장착된 수송수단에 적용되는데 선호될 수 있다. Specht 등(1997)에 따르면 그 이유는 연료전지에서 스팀을 이용하면, 좀 더 쉽게 CO_2와 H_2로 분리되기 때문이다. 또한 메탄올은 어떤 다른 기술적 조정 없이 가솔린과 혼합되어 사용될 수 있어 자동차 연료로 이용될 수 있다. 대부분의 메탄올을 연료로 한 자동차는 M85(85% 메탄올과 15% 무연가솔린)의 혼합유를 사용한다. 바이오디젤은 산 또는 염기 촉매 하에서 식물성 기름이 알코올과의 에스터 교환반응(transesterification)에 의해 생성한 알킬에스터(alkyl ester)를 말하며, 이 과정에 사용되는 알코올로 메탄올이 주로 사용된다. 바이오디젤 또한 광물성 디젤은 어떤 기술적 문제없이 대체하여 사용될 수 있다. 뿐만 아니라 메탄올은 직접적으로 연료전지를 통해 이용될 수 있다. 또한 세계적으로 생산되는 메탄올의 약 70%는 화학 합성에 사용되어 대략 메탄올 생산량의 35%는 폼알데하이드(formaldehyde) 생산에 사용되며 25%는 MTBE(methyl tertiary-butyl ether) 생산에, 9%는 아세트산(acetic acid) 생성에 사용된다.

1) 연료로서의 메탄올

기술적으로 아무 문제가 없이 메탄올은 연료로서 사용될 수 있으며, 또한 실제로 석유를 대체할 수 있다. 오히려 성능이나 환경적 측면에서 메탄올은 기존 가솔린이나 디젤유에 비해 우월하다고 할 수 있다. 메탄올은 한때 경주용 자동차의 연료로 사용되었으며, 미국 등에서 친환경 자동차 연료로서의 실증 실험이 이루어지기도 했다.

가장 큰 문제는 경제성이다. 1970년대 석유 파동 시, 한때 자동차 연료로서의 사용이 검토되었던 메탄올은 유가 하락과 가솔린 및 디젤 엔진의 급속한 발전에 따라 경제성을 상실하였으며, 이후 상용화를 위한 개발 작업이 거의 중단된 상태이다. 따라서, 현재 메탄올이 연료로 사용되는 것은 MTBE (methyl *tert*-butyl ether, 가솔린의 옥탄가 향상을 위한 첨가제로 메탄올이 주원료) 정도인데, 이 역시 환경 문제로 수요가 갈수록 위축되고 있는 상황이다. 그러나, 유가가 가파르게 상승하고 교토의정서에 따른 온실가스 배출 규제가 강화되면서 환경이 급변하고 있어 각국이 대체 연료 확보에 적극적으로 나서기 시작하면서 메탄올의 위상은 점차 높아질 예정이다.

메탄올을 연료로 사용하는 방법은 크게 두 가지로 나눌 수 있다. 첫째는 메탄올을 직접 연료로 사용하는 것이다. 두 번째 방법은 바이오디젤 생산에 사용하는 것이다. 바이오디젤은 대두유, 유채유 등 식물성 기름이나 폐식용유 등을 메탄올과 반응시켜 만드는데 대체 연료로서의 이용이 늘면서 최근 생산이 급격히 증가하는 추세이다. 세계 최대 메탄올 생산 기업인 메타넥스(Methanex)는 현재 바이오디젤에 사용되는 메탄올이 100만 톤 미만에 그치고 있지만, 2011년에는 약 300만 톤으로 확대될 것이라고 전망하고 있다.

또한, 메탄올을 가공하여 연료로 사용하는 간접적 방식으로 DME (Dimethyl Ether)를 들 수 있다. DME는 메탄올의 탈수소화 반응을 통해 만들어 진다. 지금까지는 주로 스프레이 제품의 분사추진제로 이용되어 왔으나, 최근 들어 연료로서의 관심이 높아지고 있다. DME는 메탄올에 비해 열량이 높아 디젤엔진에 보다 적합한 것으로 알려져 있다. 제품 특성은 LPG와 유사하며, LPG와 혼합사용이 가능하므로 이에 따라 별도의 인프라 구축이 필요 없다는 장점을 지니고 있다. 환경친화성도 뛰어난 편으로 최근 일본에서는 수송용에서 가정용, 산업용, 발전용 등으로까지 이용을 확대하는 방안이 검토되고 있다.

2) 화학제품 원료로서의 메탄올

석유의 영향력이 막강한 이유는 석유가 연료로서는 물론 산업 전반에 걸쳐 각종 제품의 원료로 폭넓게 이용되고 있기 때문이다. 메탄올이 각종 화학제품의 원료로 사용되고 있는 것은 사실이나, 이 점에서 본다면 석유에 비해 영향력이 훨씬 제한적이라고 하지 않을 수 없다. 그러나 기술의 발전과 함께 이러한 제약 조건은 점차 완화될 전망이다. 현재 화학제품 중 생산규모가 가장 큰 제품으로는 에틸렌과 프로필렌을 들 수 있다. 지금까지 에틸렌이나 프로필렌은 주로 석유를 통해 생산되었으나, 최근에는 메탄올의 전환을 통한 생산이 가능해 지고 있다.

메탄올 전환기술은 지금까지 경제성을 확보할 수 없었기 때문에 상업용 생산이 극히 제한적인 수준에 머물러왔다. 그러나 최근 들어 MTO (Methanol to Olefin), MTP (Methanol to Propylene) 설비의 상업화가 진행되고 있다

3) 수소에너지 공급원으로서의 메탄올

자원의 고갈 가능성, 온실가스 발생 등 석유가 지닌 근본적 문제를 해결할 최적의 대안으로 수소에너지가 가장 많이 꼽힌다. 수소는 그 자체로 무한한 에너지 자원인 데다 사용

과정에서 환경오염이 전혀 발생하지 않는다. 그러나 수소는 석유, 천연가스 등의 화석연료나 물 등의 형태로 존재하기 때문에 생산비용이 높고, 저장 및 수송이 어렵다는 문제를 지닌다. 연료전지의 등장은 수소에너지의 이러한 단점을 극복할 수 있는 계기를 제공하고 있다. 발전용은 이미 실용화가 이루어진 상태이며, 다른 분야도 빠른 속도로 실용화가 진전되고 있다.

연료전지는 수소를 화학적인 반응에 의해 전기와 열로 바꾸는 장치이다. 그러므로 수소의 확보는 가장 중요한 과정이다. 메탄올, 가솔린, 천연가스 등의 개질을 통해 환경오염을 최소화하는 방식으로 수소를 얻는 방법이 일반적으로 이용되고 있다. 이중 메탄올은 높은 수소전환효율, 안전성, 저온 운전 특성 등의 장점을 지닌다. 자동차의 경우 주로 직접 수소 충전 방식을 채택하고 있으나 차량에 개질기(reformer)를 탑재하는 방식의 경우 메탄올이 유일한 연료로 사용되고 있다. 연료전지가 당장 메탄올 수요 확대에 도움이 되는 것은 아니다. 그러나 장기적인 관점에서 연료전지가 확산된다고 보면 미래형 에너지원으로서 메탄올의 전망은 매우 밝다고 볼 수 있을 것이다.

4) 기타 환경 시설에서의 사용

현재 하·폐수처리장의 생물학적 탈질에 필요한 외부탄소원으로 메탄올의 사용이 일반적이다. 메탄올은 생분해도가 높고 단일물질로 균일한 성상이라는 장점을 가지는 반면 전량 수입에 의존하며 높은 가격으로 운전비용의 상당량을 차지하고 있어 친환경 대체탄소원의 개발이 시급한 실정이다. 이러한 관점에서 생물학적 메탄올 생성은 생성되는 장소가 사용처로 사용될 수 있는 좋은 조건을 갖추고 있다.

5.5.2 바이오메탄올의 국내외 현황

차세대 에너지는 값이 싸면서도 대량생산이 가능해야 하며, 온실가스 발생량도 적어야 하는 조건을 만족해야만 한다. 이러한 관점에서 현재 대체 에너지 중 바이오에탄올이 선두를 달리고 있다. 그러나 궁극적으로는 식물재배 면적의 한계로 그 양이 제한될 수밖에 없다는 견해가 제기되고 있다. 한편 메탄올은 현재 석탄과 천연가스로부터 생산되기 때문에 생산비가 싸고, 대량생산이 가능한 반면 제조과정에서 온실가스가 발생한다는 단점을 지니고 있다. 또한 이동이 어려운 석탄과 천연가스를 반드시 메탄올로 전환할 필요는 없으므로 석탄액화 오일, LNG(액화천연가스) 등과의 경쟁이 불가피하다. 현재는 메탄올을 화석연료로부터 얻고 있으나, 장기적으로 대기 중의 이산화탄소를 재활용하여 메탄올을 생산하는 방안 또는 유기성 폐기물을 이용한 메탄올의 생산기술이 개발될 경우 환경오염

유발 문제도 해결되며 대체 에너지의 확보도 이룰 수 있을 것으로 전망하고 있다.

세계적인 메탄올 생산 공장들이 채택하고 있는 메탄올 생산방식은 주로 천연가스 중의 메탄과 수증기를 반응시켜 일산화탄소와 수소 혼합물의 합성가스를 제조하고 각각을 분리한 다음 수소를 잔여 합성가스와 반응시켜 메탄올을 생산하는 공정으로 니켈 등 무기 촉매를 이용하는 방법을 사용하고 있다. 그러나 무기촉매를 사용할 때는 고온, 고압이 요구되고 고비용 등의 많은 문제점 때문에 최근에는 메탄산화세균의 MMO를 이용하여 메탄으로부터 메탄올로 직접 생산하는 방식을 생산라인에 도입하기 위해 MMO reductase와 MMO hydroxylase에 관한 연구를 본격 추진하고 있다. 일본 동경공업대학의 Okura 연구팀은 *Methylosinus trichosporium* OB3b로부터 공기 중에서 매우 불안정한 particulate methane monooxygenase (pMMO)를 이용하여 메탄을 메탄올로 전환하는 기술을 연구하고 있다. 특히 자체 생산한 methanol dehydrogenase 저해제인 cyclopropanol을 메탄올 생산 실험에 적용하여 6 mM의 methanol을 생산하였고, 반 연속공정을 이용한 메탄올 생산 조건을 확립하였다.

한편 국내에서는 메탄 산화세균을 이용한 연구는 MMO를 이용하여 난분해성 물질인 trichloroethylene을 분해하는 연구가 KAIST에서 수행되었으며, 배양조건에 따라 균체 내 메탄올 축적능에 대한 기초연구가 부산대학교와 한림대학교에서 단편적으로 이루어진 바 있으나 이러한 생물학적 메탄올 생산 뿐 아니라 화학적 메탄올 생산에 대한 연구는 아직 기초적인 수준에 머물러 있다.

5.6 요 약

바이오매스를 이용한 신재생 에너지의 확보는 전세계적인 이슈로 자리잡고 있으며 이 중 바이오연료의 생산은 가장 중요한 위치를 차지하고 있다. 이 중 바이오메탄올은 유기성 폐기물에서 생산될 수 있으며 그 사용처 또한 광범위 하여 관련 기술 개발의 필요성이 증가하고 있다. 메탄올은 천연가스 및 석탄, 바이오매스, 이산화탄소로부터 생산될 수 있으며 바이오매스로부터 생산되는 경우는 가스화를 통해 발생된 합성가스로부터 개질반응에 의해 메탄올을 생산하는 방법과 혐기성 소화를 통해 생물학적으로 발생된 바이오가스(메탄)를 부분 산화하여 생산하는 방법이 있다. 생성된 바이오메탄올은 연료로 또는 화학 제품의 원료 및 수소에너지 공급원으로 쓰일 수 있으며, 탈질공정과 같은 환경 시설에서 대체 탄소원으로 쓰일 수 있는 등 그 이용 가능성이 매우 높다. 현재까지는 바이오메탄올 관련 기술개발 및 사용이 매우 적은 편이나 그 중요성은 점차 증가할 것으로 예상된다.

참고문헌

김시욱, "기후변화원인물질(메탄) 저감 및 생물학적 처리시스템 개발," *Korea Institute of Environmental Science & Technology News*, 11·12, 39~43(2002).

남재작, 신중두, 홍승길, 함현식, 박우균, 소규호, "혐기소화에 의한 Biogas 생산과 Biomethanol 전환에 관한 고찰," *J. of KORRA*, 14(4), 93~103(2006).

박성훈, 추석열, "*Methylosinus trichosporiu*m OB3b를 이용한 메탄올의 생산," 한국생물공학회지, 8(4), 341~350(1993)

심규성, 한상도, 김종원, 에너지 R&D, 17, 1(1995).

한국화학연구소, "바이오매스 가스화와 천연가스로부터 알코올 제조 최종보고서," 과기부 특정연구개발사업, 6, (1999).

홍정기, "탈석유 시대를 여는 메탄올," LG주간경제, 30(5), 26~30(2007).

Avery, W. H., "A role for ammonia in the hydrogen economy," *Int J Hydrogen Energy*, 13(12), 761~773(1988).

Bone, W. A., and Vheeler, R. V., "The slow oxidation of methane at low temperatures," *J Chem Soc London*, 81, 535(1902).

Boomer, E. H., and Thomas, V., "The Oxidation of Methane at High Pressures," *Can J. Research*, 15, 414(1937).

Burch, R., Squire, G. D., and Tsang, S., "Direct conversion of methane into methanol," *J Chem. Soc.*, Faraday Trans I, 85, 3561(1989).

Chun, J. W., and Anthony, R. G., "Partial oxidation of methane, methanol, and mixtures of methane and methanol, methane and ethane, and methane, carbon dioxide, and carbon monoxide," *I&EC Res.*, 32, 788(1993).

Cifre, P. G., and Badr, O., "Renewable hydrogen utilisation for the production of methanol," *Energy Conversion and Management*, 48, 519~527(2007).

Demirbas A., and Gullu D., "Acetic acid, methanol and acetone from lignocellulosics by pyrolysis," *Energy Educ Sci Technol.*, 2, 11~115(1998).

Demirbas, A., "Biofuels sources, biofuel policy, biofuel economy and global biofuel projections," *Energy Conversion and Management*, 49, 2106~2116(2008).

Dowden, D. A., and Walker, G. T., "Oxygenated Hydrocarbons Production," *Br. Pat.* 11244001, UK (1971).

Foulds, G. A., and Gray, B. F., "Homogeneous gas phase partial oxidation of methane to methanol and formaldehyde," *Fuel Process. Technol.*, 42, 129(1995).

Gesser, H. D., and Hunter, N. R., "The direct conversion of methane to methanol by controlled oxidation," *Chemical Reviews*, 85(4), 235~244(1985).

Joseph M. N., and Johnson, K., "The Hynol Process: A Promising Pathway for Renewable Production of Methanol," University of California, Riverside, CE-CERT, (2000).

Liu, H. F., Liu, R. S., Liew, K. Y., Johnson, R. E., and Lunsford, J. H., "Partial oxidation of methane by nitrous oxide over molybdenum on silica," *J. Am. Chem. Soc.*, 106, 4117(1982).

Lunsford, J. H., "Catalytic conversion of methane to more useful chemicals and fuels: A challenge for the 21st century," *Catal. Today*, 63, 165(2000).

Monick, J. A., "Alcohol, Their Chemistry, Properties and Manufacture," Reinhold Publ. Co., NewYork, (1968).

Murrell, J. C., and Radajewski, S., "Cultivation-independent techniques for studying methanotroph ecology," *Res. Microbiol.*, 151, 807~814(2000).

Oullette, N., Rogner, H. H., and Scott, D. S., "Hydrogen from remote excess hydroelectricity. Part II: hydrogen peroxide or biomethanol," *Int. J. Hydrogen Energy*, 20(11), 873~880(1995).

Periana, R. A., Taube, D. J., Gamble, S., Taube, H., Satoh, T., and Fujii, H., "Platinum catalysts for the high yield oxidation of methane to a methanol derivative," *Science*, 280, 560(1998).

Periana, R. A., Mirinov, O., Taube, D. J., and Gamble, S., "High yield conversion of methane to methyl bisulfate catalyzed by iodine cations," *Chemical Communications*, 20, 2376(2002).

Roan, V., Betts, D., Twining, A., Dinh, K., Wassink, P., and Simmons, T., "An investigation of the feasibility of coal-based methanol for application in transportation fuel cell systems Report," University of Florida, (2004).

Saito, M., Takeuchi, M., Fujitani, T., Toyir, J., Luo, S., Wu, J., Mabuse, H., Ushikoshi, K., Mori, K., and Watanabe, T., "Advances in joint research between NIRE and RITE for developing a novel technology for methanol synthesis from CO_2 and H_2," *Appl Organomet Chem.*, 14, 763~772(2000).

Specht, M., Staiss, F., Bandi, A., and Weimer, T., "Comparison of the renewable transportation fuels, liquid hydrogen and methanol, with gasoline – energetic and economic aspects," *Int. J Hydrogen Energy*, 23(5), 387~396(1997).

Specht, M., Bandi, A., Baumgart, F., Murray, C. N., and Gretz, J., "Synthesis of methanol from biomass/CO_2 resources," Proceedings of the 4th international conference on greenhouse gas control technologies, 723~728(1998).

Specht, M., Staiss, F., Bandi, A., and Weinier, T., "Comparison of the renewable transportation fuels, liquid hydrogen and methanol with gasoline – energetic and economic aspects," *Int. J. Hydrogen Energy*, 23(5), 387~396(1998).

Specht, M., and Bandi, A., "The methanol cycle – sustainable supply of liquid fuels," *Stuttgart, Germany: Centre for Solar Energy and Hydrogen Research*, (ZSW), (1999).

Spencer, N. D., and Pereira, C. J., "Partial Oxidation of CH_4 to HCHO over a MoO_3 SiO_2 Catalyst: A Kinetic Study," *AIChE Journal*, 33, 1808(1987).

Takezawa, N., Shimokawabe, M., Hiramatsu, H., Sugiura, H., Asakawa, T., and Kobayashi, H., "Steam reforming of methanol over Cu/ZrO_2. Role of ZrO_2 support," *React Kinet Catal Lett.*, 33, 191~196(1987).

Thomas, W. J., and Portalski, S., "Thermodynamics in Methanol Synthesis," *Ind. Eng. Chem.*, 50, 967(1958).

Walsh, D. E., Martenak, D. J., Han, S., and Palermo, R. E., "Direct oxidative methane conversion at elevated pressure and moderate temperatures," *American Chemical Society*, 31, 1259(1992).

Wickson, E. J., "Monohydric Alcohols," *ACS Symp. Ser*, 159(1981).

Wiezevich, P. J., and Frolich, P. K., "Direct Oxidation of Saturated Hydrocarbons at High Pressures," *American Chemical Society*, 26, 268(1934).

Wolf, B. M., "Bio-methanol as a fuel available from regional sources," Proceedings of EUROSOLAR conference on promoting global transfer activities for renewable energies, (2002).

Zhang, Q., He, D., and Zhu, Q., "Recent Progress in Direct Partial Oxidation of Methane to Methanol," *Journal of Natural Gas Chemistry*, 12, 81(2003).

찾아보기 | Index

· **배재호**
Stanford대학교 토목환경공학과 박사
인하대학교 환경공학과 교수

· **유만식**
인하대학교 토목공학과 박사
한국환경공단 경영지원본부장

· **류돈식**
강원대학교 환경공학과 박사
수도권매립지관리공사 녹색기술연구센터 책임연구원

· **이종규**
고려대학교 화공생명공학과 박사
포항산업과학연구원 에너지자원연구본부 책임연구원

· **김창균**
Det of Civil Eng., University of Queensland
인하대학교 환경공학과 부교수

폐기물자원화 정가 17,000원

인 쇄 2010년 9월 1일 초판 1쇄
발 행 2023년 3월 10일 초판 3쇄
저 자 배재호·유만식·류돈식·이종규·김창균
발행인 정우용
발행처 도서출판 동화기술
경기도 파주시 광인사길 201(문발동, 파주출판도시)
Tel (031)955-4211~6 donghwapub@nate.com
Fax (031)955-4217 www.donghwapub.co.kr
(등록) 1977년 12월 19일/9-16호

Printed in Korea
ISBN 978-89-425-1565-3